「新しい科学の考え方をもとめて―東アジア科学文化の未来」報告集◎目次

JN119388

序論

自然についての考え方
の大転換をめざして

佐々木力◉国際会議実行委員長／中部大学中部高等学術研究所特任教授

中部大学国際会議「新しい科学の考え方をもとめて——東アジア科学文化の未来」(International Conference at Chubu University: Seeking for a New Conception of Science: The Future of Scientific Culture in East Asia) が、2018年10月5日（金）と6日（土）の2日間の日程で成功裏に開催された。

この国際会議は、2015年夏に私が勤務先の中国科学院大学から一時帰日中、それも広島での原子爆弾投下70年目の追悼式から横浜の拙宅に戻る途中に中部大学に立ち寄り、理事長の飯吉厚夫教授と歓談したときから、私の胸中にあった企画であった。私は2016年の7月下旬に帰日し、直後の9月から中部高等学術研究所特任教授に就任した。赴任してしばらくして、飯吉理事長から、国際会議の準備にとりかかるように鼓舞された。理事長が私に指示されたのは、ただひとつ、荘子について信頼可能な第一線の学者を講演者として呼ぶことであった。

国際会議組織委員会は2017年初春には立ち上がり、私が実行委員長に指命された。組織委員会の委員長には、石原修学長が就任された。組織小委員会は、私が中心になり、当時の常勤理事で医学者の中島泉教授、応用生物学部の大場裕一准教授、それから副学長の太田明徳教授から構成されるというように組織的基礎が整った。

組織委員会が始動するや、私の念頭にあったのは、現代学問思想の最前線に立ちながら、現代世界焦眉の課題というべき、エコロジー思想を根元的に推進するために古代中国最大の思想家のひとり荘子の思想を現代にどう蘇生せしめるかということであった。そのために、現代中国における荘子研究の泰斗、劉笑敢教授、欧米世界の第一人者で米国のポール・チェルベルク教授に講演の招請を試み、幸運にも受託された。

国際会議の一般講演は、実行委員長の佐々木、荘子研究の劉笑敢教授、さらに現代物理学史研究で私の親友である米国のルーイス・パイエンソン教授が行なうように決められた。

第Ⅰ部門は「自然観・自然哲学と文化的背景」と設定され、内外から稀代の論客が、蘊蓄を傾けた知見を披瀝することとなった。副学長の辻本雅史教授は、全体の司会を担当されただけではなく、たんに現代西洋的学問思想に注目するだけではなく、東アジアの伝統学問思想にも新たに焦点を当てる意義について、第一目の夜のレセプションで話された。近世日本学問思想史の専門家による注目すべき発言であったと思う。

第Ⅱ部門は「数学・精密自然科学思想」についてで、ヨーロッパ数学・自然科学だけではなく、中国・日本・沖縄における数学の在り方にも着目した。さらに、中部大学自然科学研究の強みである複雑系科学思想の現代的意義についての講演をも配した。複雑系科学は、思想的根元としてドイツのライプニッツに淵源するものと考えられている。

第Ⅲ部門の「医学と生物学思想・医療技術」においては、近代西欧の機械論的医学・生物学思想にとどまらず、伝統中国医学の現代的意義、自然史的発想からの生物学研究について述べられた。

総括討論と閉会式での山下興亜教授による、昆虫学研究が人間の生き方に関する叡智を付与できるのではないか、という含蓄ある講和は、全体を締めくくるにふさわしい内容であったという印象を聴衆に与えたと思う。

*

今回の国際会議が投げかける学問思想とはどういうものであるのか？

簡明に述べれば、近代西欧の機械論的自然科学思想をエコロジー的観点からとらえ直そうという試みにほかならない。

中部大学は、持続可能な発展のための教育（ESD）

を中心軸に据えた教育研究拠点として、国内的にも国外的にも広く知られる。その一環として、2019年8月7日午後には、ローマクラブのサンドリーン・ディクソン・デクレーヴ会長が中部高等学術研究所で開催された国際シンポジウムで講演し、地球温暖化という深刻な危機が迫っていることを説得力をもって訴えた。私は、ローマ・クラブが世に問うた書物の邦訳を1972年には紐解き、その問題提起に注目し出したという経験をもっているので、感慨深かった。

　私どもの国際会議は、東アジアの学問的叡智を動員して、エコロジー思想をドラスティックに深化せしめようとする企図のもとに成立した。簡単に要約すれば、エコロジーの思想と実践を「浅薄な」(shallow) レヴェルから、「深い」(deep) レヴェルへと深化させ、前進せしめるということである。私見によれば、わが国のエコロジー思想推進のレヴェルは、依然として「浅薄な」段階にある。換言すれば、近代科学思想に基づくテクノクラート的発想を超えてはいないし、具体策に乏しい。もとより、科学的基礎づけは重要である。だが、そのレヴェルにとどまっていてもならない。というのも、近代西欧科学は、基礎工学的発想に基づいているからである。フランシス・ベイコンの自然哲学も、ガリレオ・ガリレイの力学的科学も、それからもっと根元的だと見なされているデカルトの哲学も、テクノロジーを基礎とする自然科学思想にほかならないからなのである。ジョン・パスモアの『自然に対する人間の責任』によれば、「ベイコンの哲学というよりは、むしろデカルトの哲学のほうが産業革命の憲章 (the charter of the Industial Revolution) なのである」(John Passmore, *Man's Responsibility for Nature*, Duckworth, 2nd ed. 1980, p.21)。この一文が意味するところはじつに重い。

　「ディープ・エコロジー」思想の現代的理解のためには、この概念の発信者のアルネ・ネス『ディープ・エコロジーとは何か──エコロジー・共同体・ライフスタイル』(文化書房博文社、1997年) がまずもって参照されねばならない。

　私たちの国際会議の根底に荘子思想を据えたのは、「浅薄な」エコロジーの段階を超えて、「ディープ・エコロジー」の段階まで進もうとする意思の表われであった。古代中国の老荘思想は、頽廃していた中国都市文明に対する根元的批判の試みであった。また、わが国の江戸中期の偉大な思想家、安藤昌益の守農的自然哲学は、日本が生み出すことができた最

高の学問思想の発露にほかならないのである。近代西欧自然科学の根元的基盤は自然である。狩野亨吉の解釈による安藤昌益によれば、「自然は最後の事実である」(狩野亨吉「安藤昌益」(岩波講座『世界思潮』第三冊、1928年5月)、『狩野亨吉遺文集』, 岩波書店，1958, p.23)。

　自然そのものは近代西欧自然科学という方法のみによってとらえ尽くせるものではない。フランスの17世紀科学史の研究者ロベール・ルノーブルは書いている。「自然は科学だけの対象になってしまった。すなわち、新規に受容されている術語によれば、技術の対象ということである」("La Nature est devenue l'objet de la science seule, c'est-à-dire, selon l'acception nouvelle du terme, des techniques." Robert Lenoble, *Esquisse de l'histoire de l'idée de Nature*, Paris: Albin Michel, L'évolution de l'humanité, 1967, p.381)。

　自然を、その科学的理解よりも高遠な存在として理解する仕方は、17世紀オランダのスピノザによって提示されている。彼の遺著『エティカ』によれば、「神即自然」(Deus, seu Natura)。すなわち、神とは何も超越的存在者として崇め奉られるような存在なのではなく、われわれを囲繞する自然だというのである。この定式化のゆえに、スピノザは「汎神論」ないし「無神論」の廉で、批難された。別の観点から見れば、自然とは崇高なる神の如き存在だというのである。これは、軽視しがたい見方であろう。先に言及した「ディープ・エコロジー」の使徒アルネ・ネスは、スピノザの思想を現代エコロジズムに近い思想家と見ている。卓見というべきであろう。

　18世紀後半から19世紀前半までの、いわゆるドイツ観念論が新規の観点から見直されている。従来のわが国のドイツ観念論理解は、ライプニッツのカント的継承から、フィヒテを介在させたうえでの、ヘーゲルをその思想運動の完成者と見るというものであった。ところが、今日、レッシングとゲーテをスピノザ思想の復権者としてとらえ、シェリングをもドイツ観念論という思想運動の終結者を見る見方が有力になっている。そこで、シェリングの『近世哲学史講義』のスピノザについての文面をかいま見てみよう。「一生のうち少くとも一度はスピノーザ哲学の深淵に思いをひそめた人でなければ、哲学における真なるもの・完結せるものへ進んでゆくことを決して望みえないでありましょう」(細谷貞雄訳『近世哲学史講義』福村出版，1950, p.56)。シェリングは、この講義中で、みずからの哲学を「自然

哲学」なる章で位置づけている。ゲーテによるニュートン光学批判の浩瀚の書『色彩論』は、こういった自然哲学のドイツのシュトルム・ウント・ドラング期における一表出として理解されなければならないのである。

省みれば、日本の現代哲学は、大森荘蔵教授の著述であれ、廣松渉氏の哲学思想であれ、バークリーやマッハのたどった道を再構成するといった形態であった。けれども、これでは偏狭すぎはしないであろうか。

老荘思想、スピノザの自然哲学、安藤昌益思想をディープ・エコロジーの観点から復権する思想的試みが、いまや鼓舞される。

デープ・エコロジー思想といえば、2019年9月に注目すべきことが、ニューヨークの国連における「気候行動サミット」において起こった。スウェーデンの16歳の少女グレタ・トゥンベリさんが「すべての未来世代の目はあなたたちに注がれている」なる演説を9月23日になし、そのメッセージは全世界にたちまち拡がっていった。「あなたたちが話すのはお金のことと、永遠の経済成長というおとぎ話だけ。何ということだ」。この年若い少女の叫びは、傾聴されなければならない。

私は2018年11月末、高木久仁子・西尾漠両氏の協力を得て、『高木仁三郎　反原子力文選』を編集して未來社から公刊した。ここには、自然に対する敵対のテクノロジーである原子力への科学的批判の叡智が披瀝されている。高木仁三郎は、日本における「ディープ・エコロジー」思想の旗幟を担う最初の科学者のひとりであった。さらに、アマゾン河流域の大火災や、この夏・秋に日本列島を襲った巨大颱風から明らかなように、地球温暖化の驚異は現実のものとなっている。

地球温暖化を中心とする「気候クライシス」に対処する事案は、いまや人類焦眉の課題であろう。カナダのジャーナリスト、ナオミ・クラインの『これがすべてを変える——資本主義 vs. 気候変動』上・下（岩波書店, 2017）は、このことを認識せしめる、まさに警鐘を告げる良心の書である。地球上でまともに生息するには、原子力が邪魔者であるだけではなく、石炭・石油などの化石燃料依存も時代が許容しないことになってしまっている。要するに、人間がみずからの生存のために利用できるものは、自然再生可能エネルギーを中心にすべきだということになる。この認識について、わが国は完全に遅れをとっている。トゥンベリ嬢、クライン女史のメッセージは、わが肝に銘ずるべきであろう。

私は2010年以前の東大教授在任中は、それほど地球温暖化説に好意的ではなかった。親しい同僚に慎重派の自然科学者が居たからであった。けれども、次第に正当な学説として受け容れるようになった。この現象をめぐっては論争が熾烈に展開されたのだが、その論争に関しては、マイケル・E・マンの『地球温暖化論争——標的にされたホッケースティック曲線』（化学同人, 2014）は参照されるべき好著である。

ナオミ・クラインの近著『NO では足りない——トランプ・ショックに対処する方法』（岩波書店, 2018）は、現代政治思想について包括的に思考することを呼びかける書物である。その最後に近いところで、現代アメリカ政治についてミシェル・オバマが2016年に発した呼びかけが引用されている——「向こうが下劣なら、こちらは品位を高く保つことだ」（p.321）。私は、この女性と政治思想を同じにするわけではないが、未来の中部大学に残したいことばである。私が縁あって中部大学に職を得たのは、飯吉理事長が、短期間ながら、プリンストンで研修した経験をお持ちであろう。じつはミシェル・オバマはプリンストン大学卒業生である。2009年5月に私は恩師マイケル・S・マホーニィ先生の追憶のためのプリンストン大学歴史学科主催の国際会議に教え子のひとりとして出席して講演した。その時、ナッソウ・インというアメリカの植民地時代から存在する名門ホテルに部屋をあてがわれた。そのホテルには当時大統領夫人だったミシェルの大きな肖像写真が飾ってあった。プリンストニアンである私が中部大学で為した貧しい仕事のひとつは、本誌にその記録が収めてある国際会議の実行委員長であったことである。私は、中部大学よ、なかんずく中部高等学術研究所よ、「品位を高く保つこと」を忘れないで欲しい、とここに書き残して置きたい。

自然をめぐる考え方の大転換を呼びかける私たちの学問思想の発信を試みる国際会議報告集たる本誌は、ほんの濫觴的段階にあるにすぎない。心ある学徒は、本誌が発するメッセージから多くを学ばれんことを、さらに、もっと本格的に、ディープ・エコロジー、そしてディープ・デモクラシーの学問思想を新たに彫琢されんことを！

近代西欧の自然哲学・東アジアの自然観

佐々木力●中部大学中部高等学術研究所特任教授

1．17世紀ヨーロッパの科学革命に随伴する自然哲学

近代の自然哲学は、17世紀の西欧で起こった科学革命とともに生まれた。

近世西欧の自然哲学は、機械論的で、実験的で、数学的で、粒子哲学的であることを特徴とする。そういった自然哲学は、フランシス・ベイコン、ガリレオ・ガリレイ、ピエール・ガッサンディ、ルネ・デカルト、アイザック・ニュートン、ゴットフリート・ヴィルヘルム・ライプニッツらによって提唱された。現代の一般の科学者は、その自然哲学をもって自然の本質が解明されるものと思いなす。双六でいえば、「上がり」と見なす。私は17世紀西欧の科学史を専門とする学徒であり、とくに数学史を専攻分野とする。今回の会議で講演する神戸大学の三浦伸夫教授は大学院の博士課程時代に、私が東京大学の大学院セミナーで、毎回のように、17世紀の科学革命に貢献した数学者や自然科学者の原著論考をラテン語なりフランス語で購読した事蹟をご記憶のことと思う。

そこで近世西欧の自然哲学総体について省察してみることとする。まずもって、その自然哲学が一枚岩ではないことに注意すべきである。他方の東アジアの自然観は、前記の西欧的自然哲学から大きく遅れをとったと見なされる。だが、この自然観も多様である点に注意される必要があるであろう。

まず、17世紀西欧の自然哲学の成立にとって、英国のベイコン（1561~1626）とイタリアのガリレオ（1564~1642）が重要であろう。彼らは、自然への人為的介入を定式化した思想家である。彼らは、中世から培われ、ルネサンス期に加速化した機械的技芸をもって自然を改作しようとする意図を宿していた。私の科学史的術語で表現すれば、彼らは「テクノロジー科学」の創始者であった。機械論的で、実験的な近代自然科学の特性はこの方法論的特性に

よる。私は別様に、近代自然科学は「基礎工学」的特性をもっていたと主張する。

続いて、フランスからもっと哲学的に洗練された思想家が出現する。ガッサンディ（1592~1655）とデカルト（1596~1650）にほかならない。ガッサンディは、古代ギリシャのエピクロス的原子論を近代に復興させた文献学者にして、さらに、哲学者にして、天文学者であった。彼の著作は、ほとんどがラテン語で書かれたために読まれること稀有であったが、最近、拙著『反原子力の自然哲学』（未來社，2016）は、枢要な文面を日本語にして提供している。彼は、ほぼ同時代のデカルトと相異して、ドグマティズムに陥ることなく、探究持続の思想的態度を堅持した。

デカルトは、私がプリンストンでの博士論文の主題として選んだ哲学者にして数学者であった。関心を寄せられる方は、拙著『デカルトの数学思想』（東京大学出版会，2003）；*Descartes's Mathematical Thought* (Kluwer Academic Publishers, 2003) を参照されたい。彼は、ガリレオが自然の数学化を個別的に遂行しようとした段階にとどまらず、自然的対象総体を普遍的に数学的に記述されるべきであると主張した。古代ギリシャでは有り得ない思想家である。

そのあと、ニュートン（1642~1727）とライプニッツ（1666~1716）が科学革命を総合に導いた。けれども両者ともに、狭隘なデカルト的な機械論的ドグマティズムには批判的姿勢をとった事実は注意されるべきである。とりわけ、生命現象を機械論的に解明可能とは考えなかった。ニュートンは、特異なプロテスタンティズムの宗教的な世界観から、超越的神が、この堕落した世界を衰退と再生に導くという信仰を持ち続けた。ライプニッツは、デカルトの機械論的世界観で、この世界を解明し尽くすとは考えなかった。彼は伝統的中国文明の在り方にただ

ならぬ関心を寄せ、多文化主義的観点の先駆者でもあった。その点については、後述する。

21世紀の初頭にあって、人類焦眉の課題は資源エネルギーと自然環境に配慮した自然の概念を創成せしめることであろう。このような視角から省みるとき、ライプニッツの多くの可能性をもった自然哲学が再評価される必要があり、古代中国の老子と荘子の自然観の先駆性に改めて光が投ぜられるべきであろう。そのような比較が可能になる東アジア地域は、いま多文化主義的思想を強力に発信してゆくべきなのではないか。

２．古代中国の自然観、とりわけ荘子の自然哲学

上記のように、17世紀の科学思想史を専攻した学徒ではあるものの、私は、近世西欧で生まれたそのような自然哲学には、大きな転換が必要であると考えている。そこに東アジアの伝統的自然観の出番があると思っている。とりわけ、古代中国の荘子の思想である。老子と荘子の原典批判、その訳読の仕方のついては、かつて東京大学で教鞭をとっていた池田知久教授が、最近、講談社学術文庫から信頼できるテキストを公刊した。中国・日本の学界にとっても画期的偉業だと私は高く評価する。『荘子』全訳注は、2014年に上・下二巻として出版され、『『老子』──その思想を読み尽くす』は、2017年に刊行された。いずれも重厚な読み応えである。最近、両者の簡約版も出版されている。

老荘の思想について、一般的に注記しておく。森三樹三郎は、講談社から公刊された〈人類の知的遺産〉シリーズの一冊『老子・荘子』(1978)の解説のために書かれた一文において、こう述べている。「東洋でもっとも古く自然に帰れということを唱えたのは、紀元前四世紀ころから中国にあらわれた老子や荘子を始めとする道家の思想家たちである。このような古い時代に文化の自己反省があらわれたということは、いかに中国の文化が早熟であったかを物語るものといえよう」。こう書いたあと、森は、「一つの文明が自家中毒をおこし、その退廃期にさしかかったとき、そこにあらわれる症状はさまざまである」と老子と荘子の思想を詳述し始めている。文明の頽廃期の思想批判としての老荘思想という特徴づけは、まことにスリリングな思想史的位置づけということができるのではあるまいか。現代こそが、近代文明の頽廃的様相があらわれでた時代であるというのが、科学史家としての私の時代認識にほかな

らない。近世日本にも、老荘に似た思想家が出現した。安藤昌益（1703~1762）である。だが、彼の思想は今回の国際会議では主たる議論の対象とはしなかった。

2018年になって、保立道久訳・解説の『現代語訳　老子』が、ちくま新書の一冊として公刊された。上記の紹介が示すように、中国古代の老荘思想が活気をもって、現代日本に甦りつつあるのである。私は、老荘思想の復権は、現代の原子力テクノロジーをはじめとする野蛮なテクノロジーの跳梁に対する思想的抵抗の意味を担っての試みであると思っている。

ここでは、『荘子』外篇「秋水」から一文だけを現代日本語訳し、原文と英語訳を添えて引用して、荘子思想の要約としておくこととする。

「人の作為をもって天の自然を滅ぼしてはならない。」
无以人灭天；Wúyǐrénmiètiān ウーイーレンミエティエン．
Don't destroy the inborn heavenly nature by enforced human artificial interventions.

簡明に解説的に言い換えると、荘子の自然哲学は、現代におけるエコロジカルな自然観の再生と推進のためにこそ枢要なのである。ちなみに、中江兆民は『史記』や『荘子』の愛読者で、秋水という号を名乗っていた時期がある。彼の高弟の幸徳秋水は、その号を譲り受けたのであった。

３．ライプニッツの多文化主義の再生の必要性

17世紀の科学革命の推進者のなかにあって、ドイツ出身のライプニッツはデカルトの数学をさらに推し進めようとする一方で、基本的な立場については、狭隘な観点に立とうとはしなかった点で注目に値する。彼は、政治哲学については、英国のトーマス・ホッブズからも学んだ。ライプニッツは、独特のモナド的生命観から、機械論的世界観によって、この世界を解明できるとは考えなかった。アリストテレス主義的スコラ学の生命観にも捨てがたい点があると考え続けた。その段階にとどまらず、中国の自然神学＝儒学と、特異な自然観に関心を寄せた。伝統中国医学をも学びたいと考えていたはずである。彼が編集して公刊した『中国最新事情』（初版1697；第2版1699）はきわめて魅力的な多文化主義を唱道している。その序文のラテン語原文からの抽訳は、

『未来』の2017年春・夏号に掲載されている。私は、ライプニッツ的多文化主義と柔軟な開かれた科学哲学は、現代に生きていると高く評価している。

フォン・ベルタランフィの『一般システム理論』は、その理論の先駆者として、ライプニッツを明示しているし、さらに、ノーバート・ウィーナーの『サイバネティックス』もまた、その先蹤としてライプニッツがいると見なしていた。現代の複雑系科学は、同様にライプニッツ的であると見なされうるであろう。

ライプニッツの多文化主義的科学哲学の観点は、中国文明が「もうひとつの世界」として台頭している現代にあって、再度、偏見のない眼で、評価し直されなければならないのではないか。

4．伝統中国医学について再考してみる

ここで、ライプニッツ的な多文化主義的科学哲学の復権のための事例として、伝統中国医学について、検討してみることとする。つい先日、〔2018年〕9月24日の午後7時20分から10時まで、ＮＨＫ総合テレビは、異例の長時間の特集番組として、「東洋医学：ホントのチカラ」を放映した。未だに表面的な側面が見なれないわけではないが、それは一般視聴者向けの番組で、致し方ないであろう。私はかなり高水準の番組に仕上がっているとみた。

「東洋医学」ということは、中国医学のみならず、インドの伝統医学をも含み、多様である。インド医学の一事例として、番組はヨガの効能を紹介していた。その他は、伝統中国医学起源の中国医療と日本漢方であった。ちなみに、「漢方」は、江戸時代に伝統中国医学を元に成立した日本の伝統医学で、中国医学＝中医学とは異なることに注意されたい。韓国では、「漢医学」と呼ぶ。

伝統中医学、近代西欧医学、等々について、一般的に注意されなければならないのは、医学はいずれも、「癒しの術」（art of healing）として見られなければならないということである。実践的に効用のない医療は医学の名に値しない。

「東洋医学」ということで、番組がまずもって、紹介したのは、鍼灸医療であった。このことは順当であろう。その医術に、近代西欧科学の機械論的説明が求められた時代があった。だが、その姿勢は狭隘であろう。

ついで、「漢方医薬」について、かなりの時間を費やして解説していた。その処方にさいしては、「証」を看る診断法が重要であるとの説明があった。伝統中医学では、「辨証論治」のために身体の総体的状態

を「証」を通じてみる。この着眼はとても重要である。ちなみに、近代西欧医学の診断法は、「辨病」である。病名を告げられると患者は、まともな診断がなされたものとみなす。対照的に、伝統中国医学では、「辨証」によって、身体全体の状態を診断する。

佐々木力

番組では、ツムラ（以前の津村順天堂）の研究所の紹介をやっていた。ツムラのいわゆる「漢方薬」は、元来、漢方エキスを使用した西洋薬を意味していた。私の印象では、そのような薬剤の製造法には、若干の改善がなされつつあるようであった。しかし、完全には改まっていない。

先述のように、医学はまずもって医術であり、「癒しの術」として、人びとの心身の悩みを軽減しなければならない。医術はいかなる形態であれ、"Evidence-based medicine"、すなわち、実効を探る医術でなければならない。近代西欧のデカルト以降の機械論的医学だけが医術なのではない──このことの確認が枢要なのである。狭隘な医療の形而上学から解放されること、このことを伝統中国医学についての省察から学ぶことが肝要なのである。

5．東西の自然哲学に公正に対する

21世紀の行く末は杳として定まらないままである。だが、近代的で西洋的な価値観が揺らいでいることは確かであろう。「先進」資本主義諸国は、もはや自由で民主主義的な価値観の推進者ではない。私は、最近、鈴木董著『文字と組織の世界史──新しい「比較文明史」のスケッチ』（山川出版社, 2018）をひもといたばかりである。その本の第19章「よみがえる「巨龍」中国と「巨象」インド、そして日本」の p. 369には、「経済協力開発機構（OECD）レポート」として、"Looking to 2060"（2012年）による2060年の予想 GDP シェアとして、

中国　27.8％／インド　18.2％／米国　16.3％／ EU　8.8％／日本　3.2％

という統計数字が紹介されていた。その妥当性につ

いては精確な判断はできない。だが、ひとつの見方ではあろう。

鈴木董教授は、1947年生まれで、東京大学東洋文化研究所の教授を長く勤めたオスマン・トルコ史を専攻する学者で、荒唐無稽な数字を掲げているわけでないことは確かであろう。米国経済と日本経済には大きな陰りがみえ、また、中国には中国の大問題がある、そういった事実はまちがいないであろう。しかしながら、中国が台頭しつつあることは覆い得ない事実である。その中国の自然哲学の復権は、まちがいなく起こるであろう、と私は予想する。東西双方の自然哲学に公正に対する姿勢こそ枢要であろう。

ここで、「自然」なる漢語について注記しておく。近代日本翻訳語については、柳父章『翻訳の思想――「自然」と NATURE』(平凡社選書，1977; ちくま学芸文庫，1995) が基本的な著作で、多くのことを教えてくれる佳作である。「自然」なる語彙について主題的に議論してあるので、われわれが取り組んでいる主題にもかかわる。その書の基本主張は、「自然」なる漢語は、実体的な名詞としては、西欧の "nature" の訳語として近代になって成立をみ、それ以前は、初出の『老子』中の「おのずからそうなっているさま」を意味するとしている。『荘子』では、今日の実体的自然は、「天」なる語彙であらわされている。ところで、「自然」なる語彙は、安藤昌益の『自然真営道』に頻出してもいる。昌益は一般に「自リ然ル」と読ませる。これは、『老子』的読みである。柳父章の先述書は、昌益についても一節を割いて論じているのだが、丸山眞男の後年『日本政治思想史研究』に収録される論考に依拠して書かれており、歯切れはよくない。ところが、『安藤昌益全集』を主たる編集者として公刊した寺尾五郎は、『続・論考 安藤昌益⊕ 安藤昌益の自然哲学と医学』(農文協，1996) において、こう明言している。「昌益によれば、全「自然」は根源的物質である「真」の運動であり、その「営ミ」、その発現である。「真」の物質的運動の総体が「自然」である」(p. 15)。寺尾によれば、安藤昌益は、近代西欧の "nature" とは異なる実体的自然の発見者なのであった。私は寺尾の言説は完全に正しいと考える。この発見は、日本思想史の抜本的見直しをせまる画期的発見である。なお、寺尾は遺著『「自然」概念の形成史――中国・日本・ヨーロッパ』(農文協，2002) において、「日本思想史上にやや唐突としての意の「自然」の語を駆使する哲学が出現した」(p. 220) として、

安藤昌益の自然哲学の画期的意義について述べている。この認識は、われわれの国際会議の主題にも関係してくる。そもそも、漢字は「はじめに物があった」といった象形文字的形成の特徴をもっているのであるから、西欧語的な名詞・形容詞・副詞といった峻別にはなじまないことをも想起すべきであろう。

なお、ハーバート・ノーマンの『忘れられた思想家 安藤昌益のこと』(岩波新書，大窪愿二訳，1950;『著作集』第三巻，岩波書店，1977) は、安藤昌益の自然観は、『荘子』のに類似していると見ている。『自然真営道』が荘子を酷評していることを承知の認識である。遠目に見れば、そう見えるということであろう。私はノーマンの読解が正しいと考える。

6．「歴史的科学哲学」から 「文化相関的科学哲学」へ

私はプリンストン大学大学院で、トーマス・S・クーンらによって、科学史・科学哲学の専門教育を受けた学徒である。科学哲学については、クーン教授の「科学哲学入門」(Introduction to Philosophy of Science) という学部生のための講義を1977年春学期に聴講した。クーン教授は、地道な思索の人で、みずからの科学哲学を特徴づけて、「歴史的科学哲学」(historical philosophy of science)と呼んでいた。「論理的科学哲学」(logical philosophy of science) の唱道者であるルードルフ・カルナップに対抗してのことであった。彼は、歴史的科学哲学の旗手を自認していたと思う。

私は元数学徒にして、数学史専攻の学徒として、「歴史的科学哲学」の数学史への外挿をやろうと考えていた。実際、クーン教授の前記講義に付随して、リポートを教授に提出した。教授を懇切丁寧に読んでくれ、かなり心の籠もった評価を返してくれた。

1980年春に東京大学の専任講師として帰日し、とりわけ近世西欧数学史研究に尽力した。そうして、「デカルトの数学思想」(Descartes's Mathematical Thought) なる博士論文を書き上げた。プリンストン大学での最終試験の直後にプリンストンの郵便局から、MIT の研究教授をしていたクーン教授に送付した。熱心に読んでくれ、公刊のために努力するように進言してくれた。

私の数学史の外への学問的関心が拡張し、2010年春に東京大学を定年退任し、2012年から北京の中国科学院大学教授に就任し、中国人学徒を相手に講義し始めるや、みずからの哲学的知見は、たんに

歴史的アプローチを採ることに限定されることなく、伝統中国科学をも射程に収めるようになった。それ以前から、中国や韓国から留学生が少なからず私のもとを訪れるようになり、東アジア科学、とりわけ数学、医学、自然哲学関係の著作を私は熱心に読むようになっていた。伝統中国医学は、独特の存在意義をもっているように私には思われるようになっていた。2012年秋、ただちに、私のなかに、「文化相関的科学哲学」（intercultural philosophy of science）の構想が芽生え、翌年の夏までには、その学問的プログラムを唱道する長文の論考をも仕上げた。

　2015年の春節休暇で一時帰日したさいに、池田知久訳・解説の『荘子』の分厚い全二冊を私は北京に持ち帰った。春学期が始まるや、熱心に熟読した。2011年3月の東日本大震災の一環として起こった福島の原子力発電所事故の自然哲学的背景を探るという動機もその精読にはおおいに影響したと思う。『荘子』こそが東アジアの未来の自然哲学とならなければならない、と私は思い定めた。以前、『「東アジアに哲学はない」のか』といった問いかけの書物をひもとき、私は多少驚いたことがある。その著書の著者の答えは、せいぜい、儒学を近代的に刷新した思想があるのではないかというものあったからであった。そんなものは、それほど重要ではない、老子と荘子、とくに後者が独創的な東アジアの哲学であったのではないか。これが、私の読後感であった。池田訳『荘子』は、繰り返し、繰り返し、五回ほどは読んだと思う。中国語の注解書も20冊以上は買い求めた。こうして、私は岩波書店の月刊学術雑誌『思想』掲載のために、「古代中国の懐疑主義哲学──『荘子』「斉物論」篇の一解釈」を執筆した。その論考は、2015年10月号に掲載された。

　その論考は、たんに「文化相関的科学哲学」の第一段、出発点にすぎない。今後、数学、自然哲学、医学論と発展させられねばならない。「文化相関的科学哲学」の包括的な学問的プログラムについては、『アリーナ』第20号（2017）掲載の拙論を参照されたい。

7．近代西欧自然科学は真実に自然な科学か？

　われわれは、現代学問のなかで、「自然科学」（natural science）をもっとも重要な知的営みと見なしている。ノーベル賞は、主として自然科学者に授与される。だが、それは、しばしば、「不自然科学」（unnatural science）であることがあるのではないか？

19世紀のベイコン主義的実験科学がそうだ。中国人がその形態の自然科学を作れなかったのは、偶然ではなかった。「おのずからしかる」自然とは距離をとった「不自然」な知識だったからにほかならない。

　そのような科学にとどまらず、19世紀末から、「反自然科学」（antinatural science）も登場し始めたのではないか？　ドイツの実験物理学者のレントゲンが始めた科学の形態がその有力候補にほかならない。彼はその業績のために、第一回のノーベル賞を受賞した。われわれは、その形態の自然科学をも自然科学と呼ぶ。自然の現象として、現実に在り、そう現象しているからである。上記の「反自然科学」の代表例として、核物理学なり核化学があり、原子力テクノロジーの科学的基礎として働いている。それは、「自然な」科学の規範から逸脱した「反自然科学」になってしまっているのではないのか？

　近代西欧自然科学は真実に自然な科学なのであろうか？　Is modern European natural science truly a "natural" science?

　けれども、今回の国際会議の目標は、けっして古代中国に戻れといったものではない。ライプニッツとクーンの科学思想に倣ったパラダイム・プルーラリズムが旗幟である。一方の自然科学の在り方に閉じこもらずに、広く自然を大事にする科学探究の方向を探ることが未来の学問への堅実な道であろう。

　以上が、これから二日間にわたって展開されるであろう中部大学国際会議「新しい科学の考え方をもとめて──東アジア科学文化の未来」が問いかける問いにほかならないのである。

要約

近代西欧の自然哲学・東アジアの自然観

　17世紀ヨーロッパの科学革命とともに生まれた自然哲学は、機械論的で、数学的で、粒子哲学的であることを特徴とする。そういった自然哲学は、ガリレオ、デカルト、ニュートン、ライプニッツらによって提唱された。まずもって、その自然哲学が一枚岩ではないことに注意すべきてきである。他方の東アジアの自然観は、前記の西欧的自然哲学から大きく遅れをとったと見なされる。だが、この自然観も多様である点に注意される必要があるであろう。21世紀の初頭にあって、人類焦眉の課題は資源エネルギーと自然環境に配慮した自然の概念を創成せしめることであろう。このような視角から省みるとき、ライプニッツの柔軟で多くの可能性をもった自然哲学が再評価され

る必要があり、古代中国の老子と荘子の自然観の先駆
性に改めて光が投ぜられるべきであろう。そして江戸
時代東北の安藤昌益の『自然真営道』の農本主義的な
エコロジカルな自然観は復権されねばならない。その
ような比較が可能になる東アジア地域は、いま多文化
主義的思想を強力に発信してゆくべきなのではないか。

Summary

Natural Philosophy of Modern Europe
and the View of Nature in East Asia

The natural philosophy born with the Scientific Rev-
olution in 17th century-Europe can be characterized as
mechanical, mathematical, and corpuscularistic. This
kind of natural philosophy was proposed by Galileo,
Descartes, Newton, and Leibniz, among others. First of
all, we should notify that this natural philosophy was not
monolithic at all. On the other hand, the view of nature in
East Asia has been seen simply as old fashioned in com-
parison with the afore-said European natural philosophy.
But this view of nature has many faces. At the beginning
of the 21st century, we have to create a new conception of
nature which should pay attention to energy and natural
resouces as well as natural environment. When we reflect
from this point of view, Leibniz's natural philosophy
must be reevaluated to have some fruitful possibilities
and new light should be thrown once again to Laozi's
and Zhuanzi's ecological view of nature. Further, Andō
Shōeki's physiocratic view of nature of Edo Japan must
be rehabilitated. Our East Asian region should challenge
to dispatch now an ambitious thought based on multi-cul-
turalism on the view of nature.

『荘子』における「自然」概念
——歴史から現代まで[1]

劉　笑敢●北京師範大学特任教授

朱　琳　訳●中部大学中部高等学術研究所研究員

佐々木力教授から今度の会議で『荘子』の「自然」概念をテーマに基調講演を行う依頼が来て、ひとまず、佐々木教授に感謝を申し上げたい。先生のメールは英語で書かれており、恐らく『荘子』における「自然」という概念について話してほしいのではないかと推察している。現代中国語の中に、「自然」という言葉は "nature" の訳語として使われており、"physical world" ＝自然界の意味が含まれている。しかし、これは20世紀以後に現れた現象であり、日本語の "nature" の訳語を受容した結果である。はるかに遠い古代中国において、すでに「自然」という一語があるが、その時まだ "nature"、または自然界の意味合いが含まれていなかった。そのため、まず「自然」の言葉的な意味に関する分析を念入りに行わなければならない。

（一）

今日の報告において主に二つのパーツに分けられている。第一部分は、『荘子』に書かれている「自然」に関する部分を中心に展開されている。古代中国語としての「自然」という言葉には複雑な意味が含まれているため、これらの字句に書かれた「自然」は "nature" および自然界と直接な関係があるとは限らない。しかし、この部分を通して、全体的かつ確実に歴史における「自然」の意味を把握するができる。したがって、第一部分は、『荘子』における「自然」という一語の使い方と意味を中心に議論を進めたい。

第二部分は、『荘子』に書かれた "nature"、または自然界に関する内容を分析する。この部分は「自然」という言葉が使われていないが、中には、大量な "nature world"、すなわち自然界の具体的な事物と現象に関する内容が含まれている。恐らく佐々木教授が関心している問題はこの部分にあるだろう。またこれも今度の大会の主題と緊密な関係を持って

いる。第二部分は我々の古代中国の道家思想に対する理解を深化し、特に荘子の自然界に対する観察、理解、感触を知ることに資する違いない。また、我々の大自然に対する感謝の念を持つこと、エコロジー、自然環境保全の意識を高めることも期待できるだろう。

なぜ、このような区分をするのだろうか。この二つのパーツを築いた基礎が異なるためである。第一部分は、『荘子』に実際に登場した「自然」という二文字の語義と思想的意義に注目し、第二部分は「自然」という二文字が使われていないが、実際に自然界と自然物の思想的内容に焦点を当てる。このような区分の重要性をよりわかりやすく読者に伝えるために、まず自然界の語源、および中国語における「自然」の基本的な語義を概説する。

中国語には「自然」という単語が古来より存在している。現存する文献に基づけば、老子が自然という単語を発明したことがわかる。『老子』における「自然」の出現は相当に独特な現象であった。まず、五千数百字からなる『老子』のなかに「自然」は5回も出現するものの、それ以前あるいはその少し後の書物には、「自」＋「然」の臨時の組み合わせによる連語を発見できない。つまり、「自然」は最初からひとつの独立した複合詞として出現し、単音詞から連語そして複合詞へ、という過程を経ていないのである。次ぎに、『老子』が言うところの「自然」は、常に道と・聖人と・万物と・百姓（一般庶民）と関係している。原文から考えるに、『老子』が述べる「自然」は一種のとても高い、全体としての状態である。しかし、『荘子』は自然の外化について述べはじめ、「順物自然而無容私焉（物の自然に順いて、私を容るる无かれ[2]）」、「常因自然而不益生也（常に自然に因りて生を益さざる）」と説くようになる。このような用法は明らかに『老子』のなかにはないものである。『荘子』は「自然」という単語の

語義と用法の変化をもたらした。それ以外にも、万物において包括される個体という意味を除き、『老子』には個体の自然という用法や含意はない。この一点と後の王弼が述べた個体の自然とも重要な相異がある。厳密に言えば、『老子』における「自然」の独特な意義は継承されなかった。我々は容易に荘子・王弼・郭象による「自然」のなかのいくつかの元素を老子の述べた「自然」に求めることができる。

現代中国語においては、自然は一般的に自然界の同義語として使われている。しかし、林淑娟の考証[3]に基づけば、アヘン戦争以前、"nature"という単語は中国語において「性」や「天地」と訳されていた。「性」は"nature"の最初の意味であり、「天地」は古代において往々にして天地万物を指した。「自然界」に対応しているようであるものの、天地万物は人類社会を包括しうるものであるし、自然界という意味とはやはり異なると言える。

第二次アヘン戦争以降、"nature"は客観存在の名詞としては依然として「天地」と訳され、属性としては「本質」「本性」或いは「自然」と訳された。しかし、連語"natural philosophy"は「博物」と、"natural philosopher"は「博物士」と訳された。この時"science"「科学」という単語は「博物」「格物」「格致」と訳され、"nature"と「自然」は一般的にはいまだ対応関係を結んでいなかった。

20世紀の前期、およそ1905年以降、「自然」という単語は"nature"という物質世界の含意を吸収しはじめた。往々にして複合詞の頭の部分に使用された。例えば「自然力」とか「自然論」、「自然実証論」など。この時、自然界と関係のある翻訳語が大量に中国語に流入した。例えば、「自然人」「自然物」「自然法」「自然主義」「自然之欲望」「自然科学」「自然哲学」「自然淘汰」などである。また同時に中国語のなかにも、「自然産物」「自然景象」「自然地理」「自然地産之学」などの新語が出現した。この時から、「自然」の意味は次第に"nature"の意味と関係していくが、その多くはいまだ連語の修飾部分として使用され、「自然界」の同義語として使われていなかった。例えば、"natural science"は「科学」と訳され、"the natural science"は「博物学」と訳された。つまり、「自然」と"nature"は対訳関係ではなかった。20世紀以降、中国語における「自然」という単語はようや

表1　ヨーロッパ主要言語における "nature" 語義の出現と変遷[4]

初登場と語義	英語 nature	ドイツ語 natur	フランス語 nature
初登場	13世紀	14世紀	12世紀
語義：物事の属性、特質	13世紀	14世紀	12世紀
語義：自然界	17世紀	16世紀	16世紀

く"nature"という含意と比較的安定した関係をとり結び始める。したがって、我々が中国の古代思想について語るとき、「自然界」としての概念を安易に古代の術語と思想に適応してはならず、特に、道家の「自然」という二字を「自然界」と安易に結びつけてはならないのである。

中国語としての「自然」という一語の源は、ヨーロッパ文字の"nature"まで遡れる。しかし、ヨーロッパでも、16、17世紀になってから、自然界という意味で使われたのである。まず、表1を参照されたい。

表1から明白に分かるように、12世紀から14世紀までの間に、ヨーロッパでは"nature"が初めて一つの用語としてフランス語、英語、ドイツ語の中に表れた。当初の語義は物事の属性、または特質であり、物質世界や自然界の意味として使われたのは、16世紀から17世紀までの間であった。

一方、中国語において、「自然」と"nature"と対訳関係が確立したのは20世紀以後である。そのため、古文で使われた「自然」を安易に「自然界」と結びつけてはならず、つまり、『荘子』における「自然」という二字を「自然界」として理解できないのである。

現在自然をそのまま自然界として理解するのは一般的であるが、それは必ずしも正しいとは言えず、厳密的な考え方とも言い難いだろう。また、現代中国語では「自然」を自然界と解釈することは必ずしも普遍的ではないだろう。この点について、さしあたり表2の通り、各種辞書における「自然」の解釈を確認したい。

上記における6種類の辞書の「自然」という単語に対する解釈より、我々は言語学或いは語彙学が公認する自然の意味には、1）天然、2）強制でない・わざとらしくない、3）理の当然という三つがあることが確認できる。自然界の意味が含まれていない。注目にあたいするのは、ただ『現代漢語詞典』のみが、「自然」が大自然あるいは自然界を指すという用法を載せているということであり、その他の辞書

表2　各種辞書における「自然」の語義　（括弧内は日本語訳）

現代漢語辞典	辞海（新）	辞源（新）	辞海1947	大辞典(台湾)	学典(台湾)
自然界：大自然 （自然界：大自然）					
自由発展，不経人力干渉 （自然な発展・人の干渉を経ない）	天然的，非人为的 （天然の・人工的でないもの）	天然的，非人为的 （天然の・人工的でないもの）	犹天然也 （天然と同義）	天然，不假人为 （天然・人工に頼らない）	天然，非人为的 （天然・人工でないもの）
不勉强，不局促，不呆板(轻声) （強制じゃない・窮屈じゃない・はつらつとしている）	不造作，非勉强的 （わざとらくない・強制的でないもの）	不造作，非勉强的 （わざとらくない・強制的でないもの）	无勉强也 （強制的でない）	不勉强，不造作，不拘束 （強制じゃない・わざとらしくない・拘束されない）	不勉强，不造作 （強制でない・わざとらしくない）
理所当然 （理の当然）	犹当然 （当然と同義）	当然 （当然）		当然 （当然）	当然 （当然）
			(nature) 哲学名词，与文化和超自然相对 （哲学用語。文化と超自然に相対する概念）		自然科学简称（小学科目） （自然科学の略称。小学校の科目名）

はこの用法を載せていないという事実である。

なぜ多くの辞書に収録されている「自然」に対する解釈の中に「自然界」の意味が含まれていないのでしょうか。発表者が推察するに、厳密に言えば、「自然」＝「自然界」という用法は規範的なものではなく、「自然」をめぐるその他の語意との混同を招き、さまざまな解釈を生じさせるからと思われる。一方、『現代漢語詞典』は現代における実際の用例を重視するため、「自然」という二字で自然界を指す広く通用した用法を採用したのである。また、自然界の意味として「自然」という言葉を使うのは誤解を引き起こす可能性もあるにもかかわらず、目下多くの人がそのような用法を採用していることも事実である。

　このように、古代と現代における自然の語義は大きな違いがあるため、我々は『荘子』での「自然」を考える際に、この点を明白に意識しないといけない。本稿は『荘子』での「自然」という言葉とその中に書かれた自然界に関連する内容とを区別して考察を行うのも、そのためである。

（二）

さて、本稿では『荘子』の原文を出発点として、『荘子』に現れた「自然」を検討したいと考える。周知のように、『荘子』は内篇・外篇・雑篇三部分が含まれており、中には内篇が比較的に古くから存在し、荘子の作品である可能性も高い。外篇と雑篇の成立が比較的に遅く、荘子の弟子または他人の手によって書かれた可能性が否定できない。内篇の中に「自然」という言葉が現れたのは二箇所があり、外篇と雑篇において五箇所がある。まずこの七箇所を手がかりとして、『荘子』における「自然」の意味を探究してみたい。

（1）
荘子曰わく、「吾が謂う所の情无しとは、人の好悪を以て内其の身を傷つけず、常に**自然**に因りて生を益さざるを言うなり。」「徳充符」

ここでは荘子が言及した「無情」とは、個人的な好悪の感情を排除するということであり、何故なら、好悪などの感情は自分の健康を妨げるからである。個人の好悪を排除することによって、自然のままにいられ、人為的に長生きを追求することもしない。つまり、「無情」とは内面的にいえば個人の好き嫌いを克服し、外面的にいえば自然に任すということであり、ここでいう「自然」とは、自分自身以外の

存在、または変化を意味する。荘子は環境の変化に従うことを主張している。ここで老子の言った「道法自然」と大きな違いが見られる。老子の言った「自然」とは規範として従う原則であり、（1）での「自然」とは外面的な環境に従うという意味で、実現しないといけない目的ではない。

（2）

> 无名人曰わく、「汝心を淡に遊ばせ、氣を漠に合せ、物の**自然**に順いて、私を容るる无かれ。而ち天下治まらん。」「応帝王」

無名人も寓言での人物であり、老子以降に形成された「道は常に名無し」という思想を表している。天下をいかに治めるという質問に対して、無名人は天下を支配する必要がなく、天下を治めようとするのが却って天下万物の秩序を妨げることになると主張している。従って、無名人は「どのように天下を治めるのか」という質問に答える気がなく、問い詰められた結果、このように言った。「きみは心を淡清の地に遊ばせ、気を漠静の境に合わすようにし、物の自然の姿に従い、私心を挟まぬようにしたまえ。そうすれば天下は治まろう」、と。言い換えれば、天下の根本には万物を妨げないということである。つまり、「物の自然に順ひて私を容るる無く」である。ここにある自然は自身以外との意味で、「物の自然に順ひて」は自身以外の物を本来の趨勢通りに発展させ、個人的な意志を用いて関与しないことである。要するに、内篇におけるは僅かこれら二箇所に「自然」が使われている。一つは「常に自然に因りて生を益さざるを言うなり」であり、もう一つは「物の自然に順いて、私を容るる無かれ」である。両者が非常に一致し、「自然」の意味も同一である。ここにある自然は外在的なものであり、すなわち、外在的な世界が自発的に存在と運行することを示唆している。天下を治める責任を引き受ける人は自然に任せて従うべきである。自分の意志を用いて自然に変化させるべきではないのである。言い換えれば、天下に責任をとる一番いい方法は、内在的な教養を身に着けることであり、外在的な世界を変えるべきではないのである。これは老子の主張した「万物の自然を輔け」る思想と異なると言えよう。

『荘子』外雑篇に書かれた「自然」は五箇所がある。[5]

（1）

> 夫れ至楽は、先ず之に応ずるに人事を以てし、之に順うに天理を以てし、之を行うに五徳を以てし、之に応ずるに**自然**を以てす。然る後に四時を調理し、万物を太和す。「天運」14-502 [6]

ここは音楽の話を中心とし、比較的に深長な意味がふくまれている。すなわち、最も優れた音楽は、人事によって引き起こされ、天に従い、五徳によって進め、自然的にこれらの要求に応じることであり、そこで四時を、万物を調和することが可能である。ここにいう「自然」とは、態度または方法であり、自然的に人事、天理、および五徳に応じることと理解できるだろう。

（2）

> 吾又た之を奏するに怠る无きの声を以てし、之を調うるに**自然**の命を以てす。故に混逐して叢生し、林楽して形无きが若く、布揮して曳かず、幽昏にして声无く。「天運」14-507

ここは引き続き音楽の話である。気だるい感じを一掃するメロディーを奏し、自然的な原則に従い調和する。あたかも風が森に通る時の音のように、広く広がり、時にはひっそりして音がないように聞こえる。ここで言った「自然」も行いの一種として理解できよう。

（3）

> 是の時に当たりてや、陰陽和静し、鬼神擾さず、四時節を得、万物傷われず、群生夭せず。人に知有りと雖も、之を用うる所无し。此を之至一と謂う。是の時に当たりてや、之を為す莫くして常に**自然**なり。「繕性」16-551

すなわち、太古の時に、陰陽の二気が和らいで静かであり、鬼神が人間の世界を乱すこともない。春夏秋冬の四節が順調に移り変わることによって、万物は損なわれることなく、すべての生き物が天寿を全うすることが可能である。人間は知恵があっても、これを利用すべき所がない。これこそ物と我とが一体となる境地である。このような境地に到達したら、人間の作為が要らず、常に自然的である。ここでいった「自然」には苦心して物事をなすことはしないという意味が含まれていると言えよう。

（4）

老聃（訳者注：老子）曰く：「…夫れ水の沟に於

けるや、為す无くして才**自然**なり。至人の徳に於けるや、脩めずして物離るること能わず。天の自ら高く、地の自ら厚く、日月の自ら明らかなるが若し。夫れ何をか脩めん。」「田子方」21/711-716

この引用文において、水が自然に湧きだすというのは、人為的な作為ではなく、水の本性によるものであり、真の自然であると説かれている。同じように、聖人は自分の徳に対して苦心して修めることなくても、自然に他者が離れることもない。すなわち、天が自然に高く、地が自然に厚く、日月も自然に明るいように、修めることによる結果なのではない。ここにいう「自然」も、ありのままの状態で、外力に頼らないことを意味している。

（5）
　　　礼なる者は、世俗の為す所なり。真なる者は、天に受くる所以なり。**自然**にして易う可からざるなり。「漁父」31-1032

この引用文は礼法に関する内容である。一般的にいえば、人間の礼法は、世俗に従って生まれたものだけであって、心から湧き出した気持ちがそのまま示すものではない。しかし、真性はありのままの表れあり、容易に変わったりしない。すなわち、ここのいう「自然」も人為が加わらないことを意味し、行為の一種である。総じて、外雑篇において現れた五箇所の「自然」はみなこのような意味合いが含まれているといえる。
上記した七箇所の「自然」の意味は、『荘子』の原文にたどり、歴史的に、記録として確認できるものである。その言葉の意味として、ありのまま、無理のない、外力に影響されないことが挙げられる。
しかし、『内篇』と『外篇・雑篇』に見られる「自然」は、それぞれ異なる文脈で語られている。『内篇』の場合は、外在的な環境条件に従って、存在したり、変動したりすることを強調している。『外篇・雑篇』の場合は主体による行為様式としての「自然」を含意している。このような両者のつながりも興味深いであろう。

（三）

この章では、我々は『荘子』における自然界と自然現象に関する内容を検討してみる。古代において

自然界に関する概念は天、天道、宇宙などの表現があるが、具体的に自然物、または自然現象に関するものも見られる。もともと自然界という概念は古代には見られないものであるが、本稿では自然界の概念に従い、下記の四点から『荘子』で書かれた作者の自

劉　笑敢

然に対する観察、態度および評価などを考察してみたい。
　第一、大自然に対する細部までの観察。
　第二、自然界に対する観察において独特なまなざしと万物平等の思想が潜んでいる。
　第三、自然物によって、人生の哲学思想と知恵を表現する。
　第四、作者が宇宙の無限性に対する感知と推察を表現する。

3－1.『荘子』において、大自然に対して細部まで観察し、綿密な分析を行い、それを描写する筆致も軽妙で、変化に富む。空前絶後。
　まず『齊物論』の一節を見てみよう。

　夫れ大塊の噫気は、其の名を風と為す。是惟无し作こり、作これば則ち万竅怒号す。而独り之が翏々たるを聞かずや。山林の畏佳、大木百囲の竅穴は、鼻に似、口に似、枅に似、圏に似、臼に似たり。洼者に似たる者あり、汚に似たる者あり。激する者、謞する者、叱する者、吸う者、叫ぶ者、譹する者、宎する者、咬する者あり。前の者于と唱えて、随う者喁と唱う。冷風には則ち小和し、飄風には則ち大和す。厲風済めば、則ち衆竅虚と為る。而独り之が調調たり、之が刁刁たると見ずや。

　この一節の意味を説明してみるとこうなる。そもそも大地の吐き出すおくび、これを名づけて風と言う。この風が一旦吹き起こるとなると、大地に開いた無数の竅穴が一斉に叫び始める。君もきっと、びゅうびゅうという唸り声を聞いたことがあるだろう。山林の高低のうねりが作り出す隈や、百抱えの大木にできた虚穴などの形は、人間の鼻に似ており、口

に似ており、耳に似ている。あるいは、枡形に似、曲げ物に似、臼に似ている。また、大池に似たものもあれば、小池に似たものもある。風がこれらの竅穴に吹き付けて、さまざまな音を奏でると、ばしゃと水の石走る音があり、ぴゅうと鏑矢の唸りがあり、しっと叱る声があり、ひゅうと息を吸いこむ音があり、きゃあと叫ぶ声があり、わあと泣き叫ぶ大声があり、ぼうと深くこまった音があり、ちゅっと哀しい小鳥の鳴き声がある。前の竅穴がおうと鳴りかければ、後の竅穴がぐうと返す。竅穴どもは、微風にはピアノで応じ、疾風にはフォルテで応ずるが、やがて列風も静まれば、もとの虚に返っていく。君もきっと、山林や大木が残んの風でざわざわと揺らぎ、さわさわとそよぐのを見たことがあるだろう[7]。

　これは千年来の絶妙な文章である。大自然の変化に対して、特に風への観察と描写から、樹木のさまざまな穴から、樹木の動態、風のひきおこす種々の音にいたるまで、用いられる言葉の緻密さ、比喩の豊かさ、いずれをとっても空前絶後である。こういった繊細で、多様で、多面的な描写はまことに豊かであり、我々の想像を絶するものである。われわれはいずれも自然界の樹木、山林、清風、疾風、烈風にこのような精緻な観察をおこなってはおらず、またこのような豊かな想像力や多種多様な語意も持ち合わせていない。このような文字によって描写された大自然のさまざまな風景、緩急高低のある種々の音の描写は、自然界への真剣な観察と切実な理解がなければ絶対に生みだされえぬものである。これは私が強調したい第一の点である。つまり、荘子の大自然に対する細緻な観察はだれも越えることができないほどのものなのである。

3－2．自然界に対する観察において独特なまなざしと万物平等の思想が潜んでいる。

　同じく『齊物論』の一節を見てみよう。

　且つ吾嘗試に女に問はん。民は湿に寝ぬれば則ち腰疾み偏死するも、鰌は然らんや。木に処れば則ち惴慄恂懼するも、猨猴は然らんや。三者孰か正しき処を知らん。民は芻豢を食らい、麋鹿は薦を食らい、蝍且は帯を甘しとし、鴟鴉は鼠を嗜む。四者孰か正しき味を知らん。猨は猵狙以て雌と為し、麋は鹿と交わり、鰌は魚と遊ぶ。毛嬙・麗姫は、人の美しとする所なり。魚は之を見て深く入り、鳥は之を見て高く飛び、麋鹿は之を見て決驟す。四者孰か天下の正しき色を知らん。我自り之

を観れば、仁義の端、是非の塗は、樊然として殽乱す。吾悪んぞ能く其の辯を知らん。

　人は湿地で寝ていると、足腰の立たぬ病気にかかって半身不随で死ぬが、どじょうもそうだろうか。もちろんそのようなことがない。どじょうはそもそも水に生息する生き物だから。木の上にいると、人はびくびくものだが、猿も同じだろうか。この三者のうち、どれが正しい居所を知っているのだろう。

　人は家畜を食い、となかいは草を食い、むかでは蛇を好み、ふくろうとカラスは鼠が好きだ。では、この四者のうち、どれが本当の美味しさを知っているのだろう。

　毛嬙と麗姫は美人の評判が高かった。ところが、そういった美人の姿に、魚は深い所に隠れるし、鳥は空高く飛び去り、鹿は勢いよく逃げ出す。この四者のうちどれが世の正しい美の基準を知っているのだろう。

　このように、仁義のまっすぐさ、是非の分かれ道、ごちゃごちゃしたそれらについて、われわれはその正誤正邪をどのように判断するのかどうして知ることができるだろう。

　この一節は、さまざまな動物の比喩を用いている。これによって、荘子が動物に対して、綿密にかつ奥深く観察していることは確認できるだろう。無論、荘子の関心点は動物だけに集中しているのではない。荘子は動物を通して、人類社会において絶対的な正誤基準など存在しないことを鋭く指摘している。つまり、一般的な正誤はいずれも特定の条件のもとにおいてようやく有効であり、適用されるべき基準となりえる。美醜や適当であるか否かの基準は無条件に普遍化することができない。ここで特に強調したいのは、限定されない絶対的な基準への否定である。これは人類社会の生活における複雑性に対する超越的な観察と体験に基づく認識であり、生活における特定の基準を一切否定するものと同等ではない。

3－3．自然界を通して、人生の多岐にわたる複雑さと独特な論理を表現する。

　また『人間世』においてこのような物語が見られる。

　匠石齊に之く。曲轅に至り。櫟社の樹を見る。其の大いさは数千牛を蔽い、之を絜るに百囲あり。其の高さは山を臨み、十仞にして而る後に枝有り。其の以て舟を為る可き者は、旁に十もて数う。観

る者市の如し。匠伯顧みず、遂に行きて輟まず。弟子厭くまで之を観、走りて匠石に及びて曰わく、「吾斧斤を執りて以て夫子に随いし自り、未だ嘗て材の此の如く其れ美なるを見ざるなり。先生肯えて視ず、行きて輟めざるは、何ぞや。」曰わく、「已めよ、之を言う勿れ。散木なり。以て舟を為れば則ち沈み、以て棺槨を為れば則ち速く腐り、以て器を為れば則ち速く毀れ、以て門戸を為れば則ち液樠し、以て柱を為れば則ち蠹う。是不材の木なり、用う可き所无し、故に能く是の若く之寿し。

匠石帰る。櫟社夢に見れて曰わく、「女将に悪にか予を比せんとするや、若将に予を文木に比せんとするか。夫れ柤梨橘柚、果蓏の属は、実熟すれば則ち剥がされ、剥がさるれば則ち辱めらる。大枝は折られ、小枝は泄かる。此其の能を以て其の生を苦しむる者なり。故に其の天年を終えずして、中道に夭す。自ら世俗に培撃せらるる者なり。物は是の若くならざる莫し。且つ予用う可き所无きを求むること、久し。死に幾づいて、乃ち今之を得て、予が大用を為せり。予をして用有らしむれば、且た此の大有るを得んや。且つ若と予とは、皆な物なり。奈何ぞ其れ相い物とせんや。而は死に幾きの散人なり、又た悪んぞ散木を知らん。」匠石覚めて其の夢を診す。弟子曰わく、「趣き無用を取れば、則ち社と為るは何ぞや。」曰わく、「密まれ。若言う无かれ。彼も亦た直だ焉に寄れるのみ。己を知らざる者詬厲すと以為わん。社と為らざるも、且た幾に翦らるること有らんや。且つ彼其の保つ所は衆と異なる。而るを義を以て之を誉むるは、亦た遠からずや。

この寓言の主人公は石という大工と巨大な櫟社の樹（神木）である。大工は齊国へ行く途中に、曲轅という所に櫟社の樹が見えてきた。その木の大きさは数千頭の牛を覆うほどで、樹幹の周りが百抱えもあり、その高さは山を見下ろすほどで、舟の作れる枝は幾十ぐらいもある。見物人が市場のように集まっている。しかし、大工はふり向きもせず、そのまま先へ行った。弟子は厭くまで之を見、大工に聞く。「これほどみごとな材木を見たことがありません。なぜ師匠は見ようともしないのですか。」大工はこう答えた、「あれは役立たない木だ。船を作れば沈むし、棺を作れば腐りが早いし、器を作れば壊れやすいし、扉を作ればやにがでるし、柱を作れば虫が食う。つまり材木にならぬ木だ。何の役も立たないので、あれまで長生きしたのさ。」

大工が帰宅すると、櫟社の神様が夢に現れ、「君は私を何に見立てようとするの？果物類の木は、実が熟するともぎとられるときに枝が台なしになる。大きい枝は折り取られ、小さい枝は引きちぎられるありさまだ。これは彼らが役立つことによって自分の生を苦しめるものだ。物はすべてこういったもの。それに、私は長い間に用いられる点がないように求めてきた。無用を私の大用とするようになった。かりに、私は役立つ木であったら、これほど大きくならないだろう。それに、君も私も、同じく万物の中にある物の一種であるに、死に損ない無用の人間に、どうして無用の木のことが分かるだろう。」、と。

大工が目覚め、弟子に夢の話をした。そして、弟子がこう尋ねた。「無用になることを熱心にもとめるとすると、なぜ神木になったのでしょうか」、と。大工はこう答えた。「めったなこと言うな。あの櫟は土地神に身を寄せているだけで、神木にならなれば、まず薪にされるところであろう。それに、あの木が取っている保全の法、世間のと違う。世俗の理であの木を評価することはできないだろう。」、と。

この物語の構成はかなり複雑である。まず、無用のため、大工は櫟社の樹の価値を否定し、そして、櫟社の樹は夢を介して大工に、自身の目的は無用であることで自らを守るためということを伝え、これによって無用の価値が認められた。大工は櫟社の樹の言葉を受け入れたが、その弟子は、無用であることを求めるのであれば、なぜ社樹である必要があるのか、無用の用もある種の用ではないか、と述べる。そこで大工がふたたび、櫟社の樹も自身を守っているのであり、ただその他の存在とその方法が違うのだと説明する。このように、有用、無用、及びそれとは別種の有用と無用の解説を通じて、人生の選択の難しさや多様性、さらには人々の価値観念の多様性から各種の価値観念のあいだの衝突や一致までをも説明している。この大樹の神話を通して、我々は人生の多岐にわたる複雑さとさまざまな可能性を伺えたのではないか。

3−4．自然界を観察した結果を宇宙まで広がることによって、作者が宇宙の無限性に対する感知と推察を表現した。

『秋水篇』において、このような寓言がある。

　　秋水時に至り、百川河に灌ぐ。涇流の大いさ、両涘の渚崖の間、牛馬を辯ぜず。是に於いて、河伯欣然として自ら喜び、天下の美を以て尽く己に

在りと為す。流れに順いて東に行き、北海に至り、東面して視るも、水端を見ず。是に於いて、河伯始めて其の面目を旋らし、望洋として若に向かいて歎じて曰わく、「野語に之有り、曰わく、『道を聞くこと百にして、己に若くは莫しと以為う。』なる者は、我の謂いなり。且つ夫れ我嘗て仲尼の聞を少なしとして、伯夷の義を軽んずる者を聞き、始め吾信ぜざりき。今我子の窮め難きを睹たり。吾子の門に至るに非ざれば、則ち殆うし。吾長く大方の家に笑われしならん。」

北海若曰わく、「井鼃の以て海を語る可からざる者は、虚に拘ればなり。夏虫の以て氷を語る可からざる者は、時に篤ければなり。曲士の以て道を語る可からざる者は、教えに束ねらるればなり。今爾崖涘を出で、大海を観て、乃ち爾の醜きを知れり。爾将に与に大理を語る可からんとす。天下の水は、海より大なるは莫し。万川之に帰し、何の時に止むかを知らざれども盈たず。尾閭之を泄らし、何の時に已むかを知らざれども虚しからず。春秋にも変わらず、水旱をも知らず。此其の江河の流れに過ぐること、量数を為す可からず。而れども吾未だ嘗て此を以て自ら多とせざる者は、自ら以えらく形を天地に比べ、気を陰陽に受けて、吾が天地の間に在るは、猶お小石小木の大山に在るがごときなればなり。方に少を見るに存す、又た奚ぞ以て自ら多とせん。

四海の天地の間に在るを計るに、礨空の大沢に在るに似ずや。中国の海内に在るを計るに、稊米の太倉に在るに似ずや。物の数を号びて之を万と謂い、人は一に処し。人卒九州は、穀食の生ずる所、舟車の通ずる所なり、人は一に処し。此其の万物に比ぶるや、豪末の馬体に在るに似ずや。五帝の連なる所、三王の争う所、仁人の憂うる所、任士の労しむ所、此に尽く。伯夷は之を辞して以て名を為し、仲尼は之を語りて以て博を為す。此其の自ら多とするや、爾が向に自ら水に多とするに似ずや。」

河伯曰わく、「然らば則ち吾天地を大として豪末を小とすれば、可なるか。」

北海若曰わく、「否。夫れ物は、量は窮まる無く、時は止まる無く、分は常無く、終始は故無し。是の故に大知は遠近を観る。故に小なれども寡しとせず、大なれども多しとせず。量の窮まる無きを知ればなり。今故を証曏す。故に遙かなれども悶えず、掇きも跂せず。時の止まる無きを知ればなり。盈虚を察す。故に得れども喜ばず、失えども

憂えず。分の常無きを知ればなり。坦塗を明らかにす。故に生まるれども説ばず、死すれども禍いとせず。終始の故ある可からざるを知ればなり。人の知る所を計るに、其の知らざる所に若かず。其の生くるの時は、未だ生まれざるの時に若かず。其の至小を以て、其の至大の域を窮めんことを求む。是の故に迷乱して自ら得る能わざるなり。此に由りて之を観れば、又た何を以てか毫末の以て至細の倪りを定むるに足るを知らんや、又何を以てか天地の以て至大の域を窮むるに足るを知らんや。」

秋となり、増水したすべての川が黄河に流れ込み、その本流は甚だしく広がって、両岸の水際や中洲の岸にいる牛と馬を見分けることもできないほどである。そこで、河伯(訳者注:黄河の神様)は喜びにたえず、まるで天下の美が自分に備わったと考えた。しかし、北海に至ったら、海が広がり、水際も見えない。そこで河伯は北海の神様である若にこう言った。「世の諺に『わずかの道理を聞いて、自分に及ぶものはいないと思う』というのがありますが」、これはまさに私を言っているのです。あなたのような極まりない姿を拝見して、自分がいかに小さな存在であるのを分かりました。」、と。

そして、北海の若がこう答えた。「世の中に水の最も大なるものは海であり、そこにすべての川が流れ込んで永遠に止まることがない。しかし、それが満ち溢れたことはなく、海水がなくなったこともない。四季の変化によって水量の変化も見られない。海が川の流れに比べていかに大きなものであるかは、到底量ることはできない。しかし、自分がこの大きさを決して優れたものだと考えてない。私は陰陽の気を受け、天地の間に存在している。天地に比べると、自分は山に中にある小石、小枝のようなものである。このようにして、自分は常に自分を小さなものと考え、大きいと思わない。四方の海が天地の間に存在する姿は、あたかも小さな蟻塚が広大な野原にあるのと似ているのではないか。また、この中国が四海に囲まれた地上に存在している姿は、あたかも小さい米粒が穀蔵の中にあるのと似ているのではないか。この世の物の種類は万物という語で呼ばれる程であるが、人類はその中の一つに数えられるだけのものである。」

およそ推測するに、人の知るところは、知らざるとろよりも少なく、生きている時間は生きていない時間よりも短い。人々はいつも極小の生命と能力に

よって、極大の領域を望む。そのため錯乱し自ら得ることもできない。このことから考えても、我々はどうして毛の末端が最小の基準を確定するに足りるとわかり、また天地が極大の領域を覆い尽くすに足りるとわかるだろうか。

　作者の結論は、われわれがすでに知っている物事によって最小と最大の果てを知ることはできないということである。最小と最大の果ては我々人類の認知能力を超えているのである。

　ここで、『荘子』における大自然に関する観察、および描写の特徴についてまとめてみたい。

1) 諸種の古典文献において、初めて大自然に対して最も緻密かつ豊かに描写したのは恐らく『荘子』であろう。

2) 『荘子』は万物平等の精神によって一切の自然物を観察している。『荘子』の視野において、全ての自然物が人間と同じく、苦しみと楽しみ、不安と希望を抱いている。このような視点は、今日に人類が改めて大自然の価値を認識し、我々の大自然に対する態度を改善するために、重要な意味を持っている。

3) 『荘子』は、憐れみの目で世界を観察し、自然物に仮託して人間世界の複雑で込み入った問題を明らかにすることに長けており、それによって作者独自の見方や理論を提出している。実は荘子の寓言と見解の中に、人間・動物・植物の間に区別が見られない。つまり、荘子の思想世界には、人間・動物・植物が平等に扱われている。

4) 大自然に対する観察によって作者の宇宙に対する無限の模索、感知と推量を展開している。これは人間と自然との関係への模索、宇宙における人類の位置付け、自然と宇宙における人類の役割などを考える際に、有益な啓示を提供している。

　要するに、現代人にとって、荘子の思想には下記の三点、特に注目すべき点がある。

　第一、万物の平等意識。

荘子の大自然を観察するまなざしには、固定的な高低貴賤、善悪褒貶を分別する意識がまったくなく、彼のまなざしにおいて、万物は平等であり、区別が存在しないと言うことをわれわれは感じ取ることができる。荘子の目的は、現実世界の集団、種、あるいは政治、道徳の基準を超越するものであり、その背後には万物平等、生命平等の理念と態度がある。こうした態度は老子から継承されたものであり、彼のあらゆる言語、議論、感嘆のなかに溶けあい、彼

が直接論述する命題を超越している。

　第二、世俗の善を超越する更に高い善。

荘子の書のなかの大量の寓言の故事は、世俗や流行や是非善悪の基準に対して疑問と挑戦を投げかけているようであり、これは彼の大自然への観察と洞察から益を得たものである。彼は人間社会における是非善悪の基準に対して直接批判や否定を行わず、より広い視野とより高い次元において一般的な見解や評価を注意深く観察し、そこから人や集団や人類にとってよりよい観点を提出するのである。たとえば、2匹の小魚が干からびた轍のなかで互いに濡らしあうことについて、彼は社会におけるこのようなあたたかさを否定してはいないものの、根本的な解決を目指すことを忘れてしまったその姿を描き出すことで、より高い次元から人間社会をいかに改善すべきか意見を提出しているのである。これは衝突が耐えず不幸な今日の世界において依然として啓発の効果を持つものである。

　第三、全く新たな視点から環境保護などのエコロジーの思想を提唱している。

荘子の思想において、人間と自然物とは平等な地位に存在し、人間は自然界における自然物の一つであり、また大自然は人間が生存できる唯一の空間である。人間はこのただ一つの空間に生存し続けるために、安全、調和、自在に発展するために、この環境と共存しなければならない。つまり、この環境を大事にし、保護しなければならない。今日の言葉でいえば、生態学と生態系の保全を重要視する必要がある。無論、荘子の時代では、生態系の保全などの概念が存在しない。しかし、彼の自然界と自然物に対する態度は、我々のエコロジー意識を涵養し、環境保護の理論に基づく堅苦しい説教が実現しにくい教育効果が期待できる。

要約

『荘子』における「自然」概念：歴史的意味と現代的意味

　中国語における「自然」という言葉の登場は、『老子』まで遡られると考えられる。その中には「自然」という語彙が五回使われ、それによって、新たな言葉的な意味と思想上の理論的な意義が確立された。その後、「自然」には、絶えず新たな意味が付与された。例えば『荘子　内編』において二回使われ、物事の自発的な変化（人々の意思に影響されないことを前提とした変化）を意味する。また、『荘子

外編・雑編』において四回も使われ、物事の独立的な、何らかの目的の伴わない存在、または変化を意味する。これらの自然の意味は、歴史的存在として理解できる。20世紀以後、日本語に現われた訳語を逆輸入する風潮によって、「自然」が "nature" の訳語として、中国語に受け入れられると同時に、「自然界」という概念も中国に普及するようになった。今日に至って、我々は『荘子』における「自然」概念を語るとき、その現代的な意義を無視してはいけないであろう。

扼要

《庄子》书中的自然：历史的与现代的

中文自然一词最早见于《老子》一书五次，其词义和理论意义都是开创性的。老子之后，自然一词就进入了思想文化演变的河流。《庄子·内篇》用了两次自然，其意义是外在事物的自发的、不以任何人的意愿为转移的流变，外杂篇用了四次自然，其主要意义是事物自己独立的、却没有任何目的存在和变化。这些自然的意义都是历史的存在。 进入20世纪，经过日文的桥梁，中文自然一词作为 nature 一词的翻译，接受了欧洲的自然界的概念，因此，自然常常用作自然界的简称。我们今天讲《庄子》的自然，也不能忽略自然的这一现代意义。

Summary

Various Connotations of *Ziran* (nature) in the *Zhuangzi*

The aims of this lecture is to demonstrate various meanings related to the Chinese term *ziran* (自 然), usually translated into nature. The term was created and first used by the supposed founder of Daoism, namely, the great philosopher Laozi. The *Zhuangzi* seems carried on the term but using it in different senses. In Inner Chapters, the author uses it twice as external trends that people should follow. In Outer and Miscellaneous chapters, the term is used mainly as the counterparts of "naturally", indicating the situation that something happened and changed without anyone's will or order. However, in the book, there are a lot of descriptions and comments related to the natural world. Literally, the term of the natural world in the classical Chinese is absent, though it is critical in the modern Chinese. Formally the Chinese word for "natural word" is *ziranjie* (自然界) or *daziran*（大自然）, but very commonly it is simplified as *ziran*. Therefore, we will also examine ideas of the *Zhuangzi* related to the natural world.

注

1) 本稿 は 中 部 大 学 国 際 会 議 "Seeking for a New Conception of Science: The Future of Scientific Culture in East Asia"（2018.10.5－10.6）での基調講演に基づき、加筆修正を加えたものである。また、基調講演を依頼してくださった佐々木力教授に感謝を申し上げる。

2) 訳者注：佐々木力教授のリクエストにより、本稿における『荘子』の書き下し文は池田知久『荘子・上下　全訳注』（講談社学術文庫、2014）による。以下、特別な注釈がない限り同様。

3) 林淑娟「新"自然"考」（『台大中文学報』31、2009、pp.269－310）

4) 英語の部分は Raymond Williams, Keywords, Oxford University Press, 1985, pp.219-224による。ドイツ語、フランス語に関する考証は、劉創馥教授、周兮吟博士のご助力をいただいた。また、現代イタリア語は、ラテン語を源とし、さらにダンテの活動をベースとしている。そのため、イタリア語での自然という言葉は、おそらく13世紀まで遡れるのではないかと推測できる。イタリア語での自然に関して、王希佳女史、および Michele Ferrero 教授のご助力をいただいた。重ねてお礼を申し上げる。

5) そのほか、『秋水』には一箇所もあるが、「自分を正しいと肯定する」意味であり、本稿に論じられた「自然」の概念と異なる。（「堯桀の自ら然りとして相い非とするを知れば、則ち趣操覩ゆ」）

6) 訳者注：この部分の書き下しは、池田知久『荘子・上下　全訳注』（前掲書）に含まれていないため、市川安司・遠藤哲夫『荘子・下』（明治書院、1967）による。

7) 訳者注：この一節の解釈は池田知久『荘子・上下　全訳注』（講談社学術文庫、2014、p111）から引用

現代物理学の思想的特質とその危機

ルーイス・パイエンソン◉Western Michigan University教授

佐々木力 訳◉中部大学中部高等学術研究所特任教授

　本日、私は「現代物理学の思想的特質とその危機」について話すように求められております。古代ギリシャの「危機（クリシス）」という語彙は、峠、転換点を意味しましたが、多くの近代語において、今日では、ただちに危険がありうることを指します。健康上の危機は生命が危うくなっていることですし、健康に戻ることは平衡性の回復のことです。財政的危機は、幾百万人を破滅させりします。大きな経済的繁栄は、危機の祝典ではありません。われわれは人間の手によって引き起こされている気候変動における転換点に到達しているのですが、一般の人は差し迫った苦難とは見ておりませんので、広く危機として見られているわけではありません。本日の私の理解での危機という語彙は、しかしながら、日々の生活での危険を意味するわけではありません。私は、航空機が空から落ちたり、自動車のタイヤが突然ぺしゃんこになったり、化学物質が飲み水を毒すといったことを意味させたりするわけではありません。むしろ、私は物理学における思想状況をほとんど欧米を舞台に考察してみたいと思います。私は世界中の物理学者や学者の最近の出版物に親しむように試みたのですが、アメリカ合衆国のいわゆる心臓部にある小さな町から観察して報告としての注記をなすのがせいぜいです。私が位置する思想的サークルの端っこからの一観点においては価値あるものと信ずるものです。

　私は物理学者たちと彼らの時代における彼らの考えに言及するでしょう。過去とは、関係のない状況の寄せ集めからはほど遠いものです。年月は、約束事、規範、習慣のもとでの統合です。これらの統合は、時代とかという語彙によって普通言い表わし、まとめます。以下で中心的なのは、「モダン＝近代性」（Modernity）が30年前に終焉し、「ポストモダン」（Postmodernity）、近代的な感性に対抗する時代、にわれわれが生きているということです。物理学者たちは、彼らの著作をとおして、これらの新しい感性をさまざまなかたちで抱きしめたり、抗ったりしてきたのでした。

　2018年に私の世代で知っている物理学者に、現代の物理学が1918年に物理学の位置にあるものと彼らが考えるかどうか尋ねてみました。彼らは、現在、物理学を危機的状態にあるとは見ていないと要約して構わないと思います。彼らは、著名な物理学者のロジャー・ペンローズ卿が、最近の単行本の長さの過去の4、5世代にわたる物理学概観でなしたように、危機という語彙を使用しないことに一般に同意しています[1]。彼らは、物理学者は、観測や実験が、暗黒物質や、暗黒エネルギーや、ひも理論さえも、解明してくれるものと希望し続ける、と言うのです。彼らの許可を得て、彼らのコメントのいくつかを提示してみることにしましょう。コメントが議論している時期において明らかにできるテクニカルな詳細は、ある種の年配の物理学者が今日どのように考えるかについて、いわば味わいを提供するものと思います。依然として、これらは、（俗な言い方をすれば）勝負において距離をおいて対応する年長の人の考えることなのであり、われわれは、トーマス・S・クーンが『科学革命の構造』(1962)で引用している物理学者マックス・プランクの、新しい科学的考えは旧世代が舞台から去ってしまったときにはじめて受け容れられるという所見を想起するかもしれません。

　20世紀の科学史の聖像（イコン）であるトーマス・S・クーンは、有益な準拠枠であり続けています。彼は、ある時期とある場所で科学者を拘束する暗黙裏の概念と実践の集合である科学的パラダイムを定式化したことで広く知られています。数十年間、彼の思想的な子どもたちは、親の仕事を越えてまで擁護してきました。人文主義的歴史家のバート・カーステンスによる以下の最近の攻勢によって頂点を迎えるまで

です。「科学とテクノロジーの多面的様相のすべて
を説明し、関連する多様性の混迷を通して探究する
投錨地点を再考するには、クーンを越えて進む必要
がある」[2]。この講演で、私はカーステンスの呼び
かけに三点で肯定的に応えたいと思います。（1）
歴史家の中心的課題は、科学ないし芸術のあらゆる
「側面」をではなく、ある時間とある場所における
支配的で本質的なテーマを同定することなのである
ということ、（2）こういった傾向が同定されると
き、人びとがきわめて多くの特定的な概念を分有す
る時期を確定することがより容易になる（少なくと
も学部学生に向けて、ヨーロッパ史のルネサンスや
ロマン主義時代の特徴をつかむことが意味をもつよ
うになる）ということ、（3）過去の時期において、
科学の営みがテクノロジーから区別されてきたとい
うこと、「テクノサイエンス」（自然についての知識
が、道具や用具といった形の人工物から分離できな
いという考え）が人気があるとき、今日、念頭にお
いて有益である識別をわきまえておくべきであろう
ということである。晩期近代の真理探究者であった
クーンは、進歩という考えに断固反対ということは
しませんでした。彼は、地球が太陽のまわりを廻る
という考えに正しい点があることを知っておりまし
た[3]。ほとんどすべての人がなぜいかにしてその事
実を受け容れるかについては、また別問題であるの
ですが。

　今度は物理学者に対します。

　ヴァーモント州ミドルベリー・カレッジのリ
チャード・ウォルフソンは私にこう書いてきました。
「どんな危機？　ブラックホールと衝突する重力波
があり、中性子星がある。後者は、重い元素がどこ
に由来するかの問題に唐突に答えるものである。わ
れわれは、50キュービット量子コンピューターを
もっているし、いまや量子論的に関係した肉眼でみ
える系（それぞれ10^{12}個の原子をもつ、二個の小さ
い機械的共振器）が利用可能である。宇宙論は精密
科学になっている。われわれは、ヒッグズ素粒子を
見いだした。

　宇宙の95％が何で出来ているかわかっていない
のは、暗黒物質や暗黒エネルギーを理解していない
ので、真実である。前者を研究するのに重力レンズ
が用いられているし、後者を探索する重力波を含む
多くの新しい指示概念が用いられてはいるけれど。
量子物理学と一般相対性理論は未だに融合されてい
ない。そして、もちろん、量子力学の意味について
は依然として議論されている。全面的に解決すると

ルーイス・パイエンソン

は、私には思わないような哲学的議論なのだが。

　それで、どこに危機があるというだろう？　現代
物理学はとてもうまく行っている、と私には思われ
る。今日の苦境なるものは、19世紀末から生じた
ような手ごわいもののようには思われない。マイケ
ルソン・モーレイのように矛盾と思われることがら
や、初期の量子論的実験よりはもっと面白い挑みが
いのあるものである」。

　カナダのモントリオールのコンコルディア大学の
マリアナ・フランクは、素粒子物理学と宇宙論の分
野で幾分かの不確実さがあることは認めながらも、
新規の観察を説明して、ウォルフソンの注意深いオ
プティミズムを肯定して、こう述べている。

　「私は少し心配しています。スタンダード・モデ
ルを完成させたヒッグズ素粒子を発見して喜んだあ
と、スタンダード・モデル（SM）を超えた物理学
の兆候があるものと望んでいました。ほとんどの実
験データはスタンダード・モデルを確認させますが、
私のような理論家にとっては、これがストーリーの
すべてではありません。多くのことがSMでは説明
できません。ニュートリノ、暗黒物質、粒子 - 反粒
子非対称といったことがらです。一方で、きわめて
高額な衝突器、ジュネーヴのLHC（巨大ハドロン
衝突器）があるのですが、それらはいくぶん「新物
理学」をかいま見せてくれたり、何も見せてはくれ
ません。他方で、あまり多くのことを直接的にか間
接的にか見せ、探索させる暗黒物質実験がなされま
す。（あまりに多くの予見されない事象です。）暗黒
物質実験と衝突器のデータ不足と和解させようとす
ることは、挑戦的です。それから、だれもが好む理論、
スーパー対称性（超弦とかそうでないものにとって
とても必要な）はどこにも見つかっておりません。
余分な空間的次元のモデルもまた、排除されますし、

あるいは、より高度なスケールへと追いやられます。こういった状況下では、どうすべきか途方にくれます。14テラ電子ボルトのＬＨＣを27テラ電子ボルトの機械に転換させる話があります。簡単に諦めはしません。依然として、私の同僚は、重力波の観測以来、重力の研究へと動いています」。

プリンストン大学のブルース・ドレインは、今日の物理学者が、どのようにして基本的不整合性とともに生きることをやめるかについて要約しています。

「二つの大きな構成要素が暗黒物質と暗黒エネルギーであると主張しなければならないような宇宙に住んでいるのは、気持ちよくありません。それらの行動をとてもうまく記述するように思われる方程式があります。しかし、それらがなぜそこにあるのかを本当に理解せずに、また、全体の密度や、たがいに交差する横断面での上限のほかは、ほとんど情報がない状態でなのです。しかし、われわれは（少なくとも私は）どうしてクォークが、陽子が、電子があるのかについて本当に理解してはおりません。ＣＭＢ（宇宙マイクロ波の背景）観測から、ハッブル「定数」の評価をケフェイド変光星に基づいた「直接的」測定とのあいだの少し心配な不整合性があります。だが、これらは、一方もしくは双方の方法における系統的誤差の過小評価によって説明し尽くせるものと私は想像します。誤差が縮減されても食い違いが残るということであれば、危機が生じると私は推測します。銀河の「回転曲線」が暗黒物質というよりは「変容された重力」によって説明されうるかどうかに引き続いて議論があります[4]。もしも暗黒物質が実際には存在しないのであれば、本当に危機をもつことになります。しかし、暗黒物質を排除する新しい実験とか観測とかを考案するのは容易ではありません」。

ノーベル賞受賞者（2006年）で、ＮＡＳＡのゴダード宇宙飛行センターの観測宇宙論実験室のシニア天体物理学者のジョン・Ｃ・マザーもまた、危機なる語彙を用いることに反対である。今日の物理学者が問題を解決せしめるために、彼はどのように前進しようとするのかについて、こう書いています。

「物理学の危機についてだが、いいや、そういったことについて人が話すのを私は聞かない。ＮＡＳＡにおいては、宇宙に置くことのできる驚くべき装置でどんなことがやれるか、われわれはとても多忙なのだ。進歩はとても急速で、だれも進歩がないことで嘆く時間などない。新しい興奮するようなトピックは、外惑星であり、私は新しいアプローチを

楽しんできた。星と地上望遠鏡のあいだで動く星も使う。われわれの仲間は、巨大望遠鏡を地上に作っている。最大なのは、直径39メートルだ。その全力を出すのにどうするか計算したところだ。他方、暗黒物質や暗黒エネルギーについて非常に多くを測定するという保証はない。永久的謎の可能性もある。ステーヴン・ホーキング「2.0」とか、人工的なアインシュタインが出現するときに、「彼」からの大躍進を待つことだ。多くの人々は、ひも理論がそれほどの成果を上げていないことに不満である。50年も経てば、振り返って、理論Xを本当にまさしく別のやり方で見るといったことに、どうしてそれほど長くかかるのかわかるものと推測する。そういったことは、未だ生まれていない誰かによってなされ、ともかくとても単純なことだったということになるのではないか。時間と空間の本性とか、時間が本当に四次元に延長されるのかどうかについてのたくさんの仕事があるし、集合的現象の結果についていたるところで、結果が出されている。

私は思い出すのだが、スワスモアの学部学生のレヴェルですら、きわめて深い時間の問題にわれわれはすでに対処しえていた。電磁気における前進的・退歩的ポテンシャルをどう扱うべきかといったことだ。処方は、それらのひとつを無視するだけで、未来の数世代が計算してみせるだけのことなのだ」。

マサチューセッツ州のウェルズリー・カレッジのジョージ・カプランは、今日の物理学には基礎的問題があるとは理解しているのですが、彼もまた、危機なる語彙を用いるのに慎重です。

「あなたと私が仲間だったとき、その時からずっとたぶん物理学者は細部に注意を配るように聞かされた。さて、その種類のことが言われた過去と同じようにだが、それは間違っていた。物理学実験室は、外部空間に移動してしまった、と私は考えている。そこでは、自然がわれわれのために実験をやり、われわれが注視し、解釈しなければならない。われわれにはまた、ひも理論がある。発言できる限りでだが、ほとんど誰もがひも理論はとても素敵な数学理論を提供してくれているが、ひも理論が物理学に何らかかかわっているかどうかは別問題だ。かかわっているというのなら、その物理学は、そのような微小な大きさでは測定できないのではということになるかもしれない。それは危機かもしれないが、われわれが何らかを予見するテストをなしうるかについては疑問に思っている」。

以上の5人の年輩の物理学者は、エレガントな数

学がかならず自然がどう働くかについて記述する
のだと、20世紀の10年代に理論物理学に多様に貢
献した人びと（ポワンカレやアインシュタインを含
めて）によって肯定的に述べられたことを想起して
はしていません[5]。少なくともひとりの若い物理学
者のサビーネ・ホッセンフェルダーが、以上で紹介
した純粋数学の説明力についての懐疑論を伝える
ジョージ・カプランの疑念をさらに表明しておりま
す。自伝的言明において、彼女は、物理学者は、数
学的優美さに対する理由のない忠誠によって隘路に
追い込まれるのではないかと論じているのです[6]。

　著作家のジョン・ギボンは、一般相対性理論に関
する2冊の一般向きの本の最近の書評において、旧
式の考えを保持する感情を要約して、新しい体系的
定式化よりは、フランス語の「ブリコラージュ」（す
なわち、やっつけ仕事での手直し）と呼ばれるかも
しれないこと、今日、過去との連続性を好むことを
強調しています。1918年の日食時の光が曲がるこ
とを検証しての「ロンドンの『タイムズ』の1919
年の有名な見出し「ニュートンの考えが転覆された」
は、単純に間違っている。科学は革命によって進歩
するのではなく、以前になされたことの上に煉瓦に
煉瓦を積み重ねるようにして、進歩するのだ」[7]。
計画などない、煉瓦に煉瓦を積み重ねるといったこ
とは、怪物を産み出します。一方で理想主義的調和
を度外視し、他方で便宜と妥協をするといったこと
は、私が学部学生のときに抱いた日常生活でのもの
ごとは悪くならないと思う考えと似ているように思
われます。「以前の状態」の安定性を求めることな
のです。

　これらの一般的論点をもっと仔細に検討してみる
こととしましょう。

　手始めに、特定の時間と場所で、人々は世界を違っ
た仕方で見、学者はなぜかを説明しようと努力して
きました。人間性の諸段階区分については、コンド
ルセ、ヘーゲル、コントにおいて突出しています。
芸術史と文化史の他の歴史家は、原型のあいだで揺
れる傾向があります。ヨーハン・ヨアヒム・ヴィン
ケルマンの新古典主義とヤーコプ・ブルクハルトの
ルネサンス、あるいはゴットフリート・ゼンパーや
アロイス・リーグルによって提唱されたデザイン動
機の分類だけを考察してみましょう。アビ・ヴァー
ルブルク、エルンスト・カッシーラー、エルヴィ
ン・パノフスキーによる抽象形式についての20世
紀的分析は、この理想主義的な思想路線を継承し、

1960年、E・H・ゴンブリッジによる芸術史の心
理的分析は精神的表象群を定式化しました。2年後
には、科学におけるトーマス・S・クーンのパラダ
イムと世界観の転換を導くにいたりました。両方と
もに、精神性においてヘーゲル的と論じられます。
（サビーネ・ホッセンフェルダーの科学における審
美性の先述の書物をめぐる議論においては、美術史
についての二世紀にはまったく注意が払われており
ません。）それ以来、学者は、アイディアと社会的
現実性との関連性についてもっと精細に論じてきま
した。時代精神（*Zeitgeist*）、イデオロギー、時代の
精神（*esprit du temps*）といった19世紀的概念は、
ユルゲン・ハーバマースの「生活時代」（*Lebenszeit*）
とか、ピエール・ブルデュウの「ハビトゥス」のな
かに新しい生命を見いだしたのですが、双方とも最
近のことです[8]。

　1898年から1918年までの年月は、暗黒物質とか
暗黒エネルギーよりも挑戦的な驚くべき物理学的結
果や難問で満杯でした。当時の多くの物理学者が、
そういった問題への革命的解決を求めようとしまし
た。彼らはとくにドイツ語で著述し、革命にたいす
る多様なドイツ語彙を存分に用いたのでしたが、大
衆向け出版における議論では日常的なことでした
[9]。革命的オールタナティヴやマニフェストが、芸
術家、著作家、音楽家のあいだに、キュービズム、
カリグラム、十二音音楽、その他の多くが、モダニ
ズムと呼ばれた広範な思想運動において出現しまし
た。知識人は、政治家と同じく頻繁に、危機という
語を用い、危機から脱出する方途を示した革新家が、
ヒーローの栄誉を受けました。量子論の危機に対処
しようとソルヴェイ会議が創出され、第一回の1911
年のソルヴェイ会議の直前、ポール・エーレンフェ
ストは、ローリー・ジーンズ放射法則の理論的問題
の「ドラマ」を記述するのに、広く用いられた紫外
線カタストローフなる語彙を創出しました[10]。第一
次世界大戦の前に、プランクは、アインシュタイン
を新しいコペルニクスと宣揚し、数年後に、アイン
シュタインはプランクをコペルニクスの逸脱者と一
緒にプランクと連携しました。コペルニクスとは、
ユリウス暦の危機にかかわり、貨幣価値（グレシャ
ムの法則として知られる）の危機について著述し、
地球中心説の危機をたしかに促進させた16世紀の
天文学者のことです[11]。

　しかしながら、ヨーロッパの思想は、1918年に
導く数十年間において特色あるものなのですが、
21世紀の最初の20年の思想とは異なっておりまし

た。公正に考えて、1989年は伝統的エリートと経済の復古を刻印しました。さらに、それ以降のほとんどすべての暴力的な政治的変動と戦争は、20世紀の社会主義諸革命以前の情勢を復権させようとしたのでした。もっと最近では、著名な政治革命家は、パン、平和、土地、また医療無償を約束しはせず、公共交通とまともな住居を拡大させました。むしろ、貪欲な資本主義と恥知らずの強奪と原初的神学政治がわれわれの時代を特徴づけているのです。芸術のエレガントさは、悪趣味の三つの規範によって制圧されてしまっています。駄作、安っぽさ、突飛さです。人権についての1948年の国連憲章とか米国の1965年年の国立芸術寄付金は、今日ではほとんど見当たりません[12]。今日の物理学者が、その見方において保守的なのは不思議ではないのです。

　危機という語を見いだすところは、物理学研究や若い人たちの仕事について議論するさいです。先に引用した物理学者たちのコメントは、財政支援が、とてつもなく高額の実験や観測器具をまかなうために取得可能であることを示しています。巨大望遠鏡は、いまや高山の頂上とか地球軌道に建設されています。素粒子加速器が要求されています。多くの種類の受動探索機（たとえば、宇宙線や重力波のための）が増殖中です[13]。ジョン・マザーが最近の講演のなかで強調しているように、数年間宇宙に発射されようとしているジェイムズ・ウェッブ宇宙望遠鏡は、軍事的研究開発の文脈で展開されている専門技術を狙ってのことなのです。この場合は、ノースロップ・グルーマン会社によってです[14]。

　物理学は、マクロ経済とか、心理療法とかといった他の研究分野とは違っています。政治的で社会経済的な方向からの隔離に、その威信が左右されるからです。この隔離がなければ、世界支配の目標などなくなる可能性があるのです。用いられている語彙は、指導者です——物理学において、つねに物理学者によって提起される論点は、政府の財政支援を獲得することです。（過去百年間以上物理学者のあいだで広く行なわれているこの言説は、ドイツの「ロケット科学」を1945年以降、米国とソヴェト連邦に分け目なく統合させようとする試みの背後で使われました。）けれども、ソヴェト・ブロックの解体時に科学者の危機認識をもった精神のなかに見られるかもしれないように、実際、物理学者は、彼らが生きている世界の部分なのです。三つの著作がポイントを突いていると思います。

　第一の著作は、ノーベル賞（1979年）受賞者の

ステーヴン・ワインバーグによる1989年1月に出版された宇宙論的定数「問題」についての長篇で、膨張宇宙とそれがいかに素粒子物理学に関係するかの難題です。そこで、ワインバーグは危機という語を用いています。最初のパラグラフに5度もです。（一度は、長篇テキストのリマインダーのなかで[15]。）彼とブランダイス大学で1970年夏に会ったとき、ワインバーグの日常生活は、講演中心に組み立てられておりました（彼がひとつのアイディアに注釈し、講演の室に持ち込んだこと、国内状況に言及したことを私は思い出します）。しかし、ここで彼は、物理学におけるアイディアの危機についてだけ書いています。第二の著作は、ドナルド・E・オスターブロクの1990年の「天文学の財政危機」を特定しているものです。オスターブロクは進行中の2つの望遠鏡（ケックとハッブルの）について言及して、ウェスト・ヴァージニアの巨大無線望遠鏡の物質的破綻について嘆いておりました。木星に向かうガリレオ・ミッションについて注意深くオプティミスティックでした[16]。危機を規定するさい、オスターブロクは、政治を回避し、以前の数十年と同じく1990年の米国の財政支援の事実関係については言及しないままでした[17]。

　危機についての第三の呼びかけは1993年に現われたのでしたが、ブランダイス大学のシルヴァン・サミュエル・シュウェーバーからなされました。ワイオミングからの理学修士に未知の量の援助を与えることによって、私がワインバーグを聞く国家科学基金夏季学校に参加する機会を得られたのはシュウェーバーのためだったかもしれません。（学校が始まる数週間前、私は米国陸軍への徴兵を拒否しました。驚いたことに、私への法的告発は記録されておりませんでした。）シュウェーバーは、物理学の危機は、「知識的かつ社会的レベルで明らかである」と強調しました。知識の上で、物理学は、「物理世界のわれわれの理解の究極的基礎」を追求する、素粒子論と宇宙論の重要性を強調する、非生産的で、還元主義的重要性に捕らえられている点にあった。社会的レヴェルでは、若い物理学者が、戦争準備のために、わずかな雇用機会しか得られていないことにある。「そして米国のわれわれにとって、この再評価は、経済的にほとんど破産させる諍いである冷戦に費やすコストに直面しなければならないとき、国民に一体化させる新しい絆を見いださせる必要においてなされていることである」[18]。シュウェーバーは、彼の時代の気分を感じ取れた稀有の物理学者で

した。

　ワインバーグ、オスターブロック、シュウェーバーが著作していた時点で、ひとつの物理学プロジェクトが中止させられようとしていました。それは、ジュネーヴ近くのLHCのような粒子加速器が、巨大な建設費用を費やしたあと、まな板上にのせられてしまい、1993年に米国政府によって止めさせられたテキサス超伝導スーパー衝突器、すなわちSSCのことです[19]。(この中止の理由のひとつは、ジョン・ハイルブロンが予見していたように、人間的要素、愛国主義、テクノロジー的副作用といった、1980年代の予算の説得的ではない正当化にありました[20]。)しかしながら、この総崩れ状態にもかかわらず、物理学は、2000/2002年にいたるバブル期間中とその財政危機のあと、回復しました。財政支援は、おおむね、冷戦時の政府支出の方式でなされました。(ワインバーグは、その比較に気づいてはおりません。というのは、彼がSSCに弔意を表わした物理学財政支援についてペシミスティックな予測において、1960年代のフリースピーチ運動期間中のバークリーにおける彼の時代に言及するとき、軍事的関係を無視してしまっているからでなのである[21]。)これらの3つのカッサンドラの嘆きには困惑させられるのですが、財政支援は、巨大な粒子加速器や大望遠鏡にとって持続的に可能でした。そのことは、結局、ヒッグス粒子と暗黒物質によって証拠だてられました。

　過去の四半世紀、1990年前後の危機について述べられた3つの卓越した告知は尋常ではありません。戦争(たとえば、2001年の)とか、経済恐慌(2008年)の時期に、同様の告知は見いだされません。問題は詳細な分析に値するのですが、これらの一群の告知は、急速に再編成されつつある政治秩序についての焦燥、卓越した科学者たちがはっきりとは認識していなかった焦燥の光に照らせば、きわめて明確になるとだけは、最低、言うことができるかもしれません。

　過去の30年間は、歴史家が「時代」とか「時期」と呼ぶように、見ることができます。危機の精神性という強力なエコーが今日では物理学者のあいだに響いていないとすれば、不愉快な支配者によって心地よく馴致されてしまっているからかもしれません。彼らに警告しているのは、物理学という専門学問の変貌しつつある在り方なのです。国際貿易センター攻撃の危機がアフガニスタン侵攻のしばしの成功を産み出したあとに、2人の物理学者が団結と決

心を2002年に促しました。シカゴ大学のシドニー・ネイゲルは書きました。「物理学は危機状態にある。われわれは理想、統一場としての焦点、を喪失してしまったのだ」[22]。イリノイ州バタヴィアのフェルミ国立加速器実験室のジョセフ・リッケンは賛意を表明しました。意思の危機だというのだ。「きわめて多くの物理学者が、われわれの研究分野が、思想的な危機状態にあるという考えを受け容れ、そしてその考えを宣伝しさえした。危機とは、われわれがともかく勢いとか、動機とかをともかく喪失してしまっていることだ。その考えは、明白に間違いである……。素粒子物理学のいわゆる危機ということについて語るとき、20年間存在していた状態を現実に呼び起こしている……。スタンダード・モデルの問題とは、現実にはスタンダード・モデルの勝利なのだ」。リッケンは、専門分野における団結をそのあらゆる構成部分から呼びかけ、現実には、低温物理学者や個体物理学者に素粒子物理学者への忠節を誓うように促しました。彼は、テキサスのSSCが中絶してしまっていることを嘆き(ジュネーヴで当時建設されていたLHCを祝賀しているのであるが)、そうして、米国の財政が、物理学に「にべもない資金援助」をしている「危機」を嘆いているのです。そのほとんどは、彼の専門分野に行ってしまっているのですが(たしかに、文科系学者に放り投げられるピーナッツのことを考えると、祝われるべき理由があります)[23]。リッケンとネイゲルがあげていない論点は、つぎのことです。多くの専門学問分野の任務部隊が、大きな器械や機械を成功裏に作り、動かした数世代は、学問思想の権威を侵食しました。インターディシプリナリー＝学際的という学問的性格は、ポール・フォーマンが強調したように、現代の特性です[24]。私はこの問題にすぐに立ち戻るでしょう。

　今日の物理学者が危機なる語彙を用いるときには、彼らの目的(ワインバーグが1989年に用いた危機の語調で)は、長い歴史をもつ問題について理論的思索を正当化するか、あるいは新しいアノマリーを現存の理論的枠組みに同調させるかなのです。かつて、ブラックホール物理学についてやったようにです[25]。事例を引用すれば、助けになるでしょう。ジョン・ナイスビット大学(ベルグラードとパリ)宇宙論実験室のルイス・ゴンザレス＝メーストレスは、最近の論文で、宇宙論における「肯定的で建設的な危機」について言及しています。その論文の私なりの読解によれば、危機なる語彙は、彼の

特定的な理論的定式化に注意を促すものとなっています[26]。インドのマドラス大学数理科学研究所のグルスウォーミィ・ラジャセカランは、「物理学のもっとも基本的問題」である量子化する重力の強力な候補である、ひも理論を支持する実験データが欠落しているがゆえに、物理学は「危機」に直面しているのだと論じています。そのデータは、ジュネーヴのLHCよりももっと大きな、多くの階梯の大きさのエネルギーをもった素粒子加速器から得られるとされます。ラジャセカランの所見によれば、「危機」は、数世代にもわたって不完全な理解——ひとつの適応（トーマス・クーンの一定のパラダイムにおけるアノマリーといった意味）となる、持続的な謎なり難問として受容されている何かなのです。以上で引用したマリアナ・フランクのコメントに見られるようなものです。ラジャセカランは、難問解決のために要求される高エネルギーを実現する新しい種類のレーザー・プラズマ加速器を建設すべく、国家がコミットせんことを進言しています[27]。ラジャセカランの不完全理解という語義での「危機」の用法は、ミズーリ州セントルイスのワシントン大学のウィレム・ヘンドリク・ディクホフが核物理学の諸問題に対して用いている語義でもあると思います[28]。カナダのヴィクトリア大学のフレッド・Ｉ・クーパーストックは、量子化する重力の理由のない予測が危機の間違った語義を産み出しているという意見を提起しています。「〔スティーヴン〕ワインバーグや他の人びとが現代物理学の主要な危機と見なしている宇宙論的定数問題を導いているのは、まさしく量子化する重力の仮説なのである」[29]。メキシコのアウトマ・デ・ザカテカス大学のラム・ゴーパル・ヴィシュワカームは、「暗黒エネルギーが提起している「危機」は、宇宙の物質を重力の相対論における完全液体をモデルとして見ることの帰結なのである、と問題提起しています[30]。

こうしてみると、暗黒物質とか暗黒エネルギーについての一般的観点は、それが物理学者にとっての興奮を誘う好機であると思われてきます。2008年の状況を見て、スイスのジュネーヴ大学のルース・デュラーと英国のポーツマス大学のロイ・マールテンスは書いています。「宇宙の遅い時間の加速なる証拠は、実験の数とデータの質が増大するにつれて、向上し続けている。暗黒エネルギーないし暗黒重力は、宇宙の不可欠の現実であるように思われる。観測宇宙論によるこの革命的発見は、理論的宇宙論を、加速の起源をいかに説明するかという大きな危機に直面させているのである」。ひも理論（「われわれはこの論議を、物理学を断念させるに等しいほど弱い、と考えている」）によって提示されている観測できない「たくさんの風景」を含む、いくつかの可能な解決策を点検したあとで、デュラーとマールテンスは、ひも理論を、われわれの理解力における多くの点で破局的失敗であるほかない、と受けとめている。「理論的危機は、否定的含意だけをもつのではない。宇宙の暗黒エネルギー／暗黒重力は、理論と観測にとっての興奮を誘う挑戦をも提供しているのである」[31]。

興奮させるのは、CERNの理論部門の部長であるジャン・ジュウディスが、2016年にこう強調していることです。「われわれは正しい方向に向かっていることを示す明確な指標を見いだそうと努力している。ある人びとは、この危機的状態に、フラストレーションの源泉を見る。私は刺激の源泉を見る。というのは、新しいアイディアは、つねに危機の瞬間に生長してきたからなのである……。物理学史を振り返ってみて、危機と混乱の瞬間には、かならず偉大な革命的アイディアが出て来るのを見るであろう。私はふたたびそうなろうとしていることを希望する」[32]。プリンストンの高等学術研究所のニマ・アルカニ＝ハメッドはジュウディスの興奮を共有しています。「われわれがまったくユニークな時代に居るというふうに思っている私自身を含めて多くの理論家がいる。テーブル上にある問題は本当に巨大で、つぎの素粒子の詳細といったものではなく、構造的なものである。このような時期に生きてとても幸運である。われわれが生きている時に大きな進歩を確認しないかもしれないにしても」[33]。ヨーロッパで16世紀にあった暦法改革といった種類の実践的緊急性は感じられません。電子理論に関して1906年にヘンリク・アントン・ローレンツがアンリ・ポワンカレ宛に表明したような種類の失望はありません。それによって、ローレンツは、1902年のノーベル賞を一緒に受賞したのでしたが。ローレンツは、明晰な思考、語学力、気前のよい精神によって普遍的に賞賛されたのでしたが、「私のラテン語の最後に」（au bout de mon latin）居るのだ、すなわち、古典語的理解の仕舞いに、と書いておりました[34]。

ジョセフ・リッケンとカリフォルニア工科大学のマリア・スピロプルは、ローレンツに近い立場におり、2014年に書いています。スーパー対称な「素粒子パートナー」をLHCや他でも見つけられなかったことは、「たとえ素粒子物理学の全体的危機でな

いにしても、最低、広範なパニックを」醸成するのだ、と。すでに見ましたように、リッケンは、2002年には、思想的危機など度外視しておりました。12年後の彼と共著者は、その上にそびえる塔に始まるアイディアの危機を見たのでした。素粒子がすぐに見いだされないとしたら、「危機は増大するであろう」[35]。5年の見通しでは、彼らの問題が難題とか謎とかであったとみても、理に適ったことです。物理学者にとって通常のことであるとして、彼らは危機についての認識を更新しはしませんでした。難題と取り組むことは、歴史家がそうするのとそれほど異なるわけではありません。物理学者も歴史家も双方とも、証拠から世界が働くかについての理論を定式化します。彼らの問い方は実際的です。精神的乱れとか高揚とかの感情を分有するのですが、つぎのような相違もあります。道具として、物理学者は数十億ドルを使うのだが、歴史家は数千ドルだけである、という相違です。

「革命」という用語で進行する大きな転換が、今日の物理学者を含む知識人たちによってとらえられています。電子情報テクノロジーに基礎を置く、第三次産業革命です（第一次産業革命は、蒸気と繊維と鉄からなり、第二次産業革命は、化学と鋼鉄と電気に支配されておりました）。第三次産業革命は、20世紀前半における情報危機と呼ばれるかもしれないことのあとに続きました。知識がその専門化された部分を評価する実践的方策が伴わないまま、指数関数的に増大するといったことが実現したのでした。われわれはこの危機を20世紀初頭の図書館員とアブストラクトを作成するジャーナルの学問と科学の成果を組織し要約するほとんど熱狂的活動のなかで見ているのです[36]。旧式の出版された知識が広く接近可能になる以前、パソコンが利用可能になったあと、一世代かかりました。その結果は、一方で、印刷と紙媒体の世界にとって現実の脅威であり、他方で、電子的アクセスの制限（商業的な財産権によるのであれ、思想警察によるのであれ）でした。長期間かかる情報危機は、思想の自由も試された16・17世紀の長期間かかった地球中心説危機と一定の類似性をもっています。テクニカルな発明がそれぞれの危機を解決せしめました。望遠鏡とインターネットです。

第三次産業革命において、自然についての知識は装置と人工物の制作と融合しており、コンピューターがその基礎にあります。今日、テクノロジーは、応用科学とは呼ばれません。20世紀の多くがそう

であるようにである。科学はテクノロジーの目標によっておおむね決まってしまうのです[37]。ジョージ・カプランは、すでに紹介した彼のコメントにつづく注記において強調おりました。「われわれが学校にいたとき、物理学は、二つの「部門」があった。理論と実験とでした。今日では、三つです。理論、実験、コンピューター計算による物理学である」。知識のカテゴリーがこの情報革命によって急速に転換させられるかどうか、そして、どのようにかを言うのは早すぎます。ロジャー・ペンローズは、インターネットがこれほど沢山アクセス可能になっているので、「たくさんのなかからどのことがらが注意が払われるべき新規のアイディアを含んでいるかを知るのはとても難しい」[38]と気づいています。先に引用した人口知能についてのジョン・マザーのコメントによって示唆されているように[39]、物理学者は、懸念とか危機とかの影などとしてではほとんどなく、革命を一般的に受けとめてきているのです。

もしも今日の物理学者たちが世界を見る彼らの見方における危機にようなものによって雷のような衝撃を受けてはいないとしても、彼らの仕事における主要なテーマについて問うことは許されます。すなわち、彼らのパラダイム、精神的基礎、「生活時代」、ハビトゥスといった、なんらかの種類の集団における包括的な思考の仕方を指す用語の構成要素についてです。トーマス・クーンが、19世紀末にヨーロッパの物理学者たちによって共有されたパラダイムについて議論し、明確にしているように、このことは容易な問題ではありません。彼や他の学者は、科学者とか他の知識人の集団の中心部で見いだされるべき実践や概念を提起しております。1900年前後のこれらの事項には、権威ある実験室主任の人物がいるかもしれませんし（たとえば、ノーベル賞受賞者のアーネスト・ラザフォード（1908）、ヘイケ・カマーリング・オネス（1913）、マリー・キュリー（1903 & 1911））、理想的人間像の芸術的具象表現があるかもしれません（たとえば、19世紀英国のラファエロ前派の画家によって描かれた人物とか、アリスティド・マイヨールの彫刻「地中海」(*La Méditerranée* [1905])。今日、物理学におけるクーン的パラダイムの構成要素は、興業主（歌劇の台本作家とか、作曲家とか、ミュージカル類の舞台監督というよりも）としての物理学者を含むかもしれないし、巨大なコンピューター計算への依存を含みますし、だが、聖人の規範化に要求される奇跡のように、パラダイムのいかなる構成要素の事例（どんな

ものであれ、歴史家の精神に現われるかどうかは別にして）は、いつでも見いだされます。

　私の注記のリマインダーとして、私は、もっと体系的に過去の思想的テーマを特定する仕方を提起しておきたいと思います。これらの広いテーマを、音楽的意味で、モチーフと呼ぶことにいたしましょう。音楽学者のウィリアム・ドラブキンによれば、「その全体性——メロディー、リズム、ハーモニーといった成分の混成——において、モチーフは、ポリフォニー的構造の構成煉瓦であり、最初にしてもっとも重要なのはテーマである。テーマとモチーフは、通常、対照させられてきたのだが、モチーフは初歩的で、不完全の本性とは対局にあるものとして、テーマは、自己完結的アイディアとして見られる」[40]。作曲家のアーノルト・シェーンベルクは、モチーフを「任意の時間に、変化と変奏にもかかわらず、一曲の最小部分とか、一曲の一節とかは、ずっと現在として認識可能である」、モチーフは、「その発展様式のための、変奏可能性のための、その使用の指示を含む」[41] と、述べています。

　最近書き終わった書物のなかで、私は、過去のモチーフを同定する仕方を、二つの相補的な努力の分野を検討しながら提示しています。それらの分野は、一目見ただけでは、たがいにほとんど無縁と思われるかもしれないのですが。例を挙げれば、詩とスポーツであり、化学とダンスです[42]。20世紀の最初の対は、画架での絵画と理論物理学において見いだすことができるかもしれません。

　ピカソとアインシュタインとは、二千キロメーターも離れた都市で、たがいに2年以内の年に生まれました〔アインシュタイン（1879-1955）＆ピカソ（1881-1973）〕。彼らは会ったことがないと思われ、1914年以前、たがいに知らないままでした。だが、一世紀のあいだ、コメンテーターは、両者の仕事が似ていると見ていました。彼らの形成期と教育を点検してみると、彼らが新観念論、もしくは、レーニンとトロツキイがブルジョワ理想主義〔観念論〕と呼んだ風土で成熟に達していることが明らかになります。そのことは、非形象的抽象の効力を強調した数学教育で顕著です。同じ非形象的抽象は、街頭の新しい電気の光によって作られる影の幾何学を通してと、いわゆるオリエントのカーペットと住まいの抽象的壁紙のパターンにおいて、ヨーロッパの都市居住者には馴染みでした。ヨーロッパの知識人は、ピカソとアインシュタインの仕事が初めて出現したときには、キュービズムと相対論にはすでに親しんでいたわけです[43]。

　こういった所見は、ピカソとアインシュタインを彼らの時間と場所に据えることとなります。このことは、私が「歴史的相補性」（Historical Complementarity）と呼ぶ、私が用いる方法（方法なる語彙によって権威づけられるなら）から出て来るのです。そのことを詳細に記述することはできませんが、その方法は、量子力学におけるハイゼンベルクの相補的変数と両立可能変数との識別に注意すると言うことはできます。結論のひとつは、新観念論は、20世紀の後期モダンを支配したということです。唯物論とプラグマティズムは、もっと重要性が落ちます。後知恵から言って、このことは驚くべきではありません。新観念論の強さを示すひとつの指標は、弁証法的唯物論が緩慢に減衰し、1990年前後にその制度的形態の消滅を導いたことです。もうひとつの指標は、20世紀全体を通して伝統的宗教が強さを増していったことです。

　過去30年間ほどは、ポストモダンの名称を獲得しました。多くのやり方で、歴史家のポール・フォーマンが強調したように、それは、モダンとは対極にあります。もしモダンが真理への途としての専門化を指示するとすれば、ポストモダンは何よりも学際性を呼びかけます[44]。もしモダンが普遍的人権を公言するとすれば、ポストモダンは種族的排除にかかわります。もしモダンが事実にこだわるというのなら、ポストモダンは事実を問題に伏すのです。モダンはテクノロジーを科学的発見の帰結と見ました。モストモダンは、科学をテクノロジーの応用と見ます。モダンにおいては、第一諸原理が探究されました。ポストモダンは、あらゆる種類の概念の当座しのぎの集合体を好みます。もしレフ・トロツキイとノーム・チョムスキーがモダンの権化なら、ヴァクレフ・ハヴェルとドナルド・トランプはポストモダンのイデオローグです。

　今日の物理学において、われわれは、普遍的で、すべてを包含する理論というよりも、当座しのぎで、プラグマティックな集合体のこの優先を見ます。それは視覚的で、いわゆる造形的芸術においてもモチーフなのではないでしょうか？　過去30年間の芸術について、どう言われようと、伝統的な美術は工業芸術へと分解したという合意がなされています。そこから、伝統的美術は（少なくともヨーロッパにおいては）300年前に独立宣言したのでしたが[45]。20世紀のあいだに、芸術のアヴァンギャルドは、みずからが位置を占めていた高い位置から美

術を打ち落とすことに成功したのでした。ヨーロッパと北アメリカの前衛芸術は、今日、音と光、電子機器とホログラムと工業素材を用いるようになっています[46]。このことは、物理学でのブリコラージュのモチーフを分かちもつのではないでしょうか？

みなさんには、あと少し辛抱していただきたいと思います。科学と芸術における危機という問題を、ステーヴン・ワインバーグが量子場理論と素粒子物理学についてのオプティミズムで満杯にして思い起こさせた時期の1960年代のコメントに拡張したいと私は考えます[47]。芸術において、その十年間は、抽象的表現主義と広告デザインが変容し、また、幾何学的絵画と彫刻が復興した時代でした。それは、公共空間において劇的なパフォーマンスをやりました。街頭でのハプニングとか、無関係の音を伴ったコンサートとかです。しかしながら、ショックと罵倒とは、当時の芸術と広く同一視され、そのほとんどの部分で、印象派、フォーヴ（野獣派）、ダダ、立体派、シュルレアリストといった、それ以前のモダニスト芸術のショックを繰りかえしたのでした。芸術は、物理学のように、過去のキイ・イノヴーションを支持し、それを延長して叫び声を上げました。芸術でも物理学でも危機にあったわけではなかったのです。建築のキイとなる発展は、まさしくポストモダンと呼べるものでしたが、過去の様式のごった煮であり、立体派風形式の気まぐれ的混成を中心にありました[48]。

1960年から1990年までのモダンの最後の世代は、マニエリスム時代として有効に規定されると思います。マニエリスムなる術語（ジョルジョ・ヴァザーリの1550年の『芸術家列伝』で最初に使用された）は、ラファエロのあとの16世紀後半のイタリア・ルネサンスで起こったことを指します。形象の騒々しい集合体は、ときどきエル・グレコの様式が延長されて、エレガントで調和的な作品に取って代わったのです。キャンヴァスはルネサンス的諸要素を誇張し、カリカチュアともなりました。中世史家のエルンスト・ローベルト・クルティウスは、マニエリスムという術語を美術史から文学史へと拡張させました。「マニエリスムの時代には、飾り立てが無差別的にかつ無意味に積み上げられた。……マニエリストは、事態を通常的ではなく異常に述べるのを望んだ。自然であることよりは、人工的であることと気取ったものを好む。驚かせ、びっくりさせ、幻惑させたいのである」[49]。美術史のアルノルト・ハウザーは、マルクス主義の影響を受けた作品

『マニエリスム──ルネサンスの危機と近代芸術の起源』（*Mannerism: The Crisis of the Renaissance and the Origin of Modern Art*, 1965；若桑みどり訳・全三冊、岩崎美術社刊，1970）は、マニエリスムを特徴づけたのだが、強い批判が、彼の思想を脇に押しやり、今日では、芸術史学の中心から遠いところにあります[50]。

建築批評家のC・レイ・スミスは、啓発的で軽視されてきた研究において、1960年代と70年代の建築とデザインを、16世紀イタリアのマニエリスムとの比較で、マニエリスムと規定しています。スミスは、「ポストモダン」建築と呼ばれたことの推進者たちは、明確に、16世紀の「カオス、曖昧さ、パラドックス、他の複雑さと矛盾の要素」を引き出していると見ています。1977年にスミスは書いています。「16世紀イタリアでは、先のアメリカの10年間と同じように、社会変動の高揚と科学の急速な発展が建築思想の変化に反映した。秩序立った、規律ある、理性的なルネサンスの建築体系から離反したのだ」。スミスは、1960・70年代のアメリカに拡がった、美術史家ニコラウス・ペブズナーによって描かれたマニエリスムの特徴を引用しています。彼はミケランジェロのロレンツィアナ図書館 (1524-1557) のペヴズナーの分析をマニエリスム様式を定義するタイプの事例としてとっているのです。「すべての力は麻痺させられている。負荷は量られず、支えは効かない、自然の反動は役割を演じない。高度の人工体系が、もっとも厳格な分野で持ち上げられているのだ」。スミスは、マニエリスムを描く他の用語と語彙を引いています。均衡と調和の逆、歪曲、不器用と高度の自己意識、気まぐれ、内密の放縦の保持、異端的細目、気持ち悪さ、勝手と非論理性、意識的不調和、です。スミスにとって、ルイ・カーン、ロバート・ヴェンチュリ、チャールズ・モアといった著名な建築家の作品と著作は、16世紀後半の「〔マニエリスムの〕形而上学的詩の念入りで、こせこせした奇想」[51]なのです。

歴史的相補性なる考えは、マニエリスムなる術語が1960年代の絵画と物理学を規定するのに役立ちます。広大な市場、たくさんの従事者がいるのですが、20世紀の初頭と比較すると、おそらく素晴らしいとか、明確なイノヴェーションや業績とかはありませんでした。1930年代までに、一般相対論と量子力学の確証された帰結が現われ、それらの理論に随伴する革命的認識論が提起されました。1990年以降、スタンダード・モデル（重力を除いた四つ

の基本的「力」の）とひも理論が、類比的には提示されるとは思いませんが。じつに、ロジャー・ペンローズは明解です。20世紀には二つだけの「大革命」があったのであり、量子力学と一般相対論であった[52]。

一定の時間と場所のモチーフを同定することは、話のほんの一部分です。そのモチーフがなぜ出現したのかを知りたい。そのために、もっともうまくゆく説明を見いだすためのそれらしい説明を模索してみることにいたしましょう。この意味において、歴史的説明は、双方とも遠い過去からの証拠を扱う宇宙論とか古生物学のような科学における説明と似た形態をとります。ここにおいて、ニュース・メディアが、銀河、恐竜とか、リヴィジョニストの歴史とかとは明らかに別種のものごとによって一貫して魅せられる理由なのです。価値ある研究プロジェクトは、天文学者と古生物学、もしくは地球物理学と歴史家の著作においては共通のモチーフを探究しようとするでしょう。いずれにせよ、1910年代がなぜ革命的思想を育成し、1960年代がマニエリスム思想を、2010年代が、思想表現においては、反革命的であったのかを詳細に考察するのは別の機会となるでしょう

ポール・フォーマンの仕事にとって中心的なことは、われわれがいかに偶像破壊的であると考えようと、われわれの時代のコンヴェンションを逃れられないという真理です。事実、特定のクーン的パラダイムの内部で仕事している者で、その属性のすべてに注意している者は誰もいません。アインシュタインが1936年になした注意を恐らくご存じかと思います。「ある者の存在にとって重要なことは、ほとんど誰も気づいていないということである……。魚は全生涯にわたって泳ぐ水について何を知っているだろうか」[53]。過去の知識は、時間と場所に拘束されて生きる歴史家によっていくぶんパラドキシカルに探究されます。私は自分の生涯についてすべてを知っているわけではありませんが、ポストモダンのなかで異邦人ではないと感じています。歴史的相補性のような歴史的方法は、今日の学際性に適合的なのです。

私の本日の話の標題、物理学の危機に戻る時だと思います。それについて考察するひとつの途は、過去の暴力的で革命的な変化についての学部講義で永続的に話された説明を想起することです。「旧体制は危機にあった。しかし、どんな瞬間にも、確立された体制はしばしば危機にあるというのだろうか？

振り返ってみて、きわめて明瞭な矛盾とか欠点とかはなかったであろうか？ そうして、また別の問いを尋ねます。人びとはどうして伝統を捨て、新しい思考の仕方を摑むのであろうか？ 自分自身の時代の矛盾を彼らが捕らえるのは、回答のほんの一部分です。ほかの部分は、新しいあるいは更新された規範やスタイルをもった未来への彼らの希望なのです。問題は、学者だけによってだけではなく、多くの政治的革命家によってもまた投げかけられてきました。

物理学者は、今日、創造性のある精神が新しい方向を提示し、新しい研究道具を始めるのを待ちわびているように思われます[54]。私の歴史学上の仲間のマリアナ・リーズニク（CONICET-Universidad Nacional de Quilmes-Universidad de Buenos Aires）が私宛に書いてくれましたように、物理学を社会的に企図するには、物質的危機があるのであり、英雄的な国民的資金ないしポストモダン資本主義のもとでの国家を超える基金の限界に達してしまっています。2019年前後の物理学者のあいだでの便宜供与のエートスのための証拠を見いだしてはいるのですが、これらの問題はもっと詳細な研究を必要とします。

謝辞

本論考を執筆するさいに援助してくれた、Mariana Frank (Concordia University, Montreal), George Caplan (Wellesley College, retired), Richard Wolfson (Middlebury College), Bruce Draine (Princeton University), John C. Mather (Goddard Space Flight Center, NASA), Hans-Joachim Haubold (United Nations Office for Outer Space Affairs, retired), Joel Gannett (Telcordia Technologies, retired)、それから私の大学の Paul Pancella, Kirk T. Korista, John H. Cameron に感謝する。私はまた、Marina Rieznik (CONICET-Universidad Nacional de Quilmes-Universidad de Buenos Aires) と George Caplan にも思慮あるコメントを先の草稿にいただいたことに恩義を受けている。（2019年3月3日）

注
1) Roger Penrose, *Fashion, Faith, and Fantasy in the New Physics of the Universe* (Princeton: Princeton University Press, 2016).
2) Bart Karstens, "Karl Popper and Thomas Kuhn: Historical Figures with Future Significance," *Isis, 109* (2018), 160-64, on 163.

3) John L. Heilbron, "Thomas Samuel Kuhn, 18 July 1922 - 17 June 1996," Isis, 89 (1998), 505-15, 506 p.506において、クーンを「旧式の真理探求者」としている。Andrew Abbott, "Structure as Cited, Structure as Read," in Kuhn's Structure of Scientific Revolutions at Fifty, ed. Robert J. Richards and Lorraine Daston (Chicago: University of Chicago Press, 2016), 167-81, on 177。そこで、Abbott はクーンは自然諸科学に進歩があると信じていたと述べている。「クーンが進歩と呼んでいる特別の社会編成をもつ形態が存在するかどうかにかかわりなく、知識の多くの形態があるのであり――人文学と社会諸科学のほとんどがそういった形態である――、それらは専門学科になっており、厳密で、専門的同業者が支配する領域であるにもかかわらず、進歩すると言うことはできない、というような逆問題が残り続けている」。

4) 暗黒物質と銀河回転については、つぎを見よ。Enrico Garaldi, Emilio Romano-Díaz, Cristiano Porciani, Marcel S. Pawlowski. "Radial Acceleration Relation of ΛCDM Satellite Galaxies," Physical Review Letters, 120 (2018); 120 (26) DOI: 10.1103/PhysRevLett.120.261301.

5) Lewis Pyenson, The Young Einstein: The Advent of Relativity (London: Adam Hilger, 1985), 152 は1918年のアインシュタイン（『若きアインシュタイン』（板垣良一他訳、共立出版、1988））; Martin J. Klein, Paul Ehrenfest, 1: The Making of a Theoretical Physicist (Amsterdam: North-Holland, 1970), 252-53 は1912年のポワンカレについて述べている。アインシュタインはここで、一般相対論のコンテクストにおいて、数学と物理学のあいだには「予定調和」があるのだと述べている。黒体放射に関する交信中において、Poincaré もまた、同じ意味での「予定調和」に言及している。書物のなかでは述べていないが、この言明は、Roger Penrose の物理学観であった。Penrose, Fashion, Faith and Fantasy (n. 1), 3. サー・ロジャーはモダンな物理学者で、ポストモダン物理学者ではなかった。

6) Sabine Hossenfelder, Lost in Math: How Beauty Leads Physics Astray (New York: Basic, 2018). Anil Ananthaswamy, "How the Belief in Beauty Has Triggered a Crisis in Physics," Nature, 558 (2018), 186-87, は書評。

7) John Gribbin, "From Falling Apples to Black Holes," Wall Street Journal, 12-13 May 2018, p. C7. 私は、ブリコラージュなる語を Gribbin の議論を要約して用いている。

8)「世界観」（Weltanschauung）なる概念を Gombrich は拒絶していたが、部分的には、ナチスが利用していたためであった。〔その語は〕現在では一般的観点を意味するものとして牙を抜かれてしまっている。

9) Lewis Pyenson, "The Relativity Revolution in Germany," in The Comparative Reception of Relativity, ed. Thomas Glick (Boston/Dordrecht: Reidel, 1987), pp. 59-111. 基本的文献は、Russell McCormmach, "On Academic Scientists in Wilhelmian Germany," Daedalus, 103, no. 3 (Summer 1974), 157-71. McCormmach は、1914

年以前の不安と疑念を、1960年代の感性と比較している。

10) Klein, Paul Ehrenfest (n. 5), 249-50; Klein はドラマなる語を「典型的に Ehrenfest の語句」として用いている。

11) John Heilbron, The Dilemmas of an Upright Man: Max Planck as Spokesman for German Science (Berkeley: University of California Press, 1986), 31; Murray N. Rothbard, Economic Thought before Adam Smith [An Austrian Perspective on the History of Economic Thought, 1] (Auburn, AL: Ludwig von Mises Institute/Edward Elgar Publishing, 1995), 165 は、経済学者としてのコペルニクスについてである。

12) "National Foundation on the Arts and the Humanities Act of 1965 (P.L. 89-209)," https://www.neh.gov/about/history, accessed 10 March 2018.

13) Art Jahnke, "Who Picks Up the Tab for Science?"(2015). 1970年以来の物理諸科学のためのアメリカ合衆国連邦基金の定常レヴェルについては、http://www.bu.edu/research/articles/funding-for-scientific-research/(accessed 30 June 2018). 受動的電波探知機 (the so-called ICE Cube in Antarctica and associated telescopes) は近年、遠方銀河中のブラックホールを宇宙線を生み出す候補として同定している。National Science Foundation [US] Press Release 18-050: Neutrino Observation Points to One Source of High-Energy Cosmic Rays, 12 July 2018. https://nsf.gov/news/news_summ.jsp?cntn_id=295955, accessed 12 July 2018.

14) https://www.swarthmore.edu/alumni-weekend-2018/john-mather-68%E2%80%8B-lecture%E2%80%8B, accessed 30 June 2018.

15) Steven Weinberg, "The Cosmological Constant Problem," Reviews of Modern Physics, 61 (1989), 1-23.

16) Donald E. Osterbrock, "The Funding Crisis in Astronomy," Physics Today, 43, no. 1 (January 1990), 71-73.

17) Allan M. Walstad, "The Astronomy Crisis through Another Lens," Physics Today, 43, no. 11 (November 1990), 120.

18) Silvan S. Schweber, "Physics, Community and the Crisis in Physical Theory," Physics Today, 46, no. 11 (November 1993), 34-40, on 39.

19) Michael Riordan, Lillian Hoddeson, and Adrienne W. Kolb, Tunnel Visions: The Rise and Fall of the Superconducting Super Collider (Chicago: University of Chicago Press, 2015). LHC は大部分ヨーロッパの基金によっている。

20) John L. Heilbron, "Applied History of Science," Isis, 78 (1987), 552-63, on 559.

21) Steven Weinberg, "The Crisis of Big Science," New York Review of Books, 59, no. 8 (2012), 59-62.

22) Sidney Nagel, "Physics in Crisis," Physics Today, 55, no. 9 (September 2002), 55.

23) Joseph Lykken, "Crisis in Physics?" Physics Today, 55, no. 11 (2002), 56-57; Daniel Kevles,

"Big Science and Big Politics in the United States: Reflections on the Death of the SSC and the Life of the Human Genome Project," *Historical Studies in the Physical Sciences, 27* (1997), 271-97, on 281-82, は固体物理学のノーベル賞受賞者が SSC の経費に反対していることについてである。

24) Paul Forman, "On the Historical Forms of Knowledge Production and Curation: Modernity Entailed Disciplinarity, Postmodernity Entails Antidisciplinarity," *Osiris, 27* (2012), 56-97. 現代の物理学についてのもっとも重要な分析家としての Forman については、John L. Heilbron, "Cold War Culture: History of Science and Postmodernity, Engagement of an Intellectual in a Hostile Academic Environment," in *Weimar Culture and Quantum Mechanics: Selected Papers by Paul Forman and Contemporary Perspectives on the Forman Thesis*, ed. Cathryn Carson, Alexei Kojevnikov, and Helmuth Trischler (London and Singapore: Imperial College Press and World Scientific, 2011), 7-20.

25) Christian Møller, "On the Crisis in the Theory of Gravitation and a Possible Solution," *Det Kongelige Danske Videnskabernes Selskab: Matematisk-fysiske Meddelelser, 39*, no. 13 (1978), 31 pp. そこで、Møller は、ブラックホール物理学がアインシュタインの一般相対論とともに首尾一貫したものになることができたかについて示している。

26) Luis González-Mestres, "Big Bang, Inflation, Standard Physics... and the Potentialities of New Physics and Alternative Cosmologies: Present Statuts [sic] of Observational and Experimental Cosmology. Open Questions and Potentialities of Alternative Cosmologies," in *4th International Conference on New Frontiers of Physics* [Crete, Greece, 2015], ed. L. Bravina, Y. Foka, and S. Kabana, appearing as *European Physics Journal Web of Conferences, 126* (Paris: EDP Sciences, [2016]). アブストラクトはこう始まっている。「一年前、われわれは、宇宙論なる学問領域は肯定的で建設的危機を経験しつつある、と書いた」。

27) Guruswamy Rajasekaran, "A Crisis in Fundamental Physics," *Current Science, 111*, no. 5 (10 September 2016), 775-76.

28) Willem Hendrik Dickhoff, "A Further Update on Possible Crises in Nuclear-Matter Theory," *Journal of Physics, Conference Series 702: 18th International Conference on Recent Progress in Many-Body Theories (MBT18)*, ed. E. Krotscheck and G. Ortiz (London: IOP, 2015), 9 p.

29) Fred I. Cooperstock, "The Case for Unquantized Gravity," *International Journal of Modern Physics D, 14* (2005), 2207-11, on 2210. Cooperstock は、Weinberg, "Cosmological Constant" (n. 15) を参照しており、参考文献を提示せずに、物理学の学界では広く知られていると示唆している。

30) Ram Gopal Vishwakarma, "Does Dark Energy Signal a Wrong Physics?" *2nd Crisis in Cosmology Conference, Astronomical Society of the Pacific Conference Series, 413*, ed. Frank Potter (2009), 304-14.

31) Ruth Durrer and Roy Maartens, "Dark Energy and Dark Gravity: Theory Overview," *General Relativity and Gravitation, 40* (2008), 301-28, on 314, 325. この明解な議論は、光速よりも速い運動、タイムマシン、ゴースト場のようなの可能性——量子力学へと至る1920年代初期に行なわれた一般的思索を含んでいる。その議論の一例は、p. 307に書かれている。「ゴースト場とは、運動する項が間違った記号になるような場である。このような場では、ポテンシャルを登り切るときに低速になる代わりに、高速になる。この不安定な状況は、量子化しようと望むときには過酷な問題となる。それで、少なくとも、量子レヴェルのおいては、意味をもつような理論には出来ないと受けとめられている」。こういった議論は、つぎの本と対照させられるかもしれない。Lee Smolin, *Time Reborn: From the Crisis in Physics to the Future of the Universe* (Boston: Houghton Mifflin Harcourt, 2013)。小説、映画、演劇において、語られている時間についての思索を回復させている、現代物理学によって啓発された宇宙についてのロマンスである。Andy Martin, "It's Time To Accept That Time Is Real—But There Are Ways To Briefly Delude Ourselves That It Can Be Escaped," *Independent*, 29 June 2017, は同情的批評となっている。

32) Gian Giudice quoted in Harriet Jarlett, "In Theory: Is Theoretical Physics in Crisis?" 18 May 2016, https://home.cern/about/updates/2016/05/theory-theoretical-physics-crisis, accessed 8 July 2018. 反対の議論は探求しないが、危機と混乱は研究の一領域の廃絶に導きかねないと私は見ている。たとえば、19世紀初頭のロマン派の自然学である。H. A. M. Snelders, "Romanticism and Naturphilosophie and the Inorganic Natural Sciences 1797-1840: An Introductory Survey, *Studies in Romanticism*, 9 (1970), 193-215. Andrew Cunningham and Nicholas Jardine, eds., *Romanticism and the Sciences* (Cambridge: Cambridge University Press, 1990) は、ロマン派の Humphry Davy の洞察を強調するという貢献を伴っている。Hans Christian Ørsted, and Johann Wilhelm Ritter; Umberto Bottazzini, "Geometry and Metaphysics of Space in Gauss and Riemann," in *Romanticism in Science: Science in Europe, 1790–1840*, ed. Stefano Poggi and Maurizio Bossi (Kluwer: Boston, 1994), 15-29. 成就された知見は、彼らの時代の一般的思潮から外れてはいないが、ドイツのロマン派哲学者たちが、Ørsted が、たとえば、物理的力のあいだの関係を探究する正当化を提供した以上のことをやれたかどうかは不明確である。彼の実験装置は、彼らに負うものではない。Richard Holmes はロマン派物理学と化学を天文学者 John Herschel の「諸科学の大きなネットワークないし関連の概念に見、単一の哲学と文化を形成する始原となった」と見る。Holmes, *The Age of Wonder: How the Romantic Generation Discovered the Beauty and Terror of*

Science (New York: Pantheon, 2008), 445. この考えは、フランスの啓蒙主義からスターリン主義ソ連までの多くの科学者によって表現されたが、ロマン主義に特別な道なのではない。

33) Nima Arkani-Hamed, cited in Natalie Wolchover, "What No New Particles Means for Physics," https://www.quantamagazine.org/what-no-new-particles-means-for-physics-20160809/, accessed 29 June 2018.

34) I. Bernard Cohen, *Revolution in Science* (Cambridge, MA: Belknap, 1985), 607.

35) Joseph Lykken and Maria Spiropulu, "Supersymmetry and the Crisis in Physics," *Scientific American, 310*, no. 5 (2014), 34-39.

36) この危機についてのひとつの展望は、Lewis Pyenson and and Christophe Verbruggen, "Ego and the International: The Modernist Circle of George Sarton," *Isis, 100* (2009), 60-78.

37) Lewis Pyenson, "Technology's Triumph Over Science," *Chronicle [of Higher Education] Review*, 6 March 2011, pp. B4-B5, は Paul Forman の理屈づけを拡張している。

38) Penrose, *Fashion, Faith, and Fantasy*, 393-94.

39) スーパーコンピューターを用いている Kevli 研究所による、コンピューター計算、宇宙の進化のアニメーションは、物質をストリングと表面とに、早期に固化するといったことで、新しい形象を明らかにしている。https://kipac.stanford.edu/highlights/movies-universe-produced-kavliwood, accessed 27 June 2018. Kavli のアニメーションは、ユークリッド的三次元の初期宇宙の一部を描いている。

40) http://www.oxfordmusiconline, s.v. Motif, accessed 2 June 2018.

41) Arnold Schoenberg, *The Musical Idea and the Logic, Technique, and Art of Its Representation*, ed. and trans. Patricia Carpenter and Severine Neff (1995; Bloomington, IN: Indiana University Press, 2006), 129-30は、シェーンベルクの1934年7月からのノートを紹介している。Carpenter and Neff は、英語の motive を用いている。

42) これらの対は、最近一緒に考察されている。Chas Danner, "Muhammed Ali's Life in Poetry, Activism, and Trash Talk," *New York*, 4 June 2016: http://nymag.com/daily/intelligencer/2016/06/muhammad-alis-poetry-activism-and-trash-talk.html, accessed 4 July 2018; Elke Schoffers, "Tanzelemente," *Nachrichten aus der Chemie*, 61 (2013), 422-23.

43) Lewis Pyenson, "The Einstein-Picasso Question: Neo-Idealist Abstraction in the Decorative Arts and Manufactures," *Historical Studies in the Natural Sciences, 43* (2013), 281-333.

44) 私はモダンについて論点について、初期の著作で論じている。Lewis Pyenson, "La Réception de la relativité généralisée: Disciplinarité et institutionalisation en physique," *Revue d'histoire des sciences, 27* (1975), 6173.

45) いわゆる芸術によってたどられる分離した途についての論点は、Herbert Read によって、ユネスコの第一回総会での講演によって論じられている。"The Plight of the Visual Arts," in *Reflections on Our Age: Lectures Delivered at the Opening Session of UNESCO at the Sorbonne University Paris*, ed. UNESCO (London: Allan Wingate, 1948), 177-90, on 186.

46) Marita Sturken and Lisa Cartwright, *Practices of Looking: An Introduction to Visual Culture* (2001; New York: Oxford University Press, 2018)。このテキストブックは現在第三版で、20世紀の「芸術家的」スタイルの実践を当惑させ、失望させようとしている。

47) Weinberg, "Crisis of Big Science" (n. 21).

48) Kathleen James-Chakraborty, *Architecture since 1400* (Minneapolis: University of Minnesota Press, 2014), 456-66は、混成的なものに過度のアピールすることを極小化するポストモダン建築についての一所見である。

49) Ernst Robert Curtius, *European Literature and the Latin Middle Ages*, trans. Willard R. Trask (New York: Pantheon, 1953), 274, 282.

50) 評価の試みとしては、Axel Gelfert: "Art History, the Problem of Style, and Arnold Hauser's Contribution to the History and Sociology of Knowledge," *Studies in East European Thought*, 62 (2012), 121-42.

51) C. Ray Smith, *Supermannerism: New Attitudes in Post-Modern Architecture* (New York: E. P. Dutton, 1977), 91-99. 16世紀と1960年代・70年代のシンパシーある比較については、Michael Kohn, "Mannerism and Contemporary Art: The Style and Its Critics," *Arts Magazine, 58* (1984), 72-77; Dalibor Veselý: "Surrealism, Mannerism and Disegno Interno," *Umeni/Art: Journal of the Institute of Art History, Academy of Sciences of the Czech Republic*, 61, no. 4 (2013), 310-24は、20世紀初頭について考察している。Ingrid Loschek は、20世紀後半の婦人服に、「ポストモダン」スタイルと呼ぶデザインを組み合わせて、マニエリスムの諸要素を復活させている。Ingrid Loschek, "Mode und Architektur in der zweiten Hälfte des 20. Jahrhunderts: Ein stilistischer Vergleich," *Waffen- und Kostumkunde: Zeitschrift der Gesellschaft für historische Waffen- und Kostumkunde*, 40 (1998), 17-32.

52) Penrose, *Fashion, Faith, and Fantasy* (note 1), 87, 122. Penrose は論点を二度試みている。

53) Albert Einstein, "Self-Portrait," in *Portraits and Self-Portraits*, ed. George Schreiber (Boston: Houghton Mifflin, 1936), 27.

54) より大きな素粒子加速器計画については、"International Collaboration Publishes Concept Design for a Post-LHC Future Circular Collider at CERN" https://home.cern/news/press-release/accelerators/international-collaboration-publishes-concept-design-post-lhc, accessed 26 January 2019.

要約
　現代物理学の思想的特質とその危機

　欧米の物理学専攻の仲間の幾人かと交信し、文献
を探索してみると、ほとんどが、彼らの学問が今日
劇的危機に直面しているとは考えてはいないことが
判明する。物理学者が問題解決のために革命的解決
策を積極的に探求した百年前と、状況は実質的に異
なっているようだ。冷静な観察者は、今日の物理学
において、危機を呼び起こすような問題を見てはい
ないのかもしれない。量子力学と一般相対論が依然
として優勢なのだ。私の話は、1960年代から1990
年代までの物理学をマニエリスム＝マニエリズモ＝
マンネリズムのことばで理解可能かどうか考察して
みようとする。マニエリスムという用語は、ラファ
エロの死（1520年）のあとに、イタリアのルネサ
ンスの均衡のとれた調和したスタイルに何が起こっ
たのかを示すさいに用いられる。その特徴は、一般
に極端な装飾、誇張、不細工な構成が算入すること
だ。社会的用語では、今日の物理学は、ポストモダ
ン資本主義の体制下で基金調達における物質的危機
に直面しているのかもしれない。

Summary
　Main Intellectual Characteristics of Modern Physics
　and Its Crisis
　Correspondence with selected physicist colleagues in
the European and American ambit and a survey of the
literature suggest that few physicists today think about the
challenges facing their discipline in terms of a dramatic
crisis. The situation differs substantially from one hun-
dred years ago, when physicists actively sought revolu-
tionary solutions for problems that a dispassionate viewer
might see as no more crisis-provoking than problems in
physics today. Quantum mechanics and general relativity
still reign. The talk considers whether it is possible to un-
derstand physics from the 1960s to the 1990s in terms of
Mannerism. It is the term used for what happened to the
balanced and harmonious style of the Renaissance in Italy
after the death of Raphael (1520), and its characteristics
generally include over-the-top ornamentation, exaggera-
tion, and awkward composition. In social terms, physics
today may have reached a material crisis in funding under
postmodern capitalism.

総括討論に代えて

佐々木力◉中部大学中部高等学術研究所特任教授

　第一日目の一般講演としては、一般の聴衆を迎えての３つの講演がなされた。

　最初に本学常勤理事の中島泉教授による懇切丁寧な国際会議の趣旨説明と、実行委員長の佐々木の紹介的説明がなされ、ついで、組織委員会委員長の石原修学長からの挨拶がなされた。

　最初に佐々木から国際会議の主題である「新しい科学の考え方をもとめて——東アジア科学文化の未来」を開催する学問的意図が、「近代西欧の自然哲学・東アジアの自然観」という標題で話された。内容の概要はここに印刷されているとおりである。東アジアの学問、とくに自然科学の未来について、現代科学技術の最先端部分を古代中国の思想家である荘子の観点から改めて考察するという国際会議の主旨は、理事長の飯吉厚夫教授と佐々木のあいだで早くから合意され、形成されていた。

　佐々木は17世紀西欧の科学思想の専門家であるが、その時代に成立をみた自然科学思想が大きな転換点を迎えていることを一般講演では主張した。そのさいのひとつの指標は、ライプニッツの多文化主義的科学哲学であった。開催後に、荘子にとどまらず、18世紀江戸時代の安藤昌益の自然哲学が刺激的であるとの新知見を宿すにいたっている。

　一般講演の二番目には、北京から劉笑敢教授に荘子の自然観一般について講演していただいた。教授とは、2019年３月初旬に北京で再会し、荘子思想のエコロジカルな自然観の意義について確認しあうことができた。

　第三番目に講演したパイエンソン教授は、私と劉教授ともども、第二次世界大戦直後の1947年生まれで、私が世界の科学史学界でもっとも親しく学問観を語り合ってきた同世代の盟友にして、個人的にも親友である。彼との学問的交流のそもそものきっかけは、私が現代数学の始原に位置すると考えるヴァイマル共和国時代のゲッティンゲン大学の形式主義的数学と彼が現代の「数学的物理学」の不毛な方向性と見なす傾向にたいする批判が共通していたことであった。交信は1980年代中葉から始まったのだが、彼はアインシュタインの一般相対性理論の

形成と受容についての科学史的考察によって国際的地歩を固めていた。当時、彼はモントリオール大学の科学史の教職に就いていた。私は、1988年秋、母校プリンストン大学を訪問したあと、ただちにカナダのケベックのフランス語地区にあったモントリオール大学に彼を訪ねた。カナダで教職に就いているのは、アメリカでの徴兵拒否のためだと明かしてくれた。彼の研究室の書棚には、トロツキイの英文著作などが並んでいた。現代科学についての批判的スタンスと反戦の意思とは、彼との長年の学問的並びに個人的親交の堅固な理由となっている。

　パイエンソン教授による今回の現代物理学の現況に関する講演は、現代物理学に危機が伏在するのではとの私の問いに答えたもので、少なくない現役の物理学者に問い尋ねた結果の報告と彼自身の現代物理学についての所見とは余人ではなし難い内容になったのではないか、と私は思っている。最後に話されている、アインシュタインの相対論や量子力学が成立した時代とピカソら抽象絵画が隆盛を見た時代との並行性、さらに西欧絵画史におけるマニエリスム（マンネリズム）概念を利用した特徴づけは、私自身、1960年代末に数学史に本格的に志す直前に探究した話題であったので、感慨深い思いを抱いた。

　なお、パイエンソン教授は国際会議に参加するために、ニューヨークで建築家として活躍している娘のキャサリンと一緒に来日したのだが、10月１日午後に中部空港に到着したあとの10月２日には早朝から、私と三人で伊勢見物を楽しみ、さらに翌３日には彼の長年の夢であった広島訪問を実現し、広島市民の小集会で講演した。彼の講演記録とともに印刷されている写真は、広島の平和記念公園にあったアインシュタインの特殊相対性理論から導き出せるエネルギーと質量とを結合させる数式の刻印とともに撮影されている。

　ちなみに、パイエンソン教授は、2019年秋には勤務先のウェスタン・ミシガン大学を退職し、再度カナダに移住するという。愚劣で「ファシズム」に近い共和党トランプ大統領の政治姿勢を嫌ってのことである。

自然観・自然哲学と文化的背景
序論

佐々木力●中部大学中部高等学術研究所特任教授

不言実行館(アクティヴホール)での午前の一般講演を終えたあと、午後には会場を中部高等学術研究所二階の大会議室に変えて、各部門の講演に移った。

第一日目午後には、「第Ⅰ部門／自然観・自然哲学と文化的背景」の各講演を執り行なった。座長には、辻本雅史副学長があたった。

最初の講演者は、米国カリフォルニア州のWhittier Collegeのポウル・チェルベルク教授であった。教授は、スタンフォード大学から荘子と懐疑主義思想についての博士論文をもって学位を取得した。欧米世界では、もっとも著名な荘子哲学の権威のひとりである。話の内容は、「道教思想と科学的創造性」について、老子と荘子、一般に道教思想と科学的創造性について広範に論じてある。教授は、応用生物学部の大場裕一准教授を組織者として、「老荘思想の自然概念と現代科学」についての講演を前日の４日に行なっていただいた。さらに、教授は、湯川秀樹博士が大の荘子ファンであることをもご存じで、『荘子』秋水篇に出て来る「知魚楽」についての原稿をも寄せられきた。これら、３点をすべて、ここに印刷する。

第二番目に演段に立ったのは、弘前大学人文社会学部の李梁教授である。彼は、中国の文化大革命時代に「下放」された世代で、その激動の時代が終熄したあと、上海外国語大学で日本語・日本思想を学んだ。その後、北京大学大学院で日本思想史などを修学し、来日して、東京大学大学院で学んだ。李梁教授は、湖北省の医家の家系の出身で、祖先には『本草綱目』をものした明末の李時珍がいる。教授は、中日の本草学の伝統について話されたのだが、その主題には、彼の家系が絡んでいる。私は2000年8月、ノルウェーのオスロで開催された国際歴史学会議のさいに、彼と出会い、フィーヨルドを一緒に見物した。その後、親交が続いている。

第三番目を講演者は、韓国の全南大学の中心的科学史家の金成根教授であった。彼は、光州の産で、化学を修めたあとに、東京大学大学院で私のもとで、朝鮮と日本の近代科学思想史を専修し、博士の学位を取得した。韓国はいまでも朱子学的な学問的伝統が生きていることで知られる。講演では、その一端がいま見られるであろう。

最後の第四番目に登壇したのは、東北大学の著名な科学哲学者、野家啓一教授であった。教授は、科学の解釈学のわが国での主唱者として知られ、今回の講演でも、東アジアの自然科学思想に「理学」という伝統思想の要素を復権させることを示唆してくる。仙台人の教授とは、たがいの学生時代に、東北大学理学部で出会った。

最後のあいさつとして、辻本雅史副学長の講和をこの部門に印刷した。本来は、夕刻のレセプションでなされたごあいさつであったが、この部門の座長でもあったので、この場に掲載するのがふさわしいと判断したしだいである。辻本教授は、江戸時代の教育思想の専門家として、長く京都大学で教鞭をとられたあと、台湾でも教職に就かれ、そこを御退任のあと本学に赴任された。現在では、貝原益軒の学問思想を研究なさっていると私は理解している。日本や東アジアでの学問思想が世界的視野で検討されなければならない時代がいまである。教授の学問的メッセージは、いまこそ、真剣に精読されなければならない。

今回の国際会議では、近世西欧のデカルト以降の機械論的自然科学のオールタナティヴとして古代中国の荘子の思想に焦点を合わせたのだが、いまでは、西欧近代のスピノザの哲学思想、それからスピノザの思想にかなり早くから着目していたゲーテの自然哲学、それからシェリングの自然哲学もが、「緑の自然学」として、注目され出している。近世日本の独創的思想家の安藤昌益の著作もがこのさい、紐解かれねばならないだろう。

道教思想と科学的創造性

ポール・チェルベルク●Whittier College教授

大場裕一 訳●中部大学応用生物学部准教授

序

　私が大学生だったころ、*Experimental Essays on Chuang-tzu*（荘子に関する実験的エッセイ）という本をはじめて読んだ。紀元前3世紀頃の道教思想家である荘子に関する論文集である。この中に、湯川秀樹が1966年に書いた「知魚楽」というエッセイがあった。面白い内容だとは思ったが、そのとき私は湯川が誰かを知らなかったし、なぜ物理学者の文章が古代思想家の本に出てくるのかを奇異に感じたのを覚えている。長じて私が中国思想を専門とするアメリカの教授になり、今度は中部大学の国際会議「新しい科学の考え方を求めて」（2018年）に招待され、私は再び同じような奇異な感じを受けた。しかし、2つは無関係ではなかった。湯川は、中間子の存在を論理的に予言した日本で最初のノーベル賞受賞者でありながら、道教思想にも深く関心を持ち数多くのエッセイを書いている才人であった。荘子の研究者である私が中部大学の国際会議に招待されたのは、そういうわけだったのだ。そのような繋がりで、本論文で私は、湯川のエッセイに見られる荘子観を検討し、さらに湯川が終始強い関心を持っていた「科学的創造性」に話を結びつけてみたい。

第1節　湯川と荘子

　冒頭に紹介した *Experimental Essays* に収録された湯川のエッセイは、「創造性と直感：物理学者が見た東洋と西洋」というタイトルで、荘子の中の寓話をもとに中国思想と現代科学との関連性について議論したものであった。それはこういう寓話である。

　　　南海の帝の名を儵（しゅく、はかないこと）、北海の帝を忽（こつ、にわかのこと）、中央の帝を混沌と言った。ある日、儵と忽が混沌のもとを訪れ、混沌はこれを歓待した。儵と忽は感謝の気持ちから、混沌にこう持ちかけた「すべての人間は7つの穴を持っている−目と耳と口と鼻だ。だが君にはそれがひとつもない。ひとつ、君にも穴を穿ってあげようではないか」。そうして、二人は混沌に毎日一つずつ穴を開けてあげた。そうしたら7日目に混沌は死んでしまった
　　　（『荘子』応帝王）

　湯川は、この寓話を素粒子物理学の観点から読んだ。というよりは、素粒子物理学の考え方が彼にこの寓話を想起させた。自然科学者として彼はこう言っている。

　　　一番基礎になる素材に到達したいのだが、その素材が三十種類もあっては困る。それは一番の根本になるものであり、あるきまった形をもっているものではなく、またわれわれが今知っている素粒子のどれというのでもない。さまざまな素粒子に分化する可能性をもった、しかしまだ未分化の何物かであろう。今までに知っている言葉でいうならば混沌というようなものであろう、などと考えているうちに、この寓話を思い出したわけである。
　　　（湯川「荘子」）

　この最も基本的な粒子に関する問いは、宇宙についての問いでもある。湯川は「時空と素粒子」というエッセイ（1963）にこう書いている。「素粒子の性質は、宇宙の構造と分けて考えることはできない」。つまり、宇宙とは様々な粒子の可能性を含んだ混沌なのだ。湯川は、儵と忽の2人を粒子のアナロジーとして読んだのである。2人は西海と東海の帝。対称的であるが、混沌のもとで一緒になった。

　それらが、それぞれ勝手に走っているのでは

何事もおこらないが、南と北からやってきて、渾沌の領土で一緒になった。素粒子の衝突がおこった。こう考えると、（中略）渾沌というのは素粒子を受け入れる時間・空間のようなものといえる。（湯川「荘子」）

実際には、湯川は荘子の思想を、非常に小さいものというよりは非常に大きなものを捉えた思想だと見做していた。それでも、湯川にとって荘子は、湯川が取り組んでいたような極限まで小さなものへの科学的アプローチに示唆を与えると考えた。少なくとも、湯川はこう結んでいる「こういう解釈もできそうである」。彼はまたこうも言っている「何もギリシャ思想だけが科学の発達の母胎となる唯一のものとは限らないだろう」。伝統的なアジア文化も同様の貢献をするかもしれない。むしろ「荘子の方は、いろいろ面白い寓話があり（中略）読む方の頭の働きを刺激し、活発にしてくれるものが非常に多い気がする」（湯川「荘子」）。

次に、自然科学に対する道教思想の潜在的な貢献に関する別の面について考えてみよう。それは、湯川の関心でもあった創造性についてである。1963年の湯川のエッセイ「創造性の概念と経験」の中でこう書いている。

私も50才に至るとともに、私は、私自身に限らず若い研究者が創造性を最大限に発揮するにはどうしたらよいのかという疑問を考えてきた。創造性の問題は、私が思うに、究極的には創造性がどこに隠れているのか、そしてどうやって引き出せるのかという問題に還元できる。

湯川は、「東洋的アプローチ」（1948年）というエッセイの中で、自然科学の異なる幾つかの面を区別している。曰く、多くの科学者は、既存の仮設を確認するか否定するか、あるいは不一致を取り除く研究をしている。これは、テストされる仮設を作る立場の科学者とは区別されるという。私が思うに、この区別はクーンが描いた通常科学と科学革命の違いに類似している。

少し言い換えると、自然科学の進歩には2つのことが必要である。それは、何が可能かを考えることと、何が事実かを確かめること、である。湯川は前者について論じている。

このような場合には、単なる論理だけではどうにもならない。全体を直感し、正しいものを洞察するほかないのであります。いいかえれば、矛盾を摘出することよりも、全体としての調和を見つけ出すことが大切になってきます。（中略）科学は空想と正反対のものの如く考えられがちですが、それは科学の一面だけしか知らない人のいうことです。今いったように、新しい創造が行われるといっても、それが現在与えられているものだけから出てくるのではありません。科学者自身が何等かの形で他のものをつけ加えることを試みる。つまり実際あるものを創造で補うことによって、一つのまとまったものにする。（湯川「東洋的思考」）

イマジネーションがなければ新しい発見は望めない。これが、混沌の話に対する湯川の解釈であった。混沌の話は、何かを証明したり反証したりはしないが、全体を考える方法に示唆を与える。真の創造性には、様々な違った見方を探求することが必要なのだ。

第2節　荘子と技

創造性に関するものとして、荘子にはいわゆる「技の話」というのがいくつかある。例えばこのようなもの。

木工職人の慶が、鐘吊台の木彫りを作った。その神技のような素晴らしい出来栄えに、見るものはみな驚きおののいた。魯の君主が慶に尋ねた「いかにそのような神技ごとき技をもっておられるのか」。慶はこう答えた「私はただの職人です。技などというほどのものではありません。しかし、ひとつ言うとすれば、心を鎮めてから仕事をするということです。3日間精進潔斎すると、私は報償や評判のことが気にならなくなります。5日精進すると、上手下手には惑わされなくなります。これが7日もすると、自分の手足や体のあることも忘れてしまいます。そうなると、もはや何も関係ない。野山に分け入り、完璧な木材を見つけだし、その中に鐘吊台を見出すのです。あとは仕事をするだけ。そういう境地に入らなくては、一切がだめです。すなわち、内なる天が外なる天に合一するのです。私の

仕事が神技と思われるのは、そのためではないでしょうか」
(『荘子』達生)

　ここにいう「精進潔斎」というのは、単に飲食を慎むといったことではなく、予見を捨て去るといったような高尚な精進のことである。荘子は、この精進のプロセスのことを「心齋」と呼んでおり、他の話にもそれが出てくるものがある。

　　孔子が顔回（孔子の弟子）にこう言った「精進しなくてはいけない」、顔回がこう答えた「私の家は貧しいので、私は何ヶ月も酒も飲まず刺激の強い食べ物も口にはしていません。これは精進にはなりませんか？」。孔子「それでは、心の精進にはなっていない」「君のやったのは祭りの前の精進にすぎない。心の精進ではない」。顔回「心の精進とはなんでしょう」。孔子「雑念を払いなさい。そして、耳で聞くのではなく心で聞くのです。さらに、心で聞くのではなく、気で聞きなさい。雑念が去ると心が虚になります。これが心の精進だよ。それを聞いて、顔回が言った「これを聞くまでは、私は私でした。しかし、それを聞いた今は私が存在しなくなりました。こういうことでしょうか」。孔子が言った「そういうことだ」。(『荘子』人間世)

　荘子の言う「忘れること」については議論がいくつかある。知識を取り去って子供のようになることだという人もいる(例えば Eno, 1991)。あるいは、信じ込んだことを一旦保留することだと考える人もいる(例えば Cua, 1991)。たとえば文法を「忘れる」と饒舌になるように、あるいは、ジャズミュージシャンのチャーリー・パーカーが「まず形を学べ、そしたら忘れなさい」と言ったように。しかし、忘れた結果どうなるかについては意見が一致している。木工職人の慶や、その他の話にでてくるように、技を極め、どんな状況にも対応できるようになるのである。

　さいごに疑問として残るのは「どうして忘れると技が極まるのか？」である。シンプルな答えは、「先入観は判断を誤らせるから」。知っていると思うと、よく見ないことはよくある。しかし、思い込みを捨て去ると、物事をフレッシュな目でしっかりと見ることができる。荘子はそれを「天」という言葉を使っ

ポール・チェルベルク

て説明する。

　「天」とは、通常「人」と対比され、おおむね「自然」と「作為」に対応する言葉である。しかし、道教思想における「天」とは、「解釈されていない状態」、または「説明されていないこと」を表し、「人」はその反対で「理解されたこと」を表す。

　つまり、解釈されたカテゴリーを「忘れること」で解釈されていない「天」を再発見できるから、鐘吊台を彫った木工職人も、鐘吊台についての先入観を忘れることで、自由で創造的な創作が可能になったのだ。

　そもそも、世界に対するわれわれの「あれかこれか」という判断（たとえば、大きいとか小さいとか、長いとか短いとか）は相対的なものであり、われわれの認識が前提になっている。荘子には、これをさらに推し進めた次のような話がある。

　　生を喜ぶ気持ちが間違いではないと、どうして私にわかるだろう。死を厭う気持ちが、家に戻ることを忘れた迷い子のようではないと、どうして私にわかるというのか。麗姫は、艾（がい、地名）の関守の娘だった。晋の国王が彼女を手に入れた時、彼女は胸元を涙に濡らした。しかし、彼女が宮廷に入って王と同衾し、王の食卓に座した時、涙したことを後悔した。死者がかつて生に執着したことを後悔していないと、どうしてわたしにわかるというのか。(『荘子』斉物論)

　麗姫は、蛮族の出で、晋献公に交換された人質だった。田舎娘の視点だった最初は不幸せだったが、王妃の立場を理解したあとは幸せだった。出来事の意味は、彼女が自身をどう捉えるかによったのである。

この麗姫の話はハッピーエンドで終わっているが、実は、王の妾となったあと、彼女は前妻を追い出して王妃になった。息子を王座に据えると、国をめちゃくちゃにした。つまり、この話を読むわれわれでさえ、彼女が誰かという「判断」は、私たちがそれについて何を知っているかによって変わるのだ。

荘子の中でも数少ない荘子自身の身に起こった有名な話で、これに似たものをひとつ紹介しよう。

> 自分が蝶になる夢を見た。自由に羽ばたいて、荘子のことを忘れた。すると目が覚めて、また荘子に戻ってしまった。果たして、私は蝶になる夢を見た荘子なのだろうか、荘子を夢に見た蝶なのだろうか。荘子と蝶は違うはずである。このことを「物化」（万物は変化する）という。
> （『荘子』）

誰だって、自分が誰であるかさえハッキリしないのだ。私は学者？子供の親？アメリカ人？どれが本当でどれが夢？自分を完全に忘れることについては、孔子とその弟子の子貢との次のような話にも見ることができる。

> 顔回「私は進歩いたしました」
> 孔子「どういうことだね」
> 顔回「仁義を忘れ去りました」
> 孔子「よくやった。でもまだまだだ」
> その翌日、
> 顔回「私は進歩いたしました」
> 孔子「どういうことだね」
> 顔回「礼楽を忘れ去りました」
> 孔子「よくやった。でもまだまだだ」
> その翌日、
> 顔回「私は進歩いたしました」
> 孔子「どういうことだね」
> 顔回「私は坐忘ができるようになりました」
> 孔子は目を見張ってこう言った「坐忘とはどういうことだ？」
> 顔回「手足を放棄し、見ること聞くことを一切やめて、形を離れて知を忘れて、大いなる道と一体になったのです。これが坐忘です」
> 孔子「道と一体になれば、えり好みもなくなり、拘泥もなくなる。素晴らしいじゃないか。私も君に続くとしよう」（『荘子』大宗師）

正直なところ、孔子がなぜ「「道と一体になれば、えり好みもなくなり、拘泥もなくなる」と言ったのかよくわからないのだが、実はこの部分は『論語』のパロディである。論語にこういう一節があるのだ――「孔子が言った。素晴らしいじゃないか顔回！君は飯と水だけで陋路に生きることができるようになった。他の人は、そのような楽しみを捨て去った生活はできない。君は素晴らしい」。――それはともかく、重要なことは、道教思想において坐忘が全てを忘れ去るための実践であるということである。

なお、ここでの忘却とは、こころを完全に虚にすることではない。人間の理性は自発的に活動し、受容し、統合するしくみをもっている。古い理論を忘れるのは心を虚にするからではなく、新しいものに心を向けるからである。再び鐘吊台に話を戻すと、荘子は「内なる天が外なる天に合一する」と言ったが、このとき木工職人は彼のインスピレーションと木材の特性を一致させることで、神業のような見事な鐘吊台を作ったのだ。

鐘吊台を作った職人の話は、忘れることの価値を示している。麗姫の話や蝶になる話は、私たちのアイデンティティーに対して疑問を促し、忘れることの意味を思い出させる。荘子は、忘れることに至るさまざまな方法を見せてくれる。しかし、それは直接ではなく、寓意を使って、背理法のような懐疑主義的なやり方で。

> ではこう言ってみよう。私が知と言っているものが本当は無知かもしれないし、私が無知だと言っているものが実は知かもしれないじゃないか？（『荘子』斉物論）

荘子の言葉遊びは、われわれを混乱させる。例えば、「天」を「定義されていないことがら」と定義したとする。定義された天は、定義されてしまったのだからもはや天じゃないのか？（『荘子』大宗師）。オノマトペや地口に巻き込まれて、読者はなんだかわからなくなる。

そのとおり、荘子は実にこんがらがった書物である。しかしそれには理由がある。混乱は、忘却を促し、忘却は技に通じる。そうして、世界を理解し、私たち自身を理解させる道筋を与える。このように、荘子は、こんがらがった書物であるがゆえ、よりうまく生きる方途を私たちに示してくれるのである。

第3節　自然科学の創造性

　道教思想のいう「技」が、どうやったら自然科学の創造性に結びつくだろう。新しい理論の創出において、古い考え方を忘れるあるいは括弧書きにしておくことが重要であることは言うまでもない。アインシュタインの相対性理論を理解するには、空間や時間に関する通常の観念を放棄しなくてはいけない。麗姫の話のように、科学者は自分たちの存在や感覚を疑うだけではなく、持っている知識も疑わないといけない。ひょっとすると、坐忘が必要かもしれない。

　この点、湯川はこう言っている「創造性の疑問は、どこに創造性が隠れているのか、どうすればそれを引き出せるのか、というところに行き着く」(湯川，1973)。荘子は、これに対する一つの答えを与えている。創造性は、私たちが知っていること、知っていると思っていることによって隠されている。そして、坐忘すること、あえて知らないでいることによって、それを引き出すことができる。もし、忘れることに知識の排除が必要ならば、知と無知は排他的であり、両立は不可能である。しかしもし、忘れることが既存の知識への懐疑であるならば、両立は可能である。思うに、現代科学は知と無知の両立が必要な科学である。物理学者のジョン・ホイーラーはこう言っている「我々は無知の海に囲まれた孤島に住んでいる。知識が増えてくるとき、それは無知との境で起こるのだ」(Wheeler, 1992)。荘子にも、これとよく似たイメージのものがある。

　　足が踏んでいるのは大地のほんのわずかな面積に過ぎない。しかし踏むことのない大地が広がっているおかげで、進んでいける。同様に、私たちが知っていることはわずかであるが、知らないことのあるおかげで、私たちの知識は広がっていけるのだ。(『荘子』徐无鬼)

　実際、知識が進歩すると、無知のフロンティアが新たに広がってくる。我々は、一世紀前の人が思いもしなかったような「知らないこと」に気がついている。科学的知識は、仮説と仮定により得られる。得られた知識は、科学技術とパラダイムに依存する。つまり、私たちは科学的知識が「条件付き」であることを知っている。これこそが、知と無知がオーバーラップしていることの良い例である。つまり、科学的知識は道教思想における「忘れ」を排除するものではない。

　究極の忘却とは、自己忘却である。荘子は、自分が蝶なのか、蝶が自分なのか分からなくなった。ここで私は、自然科学こそが自己忘却のための最大の主導力であるといいたい。望遠鏡や顕微鏡を通して見た世界がどんなに馴染みのない奇異な世界であることか。

　まとめると、わたしはここで、伝統的なアジアの思想が現代科学者にとって価値のあるものであるとする湯川の考えに、中国思想家として支持を与えることができたと思う。「何もギリシャ思想だけが科学の発達の母胎となる唯一のものとは限らないだろう」むしろ「荘子の方は、いろいろ面白い寓話があり（中略）読む方の頭の働きを刺激し、活発にしてくれるものが非常に多い気がする」という湯川のセンスは正しい。道教思想は、私たちが知っていることを忘れることが創造性のためには重要であると諭している。同じことは、現代科学者の想像性のためにも言えることなのである。

要約
道教思想と科学的創造性

　1961年の荘子についてのエッセイで、湯川秀樹は、この古代道教の哲学者と近代科学との関連性について論じている。湯川は、荘子の話が特定的な科学的問題への隠れた理論とか回答を含んでいると議論しているのではなく、むしろ、科学者が理論を創成するのに役立つような全体的ことがらについて思考する道を示唆しているのである。とりわけ、「器用さの話」は道教的思考を創造的に考え直させる。創造性は、われわれが既知であると考えることによって妨害されてしまうのであるが、それゆえに、荘子が「座して忘れる」と呼ぶ過程によって解き放たれうる。道教における忘却の頂点は、自らを忘れることであり、それはほかのすべてを忘却することをも含む。このことは科学に二つの仕方で結びつく。第一に、自己忘却は、科学における創造的思考を、先入観をもった精神を洗浄することによって刺激する。第二に、科学は、われわれが誰であり、何であるかについての通常の前提事項に挑戦することによって、自己忘却の過程を刺激することができる。湯川によれば、競合する諸要素を調停させるために、科学においては創造性が要求される。これは、二つの理論間の非両立性かもしれないのだ。

Summary

Daoism and Scientific Creativity

In his 1961 essay on Zhuangzi, Hideki Yukawa discusses the relevance of this ancient Daoist philosopher to modern science. He does not contend that Zhuangzi's stories contain hidden theories or answers to particular scientific questions but, rather, that they suggest ways of thinking about the whole that may help scientists generate theories. In particular, the "skill stories" elaborate a Daoist method for thinking creatively. Creativity is obstructed by what we think we already know and hence can be unleashed by a process Zhuangzi calls "sitting and forgetting." The pinnacle of forgetting in Daoism is forgetting the self, which entails forgetting everything else. This connects to science in two ways. First, self-forgetting can stimulate creative thought in the sciences by clearing the mind of preconceptions. Second, science can stimulate the process of self-forgetting by challenging our conventional assumptions about who and what we are. Creativity is required in science, according to Professor Yukawa, in order to reconcile incompatible elements. This may be the incompatibility between two theories

老荘思想の自然概念と現代科学

ポール・チェルベルク◉Whittier College教授

大場裕一 訳◉中部大学応用生物学部准教授

この講演で私は、紀元前4世紀の中国思想家である荘子における自然の概念について、すなわち、荘子がどのような言葉で自然を表現し、そしてそれが現代の我々が自然と対峙するときにどのような示唆を与えるのかについて、お話ししたいと思います。荘子が自然を語るときに使った動詞に注目してみると、それと「調和する」、それに「導かれる」、あるいはそこに「休む」という表現が出てきますが、それを「知る」という表現をあまり使っていないことに気が付きます。それはなぜなのか、そこにどのような現代的な意味があるのかを考えてみたいと思います。

『荘子』は、少なくとも部分的には荘子自身によって書かれた紀元前4世紀の中国思想書です。荘子は、論理体系的な思想家ではないので、自然に対する論証的な考察を展開したわけではありません。彼は認識可能な哲学的議論を書いていますが、それはいつも寓意によって表されるので、解釈の余地があります。ですから、私たちはテキスト中の物語から荘子の自然に対する思想を拾い集めなければなりません。

まず、荘子において自然を表す語は「天」です。「天」のもともとの意は、「天国」「空」、あるいは天地・天下という言葉に見られるように「世界」や「帝国」ですが、荘子は、いつも「人」に対置する言葉として「天」を使いました。その意味で、荘子の「天」は自然を意味しているといえます。「天」と「人」のコントラストは、「自然」と「人工」に対応します。

自然と人工の対比は、二つのレベルが考えられます。ひとつは、「そのまま」の自然と作られた「人工」です。とたえば、切っただけの丸木は自然で、そこから彫り出して作ったお椀は人工です。も自然と人工を対比するもう一つのレベルは、ありのままの丸木が自然であり、「丸木」という言葉を聞いたときに解釈として理解される丸木は人工であるという認

識のしかたです。ここに「言」、すなわち言語や文字が介入してきます。私たち人は、世界を認識するとき言語を使います。すなわち、この言語化という作業が脱自然であり人工であるといえます。言語が人間活動の特徴であるゆえに、自然とは反対なのです。それゆえ荘子は、自然と対峙するための媒体として、言語を否定したでしょうか。そうではありません。荘子は、概念的思考とロジックが、わたしたち人と自然とを関係づける役割を持っていることを認めつつも、その役割を私たちが通常思い描くよりも条件付きの限定されたものと看做しました。まず、『荘子』の冒頭のエピソードを見てみましょう。

> 暗い北方に鯤という魚がいる。その大きさたるや、幾千里あるのかわからない。彼は、鵬という鳥になる。これまた何千里あるのか分からない。彼が羽音を立てて飛び立つと、その翼は天に懸かった雲のようだ。海が変わると、彼は暗い南方へと向かう。南の暗闇とは、天の池だ。
> (『荘子』逍遥遊)

これはなかなか面倒なお話です。鯤とは元来は小魚の卵のことですが、それが「何千里あるのか」計り知れないといいます。そうかと思うと、今度は鳥になって、これまた何千里あるのか分からないらいほどだと言い、それは南の彼方に飛んで行ってしまいます。北の彼方と南の彼方がどう違うのか、なぜ飛んで行ったのか。「なにか光を横切って暗闇に行く必要があったんだろう」と想像はできますが、南の暗い海がどうして「空の池」なのか、私にはよくわかりません。いや、このお話は、外から見るより内側から見た方がもっと面倒かもしれません。だって、朝起きたらあなたのヒレが翼になっていて、空に飛び出して、もう自分に何が起こったんだ

かさっぱりわかりません。このお話を、何かの暗喩だと思う人もいるでしょう。しかし何の？このお話には、あとでもう一度戻ってくることにして、一旦もう一つ別なお話を紹介しましょう。これはもうすこし分かりやすいはずです。

　料理人の丁が、文恵君のために牛を料理したときのこと。丁の手が触れた部分、肩をかけた部分、足で踏んだ部分、膝で押さえつけた部分の肉が、サクッ、シュッ、とばかりにどんどんと外れてゆく。彼の振るう牛刀は、調子を外すことなく、まるで古代の王朝音楽の舞踏さながらに進んでゆく。これを見ていた文恵君「ああ実に素晴らしい！技もここまで至るとは」。
　丁の刀を収めて曰く「これは道でありまして、技を超えているものでございます。私もはじめは牛しか見ていませんでした」「しかし三年もやっていますと、牛全体を見ることはなくなり、今では精神で牛と向き合っているだけで、見ることさえしなくなり、ただ神がかった欲求（神欲）に従っているだけなのです」「私は、自然のことわりを頼りに（依乎天理）、自然と刀は肉と肉の裂け目に向かって進んで行くのです」「ですから、私の包丁が筋にぶつかったり、ましては骨に当たるなどということはありません」「優れた肉切りは、刀を毎年新しくします。肉を切っているからです。並の肉切りは、毎月刀を新しくします。力づくでやっているからです」「私が今使っている牛刀は、もう十九年目で、これですでに数千頭の牛を切りました。しかし、その刃はまるで今さっき砥石で研いだばかりのようですよ」。
　これを聞いた文恵君は「あっぱれ！私は彼の言葉を聞いて、生を生きぬく道が見えたぞ」（『荘子』養生主）

　私が先に言った通り、荘子はいつも、自然の意味や論理をわかりやすく率直に見せてはくれません。しかし、この料理人の話にわかるように、私たちは荘子の思想を読み取ることはできるのです。熟練の料理人の丁さんも、最初は料理教室で肉屋の壁にかかっているようなポスターを見ながら、イラストの点線にそってぎこちなく切ってみたかもしれません。しかし、時が過ぎるにつれ、彼は牛それぞれに

も個性があることを知ります。もはや、肉のイラストのことは忘れて、言葉では捉えられないような違いを見分けてしまう能力を身につけてしまったのです。だから、彼は、技術ではなくそれ特有の道に合わせているだけだ、と言ったのです。こうして、彼はスゴ腕肉切り職人になったのですね。
　もし、丁さんの会得したのが「天理」つまり牛の肉と骨の成り立ちを自然の理だと私たちが理解したのなら、私たちはそこに、丁さんが人を離れて自然に触れた姿を見るでしょう。つまり、彼は方法を忘れて牛のあらましを見たのです。彼は、牛そのもののあらましに応ずることができるようになったのです。ここに、荘子の考える自然と、我々の普段考える自然との大きな２つの違いを考える手掛かりがあります。
　その違いのひとつ目は、荘子の使う動詞に表れています。私たちは普通、自然を「知る」という言い方をしますが、荘子は名詞「天」に対して動詞「知」をほとんど使っていません。「知天之所為」（『荘子』大宗師）や「知天之所謂」（『荘子』徐无鬼）という言い方をしたときもありますが、それ以上に別な動詞を彼は自然に対して使っているのです。例えば、さっきの料理人丁さんは天に対して「依」という動詞を使っていましたし、その他「聞天籟」（注：籟は音楽のこと）（『荘子』斉物論）や「和以天倪」（『荘子』斉物論、寓言）、「休乎天鈞」（注：鈞はろくろのこと）（『荘子』斉物論）、「與天為徒」（注：與は「ままに」の意）（『荘子』人間世）などもその例です。つまり荘子の終着点は、明らかに自然と善き契約を結ぶといったことであり、決して私たちが「知る」というところのものではないのです。これが、荘子のいう自然と私たちのそれとの一番の違いと言えるでしょう。
　ふたつ目の違いは、天のロケーションにあります。私の印象では、（間違っているかもしれませんが）私たちはふつう自然を「外界にあるもの」とみなしています。しかし、荘子の思い描いている自然はもっと遍在的なものに思われます。牛の骨や筋肉の「天理」は私たちの外にありますが、料理人丁さんの終着点「神欲」は内的なものでした。彼の言う「神欲」とは、自発的で直感的に牛刀を動かしているという意味であり、すなわち自然の表出なのです。荘子は別なところで、このプロセスを「以天和天」（天をもって天に和する）（『荘子』達生）と言っています。つまり、それは一方と他方という自然の捉え方ではなく、双方を引き込む自然なのです。

荘子は、日常言語と概念的思考をこのプロセスの障害とみなします。その一例を、私たちは料理人丁さんのお話に見ました。言語と概念は、牛の話のような特別なシチュエーションにおいては無力です。別なお話、次に紹介する車大工の話にも似た点が見出せます。

> 輪を削るときは、優しくやりすぎると締まりが悪くて滑ってしまい、激しくやりすぎると引っかかって動かなくなります。優しすぎず激しすぎず、やらなくてはいけません。私の場合、手がその感覚を覚えていて、それが仕事をする私の心に届くのです。こうすれば良いというのを言葉に表すことはできず、ただコツとしか言いようがないのです。だから、こればかりは私は息子に教えることもできないし、息子は私に教わることもできないのです。
> (『荘子』天道)

言語の一番の問題は、細やかな生を伝えるには大まかでややこしく、適当なガイドにならないことです。また反対に、言語は大事な両義性や可能性をわかりにくくしてしまうという面もあります。例えば荘子のこの話を見てみましょう。

> 宗の時代、あかぎれを治す良い軟膏を作る人たちがいて、彼らは、これで絹綿を晒す仕事を生業としていた。あるとき、これを聞きつけた旅行者が百金でこの薬のレシピを買いたいと訪ねてきた。一族は相談の結果「我々はこれで絹綿を晒す仕事をしてきたが、大した金にもなったことがない。それを今日一日で百金にしてくれるというのだから、そうしない手はない！」
> 旅人はまんまとこのレシピを手に入れて、呉の王へとこれを勧めた。時に呉は越と争っていたので、王は彼を司令官に任命し、冬に水上戦に使った。すると（しもやけの薬のおかげで）彼は越の軍を破り、その功により土地を与えられた。あかぎれの薬の効能は同じでも、一方は土地を得て、一方はまだ絹綿晒しをやっているというのはどういうことか。物は使いようだということだ。
> (『荘子』逍遥遊)

物にはもともと無数の可能性があるのに、そこに人の理解が追いつかない。絹綿晒しの民は、薬のレシピを取引の道具としか考えられず、それが戦争の武器になろうとは夢にも思わなかったのだ。ここに見る荘子の一般言語に対する二番目の疑念は、（我々が先に見たように）言語や概念は特殊な状況の細やかさを捉えるにはややこしすぎる、というより、我々の理解の外にある可能性や曖昧さを包み込むには小さすぎるということです。

自然を表すのに日常言語がやっかいであることの三つ目は、それが相対世界のなかであまりに絶対的すぎるということです。

> じめじめした土地に似ていると腰が痛くなったり、ついには半身不随になったりする。でも、鰌はそうはならない。人が樹の上に住もうとすると怖くてブルブルするが、猿はそうはならない。だから、三者のうち誰が正しい居場所を知っているというのか？人は牛豚を食べ、鹿たちは草を食む。百足は蛇を好み、トンビやカラスはネズミを美味いという。誰が正しい味を知っているというのか？猿は雌犬と戯れ、大鹿は鹿と交わり、ドジョウは魚と遊んでいる。人は誰もが、毛嬙や麗姫を美人だと思うだろう。しかし、魚は彼女らを見るやたちまち水深くに潜り、鳥は高みへと飛び去り、鹿ならばたちまち走り去るだろう。
> (『荘子』斉物論)

良いとか悪いとか、正しいとか間違っているとかいう言葉は、明らかに相対的なものです。ドジョウにとって良いことが人にとって悪いことも、その反対だって当然あります。良いとか悪いとかレッテルを貼ってしまう言語というものは、相対性に対して盲目だといえます。

この相対性というのは倫理や評価の用語にのみ使うのがふつうですが、荘子はそれをもう少し広く捉えています。一般に、言語とは世界を関心事に合わせて好きに切り分けてしまうものです。カエルは私たちとは違った世界を見ているでしょう（たぶん彼らは、形よりも動きをよく見ているはずです）。なぜならば、カエルにとって私たちとは別なものに重要性があるからです。もしカエルが言語を持っていたら、まちがいなくそれは私たち人間とは異なる世界を記述するでしょう。哲学者と科学者は異なる専門用語を使います。なぜならば、何が重要なのかが

それぞれで違うからです。同じことが、アスリートや、芸術家、そして子供などにも言えるはずです。つまり、評価に関する言葉だけではなく、世界の記述の仕方が、それぞれの枠組みが変わればまったく変わってもいいのです。もちろん、それがいつもうまくできていればそれでいいんですが、人はいつもそうできるとは限りません。

　　寿陵の男が、歩き方を習いに邯鄲に行った話を知っているかね。やつは、その歩き方を会得する前に元の自分の歩き方を忘れてしまったせいで、這って帰るしかなかったそうだ。
　　（『荘子』秋水）

　このお話は短いですが強烈です。邯鄲の歩き方は間違ってはいませんし、その歩き方が素晴らしいと信じない理由はありません。しかし、寿陵から来た男にはそれはダメな歩き方だったのです。これは、日常言語や理論が私たちと自然の関係を邪魔していることの第三の説明になっています。一つ目は、言葉が広すぎるせいで細やかな違いを捉えきれないこと、二つ目は、言葉が狭すぎるせいで可能性の不確かさを許容できないこと、でしたね。そして三つ目が、言葉が個々のニーズに応えられないこと。そのような場合、知識が不正確だったり間違っていたというよりは、不適切だったのです。

　このように挙げてみると、まるで荘子は言語を否定していると思うかもしれませんが、そうではありません。比較のために、老子を考えてみましょう。老子は言葉に対してかなり断固とした思想を持っています。曰く「知者不言、言者不知」（知る者は言わず、言う者は知らず）（『老子』道徳経）。老子は、わずか5000文字という非常に短い本を書いています。これは伝説によれば、一夜にして書き切ったとか。一方、『荘子』は80000語を超える長大な書物で、6000もの異なる語で構成されています。明らかに、荘子の方が話し好きです。彼は言語に対して疑念を持っていましたが、だからと言って言葉の使用をやめたわけではなかったのです。この矛盾が現れている一節を紹介しましょう。

　　筌（やな）は魚を捕るものであって、魚を捕ってしまったらもう筌のことは忘れてもいい。蹄（わな）はウサギを捕るものであって、ウサギを捕ったらもう蹄のことは忘れてもいい。言葉は意味を成すためのものだから、言葉のことは忘れてもいい。言葉のことは忘れてしまった人にめぐり会ったら、私は彼と話をするだろうか。
　　（『荘子』外物）

　この一節が意味するところを考えてみると、それは科学することに巡り戻ってくるように思います。私はすでに、荘子が示した自然と関わる媒体として日常言語における三つの懸念を明らかにしました。しかし私は、初めの二つの懸念については、科学言語においても、用語を厳密に、または抽象的に定義するときに、避けられないのではないかと思います。しかし、三つ目の懸念については、どうでしょう。この場合の問題は、言語や理論が間違っているとか不正確だということではないことを思い出してください。原理は真実だとしても、真実はたくさんあってそのすべてが与えられた状況次第で等しく真実ではないかもしれません。邯鄲歩きは良い歩き方だったかもしれませんが、寿陵の男にとってはそうじゃなかったように。要は、真の原理を探すといった単純なことではなく、その局面にもっともふさわしい原理を探すといったような−これは科学者の皆さんも同意してくださるのではないでしょうか。科学は、真の原理を発見する偉大な主導力ですが、ふさわしい原理を見つけることにいつも役立ったというわけではありません。実際、私たちが直面する多くの環境問題は、その原理が間違っていたのではなく、正しいけれども私たちのニーズにうまく適合していない原理が引き起こしたのです。

　ヒトは生物学的にはゆっくり変化しますが、知性の点では極めて急速に進歩します。科学の進歩とともに私たちのできることは新しく増えますが、新しい問題にも直面しますし、新しい関心も湧いてきます。私はこの論文の最初に、魚が鳥になって闇へ飛んで行った話をしました。私たちヒトも、肉体的にはそうではないけれど、知性の点ではあの魚と同じです。私たちは私たちの知らない世界を追求し、この挑戦する心が、正しくて私たちのニーズに合った世界の理解を促し続けているのです。

　では、荘子は私たちにどうしたらよいと言っているのでしょう。科学の方法は、言語のように合目的的な手段であり、それは、たとえば軽いが安全な車をデザインしたり、生分解性のプラスチックを開発したり、我々の実社会に役に立つこともあります。または、元素や力学のような純粋科学の場合であっても、やはり我々は関心のあることを理解しようと

しているのですから、合目的的と言えます。

一方、荘子の自然に対するアプローチは（中国哲学者クリールの用いた表現を使うならば）「瞑想的」に記述されていて、言語と目的が欠けていることを特徴としています。荘子は、自然を「知る」のではなく、ちょうど料理人丁さんが牛について知ることを忘れたように、自然を「知らない」ことを私たちに促しています。しかし、それは無茶なリクエストのようにみえますね。環境を守ることに対する関心を忘れろと？考えてみると、科学は自然を知る極めてパワフルな方法ですが、私たちの興味がないことについては置き去りです。一方の荘子は、知ることと知らないことの二者択一を迫ってはいません。彼は、言葉を忘れた人に会って話をしたがっていましたね。私たちに対する荘子の提案は、私たちが何を知っているのか、さらには私たちが誰であるのかということをひとまず脇においてみようということです。それは、私たちが実際どうなってゆくのかということにより深く触れるために。

さらに、見かけによらず「知らないこと」というのはネガティブなことばかりではありません。料理人丁さんは、自然の理に従って神秘の欲するままに刀を振るいました。この話から荘子が何を言いたいのか、その詳細は明らかではありませんが、大きな意味では明確です–自然は外側でも内側でも作動しているということです。私たちは、クリエイティブな理論付けは「どこかわからないところから」やってくると思いがちです。そして、実際そうなのかもしれません。しかし、どこでもないところから来るのではありません。言語や理論は、まるで鳥が歌うように自然にやってきます。自然を外側から理解しようとするのではなく、それと合し和するのです。

最後に、荘子が孔子の口を借りて言った一風変わった一節を紹介しましょう。

> 私（孔子）は、不言の言を教わりましたので、決して話をしようとはしてこなかった者です。しかし私は今....。どうか私の長舌をお許しください。
> （『荘子』徐无鬼）

この一節は長い間私を悩ませてきました。最初、私はこの孔子の言明は、言葉に対する孔子の敗北宣言だと考えました。しかし、本論考を進めるうちに、考え直すようになりました。今の私はこう考えます。孔子は自然の側に与して言葉を拒否したのではなく、両者の区別を超越したのだろうと。つまるところ、この境地こそが真のゴールでしょう。それはつまり、私たちの言説である所の理論が私たちが誰であるのかという問いに一致する境地なのです。

知魚楽再来
——道教思想・自然科学・共感

ポール・チェルベルク●Whittier College教授

大場裕一 訳●中部大学応用生物学部准教授

序

自然科学と道教思想は、ともに共感を欠いていると批判されることがある。しかし、本当にそうだろうか。確かにどちらも、冷淡で中立的である。しかし、道教思想にはまだ共感の片鱗があるのではないか。どうして私が道教思想に共感の片鱗があると考えたのか、そして、自然科学にも似たところがあるのかないのか、本論文ではその説明を試みる。

第1節　自然科学と道教思想は共感を欠いている

人はときに「共感」「同情」「共感」「哀れみ」などを分けて使うことがあるが、私はここでそれをあまり区別しないことにしよう。すなわち、私がここで使う「共感」も、(哲学者が議論したくなるような)「他者に心が存在することを知覚すること」のような意味から、他人や物とつながっているような感情(意思疎通や友情)あるいは超自然的な世界との一体感までをも含んでいると考えてほしい。

自然科学と道教思想は共感を欠いている、という批判から検討してみよう。自然科学に関しては、いろんなレベルの「共感の欠如」が想定できる。そもそも自然科学の目的は、真理を確かめることであり、人々が聞きたいとおりに言うことではない。そして、真理はしばしば人々が耐えがたいことを告げる。19世紀の人々は、宇宙が冷却に向かっているなどという話は聞きたくもなかった(ちょうど、21世紀の我々がこの星の温暖化について聞きたくないように)。しかし、良い自然科学はつねに事実に従い、人々の思惑には従わない。この客観性こそが自然科学の強みであり、また、共感に欠けると言われるゆえんである。

同様に、私たちは自然科学の発見が私たちに幸福をもたらしてくれることを望んでいるが、科学的事実それ自体は私たちの関心には無頓着である。プラトンが言ったように、優れた医者は優れた毒殺者(プラトン『国家』)でもある—ちょうど素粒子物理学が爆弾と発電所の両方に近しいように。理論は忖度などはしないのだ。ちなみに、自然科学は良いことにも悪いことにも使われる。しかし、どう使われるかは政治や政策の問題であり、自然科学それ自体に関わることではない。

自然科学の進歩それ自体が我々を善き方向に導いてくれるわけではないことにも言及しておこう。テクノロジーが進んでも、世界は依然として冷酷で残忍であることは知ってのとおりだ。秀れた科学者(秀れた哲学者でもいい)になっても、やっぱり人としては「ろくでなし」だったりする。非難しているわけではない、ただ、わたしたちは自然科学と共感は別なものだと言っているだけだ。

道教思想と共感の関係についても、同様にいろんなレベルで考えることができる。まず、道教思想は宇宙的視点が中心であり、そこに価値観が入り込む余地は少ない。たとえば、湯川秀樹が1948年のエッセイに引用している老子の一節「天地は不仁、万物を以って芻狗となす、聖人は不仁、百姓を以って芻狗となす」(老子『道徳経』)のとおりである(注：芻狗とは中国に伝わる藁でできた祭事用の犬の人形のことで、祭事が終わると捨てられることから、人や物の価値など状況次第で情の入る余地などないことのたとえに使われている)。荘子も同様、人などはまるで井の中の蛙だ(荘子『秋水』)、と言っている。このように、道教思想は人の関心事などには非同情的で、そんなことはもはや超越しているのだ。

道教思想が共感とかけ離れていることは、人と人の関わり、特に言葉に対して懐疑的であることからもうかがえる。荘子の一節を見てみよう。

　　言葉は、単に音が鳴っているのとは違う。言葉を言う人がいて、言葉がある。しかし、何

を言うかは定まっていないのだから、人が何かを言っていると本当にいえるのか。それとも何も言っていないのか？私たちは、言葉を、鳥が鳴いているのとは違うものと思っているが、果たしてそうなのだろうか？
（『荘子』斉物論）

本当の意味は言葉に隠され、そのため真偽の対立が生まれてしまう。だから話がかみ合わない、もはや喉から音を出しているだけと変わらない。話す言葉は、語呂合わせやオノマトペに飾られて豪華だが、結局なにを本当に言いたいのかはよく分からない（だから評論という仕事はいつの世でも忙しいのだが）。けっきょく彼らの言っていることは、ほとんど心理学のロールシャッハ検査と変わりがない—おのおのがインクの染みを見たいように見ているだけなのだ—コミュニケーションなどあったものではない。もし私たちが究極的にひとりぼっちだとしたら、共感に何の意味があるというのか？

道教思想における共感の不在は、技の捉え方にも表れている。道教思想における「技」とは、忘却からやってくるものと解釈される。先入見を忘れた時、人はより正しい技が発揮される。心を空っぽにしたとき、創造的な思考が生まれる。座して忘れよ、己のことさえも！これが生きる技術、すなわち道なのである。しかし、ひとつ問題があった。もし、技というものが英知や価値の保留と忘却を前提とするならば、はたして技を持った達人が価値ある生き方をしていると考える根拠は果たしてあるのか？たとえば、巧みな暗殺者も、道の体得者になってしまって構わないか？自然科学と同様に、道教思想に言うところの「技」は、善悪に無関心なのだろうか？

この「巧みな暗殺者」の問題は、なかなか悩ましい。しかし道教のテキストは、ロジカルにはこの問題さえも容認しているように思われる。実際、共感の欠如は、道教思想と他の学派を分け隔てているひとつのポイントである。例えば儒教では、私がそうして欲しいと思うとおりに他者を扱いなさいと諭している（孔子『衛霊公』）が、道教思想ではそうは言わない。禅のような中国仏教一派は中国道教思想とインド仏教の混血児であるが、アヒンサー（非暴力）の教義は、中国側からではなくインド側からもたらされたものだ。道教思想は、無慈悲を排除していない。

一方、明白な共感が道教思想のテキストに見られないとしても、そこに巧みな暗殺者みたいな人物が現れるわけではない。議論の余地はいくつかあるものの、基本的に道教思想のテキストは生に対して心の広さと寛容を示している。つまり、『荘子』は、無慈悲を制限しないユニークな共感の書なのだ。なぜそうなのだろう？—おそらく荘子の共感についての思索は深すぎて、もしかして共感の相手さえ要らないと考えていたのではないか。だとすると、荘子は客観性と共感の間を行き来できる「ワームホール」を見つけていたのではないか。そして、それは自然科学にも当てはめられるのではないか？

第2節　道教思想と共感

まずは、湯川秀樹の1966年のエッセイ「知魚楽」から検討してみよう。荘子のこの話は、こんな風に始まる。

> ある日、荘子が恵子と連れ立って川のほとりを歩いていたときのこと。ちなみに、恵子は博識で議論好きな男だった。橋のたもとで荘子が言ったひとこと「魚が泳ぎを楽しんでるね」に、恵子が噛みついた。「君は魚じゃない、なのにどうして、魚が楽しんでいるなんてわかるんだい」。荘子が言った「君は私ではない」「なのにどうして、私が魚が楽しんでいるかどうかを知るはずがないと分かるんだね」。今度は恵子がこう言い返した。「私は君ではない。だから君のことは分からないさ。だから君も魚のことは分からないだろう。私の論理はおかしいかい？」。荘子はこう答えた。「まあ待ちなさい。話の元に戻ってみようではないか。一体、君がどうして魚の楽しみがわかるのだと私に言った時、君はすでに私が魚の楽しみを分かることを認めていたんじゃないかね」「私には、魚が楽しんでいることがわかったのだよ」。（『荘子』秋水）

これの最後のところは、なかなか解釈しにくい。荘子は、「どうして」魚の楽しみがわかるのかという質問を「どこから」で返している。どこからって？そりゃ、橋の上からだよ—というのはもちろん冗談。

湯川は、この荘子のロジックを「荘子が魚の楽しみを理解していた」ことの説明にはなっていないが「恵子が『荘子が魚の楽しみを理解していなかった』ことを説明できていないこと」は説明できていると言う。そして、ここに自然科学に対する2つの両極端なアプローチ、すなわち「実証されていない物事

は一切、信じない」と「存在しないことが実証されていないもの、起こり得ないことが証明されていないことは、どれも排除しない」が歴然とあることを見い出す。

　　恵子の論法の方が荘子よりはるかに理路整然としているように見える。また魚の楽しみというような、はっきり定義もできず、実証も不可能なものを認めないという方が、科学の伝統的な立場に近いように思われる。しかし、私自身は科学者の一人であるにもかかわらず、荘子の言わんとするところの方に、より強く同感したくなるのである。(湯川秀樹『知魚楽』)

　湯川は、この2つのアプローチの二者択一は科学を進める上では極端に過ぎ、もしも科学者がそう振る舞ったならば「今日の科学はありえなかったであろう」と言う。

　　「実証されていない物事は一切、信じない」という考え方が窮屈すぎることは、科学の歴史に照らせば、明々白々なのである。
　　さればといって、実証的あるいは論理的に完全に否定し得ない物事は、どれも排除しないという立場が、あまりにも寛容すぎることも明らかである。科学者は思考や実験の過程において、きびしい選択をしなければならない。(湯川秀樹『知魚楽』)

科学の実際は、両極端のあいだにあるのである。
　どうやら、この『知魚楽』で発せられている問いは、本論文のテーマである「共感」に深く関わっているようだ。つまり、荘子が魚の幸せを理解していたかどうかは、私から見れば「共感」の問題なのだ。すでに述べたように、ここにいう共感とは、単なる他者の存在への気づきから、宗教的・超自然的な宇宙との一体感までをも含んでいる。荘子のテキストで違う点は、証明できないことさえも可能性として認めているという点だ。

　　天下に、秋の獣の毛よりも大きいものはなく、泰山は小さい。子供の頃に死んだ人より長生きなものはなく、また彭祖(長寿で知られる仙人)は夭逝である。天と地は私と共にあり、万物と私は一個(斉同)である。しかし、も

し我々がすでに一個ならば、どうしてそうだと言うことができるのだろう?我々が一個だと私が言ったのだから、もはやそうじゃないとは言えない。すると、一個のものと私が言ったそれと、合わせて二個になる。さらに、この二個とそれらを合わせた一個で、今後は三個になってしまう。このように、普通の人は言うまでもなく、いかに優れた数学者でさえも、一個にたどり着くことはできない。(中略)もういい、それでいいよ!
(荘子『斉物論』)

　冬毛になる前の秋の獣の毛は細い。泰山は大きな山の代表だ。早死にした子供の災難は永遠だが、老人の人生は短い。物事を区別することはできないのだから、荘子は全を一(斉同)とした。これは究極の共感である。
　しかし、荘子自身が言うように「一個のものと私が言ったそれで合わせて二個になる」のだから、斉同が本当だとしても、それを証明できないのである(このロジックはまるでフォン・ノイマンの順序数を思い出させる)。しかし証明の必要もないのである。荘子はこうも言っている「事実か否かを私が見つけたかどうか、そのことが真実を作るわけじゃない」(荘子『斉物論』)。この点を表した面白い話がある。有名な「朝三暮四」である。

　　斉同を明らかにしようと考え抜いてもわからないことを「朝三」という。「朝三」とはなにか?猿の飼育人がナッツを与えるときにこう聞いた「朝に3つ、晩に4つやろう」。すると猿たちはみな怒った。「わかった。では朝に4つ、晩に3つにしよう」。猿はみな喜んだ。(荘子『斉物論』)

　朝に3つ晩に4つも、朝に4つ晩に3つも、合計したら同じ数、結局違いはない。同じように、もし全てが同じならば、同じか違うかと言ったところで変わらない。元から同じなのである。この「斉同」の問題は、魚の楽しみがわかるかどうかの話と比べると壮大ではあるが、要は同じことである。どちらも、テーゼを反証することはできず、それだけではなく、そんなことはしなくて良い、と言っているのだ。「もういい、それでいいよ!」だ。これは、湯川が知魚楽において恵子が振り回したロジックに与しなかったこと、あるいは、それが自然科学の態度

ではないとしたことに関係している。彼は言った「しかし、私自身は科学者の一人であるにもかかわらず、荘子の言わんとするところの方に、より強く同意したくなるのである」（湯川秀樹『知魚楽』）。

本論の残りの部分では、荘子に対する湯川の同意ポイントについて見ていこう。先の論文「道教思想と科学的創造性」にも述べたように、湯川にとって荘子の価値は、その物事の多様な捉え方にある。我々がすでに見たように、自然科学には、どんな可能性があるのか考えることと、何が事実かを決めること、この2つが必要であった。そして、湯川が荘子にシンパシーを感じているのは、まさに荘子の共感というアプローチ、すなわち、可能性を受け入れる共感の領域なのだ。

もう一度、知魚楽の話に戻ってみよう。荘子は彼がどうして魚のことがわかるのかを示せなかったが、彼が魚のことがわからないことを恵子は知らないということは示した。彼が魚に共感できる（魚のことがわかる）可能性は、恵子が彼のことを知っていることの否定を前提としている。彼らの会話の中から荘子が魚のことが本当に分かるかどうかを決めなくてはならないとしたら、議論は行き詰まってそれでおしまいである。

幸いにも、話は荘子と魚のことだけではなく、荘子と恵子の関係のことでもあった。荘子は言った「まあ待ちなさい。話の元に戻ってみようではないか。一体、君がどうして魚の楽しみがわかるのだと私に言った時、君はすでに私が魚の楽しみを分かることを認めていたんじゃないかね」。しかし、恵子は、彼が知っているかどうかではなく、どうやって知るのかを尋ねたのだ。これは言葉のトリックである。そもそも、私たちがお互い会話をしようとすることは、私たちの精神というものがお互い相容れられないほど凝り固まってはいないということだ。

荘子と恵子はただ話をしていたのではない、彼らは友人同士なのだ。他の話の中でも、彼らはお互いに話し、意見が合ったり合わなかったりしている。荘子と恵子は、ちょっとちぐはぐな友達同士だ。ちょうど、湯川が挙げた2つの両極端な科学者の態度のように。しかし、ちぐはぐだからこそ、彼らは友達だったのだ。私たちはふつう、共感には何か共通するものが必要だと思っている。しかし、荘子と彼の友達である恵子との関係の場合は、その逆で、お互い理解し合えないことが共感の元になっているのだ。荘子と恵子はお互い相容れないけれど友達で

あったのなら、荘子と魚だってそうじゃないのか？
これに関連して、湯川秀樹はこうも言っている。

> ある領域で成立する関係を他の領域にあてはめてみる仕方の中の、最も具体的なのが類推であります。この点は古来、中国人の最も得意とする所であります。その最も古い形が比喩であります。先秦の思想家たちの立場は、類推や比喩をより所としている場合が多いのであります。もちろんギリシャ古代においても、これと似た傾向が見られますが、もっと抽象的な論理が早くから発達していたことは、アリストテレスによって形式論理が完成されたのを見てもわかります。
> （湯川「東洋的思考」）

これは、アナロジーとロジックの違いをよく示していて面白い。いうなれば、アナロジーとは結論をほのめかし、ロジックとは結論を強いるものである。だから、アナロジーは、荘子の方法であり、湯川の言うその価値とは、実在を証拠付けるというよりは可能性を示唆することにある。もし、証明のゴールが実在の決定ならば、ロジックは適当な方法であり、アナロジーは必要なさそうだ。しかし、証明のゴールが可能性の立証であるならば、アナロジーは道具の一つになるだろう。

荘子と恵子がおたがい分かりあえなくても友達なのだとしたら、荘子と魚だってわかりあえてもいいじゃないか？ならば、魚に限らずすべての生物と、さらには世界全体とだってわかりあえるはず。つまり、知ではなく無知こそが共感の基礎になっているといえるのではないか。

この荘子と恵子の関わりをより理解するために、先の論文でも触れた混沌の話（荘子『応帝王』）をもう一度見てみよう。儵（しゅく、はかないこと）と忽（こつ、にわかのこと）という2人の友人が混沌（カオス）の家に行った。混沌には目も耳も鼻も口も、穴というものがなかった。そこで、彼らは気の毒に思って、混沌に穴を開けてやった。そしたら混沌は死んでしまった。そういう話であった。

混沌とは、知りえないごちゃごちゃの世界のことである。まるで、知ろうとすると逃げていくシュレーディンガーの猫のよう。わからないことを分かろうと試みると、その本質が失われてしまうのだ。つまり、混沌の話の寓意するところは、よく知ろうとするのではなく、知ろうとしないようにしよう、とい

うことである。

このような極端な読みは、荘子の他の話、たとえば素晴らしい鐘吊台を作った木工職人の慶の話とうまく整合がつかないかもしれない。もし、真の実在が本当に到達不可能なものであるならば、木工職人の慶は素晴らしい鐘吊台を作れなかったはずだ。でも作れたということは、真には至ることができるということだ。

こう考えてみよう。混沌の寓意が「知ろうとするべきでない」ではなく「注意深く知ろうとすべき」であると。実は、湯川の解釈もこれなのだ。

> 荘子にでてくる混沌の話に戻ると、彼の言っていることは素粒子の世界に極めてよく通じているように思われる。下手にその本質に近寄ろうとすると、かえってダメにしてしまうのだ。
> (湯川, Space-time and Elementary Particles, 1963)

単に知ろうとするのではなく「巧みに」知る、というところがポイントである。同様に、人と人だって、知りえないのではなく、「注意深く」知ろうとすることが大切だ。

混沌の話について、もう少し極端ではない解釈をしてみよう。儵と忽は、良かれと思って混沌に７つの穴を開けてやったら、彼は死んでしまった。良かれと思ったことが、その人にとって良いとは限らないのだ。つまり儵と忽は、木工の慶とは逆のことをやってしまった。「巧く」やるには先入見を忘れる必要があるということである。

知魚楽に話を戻すと、荘子と恵子はお互いを知っているからではなく、お互いを知らないから友人なのである。自覚的な無知は、馬鹿げた間違いを遠ざける。たとえば、あなたが肉好きだからという理由でベジタリアンの友人に肉料理を出してしまうような。つまり、自覚的な無知は、友情の要素である。しかしそれだけが友情に必要な要素ではないと私は思う。

友情に必要なもうひとつの要素とは、「気付き」である。自覚的な無知は、気付きを強制しない（私が道を歩いている人に注意を払わないように）。しかし、自覚的な無知は、気付きを誘い出す。気づきは、知識と無知の間にある。知らないから意識する、知らないということを知っているから意識する。荘子と恵子は、お互いが理解できない。お互いが理解

できないことに自覚的である。この、双方向的な自覚的無知は、知ってるつもりで起こる間違いを回避し、より知ろうとすることが友情を深めるのである。

湯川は「恵子の論法の方が荘子よりはるかに理路整然としているように見え（中略）科学の伝統的な立場に近いように思われる。しかし、私自身は科学者の一人であるにもかかわらず、荘子の言わんとするところの方に、より強く同感したくなるのである」と言った。新たな気付きを目的とするならば、当然、恵子の事実証明よりも荘子の可能性を確立する方法のほうが理にかなっているのである。

第3節　自然科学と共感

以上の議論から自ずともう答えは出ているが、この最後の疑問について改めて説明しよう。まず、道教思想と自然科学はその目的からして相容れない。道教思想は無知がベースであり、自然科学は知を形作ることを目的としているのだから。英語の「サイエンス」という言葉は、もともとラテン語の「知る」（scio）から来ている。しかし、すでに議論したように、知識と無知は両立するだけでなく、分け難いものであった。無知を発見することは、気付きに繋がっている。そうなのだ。自然科学も道教思想も、どちらも、知識の限界に光をあてることで恩恵を受けている双子だったのだ。

この論文で私が言いたかったことは、自然科学が単に知識の原動力であるだけではなく、「わたしたちの気付きの世界を広げる」無知という力の源でもあるということだ。知識が世界を生きるために価値のあるものであるならば、気付きという単純な行為は大切である。宇宙からの疎外ではなく宇宙とのつながりを感じるためにも、知らないということは私たちが何かをすることの大きな力になるだろう。

中国・日本本草学の伝統と近代西欧科学

李　梁●弘前大学人文社会科学部教授

はじめに、

　本草学とは古代中国で発達してきた病気治療のための各種の薬物（動植物、または鉱石類などが含まれる）の学問領域である。そこで、本草学は、中国伝統的な薬物学と置き換えてもよかろう。そもそも本草学の起源については確かな文献がなく不明な点が多いと従来されてきたが、遅くとも紀元前14世紀からの殷周時代にさかのぼることができるだろう。それから、本草は人間の病の治癒に使われるさまざまな動植物性薬物の類であるため、古く殷周時代から秦漢時代（紀元前14世紀〜紀元前200年頃）まで流行った巫祝（シャーマン）方士の養生医療行為ないし不老長生の神仙術と密接な関係にあったはずである。したがって、本草は、巫祝の伝統を受け継いで誕生された後世中国の土着宗教道教とも自ずと一種の親縁性をもつものであるといえる。事実、後世の本草大家の多くは、たとえば葛洪（283-343）、陶弘景（452-536）、孫思邈（541?-682?）などはみなまずは道教徒であったことはそれを物語っている。

　一方、ルネッサンスを起点として、いわゆる「十七世紀の科学革命」をへて、いわば精密な数学的自然観に基づいて誕生された近代西欧科学は、その科学主義の有効な方法論をもって知の世界を席巻するようになった。西洋の近代医学は、まさにこうした西欧近代科学に基づいて、解剖学をベースに、生理学、病理学および生物細菌学などの進歩発展によって十九世紀半ば体系化され、確立された現代的医療法とその制度である。

　近代西洋医学がその誕生とほぼ同じく十九世紀後半期時期に、もはやプロテスタント系の宣教師によってすこしずつ中国にももたらしてくるようになったが、それが伝統的な漢方医学（中医学）を脅かす存在となったのは主として二十世紀二十年代「中、西医大論争」以後のことである。ただ今日の中国では、むしろ国の行政レベルで積極的に中西医学結合医療を推奨しているが、現実的にやはり近代の西洋医学が量質とも圧倒的な優勢をほこっている。もちろん、中医も衰退の一途を辿ってばかりいるのでもなく、中医自体の近代化または科学化の努力も重ねられている。とりわけ近年国民の生活レベルの向上につれ、多くの西洋医学がまだ解決できない慢性的難病の治療、健康予防や健康法などにおいて、伝統的な中医ではかなり良好の治療効果を示しており、それに頼る傾向が確実に増加されているようである[1]。その中で、とくに中医薬（本草漢方）の研究発展が目覚ましい異彩を放っているといってよい。2015年屠呦呦氏は、生粋の中国人研究者として初のノーベル生理学、医学賞受賞自体は、それを如実に物語っている。屠氏は、葛洪の『肘後備急方』からインスピレーションを得て、ヨモギの一種クソニンジン（黄花蒿）から特定の条件下で抽出された青蒿素（アルテミシニン Artemisinin）はマラリア治療の特効薬と認定されたわけである。発展途上国や貧困に喘ぐ多くのマラリア患者の命を救うことができるようになった功績が認められての受賞であろう。それと同時に、改めて伝統的中医薬（本草漢方）の可能性をも示す好例だったともいえよう。

　おりしも、今年（2018年）は中国本草学の最高峰とみなされた『本草綱目』の著者、明の李時珍（1518-1593）の生誕500周年にあたり、去る5月26〜27の両日において、李時珍の故郷湖北省の蘄春（古代は蘄州，夷陵ともいう）で「李時珍生誕500周年世界サミット論壇」を盛大に行われ、世界中から集まってきた海内外の研究者が一堂に会して、李時珍とその偉大な著作『本草綱目』をめぐって最新の研究所見を披瀝してみせた[2]。

　それでは、以下、先人の研究をふまえて、中国と日本の本草学の伝統を概観してみよう。

　いままで、岡西為人の『本草概説』（創元社、

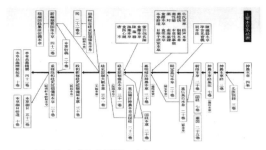

図1　岡西為人『本草概説』より

1977年）をはじめとする一連の研究成果は、本草
学研究の基本的枠組みを構築したといえる。その後
の本草研究は、岡西の説を踏まえないものは、まず
ない[3]。岡西は、また中国の本草学を「主流本草」
と「傍流本草」と設け、それを次のように四つの時
期に区分している。すなわち、

　第一期、前本草時期（先秦時代）、

　第二期、本草学の草創期（魏晋南北朝時代）、

　第三期、陶弘景の『本草集注』から『証類本草』
に至るまでの本草の全盛期、

　第四期、薬理学が主となった金元期以後という[4]。

　岡西がいう「主流本草」は、以上の時代区分から
みれば、主として第三期の本草にほぼ合致する。梁
の陶弘景の『神農本草経集注』（通常『本草集注』
と略記）または陶弘景が集注を行った底本の『神農
本草経』を起点とし、唐代の勅撰『新修本草』をへ
て、宋代に幾度と刊行された勅撰の本草書、『開宝
本草』、『嘉祐本草』から『証和本草』、『紹興本草』
へ、さらに明代の『本草品彙精要』、清代の『本草
品彙精要続集』までが含まれる[5]。

　つまり、陶弘景以降、いわゆる「主流本草」にお
いて、各時代における本草の基幹書として重用され
た唐の『新修本草』から宋の『証類本草』に至る諸
本草はほとんど陶弘景の『本草集注』に基づいてい
るのであり、その都度、新薬、新注を増添して追記
する方法を踏襲している。その他の「傍流本草」は
その都度主流本草の中にとりいれられている。その
意味で、岡西がいうように、陶弘景は中国本草の「中
興の祖」とみなされたわけである。

1．中国本草伝統の史的概観

　本草という語の現れは漢代の歴史書『漢書』にみ
える。それによると、前漢の終わりごろから王莽の
ころ、本草の知識をもって仕える役職（本草待詔）
があったようである。かつ本草知識は方士の神仙術
と密接な関係をもっていることを示している（郊祀

志・下）だが、『漢書・芸文誌』（以下『漢志』と略
記）に本草書がみえない。史志書目における本草書
の初出は『隋書・経籍志』（以下『隋志』と略記）
を待たなければならない。ただ芸文志方伎略に、医
経・経方・房中・神仙という下位分類がある。『隋志』
は医書を「医方」の一類にまとめて、下位分類がな
い。清の姚振宗は『隋志』と『漢志』を突き合わせ、『漢志』
のいう「経方」内に、本草書を分類しているという[6]。

　いずれにせよ、先秦時代において、中国にはすで
に夥しい医療薬物に関する知識が蓄積されている。
それに従って、さまざまな本草書が編纂されたこと
は推察することができよう。ただ後世の本草書のよ
うに、あとで収録編纂された本草書の完成によって、
往々にしてその底本が散佚されたりしてしまう。今
日、原形のままではないが、現存する中国最古の本
草書は『神農本草経』三巻のみである。

　『神農本草経』の成立時期も編撰者も不明である
が、おそらく後漢の前中期ころ、方士の手によるも
のだと思われる。『神農本草経』は、中国本草学の
源流を作った書物であるだけに、本草学だけでなく、
中国医学史においてもきわめて重要な位置を占めて
いる。そのゆえ、『黄帝内経』、『金匱要略』、『傷寒
雑病論』と並んで、中国古典医学の四大経典の一つ
と数えられているわけである[7]。

　『神農本草経』において、365種の薬物を収録し、
それらを上、中、下と三品分類されている。上品薬
125種は「無毒で多服久服しても人を傷めることは
ない、軽身益気、不老延年を望むものはこれをもち
いる」、前漢に誕生した煉丹術からの影響が明らか
である。

　上中下薬はそれぞれ君、臣、佐使であり、これを
配合するには、1君、2臣、5佐使または1君、5臣、
9佐使がよいとする。

　なお、西域交通（いわゆるシルクロード）の開拓
により、中国の西側から伝わってきた戎塩、木香、
犀角、胡椒、沈香、乳香、など多くの外来薬も『本
経』や『別録』に記載された。こうして、本草の内
容は次第に博物学的色彩に富むものとなった。

　こうした傾向は、陶弘景の『集注本草』にも現れ
ていると思われる。陶の『集注本草』は薬物の産地、
形状、品質、貯蔵法に及び、すこぶる実用的な記述
法であり、当時、市場に様々な贋品がでまわってい
たので、このような実用的な知識が必要とされたで
あろう。

　これに対して、第四期の金元以降の本草では、薬
理の議論が中心となったため、唐宋の本草と大いに

趣を異にするものとなった。

このような変化はむろん時代的諸因が絡んでいるが、なによりも重要なのは、編撰者の個人的素性にあったと岡西がみている。すなわち後に本草の基幹書となった『集注本草』は私撰であったが、陶弘景は当時第一流の知識人であった。唐宋の勅撰本草の編撰の主役となった蘇敬、韓保昇、劉翰、掌禹錫、蘇頌などは、みな儒官であった。そのほかに、孟詵、陳蔵器、沈括、文彦博などはみな高級官僚であった。

要するに、唐宋本草の特徴である薬物の基原や鑑識などより具象的な問題に関心を注いだのは、いずれも儒家であった。これは両漢以来の経学における動植物への考究としての訓詁学の伝統に基づいている。これにたいして、金元本草の内容が一変したのは、その編撰者がほとんど臨床医家だったからである。唐宋の本草でも医家の手になった『薬性論』や『日華子』などがあるが、それらは薬効を羅列しただけである。また臨床医でもあった唐慎微も最も力を注いだのは簡方の集録であった[8]。

中国歴史上、北宋の諸帝ほど本草に関心をもった王朝はなかった。宋代に至って、印刷術の発達もあって、さまざまな本草書が頻繁に刊行されるようになった。宋初の開宝6年（973）刊行された勅撰の『開宝新詳定本草』は本草として最初の刊本である。翌年、刊行された『開宝重定本草』で、従来の朱字が白字に改められた。このような印刷様式が『証類本草』まで伝承されることになった。

嘉祐年間（1056-1063）に、『開宝本草』を増訂して刊行されたのは『嘉祐本草』と『図経本草』である。この両本草を合併して、さらに増訂したのは四川の医者唐慎微による『経史証類備急本草』である。

唐慎微のこの稿本は大観2年（1108）に、改題されて刊行された。つまり『大観本草』そのものである。これがさらに政和6（1116）年に医官曹孝忠によって校正されて『政和新修経史証類備用本草』と改題されて刊行された。『政和本草』とよばれる。

さらに、嘉祐9年（1249）に、寇宗奭の『本草衍義』（1116）を取り入れて増訂し、『重修政和経史証類備用本草』と改められた。これが完全な形で現存している最古の本草である。記載されている薬物は1748種で、『神農本草経』の5倍になる。

唐慎微の稿本原本と『大観本草』、『政和本草』の三者はいずれも『証類本草』とよばれている。『証類本草』は北宋から明末までに数十回も刊行されて、5世紀にわたって、本草の基幹書として重用されていた[9]。

李 梁

南宋時代も医書が続々刊行された。それまで存在さえ知られなかった多くの古医書が容易に手に入るようになったことは、金元医家らの研究意欲が大いに掻き立てられた訳である。張仲景の方意を『素問』によって理論づけた成無忌を皮切りに、劉完素、張元素、李杲、王好古らの医家はみな『素問』に基づいた理論的治方に専念した。宋元以降、中国における薬理論はその過程において漸次形成されたのである。

明清でも本草の作者はほとんど医家であったため、薬理説は時とともに敷衍拡大されて、明末からは本草の古文についての薬理的解釈を加えたものも現れ、さらに考証学者による『神農本草経』の復原本も陸続と刊行された。このように、金元の薬理説は陶弘景の『集注本草』を祖とする唐宋の本草とは異質的であるが、両者は矛盾対立するものでもなく、つねに併用された。明代勅撰の『本草品彙精要』と李時珍私撰の『本草綱目』も、どちらも上述した両者の特徴を活かして、『証類本草』に代ろうという意図のもとに著作されたのである。

勅撰の『本草品彙精要』は刊行にいたらなかったため、それほど後世に知られなかったが、『本草綱目』は李時珍個人の私撰であるが、かれは、明代までの41種の本草を博捜参照し、重複分を省き、新たに分類したうえ、延べ1518種の本草薬数を整理し得た。時珍は三十数年間にわたって、「百氏を捜求し、四方に訪ね採録」し、新たに三七、土茯苓、鎖陽、半邊蓮、樟脳、淡竹葉、紫花地丁など374種の新薬を増加した。こうして、『本草綱目』の薬物総数はのべ1892種に達し、中国本草史上において、記載された薬物数が最も多い著書となった。とくに薬品分類において、『本草綱目』では、『神農本草経』以来、世代ごとに繰り返し採用されてきた薬物の三品

分類法を打破し、1892種の薬物を十六部六十類に分けた。彼はまた、千百副ほどの薬図を描き、あらたに薬物処方5126個を増加して、さらに『本草綱目』の「釈名」、「集解」、「修治」、「気味」、「主治」、「発明」といった項目において、博捜引用し、独自による大量の新しい知見を打ち出した。こうして、内容からみても形式においても、『本草綱目』は完全に『証類本草』の地位を奪って、文字どおり明末から今日にいたるまで本草の宝典とされてきた。そのため、『証類本草』の真価が完全に忘れ去られ、清代に一回も刊行されなかった。漸く清末になって、柯逢時によって『大観本草』と『本草衍義』が刊行された。岡西はこれが明らかに清末駐日公使柯如璋の随員として来日した著名学者楊守敬を介しての江戸考証学からの影響だったとみている。それが後に民国時代における本草研究の起点となった[10]。

　以上、極大雑把に前近代までの中国本草学の伝統的概況を述べてきたが、近代以降、とりわけ中華人民共和国成立後において、それまでの国民党政権による伝統的中医漢方を排斥する政策に反して、毛沢東の号令もあって、北京中医学院（現在北京中医薬大学）の成立（1956年）を皮切りに、各省や中央の直轄市の上海とかにも次々と国立の中医学院、大学をつくるようになった。本草漢方を含めた中国中医薬の研究発展は、1960年代から1970年代にかける文化大革命のような政治的混乱により、一時の停滞を余儀なくされたが、今日では、むしろ国レベルの強い行政的バックアップによって、中国中医科学院を中心に、全国から叡智を集めて重点的な国家プロジェクトーたとえば、中医薬の国家重点研究計画項目、健康中国企画、一帯一路企画ーなどといった国家的規模の研究プロジェクトを矢継ぎ早にたちあげて研究展開されて大いに国民の健康増進に寄与している。

２．日本本草学伝統の史的概観

　中国の伝統医薬の日本伝来は、他の大陸文化と同様に、古く３、４世紀に遡ることができると推察できる。薬療、すなわち本草学の伝播もそれとほぼ同じ時期に、最初は主として朝鮮半島を介して行われたと考えられる。後には、大陸と直接交通し、時代ごとに本草の典籍や人員の往来は続いていた。しかし、中国伝統医学（漢方医学）の日本的脱皮は曲直瀬道三（1507-1594）から吉益東洞（1702-1773）にかけて完成されたといわれたように、中国本草学の受容から日本的本草学を一学問の分野として基礎

づけたのは曲直瀬道三や貝原益軒（1630-1714）らであった。言いなおすと、日本独自の本草学の確立はやはり江戸時代まで待てなければならなかった。日本の中国本草受容史において、宝永6年（1709）に貝原益軒による画期的な『大和本草』が著されるまで、永観2年（984年）丹波康頼が『医心方』30巻を編集して朝廷に献上したことはとくに記すべき出来事だといえる。

　『医心方』は久しく宮中に秘蔵されていたが、正親町天皇のとき（1558-86）、典薬頭半井光成に賜り、爾来その家に所蔵されてきたが、嘉永7年（1854）幕命をもって提出させ、幕府の医学館に校刻を命じ万延元年（1860）に完成したのである。

　『医心方』は唐以前の医書百余種によって分類編成した医学の類書である。薬物に関する記載は巻一の諸項と、巻三十の五穀、五菓、五菜の諸部で、諸家の『食経』や『本草拾遺』も引かれているが、主体は『新修本草』であって、この書の完成八年前の開宝七年（974）に刊行された『開宝本草』はひかれておらず、ゆえに宋本草の影響は皆無といってよい[11]。

　しかし、その後の鎌倉時代、および室町時代に、『大観本草』の伝来とともに、『新修本草』をはじめとする唐本草が次第に忘れられ、本草影響の大勢は概ねとして『大観本草』などの宋本草によってである[12]。

　ただ『大観本草』は渡来した刊本が少なく、従って実際には様々な節抄本の類が用いられたと考えられ、薬物に関する専門書はまだ現れず、薬物は医書のなかで取り扱われたにすぎないが、そのなかで、前代の鎌倉時代の渡宋僧、宋人の渡来に続いて、室町時代にも渡明して医学を学んできたものと渡来の医家も存続している。代表的人物についていえば、竹田昌慶、僧月湖及び医術を曲直瀬道三に伝えた田代三喜などであった。

　それから、明人で渡来して医を業とするものの中で最も著名なのは、陳外郎であり、その祖陳順祖は台州の人で、元末順帝に仕えて礼部員外郎に至ったが、元が滅びて明となるとき、二君に仕えるのを恥じて、東渡して博多に居住し、将軍義満が招いたが応じなかったという[13]。

　なお、この時期において（時期の前後があるが）、豊臣秀吉による文禄、慶長の朝鮮侵攻によって豊臣勢の武将たちが朝鮮から大量の典籍と活版印刷術を持ち帰ってきた。そのなかで多くの重要な医書も含まれていたが、なかでも有名なのは『医方類聚』と

『大観』、『政和』両本草である。

『医方類聚』は、朝鮮の世宗25～27年（1443～1445）『素問』以下明初に至る各時代の医書153種を用いて編集され、成宗の8年（1477）に刊行された一大医学類書である。この書にひかれている唐宋の古医書には多くの佚逸書が含まれているため、後に江戸医学館を中心とする考証学派の人々に特に珍重され、唐の昝殷の『食医心鑑』など多くの古書の復原に大いに役立った。

江戸時代にいたって、活版印刷術の発達と、「篤学の士」と言われた徳川家康の文治政策による推奨もあって、儒仏書以外に、多くの医薬書も次々と刊行されるようになった。なかで日本人の手になる薬書も刊行された。概ね薬名・救急・食療などに関するものであるが、いずれも小冊子で、すでに佚逸したものも多い。主なものとしては主として生瀬道山の一連の著書が際立つ。

ただし、それらの著書はすべてその存佚は明らかではないが、それに道三の著書も必ずしもかれ本人の自作とは限らず、後人による増刪や偽托もあるものもあるが、道三の諸書は江戸時代の薬物学の礎石となったのは間違いないだろう。従来道三は日本における金元派医学の鼻祖とされているが、実はその医学はむしろ明の混融医学であり、その薬学も『証類本草』を中心に、それに後世の諸説を加味したものである。そういう意味で、江戸期の薬学は道三の基礎のうえに打ち立てられたものといってもよい。

この時期の本草学の他の一面には博物学または物産学の萌芽であって、南蛮船や御朱印船によってもたらしてきた南方の夥しい珍草異木、金石を観察して、その形質を弁じ、寒熱、温涼、甘苦、剛柔の気性を別ち、その主治を詳らかにする意欲が一層かきたてられたにちがいない。江戸時代の本草学の芽がこの時期に生じていたと考えられ、この方面の権威であった吉田宗恂（1558-1610）はその開拓者である。続いて貝原益軒、稲生若水（1655-1715）、阿部友之進（1667?-1753）、松岡恕庵（1668-1746）、小野蘭山（1729-1810）などの諸大家が現れて薬学と博物学の両面を備えかねる江戸の本草学が確立されるようになったといえよう。

とりわけ、小野蘭山は、群籍を渉猟し、かつ親験実証し、数十年の歳月を費やして『本草綱目啓蒙』48巻を著した。記載する薬物は1882種に上がり、また歴代諸書記載するところの異名、日本での称呼、緒州の方言、羽毛、鱗貝、根茎、花葉の形色、産地の異同から市肆の真偽に至るまで、ことごとくこれ

を各条下に整然と整理し羅列しており、かつてシーボルトにして「日本のリンネ」と言われたほどである。

本草学の盛んになるにつれ、幕府は各地に薬園の開設が次々と始まるようになった。寛永15年江戸麻布、大塚の薬園が創設され、貞享元年には小石川薬園、寛永17年京都鷹ヶ峯の薬園、延寶8年には長崎薬園が創設された。これ以外に、多くの藩または有力者による薬園の開設が各地にみられるようになった。

さらにオランダとの通交とともに、洋説本草学の研究は幕府の医官野呂元丈（1694-1761）をはじめ唱道されるようになった。元丈はもともと和漢の本草に精通し、享保年間、将軍吉宗の命を受けて、海内諸州に採薬し、丹羽正伯と共に『庶物類纂増補』を纂輯した。また青木昆陽と共に命をうけて和蘭本草を研究し、江戸参府中のオランダ人からドドエンスの本草書について質問したりして、日本最初の西洋博物学書というべき『阿蘭陀本草和解』を数巻著し、またヨンストンの『鳥獣虫魚図譜』の抄訳『阿蘭陀畜獣虫魚和解』をも著した。元丈の門下に、後に杉田玄白、大槻磐水、中川淳庵、桂川甫周、宇田川榛斎の諸家が輩出して、和蘭の医術を修め大いに薬物を考証し、『蘭畹摘芳』、『六物新誌』、『和蘭薬鏡』、『遠西医方名物考』などの諸書を著して、江戸中期以降の蘭学の隆盛期を迎えることになった。

この頃、尾張の伊藤圭介（1803-1901）もシーボルトから受け取ったツンベルクの『日本植物誌』を翻訳して『泰西本草名疏』二巻附録一巻を著し、日本植物学のラテン名およびリンネの植物分類法をはじめて記述した。大垣の医師飯沼慾斎もまた洋説植物学を修め、日本の植物についてリンネの分類を研究し、『草木図説』30巻を撰述した。この書は草部20巻安政3年に刊行されたが、木部10巻は官に修め、官版として刊行される予定だったが、残念ながら、最後についに未刊行となってしまった。

明治維新にいたって、諸般学術規範は西洋一辺倒になって、医方も洋方にとって代わられ、特に明治17年に、漢医法禁圧の令が出されてから、本草の研究も廃絶するにいたった。先代の遺老として本草に精通し、明治時代まで生存していた最後の本草家森枳園（1807-1885）がいて、江戸時代の本草学はこの人をもって終焉を迎えたといえる。ただし、従来の本草学は分かれて、植物学、動物学、鉱物学、薬物学となってさらに研究精進して今日におよんでいるわけである[14]。

3．中、日本草学の伝統と近代西欧科学の問題

　以上のように、中国、日本の本草学の伝統の史的概観をしたうえ、そろそろ本論の主題に踏み込みたいと思う。すなわち、伝統中医学、漢方本草学は近代に入って、近代西欧科学によって理論武装された西洋医学の優勢に直面して存亡廃絶の危機にさらされた問題である。日本の場合、明治維新後、新政府の富国強兵政策によってすべて西洋一辺倒の様相を呈するようになった。明治維新の翌1869年、ドイツ医学の採用が新政府によって決定された。東京・大阪・京都の三府に西洋式の医制が発布され、さらに、1895年に第8回帝国議会において、浅生国幹らが提出した「医師免許規則改正法案」「和漢医師継続請願」が否決され、これで漢方医学は制度上、存続の途が絶たれたことになった。ただ、近代西洋医学採用の中心的推進人物であった長与専斎（1838-1902）は、西洋医による漢方医学研究および診療を禁止せず、その後の漢方医学の復興の芽を残したことは大きな意味をもっている。

　日本は明治維新後の富国強兵、殖産興業など諸般の近代化改革を断行し、1894-95年の日清戦争において、老大帝国の清国に完勝し、さらに1904-05年の日ロ戦争において、ツアーロシア帝国にも競り勝ったことにより、一躍して近代西欧列強国に伍するようなアジアの強国となった。そこで、日本の強国化の経験は、アジアの諸国からこぞって羨望の目が注がれ、とりわけ、隣の中国では日本に見倣おうとする風潮が官民の間で巻き起こされた。19世紀末から20世紀の初頭にかけて、来日した中国人留学生がすでに一万人を超えたことはその表れであろう[15]。とくに、清末の「新政」期、日本政府の働き掛けも奏功して、教育行政をはじめ、全面的に日本「モデル」採用するようになった。戊戌変法の唯一残存の果実であった京師大学堂をはじめ、京畿各地に近代式の大学や中、小学校が立て続けに設立され、大抵日本人教習を招いて教育の現場にあたっていた。1911年辛亥革命によって清朝が崩壊され、その後の北洋の民国政府も基本的にこの政策を踏襲していた。

　20世紀の10年代にはいって、中国社会全体はともかくひたすら「廃旧立新」という時代風潮に包まれるようになった。なかでも、1915年、陳独秀は、上海で『新青年』（創刊当初は『青年雑誌』だったが、後に編集部を北京に移して『新青年』と改名）という雑誌を発行し、「科学」（"賽先生"）と「民主」（"徳先生"）というキャッチフレーズを鼓吹して、新文化運動の号砲を高々鳴らしてみせた。一時、「科学」または「科学主義」はまさに胡適（1891-1962）が言ったように「至尊の地位」を獲得して、恰も一種の新しい宗教信仰のように新知識階層から信奉されるようになった。その前後、清末経学大家の俞樾（1821-1907）（号は曲園）の「廃医存薬」論あり、章炳麟（号は太炎、1869-1936）の中医論あり、そして科学主義の立場から中医を全廃せよと主張した新文化運動の重要メンバーの一人は傅斯年（1896-1950）であった。20年代における「科、玄論争」（科学と玄学の論争）の時の科学派の主将である丁文江（1887-1936）も「科学家は自らその信仰の節操を毀してはならない。寧ろ死んでも中薬を飲まず中医にみてもらわない」と傅と完全一致の立場をみせた[16]。こうしたひたすら「新」を追い求める時代風潮の中で、伝統的漢方中医が存亡廃絶の危機的立場に追い込まれているのは火を見るよりも明らかであった。1913年、北洋政府の教育総長汪大燮（1859-1929）が大学教育制度を改革し、明治日本に倣って公布した大学の課程は文、理、商、工、農、医七類であり、医類はさらに医学と薬学と分けて、漢方中医を完全に課程から排除してしまった。教育制度と課程改革以後、西洋の近代知識と科学の方法は、ほとんど全面的に伝統的経史詞章に基づく知識体系に取って代わった。北洋政府の新学制では、伝統的中医による自発的中医教育を認めず、ただ北洋政府は中医を完全に廃絶しようとする前に、それ自体が国民党政府にとってかわれた[17]。

　医学界から伝統的漢方医学、つまり中医を廃止せよと強く主張したのは大阪医科大卒の余岩（1879-1954）である。1917年初、余岩は、後に「医界革命」を引き起こした著書『霊素商兌』を発表し、中、西医の科学性と非科学性について詳細に検討したうえ、病理と薬理との関係性を明示して、大きな社会的反響を引き起こした。彼は伝統的漢方医学に批判的な清末の大儒俞樾、章太炎の薫陶をうけ、さらに日本で学んだ近代西洋医学の知識をもって、漢方中医の理論に猛烈に批判の矢を射てみせた。陰陽、六気、五行、臓腑、経脈などといった種々の「誤謬」を指摘し、伝統的中医脈法の非科学性を痛烈に批判した。さらに中医は疫病流行の予防に役立てぬとし、中医の病原学説は中医の科学化を阻害する最大の要因だとして、中医を廃止してこそ、はじめて中国医学が正規の途に乗りあがることができ、中国が国富民強の国になれると断言して憚らない。

　こうした考えのもと、余岩が1929年、国民党政

府中央衛生委員会で提案し、政府に「旧医を廃し、新医を行おう」と断行せよと促し、つい全国中医界からの抗議、請願の風潮を引き起こした。一時、医学論争から政治闘争の様相さえ呈するようになったのである。

こうした言論の背後に、いずれも近代西欧科学の立場から伝統的漢方中医の「非科学性」を糾弾するものである。これは実に大きな問題である。確かに、著名な歴史家余英時が言うように、仮に伝統的漢方の中医が「科学」ではなく、ただ偶々経験から治療の薬方だけを獲得して、病理に対して全く訳のわからぬ「玄談」であるならば、「中国科学史」という学問の分野が存在する根拠もなくなり、「中国医療史」という学問分野も成り立たないであろう。事実は、かつてジョセフ・ニーダムが喝破したように、中国の歴史伝統には「科学」なかった訳ではなく、中国に欠けているのは近代西欧の科学そのものである[18]。ここでいう近代西欧科学は無論冒頭で述べたように、「17世紀科学革命」をへて形成された近代西欧の科学技術を指すのである。

今日では、近代西欧科学技術は現代社会のあらゆる領域に応用され、かつそれを根底からわれわれの現代生活を制御している。近代西洋医学もさまざまな伝統的医学を圧倒する勢いをもって現代社会における私たちの健康医療生活を大きく左右しているのは事実である。しかしながら、はたして伝統的漢方中医はその反対派が言うように、「中医には効き目の薬があって、納得のゆく道理なし」(中医有見効之薬、無可通之理)なのだろうか?

ことは決してこれほど単純ではないようである。まず本草を内包する中医と近代西洋医学の共通性から考えてみよう。そのどれも1、人間を救う病気の治療、2、生命、健康、長寿の秘密を探知しようとする、3、病気に対して、受動的治療から主動的予防に転じて、以て人類の健康を高め、生命の質を改善すること、などである。中、西医の本質上の差異は哲学思惟の違いにあると言える。西洋医学では、「分析」または「解析」に長けており、整体から組織、そして細胞という単离子チャンネルを通じて人間の疾病を観察し、その方法論としては単要素の観察、各種の治療法の対照、比較のうえ、実証、実験を通して統計分析を行う。これにたいして、伝統的漢方中医は「総合」または「帰納」に長けており、人間の機体を一つの有機的整体として見る、「望聞問切」という弁証論治の方法を通じて、表象から本質に及び、機体内の有機的相関性と環境との関連性を重視

し、さらに本草漢方薬の「君臣佐使」の使用法を通して、人間機体内の「陰陽平衡」を調整する。

中医からみれば、人体科学の奥秘はその整体性、系統性にある。そして思惟の角度からいえば、「総合」は「分解」より一段と次元の高いものであると言える。伝統的漢方中医は、黄帝内経を中核に、数千年の発展過程において主として宏観的生態の大系統から、人類を自然生態、社会生態という大きな環境において活動する生物集団とみなし、かついたるところで周囲の環境因素、それに自身の心理的複雑活動の制約をうけて、相互影響しあうことによって一種の文化生態をなしている。たとえば、人類の疾病の原因について、まさに『黄帝内経』で述べたように、「そもそも百病生ずる所以は、必ず燥湿寒暑風雨、陰陽喜怒、飲食居処に起す」。言い換えれると、病気になるのは内因、外因、不内外因、すなわちみな自然生態、社会生態、自身の心理因素などによって引き起こされたのである。こうした宏観的疾病観から、それに弁証論治という方法をもって、心脳血管疾病、癌症、糖尿病、若年層痴呆症などを代表とする神経系統および代謝系統の複雑な疾病の治療と予防において、中医は実験の基礎がないとはいえ、治療効果においてかえって近代西洋医学よりも一段と勝っている事実が多々ある。なぜならば、こうした疾病は決して単一の要素によってもたらされるものではなく、多要素、機体のネットワーク、系統性に及ぶ病変だからである。そのゆえ、単一の要素による分析、分解の方法をもって、多要素、複雑な機体ネットワークや系統上の問題を分析、解析しようとする場合、大きな欠陥が存在していると言わざるを得ない。

中医薬は数千年の発展過程において、直接病人を観察の対象とし、臨床実践を基礎としてきた。とくに伝統的漢方中医は「上医治未病」を主張し、人体の整体性、系統性と環境との相関性という角度から、機体の陰陽平衡を調節して疾病の発生を予防することに長けている。「治未病」という考えは、いうまでもなく、予防医学にとってきわめて重要な意味を持っている。

現代の生命科学、西洋医学にも方法論において「分析」「解析」から「総合」へと発展する傾向がある。たとえば、ゲノミクス学(Genomics)の研究進展によって、科学者は生物連鎖の最高レベルにいる人類という物種の基因は只だ4万個しかなく、生物連鎖の低レベルにいる多くの生物よりもずっとすくないことを驚きをもって発見した。そこで人類基因の

多能性、つまり、一つの基因に多様な能力があり、「沈黙の基因」は単に「沈黙している」のではなく、ただその奥秘がまだ完全にわれわれに知られておらず、生命の秘密はまだまだほんのわずかしか知らず、その全容の解明にまだ至ってないことがわかる。もう一例をあげてみよう。Ips細胞の研究発見でノーベル医学生理学賞受賞した京都大学の山中伸弥教授らの最新研究によると、人体の臓器間に神秘の巨大ネットワークが存在しており、臓器同士が常に「会話」するように、情報を交換しながら、支え合って働いていることが分かってきた[19]。当番組にみずから出演した山中教授は、臓器間のネットワーク交信現象について一言も漢方中医に触れてはいないが、しかし中医の角度からみれば、臓器間の「会話」、支え合って働く現象はむしろ中医の臓象説、経絡説にもとづく人体の有機的整体観に合致するものではないだろうか。筆者はかつて大きな関心をもってこのシリーズを熱心に観ていた。今回この国際シンポジウムの実行委員長の佐々木力先生から与えられた課題と関連して、素人の筆者で、現代中国内外における中医薬研究の最先端に詳しい知識を持ち合わせていないが、前述した屠呦呦の青蒿素の好例もあって、やはり数千年の伝統を有し、博大透徹した理論、種類繁多の薬物をもち、神妙の医術をもって知られる中医薬（本草製剤）は、むしろ21世紀の医療の希望所在であり、それを現代の目とテクニカルタームとをもってあらたに見直し、言い直すべきではないかと強く思っている。まさに佐々木力教授がその雄渾な近著『反原子力の自然哲学』（未来社、2016年）のなかで公言したように、「エコロジー重視の自然哲学に適合的な医学は、中医学や日本の漢方のほうだと考えていたはずである。私の科学哲学の語彙で言い直せば、医療の根底にある自然哲学のパラダイムは多様であってよい。いな、多様であることが望ましい。近代西洋の機械論自然哲学というパラダイムのみが有効な医療実践を生み出せると考えるとすれば、性急で狭隘極まりない。私は現代中国の医療制度体系についての考え方である現代西洋医学に伝統中医学を並立的に共存させて、それぞれを発展させ、そのうえで中西医結合医療の様々な形態を発展させるべきだと信じている」（333頁）。筆者はこの考えに全面的に賛同し、全く同感であると告白せねばならない。（了）

注
1) 遠藤次郎ほか著『癒す力を探る―東の医学と西の医学』本書の第五章「中国伝統医学の再評価」参照。
2) 詳しくは、『記念李時珍誕辰500週年2018李時珍中医薬大健康国際高峰論壇文集』、2018李時珍中医薬大健康国際高峰論壇組委会 湖北蘄春、2018年5月参照。中国暨南大学薬学院曹暉教授の資料提供に感謝する。
3) 例えば、代表的な研究として、山田慶児編『東アジアの本草と博物学の世界』上、下、思文閣出版、1995年などある。
4) 岡西為人「中国本草の史的展望」、『中国医書本草考』昭和49年5月、井上書店、311頁。前掲岡西為人『本草概説』序章「総概」参照。
5) 松本きか「本草と道教」[講座・道教] 第三巻 野口鐵郎ほか編『道教の生命観と身体論』（雄山閣出版、平成12年）所収、80-81頁。
6) 同上注5。
7)「本草経的学術地位」、席沢宗名誉主編『中国道教科学技術史・魏晋南北朝巻』科学出版社、2002年所収。526頁。
8) 前掲岡西為人『本草概説』、6-7頁。
9) 島尾永康『中国化学史』朝倉書店、1995年。302-303頁。
10) 前掲岡西為人『本草概説』、7-8頁。
11) 同上書、350頁。
12)『新修本草』は中国ではすでに散佚したが、京都の仁和寺に5巻が残っている。遣唐の日本人留学生によって手写したものであると思われる。
13) 岡西前掲『本草概説』、870-872頁。
14) 富士川游著、小川鼎三校注『日本医学史綱要』上下、平凡社、1974年、上冊149-150頁、下冊、54-56頁、白井光太郎『支那及日本本草学の沿革及本草家の伝記』、岩波書店、昭和5年。23-33頁参照。
15) さねとう・けいしゅう『中国人 日本留学史』くろしお出版、1981年増補版、58頁。
16) ここでは、余英時が李建民著『生命史学：従医療看中国歴史』（台湾三民書局、2005年）のために書いた本書の長編序言からの引用。
17) 区結成『当中医遇上西医 歴史与反思』、生活・読書・新知三聯書店、2005年。61頁
18) 同注16.
19) 昨年九月から放送しはじめたHNKのスペシャルシリーズ「人体」という番組である。山中教授がこのシリーズの学術顧問を任じ、みずからもタレントのタモリ氏と共に同番組に出演していた。

主要参考文献一覧（脚注分を除き）
1．（清）張士聡集注、方春陽ほか点校『黄帝内経集注』、浙江古籍出版社、2002年。
2．史世勤ほか主編『李時珍全集』1－4冊、湖北教育出版社、2004年。
3．張振輝、張西平『卜弥格文集 中西文化交流与中医西伝』、華東師範大学出版社、2013年。
4．李経緯、林昭庚主編『中国医学通史』1－4巻、人民衛生出版社、2000年。
5．当代海外漢学名著訳叢（波）愛徳華・可伊丹斯

基著、張振輝訳『中国的使臣卜弥格』、大象出版社、2001年

6. 李零『中国方術考』（修訂本）、東方出版社、2000年；李零『中国方術続考』、東方出版社、2000年。

7. 馬伯英『中国医学文化史』、上海人民出版社、1994年。

8. 陳華編著『中医的科学原理』、台湾商務印書館、1992年。

9. 陳明『印度梵文医典《医理精華》研究』、中華書局、2002年。

10. 中外交通史籍叢刊　宋峴　考釈『回回薬方考釈』上、下、中華書局、2000年。

11. 岡西為人「中国本草の伝統と宋元の本草」薮内清編『宋元時代の科学技術史』（京都大学人文科学研究所、昭和42年）所収。

12. 岡西為人「中国医学における丹方」、宮下三郎「隋唐時代の医療」、篠田統「食経考」いずれも薮内清編『中国中世科学技術史の研究』（朋友書店、1998年）所収。

13. 岡西為人「明清の本草」薮内清、吉田光邦編『明清時代の科学技術史』（京都大学人文科学研究所、1970年）所収。

14. 赤堀昭「陶弘景と『集注本草』」、山田慶児編『中国の科学と科学者』（京都大学人文科学研究所、昭和53年）所収。

15. 日本思想大系『近世科学思想』上、下、岩波書店、1971年。

16. 館野正美『中国医学と日本漢方』、岩波書店、2014年。

17. 川原秀城『毒薬は口に苦し　中国の文人と不老不死』、大修館書店、2001年。

18. 石田秀実『中国医学思想史　もう一つの医学』東京大学出版会、1992年。

19. 加納喜光『中国医学の誕生』東京大学出版会、1987年。

20. 『章太炎全集（十七）―医論集』上海人民出版社、1988年。

21. 銭超塵『兪曲園章太炎論中医』、上海人民出版社、2018年。

22. Geoffrey Lloyd and Nathan Sivin.The way and Word:Science and Medicine in Early China and Greece.Yale University Press.2002.

要約

中国・日本本草学の伝統と近代西欧科学

本草学とは、遅くとも中国の漢代（紀元前2世紀から紀元2世紀ごろ）から発達した薬物学のことである。本草学は、最初に編纂されたテキストは『神農本草経』であり、そして六朝時代の陶弘景（456-536）が『神農本草経』を整理し、紀元500年頃に、『本草経集注』を著わして、本草研究の源流を築いたと見なされている。それ以後、明末李時珍の『本草綱目』が刊行されるまで、中国歴代の主な本草書は、ほとんど例外なく『本草経集注』を祖述しているのである。それから、陶弘景の『本草経集注』から唐、宋時代の本草書はいずれも薬物の基原や鑑識などより具象的な問題に関心を注いだことに対して、薬理を中心とする金元時代の本草書は大いに趣旨を異にしていた。その一番の要因は、編纂者個人の素性にあるといわれている。すなわち、前者の編纂者は主として儒者、官僚に対して、後者はほとんど臨床医家という別がある。一方、日本における本草学は紀元3、4世紀ころから最初は朝鮮半島を介して、後は直接中国から本草学を受容してきた。しかし、室町時代まで、日本には独自の本草薬物がまだ現れておらず、本草学の日本的開花は江戸時代まで待たなければならなかった。その開拓者は、曲直瀬道三や吉田宗恂や貝原益軒らであり、つづいて稲生若水、小野蘭山らによって大成された。

しかし、日本では、明治維新後、すべての規範は西洋一辺倒の政策となり、本草漢方も途絶されてしまうことになった。そして明治日本を範に取った近代中国でも、近代西洋の科学主義によって理論武装された近代西洋医学のつよいインパクトに直面して、本草漢方や伝統的中医学も著しく劣勢に追い込まれてしまった。しかし、今日では、近代西欧科学万能主義の退潮もあって、さらに、2015年度ノーベル生理学、医学賞を受賞した屠呦呦氏の本草伝統を活かしてマラリア治療の特効薬、青蒿素（アルテミシニン Artemisinin）を発見した実例もあって、本草漢方や伝統的中医学の可能性があらためて再評価されつつあるのが現状である。

Summary

The Tradition of Herbology in China & Japan and Modern European Science

Herbology is the pharmacology developed in the late Han Dynasty of early China（200 B. C. to 200A. D.）, untill now, the *Shennong Bencaojing*（Shinnou honzoukyou 神農本草経, Sutra of Shennong Herbs）was considered as the first of herbal medicine. Then, the Daoist Tao Hongjing（陶弘景,456-536 A.D.）edited the *Shennong Bencaojing*, and wrote *Bencaojing Jizhu*（本草経集注 A Variorum Edition of Bencaojing）around 500 A.D., meanwhile laid the foundation for research of herblism. After that, until Li Shizhen（李時珍）published his great work *Bencaogangmu*（本草綱目, Compendium of Materia Medica）towards the end of Ming Dynasty（14th century A.D）, Chinese herbalism was based on *Bencaojing Jizhu* with almost no exceptions. Besides, from Tao Hongjing's *Bencaojing Jizhu* until varieties of herbals in the Tang and Song Dynasties, all specific problems like the basic elements, or research on medicines gained more interest. There is a strong contrast in the way in the herbology in the Jingyuan Dynasty which mainly focused on the medicinal affect. The most impotant cause was the personality of the compiler, because the compilers of the former times were Confucian scholars, or officials, whereas those of the latter times were almost all clinicians.

On the other hand, the introduction of herbology in Japan can be traced to 3 or 4 century AD, which was known to have come through from the Korean peninsula and then directly from mainland China. However, until the Muromachi period, there were no herbal medicine that originated from Japan. The blooming of herbal medicine in Japan began in the Edo Period. Its pioneeres were Manase Dousan（曲直瀬道三）, Yoshida Soujun（吉田宗恂）and Kaibara Ekiken（貝原益軒）, followed by Inou Jyakusui（稲生若水）, Ono Ranzan（小野蘭山）and so on, who finally accomplished to establish herbology in Japan.

However, after the Meiji Restoration, the policies and standards on medical practices enforced the Japanese people to pro-European style, thus the traditions of herbology in Japan was interrupted. In modern China which followed the model of Meiji Japan was confronted with a strong impact of modern European medicine, which was supported by "theoretical scientism" of modern Europe, and which almost completely outplayed herbology or traditional Chinese medicine. But, at present, "scientism" shows signs of decline. Moreover, Mrs. Tu Youyou, a native-born Chinese medical scientist discovered a specific remedy Artemisinin for malaria by inspiration of herbology conventions, which led her to win the Nobel prize of physiology and medical science in 2015. This achievement has stirred a reevaluation of herbology and traditional Chinese medicine.

西周と崔漢綺
——近代東アジアにおける二つの自然理解

金成根●韓国国立全南大学教授

1．はじめに

　過去から現在まで、人間はいつも自然のなかで、自然とともに生を営為してきた。それは地球上のどの地域においても同じ人間生存の条件であろう。しかし自然を学問的な思惟の対象として認識し、概念化するときには、それぞれの文化圏において差が生じる。東アジアの人々が、今日のように自然を人間認識の外側に追い出して対象化したのは、僅か一世紀くらい前のことであった。そういった自然認識の新しい方向転換を、我々は、19世紀に西洋科学を全面的に受容した日本の思想家たちから明確に確認することができる。そのなかでも、西周（1829-97）は、伝統的自然観から西洋科学的自然観への転換において避けて通れない思想家である。彼は、近代西洋学問を始めて総合的に日本に紹介したのみならず、今日にも日中韓で通用している多数の近代学術語を製造した人物としてもしられる。ところが、そのような西洋科学的自然観の受容は、日本の近代学問の形成において重要な一歩であったものの、実は転換期の東アジアで出現した多様な「科学的」自然認識の一つに過ぎなかったことも、また注目しなければならない。すなわち、19世紀朝鮮の思想家であった崔漢綺（チェ・ハンギ、1803-77）は、西と殆んど同じ時代を生き、西のように伝統的自然観を克服しながら西洋科学的自然観の受容をこころみたが、結果的には西とは全く異なる独特の「科学的」自然認識に到達した。

　本稿は、19世紀西洋科学的自然観の移入のなかにあった日朝の二人の思想家が、それを受け入れるなかでいかなる自然観を構想したのかを比較することで、近代科学文明における自然理解の方式を批判的に考察するものである。

2．西と崔における外部世界の重視

　かつて丸山眞男は、福沢諭吉（1835-1901）における実学の特徴を「道理から物理への転回」として規定したことがある[1]。それは、福沢が、道理すなわち人間内面の倫理的探求を重視した性理学的な世界観から、いかに物理、すなわち外的自然界を重視する科学的世界観への移行を訴えたのかを、明らかにしてくれたといえる。ところが丸山は、そういった福沢における世界観の転回が、彼の実学において突然に登場したのではなく、そもそも江戸思想史のなかから発芽してきたものだと述べた。すなわち性理学における理は、そもそも倫理と物理とを連続的かつ統合的に理解する傾向が強かったといわれるが、そのような理の連続的な理解は、荻生徂徠（1666-1728）、太宰春台（1680-1747）など江戸の思想家たちによってその分離が試みられ、ついで西周と福沢にいたって一応完結されたということである。また、源了圓は、19世紀日本実学の思想的特徴を性理学的な理の再解釈であるとみなし、そのなかでも西こそがその理を心理と物理とに厳密に分離することの重要性を強調し、それがいわば徳川時代以来の合理主義の発展を導いたと述べた[2]。

　確かに西が、『百一新論』（1874、実際の執筆は1868以前）、『百学連環』（1870）など一連の著作のなかで性理学の理を物理と心理とに分け、西洋科学的自然観を受け入れた一方、今日の自然科学に属する学問の諸分野を日本に紹介したのは、よく知られている。ところが、このような19世紀日本実学の特徴は、日本を超え、実は東アジア近代思想史の展開におけるある重要な一面を先に物語っていたともいえる。明治日本でのような華麗な花をさかせることはできなかったものの、朝鮮近代思想史のなかからも「道理から物理への転回」といった福沢実学にみえるような重要な思想的特徴を読み取ることができるからである。そして我々は、李佑成がかつて「実学思想と開化思想の架橋者」[3]として評価した崔漢綺の思想において、そのような性理学的な理の再

構成の試みを読み取ることができる[4]。崔漢綺は、19世紀当時の朝鮮へ迫ってきた文明的危機と世界情勢の実像をよく理解していたのみではなく、そのように移入してきた西洋文明を積極的に見習うべきだと強調した。

「大洋で船舶が往来し、書籍がお互いに翻訳されており、耳目を通して見聞が伝達されてきている。もし、よい法制や器械、良好な土産などが我々のものより優れているならば、我が国の未来のために実にそれを取り入れて用いる必要があるであろう。」[5]

このような崔漢綺の対外的開放性は、彼の思想のなかからも読み取ることができる。すなわち従来の性理学が主に外物を軽視したことと比べると、崔漢綺は外部世界の探求をとても強調したのである。彼は、「運化の條目のなかで、十の八、九は、私の外部にありながら接触、救済、變通、和應するものであり、わずか一つか二つくらいは、私の内面にあるものである」[6]といったが、これは人間の内面世界より外部世界をもっと重視すべきだという彼の学問的特徴をよくみせてくれる。もちろん、崔漢綺からみえるこのような外部世界についての重視は、19世紀における性理学的世界観の危機とともに、西洋科学文明の流入といった時代的な要請が、西のように彼の思想の内面をも貫通していった結果に他ならないといえよう。ところが、このような西と崔漢綺の共通点、すなわち物理的外部世界の重視といった共通点は、必ずしも彼らが外的自然界を同一の方式で概念化したことを意味しない。むしろ二人の思想家は、ほとんど同一の問題意識から出発したものの、結果的には相反する結論に到達したといえるほど、自然界をそれぞれの学問的体系のなかに相違なかたちで再解釈したのである。

3．自然界はいかに構成されているのか
1）西における「自然」と「物」

19世紀後半にいたるまで東アジア漢字文化圏で「自然」といった語彙は、主として「みずからしかる」といった副詞もしくは形容詞の形で活用された。それは、日中韓でもほとんど同じであった。このことは、「自然」といった言葉が今日のように名詞形として、すなわち人間意識の外側に対象的世界として登場し始めたのは、それがnatureの訳語として使われるようになった19世紀後半以降のことであったのを教えてくれる。このような名詞形とし

ての「自然」は、東アジア諸国のなかでも特に西洋文明の翻訳に先抜いていた日本で、まず使われるようになり、その後、朝鮮と中国にも広がったといえる[7]。我々は、崔漢綺からも西からも、「自然」という言葉の使用をみることができるが、彼らの「自然」概念には相変わらず「みずからしかる」といった伝統的意味が残っていた。もちろん、彼らが「自然」という言葉を今日のような名詞形natureの意味として使っていなかったといえ、彼らが相変わらず伝統的な自然観に立ち止まっていたとはいえない。西と崔漢綺は、認識の主体と、その外側の対象世界を少なくとも従来の性理学的世界観とは異なる形でとらえていたからである。

まず西において、そのような「自然」の新しい認識は、西洋学問の翻訳を通して行なわれた。もちろん、認識主体の外側としての客観的な対象世界が、西によって始めて日本に紹介されたのではない。例えば、志筑忠雄（1760-1806）、青地林宗（1775-1833）、川本幸民（1810-71）など江戸の蘭学者たちは、認識の外側にある外的自然界と、その自然界を構成している新しい「物」の概念をすでに日本に翻訳し紹介したことがある[8]。このとき、彼らが紹介した「物」の概念は、一般的に「物」を事の概念へまで拡張して理解した性理学における「物」の概念とは異なるものであった。したがって、江戸蘭学の伝統の上に立っていた西が、そのような西洋的「物」の概念を受け入れたのは、簡単に理解できるものである。西において「物」は、物理と心理との区分にあらわれるように、心の外側に、心によって認識対象になったものである。しかし西は、「物」を単に心と区分した概念としてのみ使ったわけではなかった。フランスの哲学者・ルネ・デカルト（1596-1650）は、「物」（matter）というのを、思惟を本質にする人間の意識と区分されるもの、すなわち延長の属性をもつものとしてとらえた。そして自然は、この物（matter）の集合にほかならなかった[9]。江戸の蘭学者たちが、このようなデカルト以降の西洋近代の自然理解から影響をうけたのはいうまでもない。西も「物」をmatterから翻訳したうえで、その特徴をlength 長、breadth 廣、thickness 厚などで規定した[10]。ところが西は、そこから一歩進んで、「物」（matter）の厳密な特性と、それを取り扱う方式の多様性にも注目した。すなわち彼は、「物」というのを熱、光、電、磁のように形がない不測物と、形がある測物とに分けることができるといい、このとき格物学は、不測物を対象とする学問であり、化学

は、測物を対象とする学問だと理解した[11]。このように西は、翻訳を通してではあったが、「物」を新しく概念化し、その特徴を厳密に分けることで、新しい自然観を受容し、また近代学問の各々の領域を構想することができたのである。

2) 崔における「自然」と「物」、そして「気」

崔漢綺の思惟のなかで我々は、西からみられるような「物」についての厳密な概念的区分をみることはできない。崔漢綺は、「人は、すでに形体をもっているが、これを私という。四方に広がっているすべての存在（萬有）を物という」[12]と述べた。このような「物」の概念は、西を通して輸入された西洋科学的自然観の「物」、つまりmatterの概念とは全く異なるものであった。すなわち崔漢綺における「物」の概念は、相変わらず性理学的色合いが強く残っているものであった。崔漢綺は、『地球典要』（1857）では酸素（養気）、水素（輕気）、窒素（淡気）、炭素（炭気）など近代的元素の概念を紹介したこともあったが、それは崔漢綺の自然観と物質観のなかで一つの一貫した認識的土台をなしていたとはいえない。崔漢綺における「物」は、事と厳密に区別される概念ではなく、そういった点で、彼の認識の対象は事物に近かった。しかし重要なのは、西が、「物」（matter）を自然界を理解する出発点として認識したのと比べるとき、崔漢綺は、その背景にもう一つの基底、つまり「気」をおいたことである。すなわち崔漢綺によると、「物」は「気」からなる。彼は、次のように述べた。「気は一つであるが、人間に入る（稟賦）ときには人間の神気となり、物に入る（稟賦）ときには、物の神気となる。」[13]

このように「物」の底には「気」があり、「気」こそ自然界を構成する本質であると理解される。そしてこの「気」は少しも止まることなく、いわゆる「活動運化」する本性をもっているという。万物の生成の根元に「気」をおくこのような方式は、宇宙の誕生を説明するときにも適用される。

「気の濁っている滓（かす）が蒙氣にあり、蒙氣の濁っている滓が物になる。物の濁っている滓が泥となり、泥が固くなって土石となり、土石の大きな塊が地球になる。」[14]

崔漢綺によると、「気」が集まってできた形質は、その生命力が尽きると、散じる。人間の神気すなわち一種の霊魂も「気」の産物であり、それは生命力

金成根

が尽きるとき、消滅して本来の「気」にもどる。崔漢綺が、長生き、予言、輪廻應報、霊魂不滅説などを批判したのは、このような気一原論的な思考による[15]。

絶え間なく働く「気」が「物」の根元になる限り、「物」から質的な感覚を排除し、それを量的な特性のみに還元するデカルト以降西洋の科学的世界観にみえるような自然の理解は、そもそも考えられないことであった。ところが、このような崔漢綺の思惟が、おそらく伝統的な気論の自然理解とも同じようにみえるかもしれない。しかし崔漢綺の気論では、いくつか注目すべき側面があり、そのなかでも「気」の有形性についての強調は、重要な問題であった。崔漢綺は、従来の気論が「気」を無形と有形とに分けたことを批判しながら、「気」はすべて有形であると断言したのである。彼によると、従来の人々は、「気」が小さい物体をなしているときには、「気」を有形であると思い、「気」が大きな物体をなしているときには、それを無形だと思った。例えば、従来人は、天を無形であると考えた。しかし崔漢綺によると、それは実は無形ではなく有形、つまり人間が簡単には認識できないほど大きい形質をもつものである。このように崔漢綺は、「気」をすべて有形のものへ還元したが、ここで重要なのは、彼が、なぜ、すべての「気」を有形であると考えたのかであろう。それは、「気」を「証験」可能な領域に引き出すだめにほかならなかった。崔漢綺は、「気」は必ず輕重をもつ[16]とし、「気」を空気のように考えたこともある。例えば、ひさごを水にうつ伏せておいても水が入らないのは、そのなかに「気」が満ちているからである。もちろん、「気」は空気と全く同じものではない。すなわち崔漢綺がいう「気」は、生命力が尽きると、散じて、またほかの「物」を再びつくることができるものである。もし、「気」が有形であるならば、その「気」が成し遂げている自然界

は、いつも人間の認識によって観察可能な世界へ還元されることになる。

このように崔漢綺は、自然界の認識、特に物質論において西とは根本的に異なる理解をしていた。西は、自然界が量的な特性をもつ「物」の集合に還元される、いわゆるデカルト以降の科学的自然観を受け入れた反面、崔漢綺は、自然界を成し遂げる「物」の底に、有形であり、自ら「活動運化」する「気」をおいた。その点で、崔漢綺において「自然」は、人間が観察可能な領域に還元されると同時に、相変わらず「みずからしかる」生命力に満ちあふれた時空間であったといえるのである。

4．西と崔における自然認識の相違

19世紀後半以降、東アジアでは、科学、自然、物理、主観と客観など自然界をとらえる主な語彙が新しく生まれたり、従来の伝統的な概念を大幅に捨てきれ、新しい概念に生まれ変わった。それは、西洋学問を翻訳し、日本に紹介した西周の重要な作業の一つである。すなわち、西を通して進められた西洋的自然観の翻訳作業は、多様な訳語の製造を伴ったのである。西以降、人間と自然、物理と心理、主観と客観など様々な二項対立の語彙は、日本はもちろん、東アジア漢字文化圏の全域へまでひろがることになった。近代人は、人間と自然との対立的な関係の上で、自然といった対象世界を客観的に観察できるという強い信念で武装したのである。

ところが、近代的自然観の一番大きな特徴の一つを認識の主体とその客体としての自然界の成立にあるというならば、東アジアにおいて人間の心理と自然法則としての物理の区分は、思想的には性理学における理の概念を再構成することで成し遂げられた。西は、『百一新論』において性理学がもっていた問題は、理の混同つまり物理と心理とを区分しないことにあると強調した。例えば、祈りのような人間の心理的行動が物理的現象にまで影響を及ぼすことができるという信念、すなわち心理が物理に影響を及ぼすことができると信じる妄想は、そもそも物理と心理とを同一視した結果であり、そのような妄想を克服する方法は、二つの理が本来異なるものであるのを認めることにある。理の連続性に基づくこのような性理学的自然観は、近代人が自然を読み取る方式とは全く異なるものであった。丸山によると、性理学での自然理解というのは、仁義禮智信によって代表される人間社会の倫理法則を予め自然界に投影し、それを再び読み取るものに過ぎなかった[17]。

このとき自然は、その自体の物理的法則性としてではなく、人間社会の倫理的秩序を確認する道具として存在することになる。また、そのような方式は、いわゆる客観的な自然法則、すなわち人間の主観的価値の移入が排除された、あるがままの自然の秩序を発見することを不可能にさせてしまう。結局、その問題の根元は、理の混同にあり、そういった混同をさけるのは、物理の法則を心理の法則と区別することで可能になる。

崔漢綺が、西と同じく、性理学における理の分離を考えていたのは、興味深いことである。しかし、崔漢綺の学問で我々は、少なくとも西にみえるような二項対立的な世界観をみることはできない。では、彼の自然認識は、相変わらず理を連続的に理解していた性理学的自然認識から脱皮できなかったのであろうか。崔漢綺において、認識というのは、そもそもいかなるものであろうか。

「諸竅と諸触により人情と物理を収めて神氣に習染し、それを発用するときには、なかに貯めておいた人情と物理を諸竅と諸触を通して行なうものである。」[18]

崔漢綺において認識というのは、諸竅すなわち人間の体が外部に通じる九つの穴と、諸触すなわち体にある触感またはその機能を通して外部世界の秩序を把握し、それを再び諸竅と諸触を通して外側に実現する行為である。これは、西が認識といった行為を五つの感覚器官すなわち耳、目、鼻、口、覚という五官の感触による行為だとみることと出発点から異なる[19]。西は、五官といった人間がもっている五つの重要な感覚器官を通して外部世界を受け入れるのを認識の基本としてとらえた。例えば西は、心理上学の代表的な学問である性理、すなわち心理学は、「五官の感触によって心に是非善悪等を判別」[20]する学問であり、その一方で物理上学の代表的な学問である格物すなわち物理学は、「五官の感触によって物と物との係り合を論ず」[21]学問であると述べた。反面、崔漢綺は、西と比べると相変わらず伝統的な認識の構造を受け入れているようにみえる。ところが彼は、それをただ受け入れるのみではなく、自分なりの独特な認識論へ作り変えている。崔漢綺は、認識行為を率いる確実な主体を持ち出している。すなわち崔漢綺において認識の主体は、心気つまり神気というものであり、それは人物の人情と物理を外部世界から収めいれるものである。ところが、この

収めいれるというのは、外部世界の人情と物理を諸竅や諸触を通して、あるがままに意識の内部に刻めることを意味しない。なぜなら、すべての人間は、諸竅や諸触といった身体器官をもってはいるものの、それが全く同じ働きをしているわけではないからである。すなわち認識の主体としての神気は、外部の人情と物理を受け入れることができるが、それは全く同一のものとして受け入れるとはいえないのである。また、一応神気が外部から受け入れる人情と物理は、認識のもう一つの重要な段階である「推測」の段階をへるという。推測とは、簡単にいえば感覚器官を通して受け入れた外部世界の情報を、思惟する過程である。そもそも人間は、生まれながらに推測の能力を付与されたのであり、この推測の先天的な能力を活用していわゆる「推測の理」（心理）を得ることができる。この点で、人間の心理はすべて同一のものだとはいえない。人間は、誰でも推測の能力をもって生まれるが、その推測の能力を活用して得る理は、それぞれ異なるからである。これは、西が性理学の理を分離することで得た心理とも類似したものであろう。西においても崔漢綺においても心理は、人によって異なるだけでなく、動かすことができるものである。

では、西において心理の反対側に位置づけられた物理は、崔漢綺においてはどうなっているのか。崔漢綺は、それを「流行の理」と名付けた。すなわち流行の理とは、気の法則であり、人間が勝手に変えることができないものである。これによって西が心理と物理とに再構成した性理学の理は、崔漢綺においては推測の理と流行の理とに分けられたことがわかる。崔漢綺によると、人間が流行の理、つまり物理を得ることはそう簡単ではない。なぜなら人間は、推測によって外部世界からの流行の理を得るしかないからである。したがって認識の正しさとは、その主体である神気が外部世界としての物の法則＝流行の理（物理）をいかによく把握できるのか、言い換えれば、神気による推測の理が、流行の理といかに合致できるのかによって決定されるといえる。もちろん人間の推測の理が流行の理と合致するためには、神気による見聞と推測はもちろん、それを外的な秩序と比較してみるいわゆる証験の方法を繰り返す必要がある。

崔漢綺は、気学的な認識の方法が従来の心学、理学のそれと異なるものであると述べた。彼は、「昔の人々は、大体それを得た根拠はいえず、単に内側から発用する端緒のみをいっている」[22]と述べる。

また「『大学』のいわば「格物致知」というのは、外側にある人情と物理を収めるのではなく、気質に遮られたものを除去する勉強だ」、と批判する。すなわち崔漢綺は、従来の心学や理学などは、外部世界の物理を研究するよりは、人間の内面にある性の探求に集中してきたというのである。そのような問題は、心学や理学が、そもそも自然の理を人間内部の理つまり性と同一視したことから生じる。崔漢綺が、認識の主体とその対象としての外部世界を区分し、外部世界の法則的な秩序をより重視すべきだといったのは、彼が性理学的な認識の方法論とは全く反対の側に立っていたことをものがたってくれる。

しかし、より重要なのは、崔漢綺が流行の理を推測の理とは異なる理として考えたことである。すなわち推測の理のみを勉強しては、決して流行の理に到達できない。推測の理を流行の理と合致させようとする努力がない限り、その推測の理は、何の意味も持たない。これは崔漢綺が西のように倫理から物理世界への転回の必要性を強調した重要な転換点として認められる。

ところが、ここでもう一つ重要な問題が残っている。このような崔漢綺の認識の方法が、結局、「主体」と「客体」、「主観」と「客観」とを厳密に区分した近代西洋科学の認識論と同一のものであるか、もしくは、少なくともそれに近づいていったものにすぎないのではないか、という疑問である。結論からいえば、崔漢綺の認識方法においては、近代的な認識論を代表する「主体」と「客体」、「主観」と「客観」といった認識の語彙は、ほとんど重みを持たなかった。崔漢綺はその代わりに、神気が外部世界を把握するのを「通」といった語彙で表現した。この「通」という語彙は、伝統的な気論における感應、感通などにも類似した概念であるが、崔漢綺の気論ではさらに特別な形で再構成されることになる。すなわち崔漢綺は、神気が外部世界から人情と物理を収めいれる行為を「通」といい、それを「形質通」と「推測通」とにわけた。このとき、「形質通」とは、前に述べたように人間が諸竅という九つの感覚器官を通して外部世界を受け入れることを意味する。すなわち、光が目を通して入り、音が耳を通して聞こえるように、外部の事態は、人間の感覚器官を通して入ってくる。一方、「推測通」とは、「形質の通をもって推測するもの」[23]であり、一応感覚器官を通して入った外部世界を神気が推測という方法を用いて理解することを意味する。このとき、神気の推測は、流行の理と一致するように絶え間なく鍛えられなけ

ればならない。このような崔漢綺の認識の方法は、外部世界に対する観察的な態度を排除しない。したがって、彼は、自分の気論のなかに、すでに西洋世界で明らかになった新しい知識を受け入れることにも迷わなかった。すなわち「通」というのは、認識の主体である神気と、外部の気的な自然界が一致する状態のことを意味する。結局、推測の理を流行の理と合致させるための最善の方法は、それを他人がすでに獲得した推測の理と比較してみる一方、自然界に照らし合わして繰り返し証験してみることにあるといえる。

5．生命体としての自然界

　このように崔漢綺において人間と自然は、西の思想とは、全く異なる関係を結んだ。崔漢綺においても認識の主体である神気が、観察と証験を通して自然界を把握するのは西と同じである。しかし彼が、神気の対象である自然界もがやはり「活動運化」する気で構成されているとみなすとき、自然と人間は一つの気の循環的カテゴリのなかに位置づけられるようになった。

　「天はすなわち大気である。大気が人の体のなかを貫通し、皮膚のなかに染み込んで広がる。寒暑燥湿が内外に交感して生をなすので、少しでも塞がって絶えるなら、生を維持できない。これが気によって生命をなすことである。」[24]

　崔漢綺の気論における天は、すなわち気が「活動運化」する一つの巨大な生命体である。それは、誰かによって創造されたのではなく、自らの生命力によって作られたものである。また人と万物、そして自然は、すべて気の浸透と循環のなかでできている。

　「人と気の関係は、まるで魚と水のような関係に近く、池で口をあけて遊んでいる魚が、必ず水に頼らなければならないように、人が土の上で動き、往来するのもやはり気に頼らなければならない。」[25]

　すなわち魚が水のなかで生きているように、人と万物は、いつも気のなかで生きている。このような崔漢綺の気一原論的な思惟は、天人合一に対する當為性へつながる。

　「大氣が呼吸し潤わす恵みと、両親が産んで育ててくれた恩恵については、この体が世の中を生きて

いながらいつも力を尽くすべきである。」[26]

　孝という道徳的な観念は、相変わらず大気にも使われている。もともと天人合一とは、陽明学、性理学などでもみることができるが、崔漢綺における天人合一は、それとは全く異なる。

　「天と人は、元々二つではない。しかし、気をみることができない者は、人がもっている形体のために人と天との間に間隔があるのをみて、それを一つとして考えない。したがって、それを合一させようと試みて形体を忘れ、欲念を去るとの言葉で天人一致の方法を探るが、それはとても危うい。」[27]

　崔漢綺における天すなわち大気は、迷信的な対象としてではなく、気を分けてくれた生命の源泉として、つまり人間の生存を可能にさせている存在として現れる。それは、もちろん人間の物理的身体のみに限られない。「心氣は、本来、運化する存在として大氣運化から分けてもらったものであり、その機微がお互いに感應する様子が、まるで子供と母親との関係にちかい。」[28] このような点で、性理学での天が倫理的な理法天であるならば、崔漢綺においての天は、自然的な生命天に近いとも言われる[29]。崔漢綺は人間が天の秩序に従うのは当然のことであり、それを孝または承順といった言葉で表現した。彼は、このように人間の推測が天の秩序すなわち天理に順応するとき、結局、人間は、道徳的な善にいたると考えた。したがって、気学での善と悪は、運化気に対する人間の推測の順逆によって決定される。このような生命論的な天の観念は、丸山が、物理を倫理に従わせたとみる性理学的世界観のみでなく、倫理と物理を全く別のものとして考えた近代西洋文明の倫理観とも確かに異なるものであろう。

6．戦争的自然観と気化的自然観

　近代科学は、普通、自然支配の理念とそれに基づいて自然を効率的に搾取した道具的技術の活用に多くを背負ってきたといわれる。ところが、そのような自然支配と搾取は、もう一つの支配的な搾取の構造と決して分離して理解することができない。すなわちそういった自然搾取をもっとも効率的かつ無慈悲に行なった近代西洋の帝国主義は、それを活用し、植民地の搾取へ乗り出したのである。そういった点で自然の支配と搾取に基づいた近代西洋の科学的自然観は、近代的人間観とも決して分離されることは

なかった。

　西を通して東アジアの自然は、人間の認識の外側に追い出され、客体化され始まった。西が認識の主体と客体をどのくらい明確に分離したのか、また元々西の意図がその分離を明確にすることであったのかは論争的であろうが、少なくとも彼を通して明治日本思想のなかに人間と自然、「主体」と「客体」、「主観」と「客観」といった近代西洋の科学文明を支えた認識の基本構造が移植されたのは確であろう。

　西における「学」は、そのように自然界の効率的な支配の理念をもって定義された。彼は、『知説』(1874) において「学」(science) を戦争に比喩した。すなわち「学」とは、人心最高の智が「理」を捉えるために行なう戦争である[30]。西は、学術とはすべて実験によって空理空論を取り除くものだと強調し、それはミルの帰納法によって効率的に追求されうると考えた。結局、人間は自然と闘うことでそこに隠された理を獲得できることになる。このとき、自然は、近代人という医者によって解剖される手術台の上の患者として再定義される。ところが、このような自然に対する西の戦争的探求は、そのまま彼の人間観にもオーバーラップすることになった。すなわち西は、『兵賦論』(1878-81) において19世紀当時の弱肉強食の殺風景的な世界認識を背景に、人間同士の競争と消滅を当然と受け入れた。彼によると、人間は、無疆治休といった究極の理想世界に到達するためには、戦争といった方法を避けて通れないという。もちろん戦争が好きだからではなく、競争と喧嘩こそ文明の原動力に他ならないからである。

　ところが崔漢綺は、その反対側に立っていた。彼も、物理すなわち気の法則としての気理の把握を強調したのはいうまでもない。崔漢綺は、気を把握するために簡単な実験を行なったこともあった。しかしそれらの実験は、主に西洋自然科学の書籍から見習ったものであり、彼が自分の気化的世界観のなかで実験の重要性を具体的に強調したとは言いにくい。とちらかといえば、彼は、自然界に対する実験よりは、観察に重点をおいたようにも思われる。しかしいずれにせよ、人間の神気と、生命力に溢れる気的自然界との間の疎通を強調する崔漢綺の思想では、自然は、人間といった医者が執刀する手術台の上に乗せられることはなかった。そういった点で、崔漢綺は、自然に対する実験よりは、人間と自然との間の気の疎通にもっと関心を傾けていたのである。それは、人間が自然を一方的に調べる関係としてではなく、その雙方が対等の関係として設定され、

お互いの疎通が重視される方式である。これを「気化的自然観」というばらば、崔漢綺のこのような自然観は、やはり彼の人間観にもつながる[31]。崔漢綺は、ある意味で理想的であるほど、楽観的な人間観をもっていたのであり、迫り拠る西洋の脅威よりは、新しい西洋文明との和合を強調したのである。彼が画いた大同社会といった理想世界は、戦争といった手段によってではなく、親交と和合といった手段によって到達できるものであった。その点で、崔漢綺によると、当時の戦争は東西文明の疎通が始まった初期の一時的な現象であり、文明同士はまもなくお互いを理解し和解することができると信じたのである。我々が目撃したとおり、崔漢綺の予想は結果的に間違った。しかし、間違ったことで、我々が歩いた近代が不幸の道であったことは改めて語る必要もないであろう。

7．おわりに

　自然に対する戦争的探求が、すべて現代文明が立ち向かえっている危機の種だとはとても言いにくい。アイロニカルにも、近代人は、自然をその以前のいかなる時代よりも効率的に服従させることで、かつて想像したこともなかった多くの恵みを受けてきた。しかし重要なのは、そのような戦争的自然観は、人間を自然界から解放させると同時に、異なる形の矛盾を産んでしまったことである。それは、自然支配を効率的に行なった集団が、そうではない集団を効率的に支配する構造の誕生ともいえる。近代西洋の帝国主義はそれをもっともよく成し遂げたものであった。

　最後に、西と崔漢綺において共通点はないのか。西と崔漢綺は、今までみてきたとおり、いくつかの点で異なる道を歩いていた。しかし我々は、儒教的教養をそなえていた彼らのみならの共通点にも注目しなければならない。西は、理の区分と同時に、理の再連結に深い関心をもっていた。それは、彼がこころみた百教一致の学としての哲学の目標でもあった。彼は、『百学連環』では百学問の統合を構想し、それが理の再連結によって成功するはずだと思った。崔漢綺も、一身運化、統民運化、大気運化といった人間、社会、自然にあたる三つの気の運化による交接を通して統合学問を構想した。近代以降、自然科学と人文学へ段々二元化してきた学問の構造を考えるとき、二人の学者による統合学問の構想は確かに注目する必要がある。惜しくもコント哲学の影響を受けながら進められた西の統合学問の構想は、未

完に終わってしまったのだが、少なくとも西には、以降、明治日本で広げられた諸学問領域間の断絶とは異なる指向性があったのはいうまでもない。気一原論的な立場に立っていた崔漢綺は、総合学問の構想において西よりは自由であった。其々の学問の領域においての具体性は劣るものの、すべてを気の「活動運化」へ還元することは、彼の「気学」の統合性を可能にしたからである。いずれにせよ、自然科学と人文学を併せ持つ彼らの統合学問の構想は、今日のように学問諸領域間の断絶を反省している時代に必ず振り替えてみる必要があると思う。またそれは、相変わらず彼らの思想のなかに、倫理と断絶した近代科学の暴走を牽制できる最後の希望が残っていたことを意味するかもしらない。

注
1) 丸山眞男、「福沢における実学の轉回：福沢諭吉の哲学研究序説」、『東洋文化研究』3、日光書院、1947、1-19頁。
2) 源了圓、「西周における［理］の観念の転回：徳川時代における合理的思惟の発展（11）」『心』23、1970、81-95頁。これについてはすでに拙稿において指摘したことがある。Kim, Sungkhun, "How physical laws were understood in mid-19th century East Asia: a comparative study of Choehan-gi and Nishi Amane", *Historia Scientiarum* Vol. 20. No. 1, 2010, pp. 1-20.
3) 李佑成、「惠岡崔漢綺」、『李乙浩博士停年紀念 実学論叢』、光州：全南大学校湖南文化研究所、1975、553頁。
4) 崔漢綺についての研究は、鄭聖哲の「崔漢綺の唯気論」（『朝鮮哲学史』、科学院出版社、1962）から始まり、朴鍾鴻（「崔漢綺의 経験主義」、『亜細亜研究』8-4、高麗大学校亜細亜問題研究所、1965）、李佑成などの研究をへて1980年代後半から本格化したといえる。以降、金容沃（『読気学説』ソウル：통나무、1990）が、崔漢綺の気学の独特性を強調した以降、權五榮（『崔漢綺의 学問과 思想研究』、ソウル：集文堂、1999）、李賢九（『崔漢綺의 気哲学과 西洋科学』、ソウル：成均館大学校大東文化研究院、2000）、そして孫炳旭などは崔漢綺の学問と思想を多様な側面から分析した。このような先行研究が崔漢綺思想の多くの部分を明らかにしてくれたのはいうまでもない。しかし、これから崔漢綺思想についての真の評価は、朝鮮近代といった一国的な枠組みを越え、彼の思想を文明転換期という共通の危機に直面した19世紀日中韓の思想家たちと比較してみることでより明らかになると思う。
5) 崔漢綺、『推測録』巻六、『増補 明南樓叢書』一、ソウル：成均館大学校大東文化研究院、215頁。
6) 崔漢綺、『気学』巻二、前掲『増補 明南樓叢書』五、32頁。
7) 金成根、「東アジアで 自然（nature） 이라는 近代語彙의 誕生과 定着：日本과 韓国의 辞典類를 中心으로」『韓国科学史学会誌』32-2、韓国科学史学会、2010、259-289頁。
8) 金成根、「日本의 蘭学과 뉴튼的 物質観의 受容：物（matter）概念의 翻訳을 中心으로」『東西哲学研究』第74号、韓国東西哲学会、2014、209-230頁。
9) René Descartes, *The World and Other Writings*, translated and edited by Stephen Gaukroger (Cambridge: Cambridge University Press, 1998), p. 25.
10) 西周、『百学連環』、『西周全集』巻四、1981、宗高書房、261頁。
11) 同、262頁。
12) 崔漢綺、『気学』巻二、前掲『増補 明南樓叢書』五、34頁。
13) 崔漢綺、『神気通』巻一、前掲『増補 明南樓叢書』一、16頁。
14) 崔漢綺、『推測録』巻二、前掲『増補 明南樓叢書』一、118頁。
15) 崔漢綺、『気学』巻一、前掲『増補 明南樓叢書』五、10頁。
16) 崔漢綺、『神気通』巻一、前掲『増補 明南樓叢書』一、39頁。
17) 丸山眞男、前掲論文、11頁。
18) 崔漢綺、『神気通』序、前掲『増補 明南樓叢書』一、7頁。
19) 西周、『百学連環』、前掲『西周全集』巻四、260頁。崔漢綺は、心理という言葉より「推測の理」という言葉を好んでいたが、それは我々が形気に執着することを心配するからだという。このような例からも、彼がいかに心と物という形気の区別よりは、その統合をこころみていたのがよく理解できる。これについては、崔漢綺、『推測録』三、前掲『増補 明南樓叢書』一、144-5頁。
20) 西周、『百学連環』、前掲『西周全集』巻四、260頁。
21) 同、260頁。
22) 崔漢綺、『神気通』巻一、前掲『増補 明南樓叢書』一、28頁。
23) 同、25頁。
24) 崔漢綺、『気学』巻二、前掲『増補 明南樓叢書』五、53頁。
25) 崔漢綺、『推測録』巻二、前掲『増補 明南樓叢書』一、120頁。
26) 崔漢綺、『気学』巻二、前掲『増補 明南樓叢書』五、34頁。
27) 同、53頁。
28) 同、43頁。
29) 崔漢綺著・孫炳旭譯註、『気学：19世紀 한 朝鮮人의 宇宙論』、ソウル：통나무、2004、252頁。
30) 西周、『知説（一）』、『西周全集』巻一、1960、宗高書房、451頁。
31) 西と崔漢綺における戦争的人間観と気化的人間観の比較については拙稿において論じたことがある。金成根、「崔漢綺와 西周의 歴史哲学과 近代的"人間"理解」『東方学志』第153集、延世大学校国学研究院、2011、243-276頁。

要約

西周と崔漢綺
——近代東アジアにおける二つの自然理解

いままで日韓両国で西周（1829-97）と崔漢綺（1803-77）は、主に朱子学から西洋科学技術を中心にした近代学問へ移行する文明転換期の過渡期的思想家たちとして理解されてきた。しかし、この研究は、彼らの思想を単に過渡期の思想ではなく、東西洋文明の融合から生まれた新しい想像力の空間として解釈したい。すなわち、19世紀東アジアの近代は、東西洋文明の融合を通して旧秩序と新秩序を同時に超える新しい近代的可能性の空間でもあった。西周と崔漢綺は、朱子学の道徳的自然観を解体し、物理と心理とを区分することで物理すなわち近代西洋の自然法則を受容しようとした。しかし彼らが想像した近代学問は、以降東アジアに定着した西洋科学を中心とした近代学問とも異なるものであったのみならず、お互いの学問とも異なるものであった。彼らの学問に注目することで、東アジア近代を認識する多様性に接近してみたいと思う。

Summary

Nishi Amane and Choe Han-gi: Two Perspectives on Nature in Modern East Asia

Nishi Amane（1829-97）and Choi Han-gi（1803-77）have been understood as transitional thinkers in conversion period of civilization from Confucian civilization to modern civilization based on science and technology. However, this study attempts to reinterpret their ideas in the space of creative imagination derived from the fusion of Eastern and Western civilizations, not transitional ideas. In other words, 19th century East Asia was a space of new modern possibility that surpasses the old order and the new order simultaneously through the fusion of the Eastern and Western civilization. Nishi and Choi criticized the moral view of the natural world in Neo-Confucianism and tried to accept the western laws of nature by distinguishing between the law of physical world and the law of human world. However, the modern science that they designed was not only different from the modern science modeled on Western science, but also different from each other. I will try to approach various perspectives that interprets modernity of East Asia by paying attention to their academic feature.

「理学」と「科学」のあいだ
——東アジア科学思想の解釈学

野家啓一●東北大学名誉教授

はじめに

今から150年前、日本は明治維新を通じて鎖国体制を打破し、欧米から科学・技術を導入して近代国家への道を歩み始めた。だが、その際の科学理解のあり方と文化摩擦の諸側面は、science の訳語として「理学」と「科学」という二種類の言葉が並立していたという事実の中に端的に表されている。

前者の「理学」は宋学が「理」を重んじたことから宋代の新儒学の呼称としても用いられてきたが、明治時代には philosophy の訳語としても使われた。中江兆民の著書『理学鉤玄』や『理学沿革史』のタイトルに見られる「理学」は、明らかに今日の「哲学」を意味している。やがて理学は「自然科学」、すなわち science の訳語として用いられるようになるが、現在その痕跡を残しているのは、わずかに大学の学部名（理学部）などに限られている。

後者の「科学」はもともと「分科の学」や「百科の学」の省略形と考えられ、専門分化した「個別諸科学」を意味する言葉である。つまり科学の「科」とは「学科」や「科目」のことにほかならない。1883年（明治16）に「理学協会」という学会組織が設立されたことからもわかるように、当初は science の訳語としては「理学」が使われていたが、やがて明治の末期にいたると、次第に科学が理学を凌駕する。その背景には、近代国家の建設に邁進していた明治政府が「富国強兵」と「殖産興業」のスローガンのもと、科学を自然哲学から切り離し、むしろ工業技術と結びつけて移入したという事情が存する。そのことは、「科学技術」を一語として扱うという日本語特有の表現にも表れている（英語では science and technology と三語で言い表される）。それはやがて、1970年代に、日本が技術的応用にのみ注力しているという「基礎科学ただ乗り論」の非難を受けることにもつながっていくことになる。言ってみれば、「理学」と「科学」という二つの訳語の狭間にこそ、日本人の科学理解の特徴と偏りとが垣間見られるのである。

1．科学の履歴書
—scientia から science へ—

オックスフォード英語辞典（OED）によれば、ラテン語の scientia を語源とする science という英語が「知るという状態または事実（the state or fact of knowing）」という意味で登場するのは1340年頃のことである。OED は語義を時代順に配列するという歴史的原理をとっているが、ようやく5番目に「さまざまな『諸科学（sciences）』が具体例であるような知識ないしは知的活動の類い」という現在われわれに親しい「科学」の意味が登場する。ただし、それに続けて「17および18世紀には、今日ふつう『科学』によって表現されている概念は、通常『哲学』と言い表されていた」という一文が付け加えられている[1]。

ニュートンの主著『プリンキピア』の原題が『自然哲学の数学的原理（*Principia Mathematica Philosophiae Naturalis*）』であったゆえんである。もともと英語の science は「知」や「知識」を意味するラテン語 scientia に由来する。Scientia は動詞 sciō（=to know）が名詞化された言葉であり、英語でそれに対応するのは knowledge である。Knowledge は不可算名詞（U）であり、当然ながら science もまた当初はそのような扱いを受けてきた。だが、やがて science は可算名詞として複数形（sciences）で用いられるようになる。その過程の中にこそ、近代日本において「理学」が「科学」へと変貌を遂げた歴史が凝縮されているのである。実際、手近の英語辞典を参照してみれば、science の項目には必ず不可算名詞と可算名詞の二つの用法が記載されている[2]。

Science[U]:knowledge about the world, especially based on examination and testing, and facts that can be proved.
Science[C]:a particular part of science, for example BIOLOGY, CHEMISTRY, or PHYSICS.

　前者が特定の手続きによって確立された「世界についての知識」であるのに対し、後者は「科学の特定分野」すなわち個別諸科学を意味している。日本語の訳語としては、前者の不可算名詞が「理学」に、後者の複数形で用いられる可算名詞が「科学」に対応すると考えることができる。

　そして明治中期頃までは、science の訳語としては「理学」の方が優勢であった。そのことは、明治19年に発布された「帝国大学令」に見ることができる。その第十条には「分科大学ハ法科大学、医科大学、工科大学、文科大学、及理科大学トス」と記されている[3]。ここで「分科大学」とは今日の「学部」に当たり、理科大学とは「理学部」のことにほかならない。理科大学とは別に「工科大学」が置かれているのは、すでに設置されていた「工部大学校」を帝国大学の一部として編入したためである。ヨーロッパでは技術教育や技術開発を行う部門は大学の外（フランスでは Ecole polytechnique、ドイツでは TH）に置かれていたことを考えれば、明治政府が工業技術の導入を第一に考えていたことは、この措置からもまぎれもない。それに対して理科大学は7学科（数学、物理学及星学、地理学、化学、動物学、植物学、地質学）から編成されており、自然科学全般の研究と教育を受けもつ役割を担っていた。

　それに先立つ明治12年（1879）には専門学会として「工学会」が組織され、二年後には機関誌『工学叢誌』が創刊されている。続いて明治16年(1883)には「理学協会」が結成され、同時に『理学協会雑誌』が刊行された。その第一巻には「本会設立の趣旨」が以下のように述べられている。

　「凡ソ世ノ所謂理学ナル者ハ天文、数理、物理、博物、地質、地理、採鉱、航海、化、工、農、医等ノ諸学科ニシテ其学科甚多ク其範囲極メテ広シ尽ク之ヲ人ハンコト固ヨリ一人ノ得テ能クスル所ニアラス而シテ之カ開進ヲ望ミ兼テ其完全ヲ期スル者ハ則チ区分専攻ノ方ニ依ラサル可カラズ」[4]

　見られるように、「理学」の覆う領域は、今日の理学部の学科編成よりもはるかに広く、自然科学か

ら工学に及んでいる。そして理学に属する「其学科甚多ク其範囲極メテ広シ」と言われるように、それを学ぼうとすれば「区分専攻の方」、すなわち個別諸科学に就くほかはない。この区分専攻こそが分科の学すなわち「科学」なのである。

2．西周の科学理解

　「科学」という言葉については、佐々木力によれば、中国に「科挙の学」の意味で使われた例があるという[5]。ただ、日本語の場合には、「科」は前述のように専門分野（Fach）を意味する。それゆえ「科学」の語に過不足なく対応するのは、ドイツ語のFachwissenschaft、英語では複数形の sciences にほかならない。そのことを確認するために、ここでは西周が明治10年（1877）に発表した「学問ハ淵源ヲ深クスルニ在ルノ論」を見ておこう。

　「其一ハ即チ論題ナル学問ノ淵源ヲ深ウスルニテ、固ヨリ時勢ノ要スル所ナレバ急需ニ応ジ捷径ヲ取ル等ノ事モ今日免ル可ラザル事ナリトハ雖モ、総テ学問ニ従事スル以上ハ、ナルタケ直接ニ当世ノ事ニ拘ハラズトモ各其科学ノ深遠ナル理ヲ極メ、無用ノ事ニ類スルモ理ヲ講明スル為ニハ徹底ノ見解ヲ要シ特別ノ衆理を聚メテ一貫ノ元理ニ帰スル如ク、所謂江海ノ浸、膏沢ノ潤ノ如ク、左右其源ニ逢フノ地ニ至ルベキナリ。」[6]

　これは西が東京大学講義室で行った講演であるが、「急需ニ応ジ捷径ヲ取ル」こともやむなしとしながらも、「各其科学ノ深遠ナル理ヲ極メ」ることの重要性を説いている点、学問論としても極めて興味深い。拙速な実学志向に釘を刺している点に、西の見識を見るべきであろう。ここに見られる「各其科学」とは個別諸科学を意味する。そして複数の各々の「科」すなわち学科において追及されるべきものが「一貫ノ元理」としての「理」なのである。ここでは可算名詞と不可算名詞という science の二面性が見事に使い分けられていると言ってよい。もう一つ、西は「科学」という言葉について、今日から見て甚だ興味深い特徴づけを行っている。明治7年(1874)に『明六雑誌』に発表された「知説（四）」と題する論説がそれである。

　「如此クシテ事実ヲ一貫ノ真理ニ帰納シ又此真理ヲ序テ前後本末を掲ケ著ハシテ一ノ模範トナシタル者ヲ学（サイーンス）ト云フ、既ニ学ニ因テ真理瞭

然タル時ハ之ヲ活用シテ人間万般ノ事物ニ便ナラシムルヲ術ト云フ（略）故ニ学ハ人ノ性ニ於テ能其智ヲ開キ術ハ人ノ性ニ於テ能其能ヲ益ス者ナリ、然ルニ如此ク学ト術トハ其旨趣ヲ異ニスト雖トモ然トモ所謂科学ニ至テハ両相混シテ判然区別ス可ラサル者アリ、譬ヘハ化学ノ如シ」[7]

「学」に「サイーンス」とルビが振ってあるように、これは science [U] の訳語である。また「術」は文脈から明らかに technology の訳語であろう。この両者の区別を明確に示しながら、西は「所謂科学」においては学と術とが混然一体となって区別しがたいと述べている。だとすれば「所謂科学」とは、今日でいう「科学技術」のことにほかならない。その例として「化学」が挙げられていることからも、この推測は大きくは外れていないであろう。当時は化学工業こそが、科学理論と技術的応用が結びついた最先端の事業だったからである。そう考えると、明治初期における日本の科学移入と科学理解は、「理学」を目標とするよりは、むしろ学と術とを統合した「科学技術」を目指していたと言うことができる。

実際、明治4年（1871）に欧米視察に赴いた岩倉使節団一行は、ロンドンで国会、小学校、電信局、郵便局、大英博物館などの見学を終えると、オックスフォードやケンブリッジには目もくれず、リヴァプールやマンチェスターへ歩を進め、そこで鉄道工場、紡績工場、製糖工場などの調査に向かう。バーミンガムでガラス工場を見学した一行は、ガラスの製造にはソーダや硫酸が必要であることに強い印象を受け、以下のような感想を書き留めている。

「わが国の化学は、もともと医学の必要から発したので、一般的な需要が少ない薬品製造を目的とする術のようにみなから誤解されており、そのことが化学工業の発展の障害となっている。日本国民も経験に従って化学の一端を利用したりしているのだが、その原理を知らないという例が非常に多い。工業の発達にとって化学が大切なことは、渇いたものにとって水が大切なのと同様である。」[8]

末尾の一文「化学ノ工業進歩ニ緊要ナルハ、渇者ノ飲ニ似タルアリ」[9] には、まさに切実な響きがこもっている。同時代人である西が「所謂科学」の実例として「化学」を挙げたのも、故なしとはしないのである。

野家啓一

3．福沢諭吉の科学理解

西周とともに明治期の科学移入に決定的役割を果たしたのは、ほかならぬ福沢諭吉である。福沢といえば「実学」と応ずるのが合言葉のようになっているが、彼の実学は単なる「実用の学」とは異なり、根底に「窮理学」を置いた学問体系であった。窮理学とは格物致知を方法とする朱子学の中心をなす学問であったが、福沢はそれを「窮理学とは、天地万物の性質を見て其働きを知る学問なり」[10] と解し、物理学を基盤とする自然科学一般を意味するものとして用いた。その窮理学を一般にわかりやすく説明する目的で書かれた挿絵入りの啓蒙書が『訓蒙　窮理図解』（1968）である。その「序」には「先ず其物を知り其理を窮め、一事一物も捨置くべからず。物の理に暗ければ、身の養生もできず」[11] とある。つまり、彼の実学は「物の理」を把握することを通じて日常茶飯の事柄に役立てることであった。

この『訓蒙　窮理図解』に続いて、福沢は明治4年（1871）に「啓蒙手習之文」という小著を公にしている。いわば年少者向けの学問のすゝめだが、そこで「洋学の科目」として列挙されているのは「読本、地理書、数学、窮理学、歴史、経済学、修心学」の7科目である。なかで「窮理学」には以下のような内容説明がなされている。

「窮理とは、無形の理を窮め、無実の議論を為すに非らず。唯万物の性質と働きとを知るの趣意にて、日月星辰の運転、風雨雪霜の変化、火の熱き由縁、氷の冷き由縁、井を掘て水の湧出るは何ぞや、火を焚て湯の沸騰するは何ぞやとて、一々其働を見て其源因を窮るの学問なり。」[12]

窮理学はのちに「物理学」と言い換えられるが、

この段階では上記の項目のように、その内容は狭義の物理学を超えて天文学、気象学、地質学、化学などの領域にも及んでいる。その点では、福沢の脳裏にあった「窮理」とは、学問が専門分化して「科学（sciences）」となる以前の「自然哲学」であったと言うことができる。

少なくとも19世紀半ばの第二次科学革命において学問の専門分化と職業化が急速に進行するまでは、ヨーロッパの自然学は大きく「自然哲学（natural philosophy）」と「自然誌（natural history）」とに区分されていた。前者は自然界の統一的法則を探究する分野で、物理学や化学がこれに属する。後者は自然界の多様性を記載・分類する学問領域で、今日でいう生物学や地質学がこれに属する。それからすれば、福沢が念頭に置いていた「窮理学」とは、先に「一々其働を見て其源因を窮るの学問」とあったように、明らかに「自然哲学」を意味している。その点では、「窮理学」はのちの「科学」よりは、むしろ「理学」に近い内容を持っていたし、また字面からも語源的にも「理学」は「窮理学」の略称と考えることができる。

しかし残念なことに、福沢はscienceの訳語として一貫して「窮理学」ないしは「理学」を当てることはしなかった。たとえば主著『文明論之概略』（明治8年、1875）においては、「智力発生の道に於て第一着の急須は、古習の惑溺を一掃して西洋に行わるる文明の精神を取るにあり。陰陽五行の惑溺を払わざれば、窮理の道に入るべからず」[13]とあるように、窮理は陰陽五行の古習と対比されて西洋文明の入口とされている。「西洋に行わるる文明の精神」こそが窮理なのである。窮理には自然哲学に通じる思想的意味が込められていると見るべきであろう。

他方『福翁自伝』（明治31年、1898）では、アメリカ渡航時（1860）のことが「理学上の事に就ては少しも肝を潰すと云ふことはなかったが、一方の社会上の事に就ては全く方角が付かなかった」[14]と回想されている。この「理学上の事」とは、自然科学の知識というよりは、科学技術の成果と考えるべきであろう。福沢が驚かなかったのは、適塾時代から蘭書や英書を通じて、西洋の科学文明の現況を知悉していたからである。さらに「脱亜論」（明治18年、1885）になると「支那朝鮮の士人が惑溺深くして、科学の何ものたるかを知らざれば、西洋の学者は、日本も亦陰陽五行の国かと思ひ」[15]という表現が出てくる。陰陽五行と対比されているのは、先には「窮理」であったが、ここでは時代の趨勢か「科学」が

用いられているのである。

このように、福沢にあってはscienceの訳語としては「窮理学」「理学」「科学」、加えて「実学」も用いられており、必ずしも一定していない。しかし、彼が当初は「窮理学」に陰陽五行に対抗する「自然哲学」の意味をも重ねていたことは、日本人の科学受容を考える際に忘れ去られるべきではない。もともと窮理学の「理」の概念のなかには、自然界の理法とともに人間界の道理もが含意されていたからである。

やがて明治の末期ともなると、scienceの訳語としては「科学」が定着し、「理学」は次第に背景に退いていくことになる。その理由はさまざまに考えられるが、やはり明治政府が推し進めた富国強兵、殖産興業の二大政策にとっては、儒学や自然哲学の尻尾を引きずっている「理学」よりは、専門分化した個別諸科学、すなわち「科学」の方が受け入れやすかったということであろう。明治44年（1911）に刊行された西田幾多郎の『善の研究』には次のような一文が見える。

「現今科学の厳密なる機械論的説明の立脚地より見れば、有機体の合目的発達も畢竟物理および化学の法則より説明されねばならぬ。即ち単に偶然の結果にすぎないことになる。しかし斯の如き考はあまり事実を無視することになるから、科学者は潜勢力という仮定をもってこれを説明しようとする。」[15]

ここに見られる「科学」および「科学者」の用法は、今日のわれわれから見ても、いささかも違和感を覚えさせない。その次の年、明治45年（1912）に刊行された『哲学字彙』を見ると、scienceの項目には「学、理学、科学」という訳語が併記されている。おそらく出典順と思われるが、用例としては「自然科学」「経験科学」「精神科学」などの熟語が挙げられており、三番目の「科学」がすでに定着している様子を窺わせる[16]。

先の引用に戻れば、西田は科学を「機械論的説明」とほぼ同一視している。その基盤となるのは「物理および化学の法則」である。物理および化学は、すでに専門分化した個別諸科学の一分野、すなわち「科学」にほかならない。しかし西田は、そうした説明方式に必ずしも満足していない。『善の研究』の別の個所で、彼は「科学者の説明法は知識の一方にのみ偏したるものである。実在の完全なる説明においては知識的要求を満足すると共に情意の要求を度外

に置いてはならぬ」[17]と釘を刺している。「科学」においては「自然哲学」の側面が無視され、切り落とされている、ということであろう。

4．「理学」の復権へ向けて

　最後に近代科学の歴史的展開過程をそれぞれ「理学」「科学」「トランス・サイエンス」をキーワードにして三つのステージにまとめておこう。第一ステージは「科学革命」の時代であり、16世紀半ばから17世紀末までの約150年間である。これを科学の「知的制度化」の時代と呼ぶことができる。すなわち、古代ギリシアから受け継いだ論証技術とアラビア地域から移入された実験技術とが結びつくことにより、数学的論証と構成的実験とを基盤とする科学方法論が確立されたのである。ただし、この時期はいまだ「科学」ではなく「自然哲学」の時代であり、ガリレオもニュートンも「科学者」ではなく「哲学者」であった。いわば不可算名詞としての science [U]の時代であり、日本語ならば「理学」の訳語がふさわしい。

　第二ステージは19世紀半ば、「第二次科学革命」が出来した時代であり科学の「社会的制度化」が進行した時期である。まず、それまで自然哲学と自然誌に大別されていた自然学が専門分化し、個別諸科学として枝分かれしつつ発展していった。すなわち「科学」の名称に即応するように、学科ごとに細分化された学問編成がとられるようになったのである。この段階にいたって、science は可算名詞として複数形が用いられるようになる。もちろん science [C]の訳語は「科学」にほかならない。さらには各々の「科」に応じた専門学会が結成され、学術誌や査読制度が整備されていった。それに伴い、科学の教育研究が「職業」として成り立つようになり、それを担う人々を指す「科学者（scientist）」という呼称も新たに造語されるにいたる。われわれが今日「科学」の名で呼んでいる社会システムは、ようやくこの段階で出現したのである。そしてまさにこの時期、日本は開国し、明治維新を経て欧米から新たな知識や技術を急激な勢いで輸入し始める。「窮理学ブーム」なるものが起こるのも、この頃のことである[18]。

　その意味では、日本は西欧で第二次科学革命を経て、学会制度や教育制度が整備された社会システムとしての科学を幸運にも出来合いのパッケージとして輸入できたと言ってよい。だがその反面、日本の科学理解は根本にある自然哲学を欠いたまま、技術的応用を重視するという偏頗な発展をとげることになった。まさに近代日本は、西周が危惧したように、「固ヨリ時勢ノ要スル所ナレバ急需ニ応ジ捷径ヲ取ル等ノ事モ今日免ル可ラザル事ナリ」という方向へと歩みを進めたのである。

　最後の第三ステージは、20世紀後半から始まって今日にいたる「トランス・サイエンス」の時代である。トランス・サイエンスとは「科学に問いかけることはできるが、科学によって答えることのできない問題」[19]を意味する。この時期は科学と技術が融合し、先端技術の開発が飛躍的な発展を遂げるとともに、公害や薬害や原発事故など、科学技術の社会的影響があらわになり、生命倫理や環境倫理、さらには科学技術倫理が問われるようになった時代でもある。これは専門分化した「科学」が「巨大科学（ビッグ・サイエンス）」となって行きついた先と言うこともできる。

　それゆえ、第三ステージの「トランス・サイエンス」の時代に必要なものは、単なる分科の学としての「科学」ではなく、「倫理を内在させた科学」にほかならない。ここでわれわれは、もう一度「理学」の「理」が自然界の理法とともに人間界の道理をも意味していたことに思いを致すべきであろう。現在求められているのは、個別分野に細分化された科学知ではなく、自然と人間とを架橋する理学知でなければならない。「科学」の歴史を遡行しつつ「理学」の復権を希うゆえんである。

注
1) *Oxford English Dictionary* の "science" の項目による。
2) *Longman Dictionary of Contemporary English*, 3rd ed., 1995.
3) 「帝国大学令」、日本近代思想体系第10巻、松本三之助・山室信一（編）『学問と知識人』岩波書店、1988年所収、228頁。
4) 日本科学史学会（編）『日本科学技術史大系』第１巻・通史１、第一法規、1964年、168頁。
5) 佐々木力『科学論入門』岩波新書、1996年。
6) 西周「学問ハ淵源ヲ深クスルニ在ルノ論」、前掲書『学問と知識人』所収、32頁。
7) 西周「知説」、大久保利謙（編）『明治啓蒙思想集』〈明治文学全集〉第３巻、筑摩書房、1967年所収、66頁。
8) 『現代語訳　米欧回覧実記』２イギリス編、慶應義塾大学出版会、2008年、394頁。
9) 『米欧回覧実記』（二）、岩波文庫、1978年、338頁。
10) 福沢諭吉『学問のすゝめ』、福沢諭吉選集第三巻、岩波書店、1980年所収、58頁。
11) 福沢諭吉『訓蒙 窮理図解』、福沢諭吉選集第二巻、

岩波書店、1981年所収、50頁。

12）福沢諭吉「啓蒙手習之文（下）」、福沢諭吉選集第二巻、岩波書店、1981年所収、198頁。

13）福沢諭吉『文明論之概略』、福沢諭吉選集第四巻、岩波書店、1981年、39頁。

14）福沢諭吉『福翁自伝』、福沢諭吉選集第十巻、岩波書店、1981年、117頁。

15）西田幾多郎『善の研究』岩波文庫、2012年、114頁。

16）井上哲次郎、元良勇次郎、中島力造『哲学字彙』丸善、1912年

17）西田幾多郎、前掲書、84頁。

18）「窮理学ブーム」については、山本義隆『近代日本150年』岩波新書、2018年を参照。

19）Alvin Weinberg, "Science and Trans-science", *Minerva* vol.10, 1972.

要約

「理学」と「科学」のあいだ
――東アジア科学思想の解釈学

150年前、日本は明治維新を通じて開国し、西欧近代科学を積極的に導入した。その際の文化摩擦は、「理学」と「科学」というscienceの二種類の訳語に象徴されている。前者の理学は朱子学の「窮理」に由来し、総合的な自然認識の意味で現在は大学の学部名にその痕跡を残している。後者の科学はもともと「分科の学」ないしは「百科の学」の省略形であり、専門分化した個別諸科学を意味する。scienceの訳語としては、当初は理学が使われていたが、明治の中頃には次第に科学が理学を圧倒する。その背景には、明治政府の「殖産興業」の旗印の下、日本人が科学を自然哲学から切り離し、技術と結びつけて移入した事情がある。そのことは「科学技術」という日本語特有の表現にも表れている。それはやがて、1970年代に日本が欧米から「基礎科学ただ乗り論」の非難を受けることにもつながっていく。そこには日本の科学理解における理学と科学の分裂が垣間見られるのである。

Summary

Between "Rigaku" and "Kagaku": Hermeneutics of East Asian Scientific Thought

150 years ago, Japan opened the country to the world and positively introduced the European modern science. Cultural conflict at that time is symbolized in two equivalents of "science", that is "Rigaku" and "Kagaku." The former "Rigaku" is stemmed from neo-confucian concept "Kyuri" (to study the order of the universe) and mean general knowledge of the nature, Now "Rigaku" barely remains in the name of faculty (Rigakubu). The latter "Kagaku" is an abbreviation of "Bunka-no-Gaku" and means specialized sciences (Fachwissenschaft in German). At first, Rigaku became popular, but in the middle of Meiji era Kagaku gradually overcame Rigaku. In its background, there was "the promotion of industry" policy by the Meiji government. .Importing sciences into Japan, Japanese separated science from natural philosophy and combine it with technology. Such circumstances are expressed the proper Japanese word "Kagakugijutsu" (technoscience). As a result, in the 1970's Japan was accused of "the free-rider of basic science" by Europe and USA. Here we can get a glimpse of discrepancy between Rigaku and Kagaku in the Japanese understanding of Science.

西洋近代と東アジアの自然観
——中部大学国際会議に寄せて

辻本雅史●中部大学副学長

「近代」という時代は、歴史的には、イギリスやフランスを中心としたヨーロッパで18世紀の後半のころに作られました。世界の一地域で始まった「近代」が、世界中に近代を推し広げていきました。ヨーロッパ「近代」はそれほどに「強力」であったわけです。ヨーロッパ「近代」はなぜそんなに強力であったのか。その理由を、確たる根拠を以て数えあげることは簡単ではありません。しかし大雑把に言えば、「科学革命」以後の技術の発展と産業革命による巨大な生産力の増大、およびそれにともなう資本主義的生産様式の成立が大きかった、そう言って大きなあやまりはないでしょう。強力なヨーロッパ近代が、地球上の「非ヨーロッパ・非近代」の世界を次第に席巻していったのです。その過程自体が、世界近代史の「大きな物語」を織りなしたといえましょう。

こうした「近代」をささえた思想は、歴史的にみても、そうとうに特異なものであったように思われます。少なくとも非ヨーロッパ世界のそれとは、大きく異なっていました。たとえば「近代」思想を〈自然と人間との関係〉という点から見ていきますと、人間は、自然世界とは截然と切り分けてとらえられました。自然を「客観的対象（客体）」とし、人間はそれに対峙する「主体」とみなされます。その「主体」としての人間も、「心」と「身体」のふたつに切り分けて〈心身二元論〉でとらえられます。人間の人間たる根拠は、物質としての生物的「身体」にあるのではなく、思考する「心」にこそあるとみられます。「人間は、自然のうちで最も弱い一本の葦にすぎない。しかしそれは考える葦である」とパスカルが『パンセ』にいう言葉が、それをよく物語っているでしょう。人の内面の心（それ自体はいかにか弱い主体であったとしても）を人間の本質（主体としての自己）とみなし、人を構成する身体までも、それが物質的なものであるゆえをもって、自然世界の側においてとらえる人間観・自然観なのです。

ヨーロッパ社会の基底をなすキリスト教の世界観では、神の創造になる世界には本来「神の意思」が貫かれている、それが「神の意思」である限り、一定の合理的秩序（一貫した法則）をもって貫かれている。その「神の意思」を探る「神学」が、歴史的近代において、自然界に法則を見出す「近代科学」に移行することになります。自然は〈時計仕掛け〉のように秩序だって動く（いわゆる機械的自然観）、その秩序（法則）を解明する「科学」とその知見が、人間のための技術に応用されることで、近代の技術、「科学技術」の巨大な発展がもたらされました。現代の豊かさと便利さは、まさにこの科学技術の進展の圧倒的な成果にほかなりません。

実は、近代の知的活動は、この「科学」（いわゆる自然科学）の思考と方法にもとづいています。それが体系化されて整理された束が近代の「学問」ということになります。「問い」としての課題とそこから推定される「仮説」を、疑いようのない正確な「事実」や実験のデータなどの「資料」「史料」を収集し、それらを論理的につなぎ、積み上げて「合理的」に「真理」を証明する、これが「科学」の手順です。それは、自然科学だけに妥当するものではなく、すべての近代の学問に共通した手順であり、方法です。たとえば歴史学であれば、なまの第一次史料を集めそれを解読し、その史料から読み取れる「事実」を積み上げて「仮説」を証明し、歴史「事実」の確定にいたります。文学研究でも同じこと。文学作品に対する感想文では主観的な解釈に終わり、学問にはなりません。『源氏物語』研究でもその学術論文作成の手順や方法に、変わるところはありません。つまり、近代の大学を支えている方法と考え方は、近代科学のそれで成り立っているのです。私たちの今の大学は、まぎれもなく近代の思想や、自然科学をモデルとした知の形式を基盤として存在しているのです。

一方、「非ヨーロッパ・非近代」の世界が基盤としていたもともとの思想は、ヨーロッパ型近代とは同じではありませんでした。例として、私の専門とする儒学思想（もしくは東アジアの思想）に即して考えてみましょう。

今でいう「中国」の地域を中心として展開された東アジアの思想では、世界のすべてが、たいてい「気」にもとづいて説明されます。この点では、老荘思想も儒教思想も大きなちがいはありません。この宇宙空間には「気」が充満しています。「気」は形も色も臭いもない、また原子や分子のように、細分化していけば一定の構成要素にいたるものでもない。いわばある種の〈連続的物質〉と想定されています。人間が感じる空気のような感覚に近いかもしれません。「気」はみずからがもつエネルギーによって運動・流行してやむことがありません。自然現象、たとえば天候も風雲雷雨、季節の巡りなどもすべて「気」の自己運動。さらに命あるもの（生命体）は、「気」が濃密に凝集して生まれた存在です。「気」の凝集体として誕生した生命体（身）は、その生命体内部で「気」が常に激しく動くとともに、呼吸と飲食によって「気の海」（大自然）と「気」を遣り取りして、やむことがありません。それが「生きている」ということです。「死」とは身の外の「気の海」とのつながりが途絶え（呼吸、飲食の停止）、「気」の運動・流行が消えることを意味します。生命体（人間）は、つねに「気の海」すなわち大自然の動きとの〈つながり〉において説明されている、この点が注目されます。この大自然の動きのこと、これが通常「天地」の語で表現されているのです。

近代の人間観との比較では、人間の「身」と「心」の関係性のあり方が重要です。近代的人間観では〈心身二元論〉、とりわけ「心」こそが人間の本質で、自律可能な「主体」でした。それに対して、東アジアの人間観では〈身心一元〉です。「身」（物質的身体）は「気」の凝集体でしたが、「心」も実は「気」によって生まれるものです。この点が重要です。「心」も物質的な身体と連続したもの、いわば「身」は身体と心の両面を統合しているともいえるのです。人の「心」は物資的な身体と切り離されるものではなく、どこまでも身体の延長上に存在する〈身の一部〉である、といってもよいでしょう。その意味で、人の「心」も物質的次元で認識されているとも言えます。「気の海」（大自然）こそが、世界を全体として包摂している、と考えられているのです。ですから、人間の最終的な拠りどころは「天地」（大自然）な

辻本雅史

のです。

ここでは自己の「心」は、決して〈己の本源〉ということはできません。むしろ己の心を、天地（大自然）と一体化させること、言い換えれば、〈天地の心〉を〈己の心〉とすることを最終的目標とする構成になります。それは〈己の心〉を克服し消し去ることにつながります。自己が、天地の秩序の一部につながる（融合する）ことを求める、といってもよいでしょう。老荘の「無為自然」、儒学の「仁」「克己復礼」などという言葉に通じる考え方です。仏教の「開悟」にも基本的に通底するでしょう。

近代的世界観が、人間の己の主体を立脚点にして世界・自然を見るのに対して、東アジアの世界観では、逆に天地（自然世界）の秩序の側から人間をとらえています。後者では人間は、天地（大自然）の一部を構成し、天地とつながりにおいて、人間の価値が測られるのに対し、前者の近代的世界観では、大自然と対峙する個人の自律に即して、人間がとらえられているといえるでしょう。人間を第一の主体とみる考え方です。

西洋近代は、現代の豊かで便利な社会を作り上げることに成功しました。科学技術は、いまや人工知能・AIまで開発し、ある狭い領域に限れば、人の知能を完全に超えるまでになりました。たとえば囲碁も将棋も、最高峰のプロよりも強いAIが登場しています。他方で、福島の原発事故に象徴されるように、あるいは気候変動に見られるように、地球環境の破壊的な進行が指摘されています。人の心の病的症状も、かつてに比べてはるかに増加しているように思われます。人類の危機が確実に迫ってきていると、今や世界の多くの人が感じている時代となっているようです。人類が歩んできた近代史が、ある

いは近代科学とそれを支えてきた近代思想が、いま問われている、そのように思われます。少なくともいま、歴史の大きな曲がり角に差し掛かっていることは、間違いありません。私たちの世界観と生き方が根底的に問われているといえるかもしれません。そのことは、自然科学をモデルに構築された大学とそれを支える学問が、あらたに問われていることも意味しています。

ヨーロッパ的近代が生み出してきた現代の文明を否定することは、もとよりできません。便利さと豊かさを捨てて原始社会に戻ることは、歴史を逆に動かすことです。近代がもたらした成果そのものが問われ、生き方や価値観の転換が求められているいま、歴史的には、〈近代の時代〉という時代は終焉してしまったのではないでしょうか。「近代」の終焉は、私の考えでは、「メディア革命」を契機としていたと思います。

近代は、文字と出版を主要なメディアとして立ち現れてきました。極論すれば、印刷術の発明と普及が、近代という時代を生み出したといわれています。そして、直近の世紀転換期を境に、文字と出版の〈近代のメディア〉に代わって、電子デジタルメディア（およびそれに依拠したインターネット）がメディアの真ん中に位置するようになったといえるでしょう。私はこれを「メディア革命」ととらえています。メディアの在り方が、現実を（歴史を）動かします。

「メディア革命」を画期に、近代が終焉した後の時代のいま、非西洋的な自然観や身心一元論的な人間観に新たなまなざしを向けること、それは「近代以後」の歴史を考えるために、大いに有効であると思います。人間中心の価値観を相対化し、人間と自然（天地、生命を生み出す根源としての大自然）の関わり方やつながり方を、改めて考え直すことが重要だと思います。中部大学における今回の国際会議「新しい科学の考え方をもとめて——東アジア科学文化の未来」は、まさにこの問いを真正面から問う時宜にかなった国際シンポジウムであると理解できます。中国、韓国、日本という東アジアの研究者に加えて、アメリカ、ギリシャなどの欧米の研究者も参加して、また人文学、自然科学、数学、医学等のさまざまな分野や領域の研究者が一堂に会して、議論しあうこうした機会は、あまり例がない貴重な会議であると確信します。この国際会議での人と研究の出会いがよい刺戟となって、新たな時代を切り拓く創造的な知が展開されることを期待してやみません。

（本稿は、当日のあいさつの骨子をもとに、大幅に加筆して寄稿したものである。）

第Ⅱ部門序論

数学・精密自然科学思想序論

佐々木力◉中部大学中部高等学術研究所特任教授

　第一日目午後の第Ⅰ部門が終了したあと、「第Ⅱ部門／数学・精密自然科学思想」に最初のふたつの講演を行なった。会場は中部高等学術研究所二階の大会議室である。

　最初の講演者は、佐々木力で、「文化相関的数学哲学のイデーン──古代ギリシャ・古代中国と日本の数学」について話した。佐々木は、20世紀後半の科学哲学において、歴史的科学哲学の肉太の新潮流を切り拓いた、クーンの強い影響を受け、近年では、西洋科学思想だけではなく、中国科学をはじめとする東アジアの科学思想をも射程内に入れた「文化相関的科学哲学」（Intercultural Philosophy of Science）なる研究プログラムを唱道している。そして、数学史家の佐々木は、さらに専門研究分野の西洋数学だけではなく、東アジア数学についての知見を打ち出しつつある。そういった世界の数学史についての包括的研究プログラムが、「文化相関的数学哲学」なのである。今回の国際会議では、伝統中国数学と、それをドラスティックに変革した近世日本数学＝和算の意義を歴史学的に理解し直した成果の一部を開陳した。佐々木によるもっとも浩瀚な書というと、岩波書店から2010年に刊行された『数学史』であるが、それを日本について記述した『日本数学史』を最近完成させた。日本の数学は、古代に伝統中国数学を導入し、さらに和算という独創的な日本人の特異な数学の形態を経て、近代西欧数学の受容をはかった、と概括的に特徴づけることができる。本稿においては、古代ギリシャ数学と古代中国数学を起源にもつ、日本数学の思想史的特色を簡明に述べる。

　第二番目の講演は、ギリシャのイオアニス・M・ヴァンドラキス博士による古代ギリシャの論証法についてを話題にするものであった。ヴァンドラキス博士は、ギリシャのクレタ島の出身で、1980年代のモスクワ大学で、古代ギリシャのディオファント

ス数学をトピックとする研究で学位を取得した。最近では、世界の数学の論証法を包括的に研究しようとし、佐々木との共同研究を推進している。今回の報告集には、「数学的論証技法について──西 対 東の証明のスタイル」について論じた論考を寄せた。エウクレイデースの『原論』に体現された公理論的数学体系だけを論証スタイルの典型例とするのではなく、『原論』の数論についての諸巻（第7, 8, & 9）、とディオファントス『数論』においては、公理論的方法は実り多い結果を生み出してはいないとして、生成的＝構成的な論証スタイルに光を当てようとしている。今後、東アジア数学をも主題的論じる姿勢を示しつつある。

　第三番目以下の講演は、中高研大会議室を会場として、4つの講演が行なわれた。

　第三番目の講演者は、現在、中国清華大学の特任教授である劉鈍であり、劉鈍教授は「五輪塔の形而上学」について話した。正多面体は5つ存在することが古代ギリシャでは知られていた。それら正多面体は、プラトンの『ティマイオス』において論じられたことから、プラトンの正立体とも呼ばれることがある。講演者は、その認識は、東アジアの仏塔の五輪塔にも影響したのではないかという広大な文明史的仮説を抱き、文明史的に、かつ仏教伝承史的に解明しようとしている。日本の古都でも探索したはずである。劉鈍は、中国科学院自然科学研究所の所長を長く務め、2009年から2013年までは、国際科学技術史学会会長職にあった。佐々木と同年生まれで、親友でもある。

　附論として「東西数学の邂逅に関する史料」を掲載したが、これは利瑪竇＝Matteo Ricci がラテン語から口述訳した漢語を徐光啓が筆録した文書『幾何原本』を、愛知大学の葛谷登教授が邦訳したものである。『アリーナ』No.21 (2018) 掲載の利瑪竇「訳『幾何原本』引」邦訳を補足する意図のもとに訳さ

れた。東西数学の出会いを証言する重要文献になる
ものと思う。

　第四番目の講演者は神戸大学の三浦伸夫教授で、
「沖縄の民俗数学」について広範な現地調査、文献
研究による緻密な総合報告をなしている。沖縄は、
単純に日本の領土と見なされているが、そのような
認識は、明治以降の近代の産物、せいぜい17世紀
以降の近世的「偏見」の産物であろう。中国と日本
のはざまにあって、じつにユニークな文化を保持し
てきた。その数学的形態が、藁算と呼ばれる記数法、
計算道具なのである。三浦教授は、本来は中世西欧
ラテン数学史の始原のひとつを刻するフィボナッチ
の研究者で、さらに、エジプト数学についての秀逸
な論著もある。

　第五番目の講演は、本学創発学術院の津田一郎教
授の「数学的観点から見た複雑系科学」である。津
田教授は、理論物理学を修めたあと、現代科学の
ひとつの前線である「複雑系科学」の研究のフロン
ティアに立つ、中部大学を代表する先端科学者でも
ある。複雑系は、常微分方程式や偏微分方程式といっ
た解析的言語では記述不可能なシステムを研究対象
とし、戦後になっておおいに発展した。とくにコン
ピューター言語による記述しか不可能なシステムを
取り扱う。津田教授は、今回、その数学的側面に光
を投じている。

　最後の第六番目の講演は、中部高等学術研究所所
長である福井弘道教授による「複雑系科学，俯瞰型
科学としてのデジタルアース研究プロジェクト」で
ある。福井教授の研究プロジェクトは、中部大学の
中核的科学研究として内外に知られている。

　最後に、中部大学高等学術研究所の安本晋也講師
による福井講演にたいするコメント「気候変動を考
慮したデング熱の流行リスクの可視化──非線形系
に着目したデジタルアース研究の一例として」が話
された。

　総じて、第Ⅱ部門は、近代西欧数学・精密自然科
学だけではなく、伝統東アジア数学にも新たな歴史
の光を当てようとする試みなのである。

第Ⅱ部門1

文化相関的数学哲学のイデーン
——古代ギリシャ・古代中国と日本の数学

佐々木力◉中部大学中部高等学術研究所特任教授

1．数学思想の二つの原型
——古代ギリシャと古代中国

　古代数学の原型は、ギリシャと中国に求められる。前者は、紀元前8世紀ころから、厳密な論証を要請するようになり、さらに公理論的な体裁をとるようになった。そのような数学体系の代表例が、エウクレイデース（ユークリッド）の『原論』であった。後者の数学は、プラグマティックで、実践的利用から離れずに、そして現実の数値計算に熟達した形態であった。『九章算術』がこの型の数学を代表する著作であった。

　日本の数学は、古代から中世までは、中国数学の衛星的形態を超えて進んだことがない、と言っても過言ではない。ところが、17世紀以降の徳川時代の数学は、伝統中国数学を大きく超え出る形態となる。すなわち、關孝和（?-1708）と彼の高弟の建部賢弘（1664-1739）らが創成した傍書法の上に成立した数学は、宋元時代の中国の天元術を大きく改革し、「和算」と称される特異に日本的な独創的な数学であった。それは、近世西欧の記号代数に比肩されうる。近代日本には、このような高度な数学をもっていたがゆえに、近代西欧数学を比較的に容易に導入することができたと見なされるのである。

　私の数学史研究の元基をなす数学史家は、ひとりは、ハンガリーの古代ギリシャ数学史研究に大きな革命をもたらしたサボー・アールパード（1913-2001）であり、もうひとりは数学の理解には歴史的考察が必須であることを主張した中村幸四郎（1901-1986）である。

　私の数学史研究の根元は、彼ら二人の数学史家なしには考えることができない。彼らについては、『アリーナ』第21号（2018）に掲載されたクトロヴァーツ・ガーボルのエッセイ「サボー・アールパードの数学史に関する業績」（pp.43-53）への私の「附論」において若干のことを記述させていただいた。

写真1　サボー　　　　写真2　中村幸四郎

2．古代ギリシャにおける公理論的数学の成立

　東北大学で9年間の数学徒（理学部4年間＋大学院理学研究科数学専攻修士課程2年間＋博士課程3年間）としての学問修業を終え、さらにプリンストン大学大学院での数学史家としての修学訓練の約4年間を過ごし、1980年春に東京大学教養学部の専任講師として、私は科学史・科学哲学の専門家として日本の大学の教壇に立ち始めた。重点を置いたのは、大学院で科学史・科学哲学の世界の学界で通ずるエキスパートを育成することであった。大学院セミナーの時間は2時間だったので、前半部分は、大体、ラテン語原典読解（時に、フランス語、イタリア語、ドイツ語も）の時間に充て、後半部分では、セミナー開設時での最前線の研究状況を知らしめる二次文献の紹介に費やした。しばしば数学史のセミナーもやった。東京大学の学生のあいだでは、私はプリンストンの恩師であったトーマス・S・クーンやマイケル・S・マホーニィの薫陶を受けた若手学者として知られていたので、その学問的雰囲気を伝えようと一所懸命であった。1990年代に入ると、中国、韓国、台湾など東アジアからの大学院留学生が少なからず私の門を敲くようになった。ベルギーからは学部学生の段階から和算史を研究したいという学生も私の所に来た。フランスからは、中国・日本数学史の研究者も訪れた。

このような時期、岩波書店の編集者2人が、連れ立って駒場の私の研究室に数学史の通史執筆を依頼しに訪れた。私は親しくさせていただいていた川喜田愛郎先生の『近代医学の史的基盤』のことが念頭にあったこともあって、浩瀚な『数学史』執筆に同意した。その機会は、2005年に訪れた。拙著『数学史』は2巻本のつもりで書き始めた。数学史方法論としての序論、第一章と書き進めた。2006年年末には第二章の古代ギリシャ数学に関する記述にまで至った。私とすれば、私に強烈な印象を与えたサボー説を祖述すれば、それで済むと考えていた。けれども、中村幸四郎先生らが、1978年に邦訳出版したサボー先生の『ギリシア数学の始原』（玉川大学出版部）は、もはや私を満足させないという心境に置かれるようになっていた。

2007年1月14日午後のことであった。私は広島からの友人と面談したあと、ディールス‐クランツの定評あるソクラテス以前の哲学者断片集に眼を通した。そうすると、エレアのゼノンについての記述に、彼が古代懐疑派の先駆者として認められるとの一文があった。私は思わず、「ヘウレーカ」（われ発見せり）の叫びをあげた。デカルトの「われ惟う、ゆえにわれあり」についての1987年初春の発見以来の発見であった。それ以降、私は古代ギリシャの懐疑主義の歴史についての書物と論考をむさぼるように読み進んだ。春休みが明けるころには、「ユークリッド公理論数学と懐疑主義──サボー説の改訂」なる2008年6月に『思想』に掲載されることとなる長篇論文の骨格部分が出来上がった。2007年秋までには、中国四川省成都で開催されることとなる、エウクレイデース『原論』の中国語訳『幾何原本』公刊400年を記念する国際会議に招待されていたので、英文講演テキストも書き上げた。したがって、おそらく私の数学史的発見で最大の事件と見なされるであろうエウクレイデース公理系の成立についての、サボー説への私自身の代替案発見の日付は、2007年1月14日のことなのである。

20世紀の数学史研究において、古代ギリシャ数学における公理論数学の形成についてのサボーの学説はまさに画期的であったので、それに対する代替理論を私自身が提起できるとは以前には思ってもみないことであった。その代替論である、古代ギリシャに公理論数学を登場せしめたと私自身が考える要因は、以下の広義の懐疑主義思潮とアゴーン社会についての二点によって特徴づけることができるであろう。

（Ⅰ）　公理論数学は、既成のドグマに対して極度に批判的な、懐疑主義者とその先駆者とを問わず、懐疑主義の一般的傾向による数学的知識への攻撃から防衛する試みとして成立をみた。

（Ⅱ）　ギリシャのポリスにおける一般的な批判的思潮、特定的には懐疑主義哲学、の確立と流布には、「アゴーン」（競争ないし競技）社会が重要な制度的背景として作用した。

ここで、テーゼの（Ⅰ）については、近年の古代ギリシャ懐疑主義史の研究の進展が大きくものを言っている。サボーの時代には、かぼそい声が聞こえる程度であったろう。狭義の懐疑主義哲学は、アリストテレスよりも一世代後のエリスのピュロンによって成立をみたとされる。けれども、彼には多くの先駆者がいた。ギリシャの懐疑主義哲学には、ピュロン以前から少なくともその先駆的形態が存在していたし、またピュロンの登場以降、それは大きく変容した。ここでは、簡明に、「懐疑主義」を広義にとり、憶説や通説に対して異論を積極的に立論し、最終的決着がなされたとは考えずに、探究を続行する思想的態度と解釈しておこう。もっとも影響力のある古代懐疑主義文書を書き遺したセクストス・エンペイリコスは『ピュロン主義哲学の概要』のなかで、「懐疑主義とは、いかなる仕方においてであれ、現われるものと思惟されるものとを対置しうる能力であり、これによってわれわれは対立〔矛盾〕する諸々の物事と諸々の言論の力の拮抗のゆえに、まずは判断保留にいたり、ついで無動揺〔平静〕にいたるのである」と定義している。古代ギリシャの懐疑主義の基本文献であるセクストス・エンペイリコスによる著作群の読解には、今回の国際会議の主要講演者である金山弥平名古屋大学教授の卓越した訳業が大きくものを言っている。私のセクストス・エンペイリコスの著作との出会いは、プリンストン大学大学院時代に日本語図書館で見いだした『ギリシア思想名著』（筑摩書房・世界文学大系63, 1965）所収の藤沢令夫訳「ピュロン哲学概要（第一巻）」によっている。東北大学で学んだ古典ギリシャ語購読のテキストは『オイディプス王』だったのだが、その名邦訳を岩波文庫の一冊として公刊されていた藤沢先生に対する絶大な信頼が、その邦訳の熟読へと私を導いたのであった。期せずして、藤沢先生は、金山教授の京都大学における恩師にあたる。

テーゼの（Ⅱ）については、ヤーコプ・ブルクハルトの浩瀚な『ギリシャ文化史』の記述が大きく貢献している。その知見を私が知ったのは、下村寅太

郎先生の『ブルクハルトの世界』を読んでいたからであった。ブルクハルトによれば、古代ギリシャの精神史の中枢には「アゴーン」がある。

　管見によれば、エウクレイデースの『原論』に見られる公理論体系には、上記にようなギリシャ社会の哲学思潮と、社会的背景があるのである。

　上記の「佐々木テーゼ」をはじめて英語で国際的に開陳したのは、2007年10月の四川師範大学における講演と、2008年6月のパリのソルボンヌ大学での国際会議の折であった。前者の中国での国際会議に参加したフランスの数学史家は、英文テキストを入手するや、ただちに熱心に熟読したという。また、後者のパリでのに会議に参加したイアン・ミュラー教授は、私の講演が終わるや "Interesting!" と叫んだものだ。ちなみに、ミュラー教授は私のプリンストン大学の先輩にあたる。

３．古代中国の数学の特性

　古代中国の数学は、ギリシャの理論数学とは対照的な特性を示す。簡単に言えば、それは実践的で計算中心のオリエント数学の最高峰に位置する。

　古代中国数学の代表作は、『九章算術』である。その著作は漢代には成立した。中国科学院の同僚だった郭書春教授の研究が光る。

　『九章算術』は、"pragmatic"（実用的）で、"algorithmic"（数値計算的）であることを特徴とする。そういった特徴が古代ギリシャの理論数学よりも劣ってみなすとすれば、それは早計であろう。英国の中国科学史研究の泰斗ジョセフ・ニーダムは、ギリシャの「純粋数学」とは学問思想的に異なるからこそ、『九章算術』は面白いのではないかと評価した。

　西暦3世紀の三国時代には、劉徽という『九章算術』に卓越した注釈をなした数学者が登場した。日本の卑弥呼の時代にほかならない。一般に中央集権的ではない競争的エートスが蔓延した時代の中国には、批判的で理論的な風潮が隆盛を極めた。劉徽は、勾股弦定理＝三平方の定理に直観的な証明を与えた。「出入相補原理」による証明である。それから、数値計算についても、検算的理屈づけを与えた。それゆえ、中国数学により深い理屈づけを求める思潮が欠落していたような考えは、明確な偏見である。

　『九章算術』第八「方程」は連立一次方程式系の消去技法を展開しており、ある種の行列概念が見られる。私は關孝和の行列式論の根元は、この「方程」にあると見ている。彼が確実に眼を通した『算學啓蒙』には、『九章算術』に淵源する、「方程」論についての記述がある。

　關や建部賢弘以降大きく発展した円理技法では、無限級数展開技法が駆使されているが、その起源は祖沖之の『綴術』にある。残念ながら、その著は散佚した。しかし、建部による稿本『綴術算經』によって復元が試みられた。建部の帰納法的計算技法にもかかわらず、そこには、アルキメデスの『パラボラの求積』に見られる無限小幾何学的な "apodictic"（必当然的）な厳密な論証法はなく、ヤーコプ・ベルヌリの遺著『推測技法』に見られるような数学的帰納法もなかった。せいぜい不完全帰納法があっただけであった。

　中国には伝統的に民主政治は華咲かず、「アゴーン」的エートスは大きく普及しなかった。古代中国の専制的な官僚制に従属した実用算学が支配的であった。しかし、中央集権的統治形態が弛緩した劉徽や祖沖之の時代には、批判的思考が開花し、数学的推論に理論性が発現した。こういった側面を忘れてはならないであろう。

４．日本数学の特性

　古代から中世までの日本数学は、中国の伝統数学の衛星的形態であった。

　西暦7世紀から8世紀初頭までに追求された律令体制の確立とともに大学寮に算博士と算生が制度化され、中国算学と新羅算学の教科書によって算学を学んだ。主として国家官僚としての職務のためであった。

　室町時代には、明時代の中国で繁用された算盤が日本に流入した。

　豊臣秀吉の時代に、太閤検地とともに、田地測量が一般化し、算用計算ともに、和算開花の基礎となった。江戸時代に隆盛する「和算」は、算盤と、宋元中国数学への入門書、朱世傑『算學啓蒙』の上に大輪の華を咲かせるようになった、と見て大過ないであろう。『算學啓蒙』は、元時代の中国から直接伝流していたか、あるいは、秀吉の朝鮮侵略とともに略奪された朝鮮銅活字本によって日本人数学者によって17世紀に読まれた。

　江戸時代の「和算」の隆盛は、元禄八年（1695）に京都で出版された宮城清行の『和漢算法』において、明確に刻印された。その書物こそ、關孝和と建部賢弘の傍書法演段術が「和術」の成立を宣言したものと確認した書である。「漢算」ないし「唐算」から独立した「和術」の離陸を認容しているわけで

ある。とりわけ、關の『發微算法』を解説した建部の『發微算法演段諺解』(1685) が和算の成立にとって画期的であった。それは、宋元算学における天元術を記号代数的に改革した傍書法によって演段術を推進するもので、近世西欧のヴィエトとデカルトの記号代数による代数解析技法と酷似している。私に言わせれば、關‐建部の傍書法演段術は、近世日本の「代数解析技法」にほかならないのである。

和算は、算盤計算と傍書法（のちに點竄術）演段術によって算法を大きく発展させた。ここに、近代西欧数学導入への大きな足がかりを据えることとなったのであった。

なお、江戸時代の近世日本数学の成立については、拙稿「和算の成立」（『思想』2019年2月号）並びに「世界の数学史のなかの和算」（『数学セミナー』2019年12月号）が歴史学的光を投じている。

5．文化相関的数学哲学に向かって

東西数学は、"practical" vs. "theoretical"（実践的 対 理論的）、しかも、"algorithmic (arithmetical or algebraic)" vs. "intuitionistic (geometrical)"（数値計算的 対 直観幾何学的）と対照的である。計算技法の観点から見て、インド数学まで含めれば、東方の数学は、計算技法の点で、断然、西方の数学に優っていた。

論証技法に関しては、古代ギリシャの厳密な証明技法と公理論的数学体系構成法において、古代ギリシャは卓越していた。この国際会議に講演者として参加している現代ギリシャのイオアニス・M・ヴァンドラキス博士は、証明技法をきわめて広く「証明事象」(proof-events) としてとらえ、古代ギリシャ数学が卓越していたのは、直観的で公理論的側面であったと指摘している。今後、ヴァンドラキスと私とは、共同研究によって、狭隘ではない証明の在り方の歴史共同体的研究を実現したいと希望している。

ここで、ゲーデルの不完全性定理によって、まともな数学体系は、「完全な」論証をもたないこと、また、コンピューターによる「方程式証明子」(equation prover) によって人間業ではない、証明のやり方が可能になっていることを指摘しておくことも無駄ではないであろう。

中国と日本の数学は、古来「九九」による暗算とか、「筭木」と「算盤」による器械的数計算の技法において、西洋数学よりも卓越した点があったことに注意を促しておきたい。

恩師のクーンは、1986年春に東京大学において、「歴史所産としての科学知識」（"Scientific Knowledge as Historical Product"）なる標題の講演を試み、それは、『思想』1986年8月号に訳載されている。その講演で司会役をなしたのが私であった。そのヘーゲル的な講演は、クーンの科学哲学総体の学問的特徴を要約していると私は思う。

私は、2010年初春、東京大学を定年退職する時点で、岩波書店から『数学史』を公刊させていただいた。中国北京の中国科学院大学での4年間の勤務期間中、「文化相関的数学哲学」(intercultural philosophy of mathematics) なる私自身の学問プロジェクトを胚胎し、本国際会議のあと、その成果を『日本数学史』なる姉妹篇にまとめ、2019年初春に脱稿することができた。貧しい作品ながら、古代ギリシャと古代中国数学を統一的で包括的な視野のもとに収め、日本数学史の通史を世に問えることを幸甚に思っている。中部大学中部高等学術研究所を学問的研究の拠点としてその仕事を成し遂げたことを感謝の念をもって顧みているところである。

要約

文化相関的数学哲学のイデーン
——古代ギリシャ・古代中国と日本の数学

古代の数学の原型は、ギリシャと中国に認められる。前者は、紀元前8世紀ころから、厳密な論証を求めるようになり、さらに公理論的な体裁をとるようになった。そのような数学体系の代表例がエウクレイデース（ユークリッド）の『原論』であった。後者の数学はプラグマティックで、実践的利用から離れずに、また現実の数値計算に熟達した形態であった。『九章筭術』がこの型の数学を代表する著作であった。日本の数学は、古代から中世までは、中国数学の衛星的形態を超えたことがない、と言っても過言ではない。ところが、17世紀以降の徳川時代の数学は、伝統中国数学を大きく超え出る形態となる。すなわち、關孝和と彼の高弟の建部賢弘らが創成した傍書法と呼ばれた数学は、中国の天元術を大きく改良し、和算と称される特異に日本的な独創的数学であった。それは、近世西欧の記号代数に比肩することができる。近代日本はこのような高度な数学をもっていたがゆえに、近代西欧数学を比較的に容易に導入することができたと見なされるのである。

Summary

Ideas of Intercultural Philosophy of Mathematics:
Ancient Greek, Ancient Chinese, and Japanese Mathematics

Two archetypes of ancient mathematics can be recognized in ancient Greece and ancient Chinese. The former began to seek for a rigorous proof for propositions and formed a system of axiomatic mathematics. A representative work of this type of mathematics was Euclid's *Elements*. On the other hand, ancient Chinese mathematics was pragmatic, didn't forget practical uses, and consisted of series of numerical calculations. The *Nine Chapters of the Art of Mathematics* represents this kind of mathematical culture. The mathematics in ancient and medieval Japan was a kind of satellite culture of traditional Chinese mathematics. But, the Japanese mathematics in the Tokugawa period began to have a specific form. Seki Takakazu and his talented disciple named Takebe Katahiro created a kind of algebraic discipline based on the Chinese art of equations named *Tian Yuan Shu*. This new Japanese mathematics in the late 17th century similar to modern European symbolic algebra began to be called *wasan*, Japanese mathematics. Early modern Japan cultivated this kind of mathematics of very high level. Thus, later Japan was rather easily able to accept modern European mathematics.

数学的論証技法について
——西 対 東の証明のスタイル

イオアニス・M・ヴァンドラキス◉Hellenic Open University教授

佐々木力 訳◉中部大学中部高等学術研究所特任教授

1．問題設定

数学において、証明技法について語ることはできるだろうか？ 数学者は通常、証明ということで、以下のような規定をなす。

- 優美な証明（あるいは公式ないし定理）
- 醜い証明（あるいは公式ないし定理）
- 不体裁な証明（あるいは公式ないし定理）
- ぎこちない証明（あるいは公式ないし定理）

これらの規定は、美的な含意をもつ。それらは、数学において美と呼ばれることがらと関連する。こうして、多くの数学者は、数学を、「芸術」（art）の形態として、あるいは少なくとも、美的に評価可能な成果を生み出す創造的活動として描こうとしてきた。

証明技法はどのように概念化できるだろうか？ 証明することの技法の主要な指示の仕方としては、証明のスタイル（様式）の概念が示唆されてきた。スタイルは、

- 数学者個人のであったり、
- 数学者が帰属する学派のであったり、
- 伝統全体のであったりする。

それはまた、著名な権威のスタイルの物まねであるかもしれない。それで、いったい証明のスタイルとは何か？ それは定義可能なのだろうか？

2．科学史・科学哲学における 数学的スタイルの概念

数学的著作の特異な「スタイル」の言及は、17世紀の数学者にまで遡及される。

たとえば、ボナヴェントゥラ・フランチェスコ・カヴァリエリ（1598-1647）は、面積と体積の計算に関して、みずからの「不可分者の方法」を「アルキメデス的スタイル」（stylum Archimedeum）と対照させた［Cavalieri 1635］。18世紀になって、同様の注釈はライプニッツによっても述べられた。

彼はみずからの解析をアルキメデス的な「積分」法と対比させたのであった［Leibniz 1701］。アルキメデス的スタイルということで、カヴァリエリもライプニッツも、暗黙裏に、アルキメデスの面積・体積の方法を意味していた。両者ともに、アルキメデスの方法［Archimedes (Heiberg) 2013］と比較させて、彼ら自身の方法論的革新を説明しようとしているのである。

1世紀後になると、「スタイル」なる術語は、著者の特定の方法を参照するのではなく、「一般的方法論」に近い集合的概念とか、「著述の方式」（manière）とかとして用いられる。とりわけ、ミシェル・シャール（1793-1880）は、ガスパル・モンジュ（1746-1818）について、こう語っている。モンジュは、科学について書き、語る新方式を始めたのだ、と。

> 事実、スタイルは方法論の精神ととても密接に結合しており、それは、方法論と一緒に歩を進めなければならないのだ。同様に、スタイルが方法論を予見しているのなら、必然的に方法論に、また科学の一般的進歩に強く影響していなければならない。(Le style, en effet, est si intimement lié à l'esprit des méthodes, qu'il doit avancer avec elles; de même qu'il doit aussi, s'il a pris les devans, influer puissamment sur elles et sur les progrès généraux de la science) ［Chasles 1837, §18, 207-208］.

スタイルを「著述の方式」として理解する同一のやり方は、クロード・シュヴァレー（1909-1984）によっても打ち出されている。しかしながら、シャールとは対照的に、彼は、スタイルは認識可能な「一般的傾向」（tendance générale）をもってはいるのだが、相異なる場所と時間を横断し（したがって、

文化的規定を欠く）、そして一定のグループ（共同体）と歴史的時期を特徴づける。

　数学的スタイルは、まさしく文学的スタイルと同じく、ある歴史的時代から他へと、重要な変動をなす。疑いなく、すべての著者は個々のスタイルを持つ。しかし、それぞれの歴史的時代にきわめてよく認識可能な一般的傾向（tendance générale）を認めることもできるのである。このスタイルは、強力な数学的個性の影響で、それぞれの時代につぎの時代の著述とそれから思想に影響する革命の主題となるのである。[Chevalley 1935, 375]

　シュヴァレーのスタイルの交替という考えは、二世代前に、フランスの数学史家のピエール・モーリス・マリー・デュエム（1849-1925）によって打ち出された「民族的スタイル」のあいだの対立と溶融する。デュエムはフランスの数学者の「繊細の精神」と、ドイツの数学者の「幾何学の精神」を対立させたのであった。

　　　ドイツ人の精神は本質的に「幾何学の精神」（esprit de géométrie）なのである、……。ドイツ人は幾何学者なのであり、繊細（fin）ではない。ドイツ人は、完全に「繊細の精神」（esprit de finesse）を欠く。[Duhem 1915, 31–32]

　この対立は、ドイツの数学者の著作にもまた遡及することができる。フェーリクス・クライン（1849~1925）は、数学的思考の直観的（視覚的）と、形式的（分析的）スタイルの相異を際立たせた。

　20世紀初頭、オズヴァルト・シュペングラー（1880-1936）は、一定の特殊な時代の数学的創造の集団的なスタイルの特徴を、その時代のではなく、それを生み出す文化の一般的な形態的相貌に帰着させようとした。

　　　存在するようになるいかなる数学のスタイルも、根ざしている文化に、どんな種類の人間がそれを熟考するかということに全面的に依存している。魂は、その生来の可能性を学問的発展にもたらすことができ、実践的なものとし、その取り扱いの仕方について最高水準にまで到達させることができる。しかし、その可能性を変えることはとてもできない。エウクレイデース幾何学の考えは、古典的光彩が輝いた最初期に実現し、無限小計算〔微分

積分学〕の考えは、ゴシック建築の最初期にであったが、おのおのの文化の最初の学識ある数学者が出るよりも数世紀も前のことであった。[Spengler 1918, 59;村松正俊訳『西洋の没落』第一巻，五月書房，p. 71]

同じ著書で、シュペングラーは、数学を文化にたんに還元するだけではなく、「数学は芸術である」という、より強いテーゼへと進んでいる。

　　　それから、数学は、ひとつの芸術である。それはそれ自体そのスタイルをもち、スタイルの時期をもつ。それは、素人と哲学者（この問題については彼も素人である）が想起するようには、実体的に無変更ではなく、あらゆる芸術のように、時代から時代へと気づかれることなく変化の対象となる〔前掲邦訳, p. 74〕。

　1960年代に、トーマス・S・クーン（1922-1996）は思考スタイルの概念の変異として「パラダイム」概念を導入して、科学史・科学哲学に新時代を切り拓いた[Kuhn 1962]。クーンのパラダイムは、信念とか、価値とか、用いる判断規準とか、規則とかの集合とかのことばでは説明できない。それは、グループとして機能し、自然において起こると考えられることがらについての理解と思考の（共同体によって）共有されるスタイルである。グループの分散している実践を寄り集め、行為のために凝集する可能性へと統合し、結果としてスタイルを科学者たちの実践とたがいの関係のガイドとして維持することとなる。

　そのうえ、パラダイムは、社会的で文化的な規定をもち、一定のパラダイムを分有する科学者間のコミュニケーションの媒介として仕える。あるパラダイム（思考のスタイル）から他のパラダイムへの移行は、ラディカルな変化、すなわち革命を刻印する。革命後に、科学者は、ものごとを違ったように見、考える。彼らは異なった世界で働く、とクーンは言っている。彼らは、旧いパラダイムの結果としての支持者とは何も共有せず、結果としてコミュニケーションや理解を廃絶させてしまうのである。

　スタイルという概念は、アリスター・カメロン・クロムビー（1915-1996）の記念碑的著作『ヨーロッパ的伝統における科学的思考のスタイル』[Crombie 1994]）の礎石である。この著作中で、スタイルは、

「方法」、「方法論」、「推論の仕方」といった概念に近い。

　20世紀において、数学的スタイルは、ジル＝ガストン・グランジェ（1920-2016）［Granger, 1968］、Reviel Netz［2009］、Paolo Mancosu［2010］、Joseph A. Goguen and D. Fox Harrell［2010］によって発展させられた。

　グランジェは、『スタイルの哲学の試論』［1968］において、いかなる社会的実践（政治的行為、芸術的創造、科学的活動）も、スタイルの観点から研究されうる、と考えている。彼は、この実践のもっとも一般的なスタイルの相貌にかかわる「一般的スタイル」と、数学的活動のような科学的実践に適用される「ローカルなスタイル分析」とを識別する。

　グランジェは、歴史からいくつかの数学的スタイルの分析を提示している。たとえば、エウクレイデース（ユークリッド）的スタイル、デカルト的とデザルグ的スタイルのあいだの対立、ヴェクトル的スタイルであり、すべてが幾何学的量の概念にかかわるものである。グランジェによれば、スタイルは数学的活動を形作る直観的構成要素から出現する数学的経験に構造を与える。このようにして、数学的活動は、一定の経験内部において形式と内容に同時にかかわることとなる。

　そもそも数学的スタイルとは何なのか？

　□一般的な定義を示唆したりすることはできるのか？

　□ある種の判定規準によって、数学的推論のスタイルを分類することはできるのか？

　□数学的思考のスタイルと、文化的ないし社会的パラメーターのあいだになんらかの結びつきをたどることはできるのか？

　こういった問いに答えるためには、証明事象（proof event）ないし推論事象（inference event）なる概念が必要となり、時間を巻き込む社会的過程としての証明にアプローチする必要が出てくる。

３．（発見）証明事象 対（完成された）証明

　証明事象の概念は、ジョセフ・A・ゴグェン（1941~2006）によって、以下のように導入された。

> 　数学者は、「証明」を現実のものとして話す。だが、現実世界において実際に起こりうる唯一のものは、「証明事象」（proof-events）ないし「証明すること」（provings）であり、それらは実際の経験なのであり、それぞれは、特定の時間と場所で起こり、適当な数学者の

イオアニス・M・ヴァンドラキス

> 共同体のメンバーとして特定の技能をもつ特定の人びととをかかわらせる。……

> 　証明事象は、少なくとも、関連する背景・関心と、話しことば、ジェスチャー、手書きの式、３Dモデル、印刷されたことば、図版、式（私的な、純粋に心中での証明事象を除外する……）といったなんらかの介在する物理的対象をもつ。これらの介在記号は、それ自体では「証明」になりえない。証明事象として生きているものとして解釈されなければならないからである。われわれは、それらを「証明対象」（proof objects）とも呼ぶであろう。証明解釈は、しばしば構成する中間的証明対象および／あるいは明解にするか、訂正する存在する証明対象を求める。単一の証明者の最少事例は、たぶん、もっとも普通であるが、しかし研究は困難である。さらに、証明を議論する二つ以上の証明者のグループは、驚くほど共通である。［Goguen 2001］

　ゴグェンの定義の利点は、証明がもはや静的で純粋なシンタクティックな対象とは見なされず、所与の場所と時に起こる社会的プロセスとして理解されていることである。特定の問題の意図された解法の、適当な数学共同体の前での公的な提示（コミュニケーション）にかかわるものなのである。

　こうして、証明事象は、数学的真理に対応する数学的事実と同一ではない。というのは、証明事象は、

　□不完全証明

　□証明の概略

　□間違った証明

であるかもしれず、

□特定問題についての考えの証明無しの提示
□推測（ポワンカレ予想、ヒルベルト問題など）
でさえ、あるかもしれない。
　証明事象は、相異なる役割を演ずる二つのタイプ
のエイジェントを前提とする。
　□人間か、機械か、それらの組み合わせ（ハイブ
　　リッドな証明すること）であるかもしれない証
　　明者（prover）、それから
　□一般的には、人間（個人ないし専門家のグルー
　　プ）とか、機械（機械のグループ）とか、それ
　　らの組み合わせであるべき解釈者(interpreter)。
　エイジェントのタイプ——証明者ないし解釈者——
は、特殊な問題に関してその役割を定める。エイジェ
ントによる役割の制定は、証明活動におけるかかわ
り、すなわち、証明事象への参加を意味する。エイ
ジェントが引き受ける役割は、交替可能かもしれな
い。エイジェントは、証明事象の進み次第において、
ある時には、証明者としての役割をなし、異なった
時には、解釈者の役割を演ずる。
　エイジェントは、自律的存在である。それらは、
特殊な背景知識（人間とか機械の記憶において）と
過去の学習経験をもつ。それで、それぞれのエイジェ
ントは、みずからの記録ないし歴史の保持者なので
ある。人間のエイジェントへは、精神状態として、
　□信念
　□意図
　□期待
　□可能性、等々
のようなことがらを帰属させることができる。
　人間がエイジェントとして行為する容量は、その
個々人にとって個人的なことである。この容量は、
　□エイジェントが経験を通して形成された認識構
　　造
　□エイジェントと彼が帰属する共同体が保持する
　　観点
　□エイジェントが内部にいる環境の結果的状況
によって影響される。
　相異なるエイジェントは、証明する行為の最中に、
相異なる容量（専門性、巨匠性、技能、等々）を示
すかもしれない。それは、同一の共有する目標に向
けられる集団的容量が増すようなこととなり、目標
達成への効果を高めるようなことになる。
　エイジェントは、多様な種類の物（対象）が居住
する物質的世界、あるいは、たとえば、人間のエイ
ジェントが物理的道具とか、ソフトウェア的存在
とか、インターネットとかとかかわるときには、

ヴァーチャルであるとか、刺激される世界のような
現実の物理的環境であるかもしれない環境内に置か
れる。証明者と解釈者が物理的環境に置かれている
場合には、それらは、空間と時間によって分離され
るかもしれないし、相異なる歴史的時代と文化に帰
属するかもしれない。彼らが、ヴァーチャルな環境
に置かれる場合には、彼らは、たとえば、非共時的
なウェッブに基づく証明事象に含まれるかもしれな
い。[Stefaneas, Vandoulakis 2012]
　人間のエイジェントは、意図をもって行為し、彼
らの行為は、エイジェントの型に特有な、課題の実
現に向かう目標に方向づけられている。たとえば、
　□証明者の目標は、問題解決であるか、あるい
　　は、証明活動とその成果から美的な喜びと得る
　　こと、あるいはそれら両方であるかもしれない。
　□解釈者の目標は、証明者によって示唆された議
　　論を、確認したり、反証したりする（反例によっ
　　て）ために理解し、点検することかもしれない。
　目標は、主要問題の特定の下位問題とか、下位課
題と関連することがありうる下位目標をもつことが
ありうる。人間のエイジェントが、特定的目標に合
わせるために、自由選択か、他のプロセスにおいて、
いかにして（証明する）戦略を採用するかを決める
のは別問題である。

4．多くのエイジェントをもつ
　系統的証明活動としての数学

　人間の証明者は、数学における何ものかが真実で
あるという洞察（志向）を経験するかもしれないし、
その経験を伝達するために、何らかの記号論的コー
ドで表現される事項を生み出す。この事項（記号論
的「テキスト」）は、未だに完全な証明ではないか
もしれず、たんなる証明の概略でしかなく、推測で
しかないかもしれない。証明者のコード化された経
験の公的なコミュニケーションは、証明事象の初め
となる。コミュニケーションされない経験は、証明
事象としては扱い得ない。
　証明者の産出された事項に反応し、理解（解読）
しようとすることによって、この証明事象に巻き込
まれることを決めたエイジェントは、解釈者の役割
を実行する。一般に、証明者によって生み出された
事項は、相異なるコミュニケーションの結果へと導
かれるかもしれない。解釈者は、以下のような信念
を作り出すことができる。
　□結果は証明ではない。
　□結果はもっともらしい。

□結果はおそらく真であるが、充足されなければ
　ならないギャップを含む。
□結果は虚偽である。
□結果の提示スタイルは、理解不可能であるが、
　混乱している。
　証明事象は、つねに、一定の問題（一定の諸条件
によって定義される）、ないし、考え、推測、どこ
でかいつか述べられる主張されている証明から始め
られる。
　証明者は、多くの試みを引き受け、問題解決への
多様なアプローチを引き受けるかもしれない。問題
解決を試みるさい、彼らは定義、概念枠と記号、方
法論と厳密性の基準を変えるかもしれない。問題は、
ひとつの概念的・方法論的装置によっては未解決に
なってしまうかもしれないし、他の概念的・方法論
的枠組み内で解決可能であることが証明される可能
性もある。
　このようにして、問題は、空間と時代内で展開さ
れる一連の証明事象を現実に決め、多くのエイジェ
ントを取り込むかもしれない。一連の証明事象は、
最後の結末が、関連する数学共同体によって理解さ
れ、妥当性が確認されるときに、終熄する。こうして、
証明の発見は、多くのエイジェントをもつ体系の活
動を巻き込むプロセスなのである。[Vandoulakis,
Stefaneas 2016]
　証明事象の概念は、Robert Kowalski 型の事
象計算において形式化可能である。[Stefaneas,
Vandoulakis 2015] 事象計算の言語を用いれば、
証明事象と、その時間をもつ系列について語ること
ができるのである。
　証明事象の意味論は、初めは、直観主義論理学の
解説のために用いられた、Kolmogorov の問題計算
[Kolmogorov 1932] のことばで表現可能な論理に
従う。[Vandoulakis, Stefaneas 2014a]
　証明者は、「可能な」解釈者が、彼が生み出し、
伝達した事項（記号論的「テキスト」）が実際に証
明であるということを説得されるであろうと予期す
る。彼のそれについての確信は、彼が直観によって
裏切られなかったという証明者の個人的な確固たる
信念から出て来るものなのである。
　証明事象に取り込まれることを決める解釈者は、
（記号論的）「テキスト」を知覚し、それに、主張さ
れている証明を理解し（解読し）、検証する課題を
引き受けることによって、対応する。
　証明者と解釈者は、相異なる世界を「探究する」。
□証明者は、真理の世界を「探究し」、想像の能

力によって精神世界を構築するが、他方、
□解釈者は、証明者の結末を理解しようとする試
　みにおいて、意味の世界を「探究する」。
　コミュニケートされる情報を解読する解釈者の課
題は、証明者の提示の特異なスタイル（「テキスト」
の形成）と、この「テキスト」が演ずるコミュニケー
ション機能によって影響されるかもしれない。
　なんからの意味で、解釈は意味の再構成、ないし
記号論的「テキスト」によって伝達される情報内容
の意図的な再生産である。このプロセスのあいだに、
解釈者は、証明者の「テキスト」の意味を表現する、
新規の相異なるコードを選択することさえできるか
もしれない。このことをやるさいに、解釈者は、ソー
ス「テキスト」のスタイル的特徴を移行することは
ふつうせず、その意味の正しい説明と再定式化に焦
点を合わせる。スタイル的特徴は、コミュニケーショ
ンの目的に役立ち、証明者の「テキスト」の意味を
理解する手助け（あるいは妨害）となるかもしれな
いが、しかし、解釈の過程で、必然的に保持される
わけではない。こうして、解釈は、一般に、解釈者
と同時代のスタイルをブレンドされたもので、可能
性としては、証明者のスタイルの構成要素をも内包
して表現される。
　数学的「テキスト」（すなわち、主張されている
証明）を理解することは、単純に「テキスト」を読
むことからなされるわけではない。証明者が「テキ
スト」（意図された意味）に帰属させる意味は、解
釈者が同一の「テキスト」に帰属させる知覚される
意味とは一般に異なる。さらに、証明者と解釈者と
は、彼らの推論において、相異なる種類の（「ロー
カルな」）論理に従うかもしれない。
　理解は、解釈者によってとらえられた意味（の構
造）が、証明者の意図された意味（の構造）に対応
しているとき、すなわち、記号論的写像（あるいは
「翻訳」とか「表現」）と呼ばれる写像が、証明者（ソー
ス空間）の記号論的空間から、解釈者（標的空間）
の記号論的空間のなかへと確立されうるときに、成
就される。
　こうして、理解は、エイジェントの「ローカルな」
論理よりも、高度なレヴェルで達成されるのである。

5．数学史における変動の問題
　数学的な事実ではなく、証明事象の概念が、数学的
知識における変動概念を研究するのに適合している
のである。科学的知識の「変動」（change）の概念
への関心を呼び起こしたのは、トーマス・S・クー

ンの科学革命の概念であった。証明事象の理論は、数学的知識の発展における変動を研究する論理的枠組みを提供する。いかなる変動（数学における変動を含む）も何らかの原因に因らなければならないという直観的考えを組み込むからである。

第一に、変動は、相異なる時間 t_1 と t_2 における、二つの（一般的には識別される）記号論的空間 S_1, S_2 で起こる証明事象の順序対 $\langle e_1, e_2 \rangle$ として定義される。さらに、「軌跡」（trajectory）の概念は、時間の関数としての空間を通し、何らかの行為（たとえば、解法行為）によって引き起こされる、証明事象の状態の前進を表現する。そうすると、数学的知識における変動という問いは、対応する記号論的空間における二つの異なる証明事象を結ぶ、軌跡の連続・非連続という概念のことばで、検討することができる。

直観的に言うと、連続的変動は、証明事象の状態の「滑らかな」前進（クーンの用語では、「通常科学」である）として理解することができる。連続的変動においては、記号論的空間 S_1, の時間 t_1 において成り立つ証明事象の妥当な結末は、記号論的空間 S_2 での続く時間 t_2 においても成り立つ（しかし、逆ではない）。

対照的に、非連続的変動は突然の変動ないし飛躍を表わす。記号論的空間 S_1, の時間 t_1 において成り立つ証明事象の妥当な結末は、記号論的空間 S_2 での続く時間 t_2 においては成り立たないかもしれないのである。しかしながら、このことは、証明事象の当初の結末は、元々の記号論的空間 S_1, においては、成立することを止めるということを意味しない。結果としての記号論的空間 S_2 は、記号論的空間 S_1 と同等に共存するのである。このような変動は、ラディカルな変動によって引き起こされる。たとえば、ある問題の解決のために採用された公理系においてとか、あるいは、記号論的空間の下に存在する構造をラディカルに変容させ、意味論的空間の二分化を引き起こすような記号論的前提の転換において起こる。

換言すれば、連続的変動は、記号論的空間に関する真理保持的転換なのであり、他方、非連続的変動においては、出現する記号論的空間においてはかならずしも保持されなかったり、あるいは、当初の問題の変様された類比が保持される。たとえば、ハイネ‐ボレルの定理は、古典数学の世界では真として成り立つが、しかし、直観的数学の世界では、「点種」（pointspecies）の直観主義的概念のことばで

の変様された類比が真として成り立つ。他方、マルコフ学派の構成的数学の世界において、この定理は、真としては成立しないのである。［Vandoulakis 2015, 151］

連続的変動は証明事象の列において意義深い転換を引き起こすかもしれない。概念的転換、新規の概念とか新規のコードの導入とか、革新的アプローチの工夫、新方法の適用、等々である。このような場合には、起こった転換の大きさにかかわりなく、変動以前の列の任意の点（証明事象）と、変動後の点（だが逆ではない）を結ぶ軌跡がつねに存在する。

対照的に、非連続的変動は、公理系ないし意味論、そうして連携する基礎にある存在論におけるラディカルな転換を引き起こす。相異なる種類の数学的存在者が、非連続点の前後で存在が考慮される。この場合には、相異なる任意の二点（証明事象）を結ぶ軌跡は存在しない。非連続的変動の前後の証明事象は、相異なる数学体系、ないし「世界」ないし（クーンの用語での）「パラダイム」に帰属するのである。それらは、「通約不可能」かもしれない。たとえば、存在の非構成的証明、たとえば、帰謬法を使用する証明は、古典的数学者によっては理解されるかもしれないが、構成主義者によっては、「理解可能」ではない。［Vandoulakis, 2015, 145-151］古典的数学よりもあとで発展した構成的数学のあるヴァージョンにおいては、ある定理が成り立たないという事実は、しかし、その定理の真理性が古典的数学においては、反証されたり、拒否されたりするということが帰結するわけではない。直観主義者が古典的定理の「拒否」ということについて語るときに用いる専門語句は、直観主義的数学が唯一の受容可能数学パラダイムであるという彼らの信念に基づいているのである。

６．証明のスタイル

証明事象は、相異なるスタイルの証明を生成する。スタイルは、相異なる文化、学派、厳密性の理解とか、メタ定理的特性の他の観点において相異なる学者を特徴づける。

こうして、以下の事項を決めるメタコードとして定義することができる。
□証明者による特定コードの選択、とか
□証明者の「テキスト」を生み出す混交諸原理の組み合わせ
とかである。

数学的洞察（志向）は、相異なる基礎にある記号

論的空間の多数性とか、情報を伝えるのに使用されうるメタファーとかと関連した、相異なる記号論的コードにおいて定式化することができる。意味（セミオシス）の特定的コードの選択行為、すなわち、すでに選択されているかもしれない基礎にある記号論的空間（代数的、幾何学的、確率論的、λカリキュラス等々）は、すでにスタイル的側面をるもっているのである。[Stefaneas, Vandoulakis 2014; Vandoulakis, Stefaneas 2014b]

7．証明事象のタイプ型
　数学における証明事象は、多様な判断規準によって分類されうる。
　□使用されるコミュニケーション・メディア。たとえば、ウェッブに基づく証明事象、
　□エイジェントの型（人間とか、機械とか、それらの組み合わせ）。たとえば、コンピューターによる証明事象、
　□推論の許容されるモード。たとえば、構成的（直観主義的）手段だけが受容されるとき、
　□それらの複雑性、
並びに、他の基準である。[Vandoulakis, Stefaneas 2013]
　われわれの定義によれば、証明事象は、問題から始まる（一定の諸条件によって定義される）。もし「諸条件」が、数学的対象についての推論の許容されるモードとして、広義に定義されるなら、そのときには、数学史において重要な役割を演ずる、証明事象の以下の型（スタイル）を識別することができる。
　i．視覚に基づく証明事象
　ii．構成に基づく（生成的）証明事象、並びに
　iii．前提に基づく（公理論的）証明事象

7.1. 視覚に基づく証明事象
　視覚に基づく証明事象においては、一定の視覚パターンないし形態（証明対象）が、数学的考えとか主張される証明を伝達するために用いられる。このような証明事象で使用される視覚的な種類の推論は、前もって所与として前提される有限な（普通小さい）領域の当初の対象から、命題のための関連する具体的モデル（表現、視覚的イメージ、配置、グラフ的論証）に依存する演算の集合を伴って、始められる。
　視覚に基づく証明事象において用いられる証明対象は、歴史的を通して、単純な対象とか記号から（古代において）、交渉する道具によって、もっと高度

なコンピューターによって生成される想像物へと実体的に変動してきた（20世紀後半）。この型の証明事象は、おそらく、初期の非言語的ピュタゴラス的伝統を記述しようとした新ピュタゴラス的著者たちの著作において記述されているように、ピュタゴラス的な小石的算術実践へと遡及される。
　こうして、視覚に基づく証明事象は、広範なクラスの事象なのであり、かかわるエイジェントが視覚想像物と、証明と解釈の両者のための数学的意味を伝達するテクニックを使用する。これらの意味は、完成された証明なのではなく、普遍性と妥当性を欠くかもしれない。それらは、妥当性を決める解釈者の行為を必要とするのである。

7.2. 構成に基づく（生成的）証明事象
　構成に基づく（生成的）証明事象においては、一定の（現実的ないし精神的な）構成が主張される証明を支持して実行される。このような証明事象で遂行される推論の構成的モードは、前もって所与と前提される当初の対象の集合から、これらの対象に対しての認容される演算（たとえば、アルゴリズム、帰納的定義、等々）の集合を伴って、開始される。推論は、これらの対象に対して遂行され、認容された演算によって与えられる対象から新規の対象の構成によって進行する。
　構成に基づく（生成的）証明事象において使用される手順は、本質的にアリゴリズムないし図形である。構成に基づく（生成的）証明事象の結末は、かならずしも真ではないが、推論の構成的特徴だけによっている。真として認識されるためには、解釈が必要である。
　歴史的に、生成的ないしアルゴリズム的種類の推論は、メソポタミア、エジプト、アラビア、インド、中国といった東方の数学的諸伝統と関連している。計算的アルゴリズムは、東方の数学的文献に多く、ギリシャの数学的伝統においては、限定的でしかない。しかしながら、この対立は単純化されすぎている。アルゴリズム的洞察は、ギリシャ数学においてもまた、重要な役割を演じていたことが示されるからである。とくにエウクレイデースの算術の構成においてである。
　20世紀初頭の数学基礎論論争にさい、構成的推論は、もっとも信頼可能な種類の証明として権利を獲得した。リュイツェン・エグベルトゥス・ヤン・ブラウワー（1881-1966）は、彼の直観主義的数学において構成的証明のみを許容した。他方で、ダー

フィト・ヒルベルトは数学の無矛盾性証明において有限的方法だけを許容したのだった。

7.3. 前提に基づく（公理論的）証明事象

前提に基づく（公理論的）証明事象においては、前提からの論理的演繹は主張されている証明を正当化するために用いられる。

このような証明事象で遂行される推論の公理論的モードは、前もって所与として、当然のものとして前提される比較的少数の集合の命題（「（原初的）前提」とか「公理」と呼ばれる）から開始される。これらの命題は、（一般的には無限の）対象の領域（類）を記述するものと考えられる。

さらに、論理的操作（推論諸規則）の集合が与えられ、その適用が新しい命題と生成し、今度は、その領域において、新規の事態を記述するのである。

証明事象におけるこの種の推論の使用は、帰結の真理性を自動的に保証するものではない。真として認識されるためには、理解され、点検される必要がある。点検作業は、当初の前提のすべてが、証明においてほんとうに必要であるかどうか、それからかれらの前提からの論理的演繹の段階が妥当かどうかといった問題にかかわる。

公理論的推論は、ふつうギリシャ的な数学的伝統、とりわけエウクレイデースによる『原論』の幾何学の公理論的組織化に関連している。エウクレイデース的な公理論的理念は、19世紀まで不変なままであった。非ヨーロッパの数学的諸伝統では、幾何学の公理化の試みは欠落していたため、推論の公理論的モードが本質的にヨーロッパ的現象であるという観点を強化させた。

公理論的思考の新時代の形成もまたヨーロッパと関連している。それは、ロバチェフスキイ‐ボヤイ的なオールターナティヴ幾何学の出現に関係している。この傾向は、公理論的思考の新しい概念の形成における歴史的里程標となったヒルベルトの『幾何学の基礎』（Grundlagen der Geometrie, 1899）における幾何学の新しい公理論的構成において頂点を迎えた。いまや、初めに置かれる諸概念は、明示的意味をかならずしも付与されるわけではなく、初めの諸概念についての前提は、基礎にある物理的空間の構造と関連した自明の真理として考えられることを止めた。それらの選択はコンヴェンショナルなのである。視覚あるいは構成による証明は、追放されてしまったのだ。とりわけ、構成の可能性を請け合ったエウクレイデースの諸問題（προβλήματα），

は、量化を伴う命題によるヒルベルトの公理論的幾何学によって置き換えられた。エウクレイデースによる説明並びに証明自身のプロセスは、本質的に量化無しだったのであるが。

1930年代中葉、有名なブルバキ・グループは、公理論的スタイルの新基準を援用し、視覚化と構成による証明の型を置き換えることによって『数学原論』（Éléments de Mathématique）（エウクレイデース『原論』の明らかな暗示）を書き改める課題を引き受けた。推論は数学的対象に対して遂行され、それらの対象について証明者は直観（Anschauung）をもつ。直観は、きわめて多くの相異なる数学者の公理論的思考の支配的原理となる。相異なる公理は、精確ではないこと、あいまいさ、パラドックスを取り去ることによって後生を正すことと相異なる直観を明らかにするのである。しかしながら、数学的問題についての直観は、その解決に必然的に導くわけではない。数学者（証明者）は、数学において多くの相異なる直観や信念をもつかもしれないのである。これらの直観のコミュニケーションは、証明事象を表現するのである。

8. 古代ギリシャにおける 数学的証明のスタイル

アリステール・カメロン・クロムビー（Crombie [1994]）は、研究の対象と議論の方法によって特徴づけられる6つのスタイルを古典的ヨーロッパ科学史のなかで識別した。

(1) 要請的；
(2) 実験的スタイル；
(3) 仮説的モデル化；
(4) 分類；
(5) 確率論的で統計的分析；
(6) 歴史的派生物

それぞれのスタイルは、その主題へと据えられるべき問題を定義し、それらの問題は、そのスタイルの内部での答えを与えた。クロムビーは、ギリシャ人に、エウクレイデース『原論』で例示されるような、要請的スタイルの達成を帰した。

以下に、われわれは、要請的なものとはほとんど特徴づけられないギリシャ的な数学的思考についての二つの追加的歴史的スタイルを提示する。突出しているのは、生成的構成（定義）による数論を展開させるスタイルとしての算術的思考の（新）ピュタゴラス的スタイル、および、数論が、効果的証明によって下から展開されるという意味での、生成的と

して特徴づけられうる算術のエウクレイデース的ス
タイルである。[Vandoulakis 2009]

8.1. ピュタゴラス的な算術的推論のスタイル

　新ピュタゴラス派の論考における算術のスタイ
ル［Nicomachus（Hoche）1866；Nicomachus
（D'Ooge）1926］は、エイクレイデース的『原論』
のスタイルとは著しく異なっている。すなわち、エ
ウクレイデース的意味での証明が不在なのであり、
数学的洗練性が欠落しているという特徴をもつので
ある。数学的洗練性ということは、ある種の歴史家
が、この型の数学をこの時期の数学の衰退の徴候と
考えてきた側面なのであった。これらの著作にオリ
ジナリティがないというように言われることはま
た、つぎのように信じさせる根拠を与えることにも
なっている

　　　これらの著作で提示されている算術は、実体
　　的に、ピュタゴラス的算術の古い原初的段階
　　から出て来ている。[Knorr 1975, 132]

それから、それらの著作は、「5世紀の算術的学問の
特徴の一指標として」用いられることにもなる。
　このスタイルは、以下の特徴をもつことになる。
　(1)　算術的推論は、増加の方向へと無限定的に拡
がる三次元の「領域」を越えて遂行される。
　数は、慣習的に、「列」（あるいは図式的パターン）
として記述され、その列は、増加の方向では限界な
しで、減少の方向では単位（モナス）によって限界
づけられる記号（アルファ）の有限列なのである。
結果としての図形化は、内的構造と正しい順序をも
ち、それぞれの場合に考察される種類の数の構成
のモードを例示するパターンとして役立つ。こうし
て、数はモナスに依存し、そしてテオンによれば、
「無限に多くのモナス」があるということになる。
[Theon 1878, 21]
　数の線型構造は、それぞれ二、三次元幾何学的図
形化をもつ平面と立体の場合には破られることにな
る。平面（ないし立体）数は、下位の階層（線状な
いし平面）の記号からなる（平面ないし立体）領域
の形状をした特異な図形的パターンによって表現さ
れる。この方式で、算術的推論が遂行される「領域」
は、それぞれの図形化、すなわちその組み合わせ的
複雑性の次元に依存して階層づけられる。
　「領域」の階層化は、それぞれのレヴェルでの相
異なる数生成的操作の導入を必然とする。線状「領

域」は、モナスを付け加える繰り返しのプロセスを
使用することによって生成される。平面「領域」は、
「グノーモン」の使用によって生成されることになる。
　(2)　新ピュタゴラス派的算術の出発点は、アル
ファによって記されるモナスという単一の対象であ
り、記号化される対象（数ではなく）として取られ
る。すなわち、L ＝ {α}.
　この集合を越えて、アルファを結びつける繰り返
しの手順が導入される。数は、そうすると、つぎの
ような形状として定義される。
　　　$k = <α, α, α, \cdots, α>$（k 個の $α$）
　さらに、「自然列」（ὁ φυσικὸς στῖχος）の概念が、
以下の形状の有限列として導入される。
　　　$< 1, 2, 3, \cdots, k >$

　その他の多くの種類の数も同様であり、たとえば、
一定の規則によって構成される列として、偶数かけ
る偶数、偶数かける奇数、などが定義される。
　(3)　算術は、多様な図形化の生成的構成として発
展した。
　生成的構成のプロセスにおけるつぎのステップの
行為は、組み合わせ的特徴をもつ操作によって実行
され、その実行には、「領域」に先立つ状態の変容
が伴う。
　それゆえ、新ピュタゴラス派算術は、多様な有限
な図式パターンの生成的構成、すなわち列と（平面
的ないし立体的）図式、にかかわる限りで、識別さ
れる組み合わせ的「領域」上の数え上げの視覚的理
論なのである。これらすべての図式は、以下の形状
をもつ具体的な完全化される生成的構成の結果であ
る。
　a.　それらは、同一の初めの対象、すなわち、モ
ナスから始まる。
　b.　一定の初めの操作（単位の加法、グノーモン
の応用ないし他の派生的操作）の応用の結果が同一
種の数を生成するなら、新しい数は構成される。
　c.　特定の種類の数の生成の方法は、要求される
種類のすべての数を生成することができる、と言明
される。
　単位から直接にではなく、自然列から始まる構成
がある。しかし、これらの場合には、単位から始ま
るその列の構成は明らかであるか、以前に実現され
ているかであり、しかるべく省略される。
　最初の2つの節は、所与の数から、新しい数を構
成させる。第3節（ときどき、新ピュタゴラス派の
著者によって省略される）によれば、最初の2つの

節で概観された構成の方法は、構成されなければならないすべての数を「尽くす」[1]。

生成的構成によって算術に導入される対象は、自然列か、一定の（有限の）組み合わせ的図式によって、ふつう不完全に例示される無限列である。議論されている対象（列と組み合わせ的図式）がつねに有限事例であり、完全の状態においては考察されないかぎり、ここで暗黙裏に考えられているのは、任意の長さの生成過程についての推論であるようにできる可能無限の抽象化なのである。生成的構成の実現可能性は、可能的ととられているのである。たとえば、自然列は、「望む限り」延長可能とされ、継続的な組み合わせ的図式の構成の過程は、無限に続行可能である。

算術に導入可能な対象は、さらに、（可能的に）無限であるだけではなく、モナスからのそれらの生成的構成のための規則に本来的にもまた関連する。この意味で、新ピュタゴラス派によって表現された算術へのアプローチは、純粋に延長的なわけではない。算術的概念の定義が、ある数からその次の数へと、考察している種類の数の構成過程の部分として、定まった組み合わせ的規則がいかに働くかの論証に還元させられる。こうして、算術的定理は、ある数からその次の数への移行が、定まった組み合わせ的規則に従う。

（4）有限原理

以上で概略された方法が、証明（語の厳密な意味での）の考えに基づいていないことは明らかである。新ピュタゴラス派の算術のコンテクストでは、数は所与として理解され、それについての言明は、それぞれの場合に単純な組み合わせ的手段によって確認される何ものかを確認するのである。たとえば、2つの数が与えられているなら、対応する図式の構成によって（あるいは、事例的列に対する観察によって）、これらの数についての言明されていることが正しいか否かを確認するだけで十分である。その論証は、ふつう（可能的に）無限な対象の有限な断片に対する検証によって実行される。この意味で、新ピュタゴラス派的算術の言明は、有限的意味をもつと言うことができるのである。

（5）思考実験

算術的推論は、組み合わせ的特徴をもった具体的対象に対する思考実験のかたちで実行される。数についての任意の主張は、それぞれの場合に、純粋に組み合わせ的手段で確証されうる法則を述べる。任意の与えられた具体的数に対して、対応する図式の

構成によって、その主張された法則が、考察されている数について成り立つかどうかを検証するだけで十分である。こうして、この型の算術的推論は、算術的言明の有効な確証（δεῖξις）のための意図された解釈としての文字（の図式）による表現を認容し、その組み合わせ的モデルに即して展開するのである。

（6）生成的構成（論証）対 証明

それゆえ、新ピュタゴラス派的算術の基礎は、エウクレイデース『原論』と、古典古代の他の数学者の著作のスタイルでの証明なのではなく、所与の数についての算術的言明の正しさが確証される手段による、生成的構成（論証）の考えによるの公理論的特徴の前提無しで実現できる。算術的言明の確証は、特定の「実験」によって実行されるのである。

このコンテクストにおいては、算術的推論は、具体的対象の領域上で実行される一定の生成的構成を実行する可能性に関する理論的な視覚的推論として実行される。これらの対象は、生成的構成によって導入され、有限な列ないし図式の手段によって不完全に例示される無限列を表現するのである。

（7）一般性

新ピュタゴラス派算術の呈示においては、普遍的定理の特述、すなわち「すべて」とかの量化語彙で始まる形式的言明は見受けられない。問題は何よりも、一般的性質が、無限（先に述べた意味で）領域の確証である場合にかかわる。これらの場合には、一般的性質は、帰納によって、すなわち、同様の推論を繰り返し、同一種の他のいかなる所与の数に対しても対応する構成を実行するために同様の推論繰り返すの可能性が明らかであるという特徴をもつ一定の構成によって、成立する。この根拠のうえに、その種のいかなる数が与えられても、この数は問題の性質をもつということを（類比の推論の線によって）確証することが可能なのである。

このような一般性の規則の使用は、特定の量化が不在であるなかで、新ピュタゴラス派算術の発展のために必要なのである。この方式で、新ピュタゴラス派算術の言明は、一定の種類の任意の所与の数に対して要求された構成を実行するという可能性の一般的声明として理解される。任意の所与の数（組み合わせ的パターン）に対して要求された構成を実行できるという信念は、このような構成が実現から得られる経験に根ざしているのかもしれない。この種の「実験」のゆえに、それぞれの場合に、いかにして進行しなければならないのかが明確になる。すなわち、それぞれの場合に何がなされなければならな

いのかが明確なのである。この意味で、新ピュタゴラス派算術において成り立つ言明は、一般的なのである。すなわち、一定の種類の任意の数に対して、定まった規則によって、構成の帰結は、要求された性質をもつ数なのである。

(8) 否定

新ピュタゴラス派算術は、対応する図式の構成的手段で確認されうる「肯定的」な何かを述べる肯定的文章についてであるという、これまで議論された算術的推論の明証性から明らかである。新ピュタゴラス派算術においては、いかなる種類の「否定的」文章にも出会わない。ここで、「否定的」とは、否定的性質（すなわち、ある性質を欠くこと）によって特定される数の存在、構成の不可能性を主張する言明のことである。このような言明は、新ピュタゴラス派算術の内部で、直接的に「実験的」特性をもつという可能性はない。

否定を否定するこの予想は、ピュタゴラス派哲学者のピロラオスによってもまた明らかになる。彼は述べていた。

> 数の本性とハルモニアーはいかなる虚偽も受け容れない……。真理は、数の一族と同族であり、本性を同じくするものなのである。(Stobeus；D/K/Vors. 44 B11；『ソクラテス以前哲学者断片集』第Ⅲ分冊, 岩波書店, 1997, p. 84)

こうして、新ピュタゴラス派算術の規準的表現において否定的言明が欠落しているのは、ピュタゴラス派数学伝統の教義的特色であるように思われるのである。この特質は、この種類の算術を、一定の特有的な意味論的特徴へと導くこととなる。すなわち、新ピュタゴラス派算術におけるあらゆる言明は、一定の構成の可能性を主張する肯定的言明なのであり、それゆえ、新ピュタゴラス派算術は、事態の現実の状態を記述するような「実験的」真理だけを含む。現代的観点から見れば、この種の算術は、ペアノの算術の肯定的で（否定無しの）、有限的断片を表現する。

8.2. エウクレイデース的な算術的推論のスタイル

新算術的推論のエウクレイデースのスタイルもまた、要請的ではない。『原論』第Ⅶ巻［Euclid (Stamatis) 1969-77, vol. 2］に特別な算術的公理がないことは、数学史家を戸惑わせてきた。[Mueller 1981, 59；Artman 1992, 32；Gardies 1998, 125-140]。われわれの観点からすれば、ギリシャ人に、意図的に算術を公理化させることはほとんど不可能である。

(1) エウクレイデース『原論』第Ⅶ巻の「領域」

エウクレイデース的数——アリトモス（ἀριθμός）——は以下のような形式的構造をもつ。

$$A = \{aE\}_{a \geq 2}$$

ここで、E は単位を、a は E が繰り替えされて、切片によって指示される数 A となるような個数（数多）のことである。

エウクレイデースは、数 - アリトモス、切片として描かれる数に対する算術を構成した。そこで、数多の算術は、当然の前提であった。こうして、算術は、数 - アリトモスの形式的理論として構成された。数多ないし繰り返し数の概念は、特異なメタ理論的特徴をもつのである。

「等しい」、「より小さい」、「より大きい」の概念は、今日では、純粋に量的意味が帰されるのであるが、エウクレイデースにおいては、相対位置の幾何学的考えとも連携していたように思われ、エウクレイデースが、数 - アリトモスの2つの集合を比較するときには、数多に適用された。

(2) 一般性

エウクレイデースはときどき、数 - アリトモスに適用される量的語彙を用いている。なるほど、このような表現は稀ではあるものの。エウクレイデースが一般性を表現するもっともふつうの仕方は、冠詞無しでアリトモスについて語ることである。こうして、エウクレイデースの算術巻においてもっとも多くの説明は、数についての何らかの性質を述べているのである。ここで、アリトモスは冠詞無しなのである。しかしながら、定理の特述（ἔκθεσις）に進むときには、多くの重要な言語的-論理的操作をなす。

a) 数 - アリトモスの表記は、ひとつ（ないし二つ）の文字によって名づけられる切片によってなされる。

b) 数 - アリトモス（すなわち文字）の名称は、それの前にある定冠詞を伴って用いられる。

このような仕方で、数についての一般的言明は、任意に与えられた（指示された）数についての言明として解釈される。量化は、形式的には変数およびそれらの上に渡る量化によって表現されず、自然言語の通常の表現手段を用いる。上記の例示の力で、証明のプロセスは、現実に、任意の所与の数でなされる。この「特示の規則」は、逆には考えられない。エウクレイデースは算術についての諸巻において、

きわめて稀に逆規則を適用してはいるのであるが。
このようにして得られる一般性の度合いは、数の上
を渡る自由変数によって表現可能な一般性よりも高
くはならない。

(3) 基本的概念

エウクレイデース的算術の基礎的な無定義概念
は、「約数になっている」（καταμετρεῖν）という概
念であり、エウクレイデースによって定義されるほ
とんどの種類の数の基礎になっている。「B という
数は A という数の約数である」なる概念は、以下
のように解釈されうる。

　　B は A の約数である＝$(B < A) \,\&\, (A = nB)$.

すなわち、A は B を n 倍して得られるということ
である。

「部分」とか「倍」とか他の、いくつかの算術的
諸概念を導入したあとで、比例数が、数に対する四
つの述語として導入される。
(A, B, C, D) が比例するとは、

$$\{[\,[(C < A) \,\&\, (A = nC) \,\&\, (D < B) \,\&\, (B = nD)]\,\lor$$
$$[(A < C) \,\&\, (C = mA) \,\&\, (B < D) \,\&\, (D = mB)]\,\lor$$
$$[(\exists X)[A = mX] \,\&\, (B = nX) \,\&\, (m > n > 1)]\,] \,\&$$
$$(\exists Y)[C = mY] \,\&\, (D = nY) \,\&\, (m > n > 1)]\,]\}.$$

(4) 無限プロセスに対する推論にかかわる暗黙裏の前提

相互差引（ἀνθυφαίρεσις）のプロセスを明らか
にする命題1と2の証明において、エウクレイデー
スは、以下の暗黙裏の前提を暗黙裏に用いている。

Ⅰ．最小数原理：$nB \geqq A$ となる倍数の集合 nB は、
$n_0 B \geqq A$ ではあるが、$(n_0 - 1) B < A$ となるような
最小の元 n_0 をもつ。

Ⅱ．無限降下原理：相互差引のプロセスは、有限
数のステップで終わるであろう。すなわち、

$$A > B > B_1 > B_2 > \cdots > B_k$$

は有限である。

Ⅲ．もしも X が A と B の約数ならば、X は $A \pm B$
の約数である。すなわち、もし $A = mX$, $B = nX$ な
らば、$A \pm B = (m \pm n) X$.

しかしながら、これらの諸原理の使用は、エウク
レイデースにおいては有限的である。

(5) より高度の複雑さをもった存在者の導入

命題20-22において、エウクレイデースは「同一
の比をもつ」あらゆる対のクラスを用いている。こ
のようなクラスのおのおのは、一対の数、すなわ
ち同一の比をもつ数の最小対と一意的に関連してい
る。エウクレイデースは、このような最小対を見い

だすための効果的手順を与えている。

(6) 有限原理と効果的手順の使用

こうして、エウクレイデース的算術は、単位から
始まる下からの構成なのである。さらに、多くの算
術的概念が第Ⅶの定義では導入されている。これ
らから、約数、倍数、約数和、比例、素数は、効果
的には定義されない。しかしながら、任意の数の共
約数を見いだす効果的な手順を提供する命題1, 2, 3の
効力で、効果を発揮する。このやり方で、命題4～
19の証明は、効果的であると考えられるべきであ
る。とりわけ、それらのいくつかは、数 - アリトモス、
倍数、約数（約数和）のあいだの等号型関係の操作
によって実行される。

もっと複雑な対象の導入は、これらの対象の比較
と、それらのあいだの等号型関係の確立によって、
実現される。とりわけ、比は、第Ⅶ巻、命題20
～22の比の比較（同一性）を通して導入される。
だが、エウクレイデースは比の同一性の言明にだけ
みずからを限定しており、同一性に基づいて比自身
を定義する追加的ステップに踏み出すことを試みて
いない。換言すれば、エウクレイデースはどこでも、
比の概念の抽象による定義に到達していないのであ
る。

代わりに、エウクレイデースは、再度、命題Ⅶ-
33において、同一の比をもつ数から最小対を見い
だす効果的手段を与えている。この対はユニークで、
同一の比をもつ対の全クラスを特徴づける。エウク
レイデースはまた、最小公倍数と、所与の約数和か
ら最小数の効果的構成を提供している。

それゆえ、数の存在にかかわる全命題は、要求さ
れている数を見いだすためのなんらかの効果的手順
と関連するエウクレイデースの算術のコンテクスト
において、出現する。それは、公理論的特徴をもつ
前提なしに構成される。絶対的数とか同等のどんな
洗練された概念をも欠いている。代わりに、アリト
モスの「形式的」理論として構成される。数 - 切片
（アリトモス）は、「倍数」（πλῆθος）のメタ言語的
概念の何らかの種類の「形式化」である。エウクレ
イデースの算術体系の唯一の「原理」（ἀρχή 始原）
は、単位（モナス）なのである。自然のなかでの単
位の存在を前提して――すなわち、算術的推論自身
には、けっして適用されない存在論的意味で――、
彼は、効果的手段を介して新しい種類の数の導入へ
と進むのである。

『原論』の著者はどこでも、数が前もって与えら
れる論述の固定的宇宙を成すという前提を用いては

いない。それゆえ、彼は、一定の性質をもつ数の存在を要請したり、証明したりはしていず、つねに効果的手順によって要求されている数を構成するのである。数の存在は、強力な間接的議論によって演繹されない。帰謬法は、排中律の特定的な命題の形式に依存し、決定可能な算術的述語に適用される。さらに、エウクレイデースは、算術的証明においては、排中律を回避しているように思われる。

$$P(A) \vee \neg \, P(A)$$

の形のあらゆる命題は、選言のそれぞれの部分を別々に考察することによって、証明されるのである。

エウクレイデースの算術的推論においては、可能無限だけが用いられている。実無限は、まったく用いられず、無限降下、最小数原理、数学的帰納の使用といった無限のプロセスに対しての推論を伴う、もっとも洗練度の高い場合においてさえ、用いられていないのである。算術的演算は、つねに有限な対象に適用される。これらのすべてによって、われわれは、エウクレイデース的算術を有限精神の算術として特徴づけるのである。

さらに、エウクレイデースによって採用されているアプローチは、いかなる特別の述語論理をも必要としない。エウクレイデースの算術は、古典的算術の有限的断片として特徴づけできるのである。それゆえ、それは、第一階の述語論理のあらゆる力をかならずしも前提しないのである。われわれの観点から見れば、エウクレイデースのアプローチは、まさしく、算術を展開するもっとも「自然な」方式なのであった。

9．数学的思考のスタイルと社会

いまや以下のよう基本的問題を議論することにしよう。数学的思考のスタイルは、一定の文化的および社会的特性と相関的であるのであろうか？[Vandoulakis 2016]

数学史家［Kolmogorov 1954］や古代文化史家［Vernant 1962］は、紀元前500年ころの都市国家（ポリス）アテナイにおいて発展した民主制を、古代ギリシャにおける抽象的な演繹科学と抽象的な数学的対象の対する公理論的スタイルとしての数学の興隆にとっての重要な社会的要因である見た。

民主制は、王（ἄναξ）の権力に基づいた初期のギリシャ文明の階層的構造を継承し、アテナイ市民の平等性と正義に基づいた「平衡的」社会を興隆せしめた。

アノドレイ・N・コルモゴロフ（1903-1987）は、

論理的議論によって民衆（δῆμος）の前で、敵対者が彼らを防衛するよう強要させる、アテナイ的民主主義における政党の闘争にとって論理の発展に決定的役割を帰した。きわめて重要なのは、また、裁判の場合であり、そこにおいては係争中の側がみずからの正しさを正当化することを求められる。論争技法としてのディアレクティケー（弁証法＝対話論法）が、この時代に最初に出現したのもまたたぶん単なる偶然ではない。

こういったすべての場合に、反対派を説得する資格において、最低、二つの係争者が等しい（対称的）配置に置かれる競争について語ることになる。

佐々木力は、さらに、古代ギリシャがアゴーン（ἀγών 競争とか競技）を重視していたことが、数学における公理論的方法に貢献したという考えを打ち出した。彼の観点によれば、「アゴーン」なる概念を強調せしめたのは、古代ギリシャのポリスの社会的環境であり、それこそ、批判的精神と、説得と結論導出に、強力さにおいて同等（対称）の反対者の確立と普及とを醸成したのであった。ギリシャ社会の過渡期は紀元前8世紀にまで遡及可能であり、いわゆる「暗黒時代」の終末期に、海外の殖民が増加し、同時にドラスティックな軍事的改革が始まった。貴族制時代の頂点にあって、大きな丸い楯（ὅπλον）と鉄製の槍をもった重装歩兵（ὁπλίτης）が現われた。ホプリーテースは、ファランクスと呼ばれた密集隊形をとり、その隊形は、第一次ギリシャ‐ペルシャ戦争の最中のマラトンの戦い（紀元前480年）において、アテナイ側によって採用され、ペルシャ側を敗北せしめたさいに有効であった。[Sasaki 2019]

ギリシャの都市国家（ポリス）を特徴づける平等性は、きわめて限定的ではあったが、この新しい形態の政治的組織の創成は、過去の階層的（非対称的）な型の社会との決定的決別を表現したのであった。不幸にして、貧しい人ですら政治的に平等の投票をやれた政体としてのポリスの出現が、いかなる要因でなされたのかについての議論は、確実にはできない。

同様に、ジャン＝ピエール・ヴェルナン（1914-2007）は、科学と合理的思考の勃興を説明しようとして、宗教的で神話的思考の外に、新規の思想が出現したことに注目した。その内部で、世界の構造のまったく新しい概念が形成され、その現象についての新しい説明が、そのなかで生まれ、定式化された。彼は、神々の意思ではなく、法則（νόμος）に基づ

いた宇宙的秩序（φύσις）の考えの役割を強調している。最後に、対称性と繰り返される関係に基づいた世界の幾何学的像の意義を強調している。

神話から理性への思想的移行は、ヴェルナンによって、ポリスの成立と関連した形成された新しい思想空間の組織化とも関係づけられている。とりわけ、新しい思想的地平は、「アゴラ」を中心とするポリスの社会空間の確立と、社会生活を統治者としての王の権力を弱体化を拓いた。こうして、旧式の社会関係は、市民のあいだで、新規の種類の特異な「対称性」によって置き換えられた——イソノミア（ἰσονομία）である。それから政治権力のための競争としての社会的対話の自由であった。

こうして、数学的証明の前提に基づく（公理論的）スタイルは、数学と社会のあいだ、数学と哲学のあいだの交流が強まった社会構造全体の転換期に出現したのである。特定的に、公理論的推論の興隆は、非対称性に基づく権力社会関係から、対称性に基づく社会関係と結合させる移行と関連しているのである。

階層的社会構造に基づいた非西洋文化が、相異なる、非公理論的数学スタイルを発展させたのは、注目すべきである。

ジョセフ・ニーダム（1900-1995）[1954] は、中国社会の厳格な階層構造が科学革命の出現を妨げた重要な社会要因であることを考察してさえいる。中国文化においては、特異な（具象的）数学対象に対するアルゴリズム的思考スタイルが圧倒的に支配的であり、究極的真理に基づく公理論的理論の構成への試みを出現させなかったのである。

こうして、社会的対称性ないし非対称性が、多様な文明において、数学思想のスタイルを形作るさいに、わからないことがあるが、深い役割を演じていたのかもしれないと推測せしめるのである。

10. 結論

われわれは、以上で、推論のスタイルの概念を証明技法の可能的な概念化として示唆した。スタイルは、証明事象の結末なのであり、空間と時間において起こり、相異なる役割を担うエイジェント、とりわけ証明者と解釈者を伴う社会的プロセスなのである。証明事象、それからそれぞれのスタイルは、相異なる判断規準によって分類可能である。もしも、尺度として、推論の認容されるモードをとるならば、数学史において重要な役割を演じてきたスタイル（証明事象）の主要な型が定義可能である（視覚

的、構成的、公理論的）。数学的思考のこれらのスタイルは、西方あるいは東方の数学的伝統のしかるべき文化的および社会的特性と相互関連しているのである。

注

1) 格別の注意が第3節の定式化には払われなければならない。現代的な生成的定義においては類似的節は、ふつう、以下のように書かれる。

(ⅲ*) 最初の二つの節の適用によって生成されることがら以外の対象は存在しない。

節 (ⅰ), (ⅱ), (ⅲ*) はこのように、節 (ⅰ) と (ⅱ) を介して特定化される対象の集合として定義するためにとられている。定義する性質をもつ対象の可能性は、節 (ⅲ*) から出てくる。この節は、暗黙裏に、あらゆる対象の宇宙を前もって与えられていると前提する。排中律のお蔭で、宇宙内のあらゆる対象は、定義する性質をもつか、もたないかである。節 (ⅲ*) は、それゆえ、(ⅰ) と (ⅱ) によって記述される仕方で構成されてきたことがらを除いて、定義する性質によって決まる集合内に対象は存在しないことを意味する。しかしながら、このことは、あらゆる数の全体性が前もって与えられるとは見なさなかったような古代の著者たちが考える仕方ではなかったように思われる。もうひとつの理由もまた存在した可能性がある。「そのような数」（その効果的構成の意味で）といった言明は、新ピュタゴラス派の算術家にとっては、「実験的」事実であったのであり、他方で、「そのような数は存在しない」は、「実験的」事実なのではない。それゆえ、節 (ⅲ*) は、否定存在文の形式においては、新ピュタゴラス派によっては言われないのである。

参考文献

Archimedes, Heiberg, Johan Ludvig (Ed.). 2013. *Archimedis opera omnia cum commentariis Eutocii*, Vol. 1-3. Cambridge University Press. Vo1. 1, 1880, 2nd ed. 1910; Vol. 2, 1880, 2nd ed. 1913; Vo1. 3 (Eutocius), 1881, 2nd ed. 1915. Reprinted with corrections by E.S. Stamatis, 3 vols, Stuttgart, 1972.

Artman, Benno. 1992. "Euclid's *Elements* and its Prehistory," Mueller, Ian. *ΠΕΡΙ ΤΟΝ ΜΑΤΗΜΑΤΟΝ* (*Peri ton Mathematon*). Edmonton. Alberta: Academic Printing & Publishing, [*Apeiron* **XXIV** no 4 (December 1991)].

Cavalieri, B. 1635. *Geometria Indivisibilibus Continuorum Nova Quadam Ratione Promota*. Bologna: Clemente Ferroni.

Chasles, M. 1837. *Aperçu Historique sur l'Origine et le*

Développement des Méthodes en Géométrie. Bruxelles: M. Hayez. Available online http://visualiseur.bnf.fr/CadresFenetre?O=NUMM-29044&M=tdm（Accessed 19-10-2014）.

Chevalley, C. 1935. «Variations du style mathématique», *Revue de Métaphysique et de Morale*, 3, 375–384. Available online http://gallica.bnf.fr/ark:/12148/bpt6k11304m/f73.image.r=revue%20de%20metaphysique%20et%20de%20morale.langFR（Accessed 19-10-2014）.

Crombie, A. C. 1994. *Styles of Scientific Thinking in the European Tradition: The History of Argument and Explanation Especially in the Mathematical and Biomedical Sciences and Arts*. In three volumes. London: Duckworth.

Duhem, P. 1915. *La Science Allemande*. Paris: Hermann. Available online http://gallica.bnf.fr/ark:/12148/bpt6k215506t（Accessed 19-10-2014）. English translation: *German Science*. Chicago: Carus Publishing, 2000.

Euclid, Stamatis, Evangelos S（Ed.）. 1969-77. *Euclidis Elementa*. Teubner. post J.L. Heiberg. A revised edition of Heiberg's Greek text. Vol. 1（*Elements* i-iv）, 1969. Vol. 2（*Elements* v-ix）, 1970. Vol. 3（*Elements* x）, 1972. Vol. 4（*Elements* xi-xiii）, 1973. Vol. 5（parts 1 and 2 xiv-xv-prolegomena critica, etc.）, 1977.

Gardies, Jean-Louis. 1998. "Sur l'axiomatique de l'arithmétique euclidienne," *Oriens-Occidens Cahiers du Centre d'histoire des Sciences et des philosophies arabes et Médiévales*, **2**, 125-140.

Goguen, Joseph A. 2001. "What is a proof", http://cseweb.ucsd.edu/~goguen/papers/proof.html（Accessed 19-10-2014）.

Goguen, Joseph A. and D. Fox Harrell. 2010. "Style: A Computational and Conceptual Blending-Based Approach". Shlomo Argamon, Kevin Burns and Shlomo Dubnov *The Structure of Style. Algorithmic Approaches to Understanding Manner and Meaning*, Springer, 291-316.

Granger, G.G. 1968. *Essai d'une philosophie du style*. Paris: Armand Colin. Reprinted with corrections, Paris: Odile Jacob.

Knorr, Wilbur Richard. 1975. *The Evolution of the Euclidean Elements*. Reidel Publ. Co.

Kolmogorov, Andrei N. 1932. „Zur Deutung der intuitionistischen Logik", *Mathematische Zeitschrift* **35**, 58–65.

English translation in V.M. Tikhomirov（ed.）*Selected Works of A.N. Kolmogorov*. Vol. I: Mathematics and Mechanics, 151-158. Kluwer, Dordrecht, 1991.

Колмогоров Андрей Н. 1954. Математика. *Большая Советская Энциклопедия*, Moscow, 2nd ed., Vol. 26, 464-483. Reprinted in: Колмогоров Андрей Н. *Математика в её историческом развитии*. Moscow: Nauka, 1991, 24-85［in Russian］.

Kowalski, Robert and Sergot Marek. 1986 "A Logic-Based Calculus of Events", *New Generation Computing* **4**, 67–95.

Kuhn, Th. S. 1962. *The Structure of Scientific Revolutions*, 1st ed., Chicago: Univ. of Chicago Pr.

Leibniz, G.W. 1701. « Mémoire de Mr. Leibniz touchant son sentiment sur le calcul différentiel », *Journal de Trévoux*, 270–272. Reprinted in G. W. Leibniz, *Mathematische Schriften*（Ed. by C.I. Gerhardt）, Hildesheim: Georg Olms, 1962, vol. IV, 95–96.

Mancosu, Paolo. 2010. "Mathematical style". In E.N. Zalta（Ed.）, *The Stanford Encyclopedia of Philosophy*, http://plato.stanford.edu/archives/spr2010/entries/mathematical-style（Accessed 20-1-2019）.

Mueller, Ian. 1981. *Philosophy of Mathematics and Deductive Structure in Euclid's "Elements"*. MIT.

Needham, Joseph. 1954. *Science and Civilisation in China*. 7 Vols. Cambridge: Cambridge University Press.

Netz, R. 2009. *Ludic proof*. Cambridge Univ. Press, Cambridge.

Nicomachus of Gerasa, Hoche, Richard（ed.）. 1866. *Nicomachi Geraseni Pythagorei Introductionis Arithmeticae Libri II*. Leipzig.

Nicomachus of Gerasa, D'Ooge, Martin Luther（ed. and tr.）. 1926. *Nicomachus of Gerasa: Introduction to Arithmetic translated into English*. New York.

Sasaki, Chikara. 2019. "Two Archetypes of Mathematical Discoveries and Demonstrations: Ancient Greece and Ancient China". In: Vandoulakis, I.M., Liu Dun（Eds）, 2019. *Navigating across Mathematical Cultures and Times: Exploring the Diversity of Discoveries and Proofs*, World Scientific.

Spengler, O. 1918（1921）. *Der Untergang des Abendlandes*. Vienna: Verlag Braumüller, 1918（1921）, English translation: *The Decline of the West: Form and Actuality*, 2 vols. London: Allen and Unwin. Available online https://archive.org/details/Decline-Of-The-West-Oswald-Spengler（Accessed 19-10-2014）.〔村松正俊

訳『西洋の没落』全二巻、五月書房、1971〕

Stefaneas, Petros and Vandoulakis, Ioannis. 2012. "The Web as a Tool for Proving" *Metaphilosophy*. Special Issue: Philoweb: Toward a Philosophy of the Web: Guest Editors: Harry Halpin and Alexandre Monnin. Volume 43, Issue 4, pp 480–498, July 2012, DOI: 10.1111/j.1467-9973.2012.01758.x http://web-and-philosophy.org

Reprinted in the collection: Harry Halpin and Alexandre Monnin（Eds）*Philosophical Engineering: Toward a Philosophy of the Web*. Wiley-Blackwell 2014, 149-167. DOI: 10.1002/9781118700143.ch10

Stefaneas, Petros and Vandoulakis, Ioannis. 2014. "Proofs as spatio-temporal processes", Pierre Edouard Bour, Gerhard Heinzmann, Wilfrid Hodges and Peter Schroeder-Heister（Eds）"Selected Contributed Papers from the 14th International Congress of Logic, Methodology and Philosophy of Science", *Philosophia Scientiæ*, **18**（30）, 111-125.

Stefaneas, Petros and Vandoulakis, Ioannis. 2015. "On Mathematical Proving" *Journal of Artificial General Intelligence*, **6**（1）, 2015, 130–149. DOI: http://dx.doi.org/10.1515/jagi-2015-0007
http://www.degruyter.com/view/j/jagi.2015.6.issue-1/jagi-2015-0007/jagi-2015-0007.xml

Theon of Smyrna, Edward Hiller（Ed.）1878. *Theonis Smyrnaei Philosophi Platonici Expositio rerum mathematicarum ad legendum Platonem utilium*. Leipzig.

Vandoulakis I.M. 1998. "Was Euclid's Approach to Arithmetic Axiomatic?" *Oriens - Occidens*, **2**, 141-181.

Vandoulakis I.M. 2009. "Styles of Greek arithmetic reasoning," 数学史の研究 Study of the History of Mathematics RIMS 研究集会報告集 *Kôkyûroku* No. 1625, 12-22.

Vandoulakis I.M. 2010. "A Genetic Interpretation of Neo-Pythagorean Arithmetic," *Oriens - Occidens*, **7**, 113-154.

Vandoulakis I.M. 2015. "On A.A. Markov's attitude towards Brouwer's intuitionism", Pierre Edouard Bour, Gerhard Heinzmann, Wilfrid Hodges and Peter Schroeder-Heister（Eds）"Proceedings of the 14th Congress of Logic, Methodology and Philosophy of Science", *Philosophia Scientiæ*, **19**（1）, 143-158.

Vandoulakis I.M. 2016. "Styles of Mathematical Thinking: is it a Matter of Societal Symmetry and Harmony?" *Symmetry: Art and Science*, 2016/1-4 "Symmetry and Social Harmony", Proceedings of the 10th Interdisciplinary Symmetry Congress-Festival of the International Society for the Interdisciplinary Study of Symmetry. Special issue editor: Lynn Maurice Ferguson Arnold. Co-editors: Ioannis Vandoulakis and Dénes Nagy, 146-149.

Vandoulakis Ioannis, Stefaneas Petros. 2013. "Proof-events in History of Mathematics", *Gaṇita Bhāratī*, **35**（1-4）, 119-157.

Vandoulakis Ioannis, Stefaneas Petros. 2014a. "On the semantics of proof-events" *Proceedings of the 12th International Kolmogorov Conference*, 20-23 May 2014, Yaroslavl', Russia, 137-144〔in Russian〕.

Vandoulakis Ioannis, Stefaneas Petros. 2014b. "Mathematical Style as Expression of the Art of Proving", *The 2nd International Conference Science, Technology and Art Relations* – STAR（With additional focus on Water, Energy and Space）In memory of Prof. Dror Sadeh, scientist and artist, 19-20 November, 2014, Tel Aviv, Israel, 228-245.

Vandoulakis Ioannis, Stefaneas Petros. 2016. "Mathematical Proving as Multi-Agent Spatio-Temporal Activity", Chendov, Boris（Ed.）*Modelling, Logical and Philosophical Aspects of Foundations of Science*. Vol. I, Lambert Academic Publishing, 2016, 183-200.

Vernant, Jean-Paul. 1962. *Les Origines de la Pensée Grecque*, Paris : Presses Universitaires de France.

Ioannis M. Vandoulakis
E-mail: i.vandoulakis@gmail.com

要約

数学的論証技法について
──西 対 東の証明のスタイル

　本稿においては、数学的論証技法の可能な概念化を推論のスタイルの概念によって示唆されるであろう。スタイルとは空間と時間において起こる証明事象の帰結である。それらは相異なる尺度によって分類可能である。もしも尺度を推論の認容可能なモードをとるならば、数学史において重要な役割を演じてきたスタイルの3つの主要な型が定義可能であり（視覚的、構成的、公理論的）、西洋的あるいは東洋的な数学的伝統のしかるべき文化的および社会的特徴と相互関連的であった可能性があるのである。

Summary

On the Art of Mathematical Demonstration :
Western vs. Eastern Styles of Proving

In this paper, we will suggest a possible conceptualization of the art of mathematical demonstration by means of the concept of style of reasoning. Styles are the outcomes of proof-events, taking place in space and time; they can be classified by different measures. If we take for measure the admissible modes of reasoning, then three major types of styles (proof-events) can be defined (visual, constructive, axiomatic) that have played an important role in history of mathematics and can be possibly correlated with certain cultural and societal characteristics of the Western or Eastern mathematical traditions.

五輪塔[(1)]の形而上学

劉鈍Liu Dun●北京清華大学科学史系教授

葛谷登 訳●愛知大学経済学部教授

プラトン（前 c.427-347）は「ティマイオス」（*Timaeus*）のなかで古代イオニア学派（Ionian School）の元素学説を自らの学派の重視する幾何学と結合させた。書中ティマイオス（Timaeurs of Locri、前400在世）という名の人物とソクラテス（約前470-399）との対話は世界を構成する四大元素が四つの正多面体に対応することを言及している。すなわち、火は正四面体に、土は正六面体であるところの立方体に、空気は正八面体に、水は正二十面体に対応する[(2)]。また異なる物理の属性をこれらの元素や立体に賦与する。例えば、火（と正四面体）は小さいこと、軽いこと、熱いこと、鋭いことに[(3)]、水（と正二十面体）は大きいこと、丸いこと、柔らかいことに[(4)]、土（と正六面体）は重いこと、安定していること、冷たいこと、硬いことに対応し[(5)]、空気（と正八面体）は火と水の中間に位置する[(6)]。これによって地上の万物の生成と変化[1]を説明する。

プラトンは書中で「さらに（若干の正多辺形面から形成される）形体、すなわち

> 第五のもの（正多面体）があり、神はこれによって宇宙を飾られる。」(there still remained one other compound figure, the fifth, God used it up for the Universe in his decoration thereof)

と述べるけれども、第五の立体の具体的な形状については触れていない。プラトンの学派が五つの正多面体しかないことをすでに知っていたことを考え合わせると、一般の人々はここの「第五のもの」が十二個の正五辺形を有する正十二面体を指していると考える。「『ティマイオス』Lamb 版英文訳本はこれに注釈を施し、「神がどうして『それを用いた』かということは判然としない。ここでもまた黄道十二宮[(7)]を指している。」(How God 'used it up' is obscure: the reference may be to the 12 signs of the Zodiac.)[2]としている。もしこの推測が正しければ、第五の立体はほかならぬ天上の元素に対応するものである。というのも古代ギリシア人は普通黄道十二宮によって果てしなく広がる星空を代表させるからである。この伝統は古代バビロニアにまで遡ることが出来る。別の英訳本では第五の立体は正十二面体にほかならないと直接的に述べている。これは神が黄道を十二宮に分割するに際しモデルとしたものである (there is a fifth figure [which is made out of twelve pentagons], the dodecahedron-this God used as a model for the twelvefold division of the Zodiac.)[3]。

筆者が見るところ、後の言い方は過度に穿鑿した嫌いがある。プラトンは第五の立体を名づけたわけでは決してないし、それを対応する元素に指定したこともない。ただ空気について述べるときに、「エーテルと呼ばれる非常に透明な気体がある。」(there is the most translucent kind which is called by the name of *aether* [αιθηρ].)[4][(8)]と述べただけなのである。プラトンの弟子としてアリストテレス(前384-322)はプラトンの元素生成と変化の学説を継承した。彼は土、水、空気、火は地上の元素(terrestrial elements) に属し、それ自身の性質は異なる本来の位置を占め、直線にそって運動し、不断に変化しながら人類が知るところの世界を構成すると考えた。このほかに上層区域（upper region）に位置する天上の元素（celestial element）があり、天体と星空を構成した。この天上の元素は不生不滅で、重さがなく、冷暖乾湿の変化がなく、円周に沿って運動する。アリストテレスはこれをエーテルと称した[5][(10)]。

多くの後代の学者の注釈と解説を通して、五元素[(11)]が五種類の正多面体に対応すること、これがギリシアの古典時代の自然哲学と宇宙論の重要なモ

正六面体 土	正二十面体 水	正八面体 空気	正四面体 火	正十二面体 エーテル
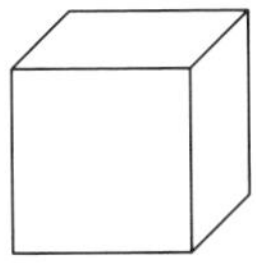	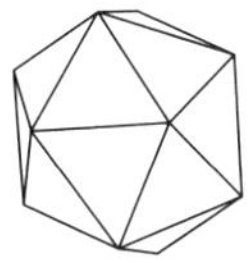	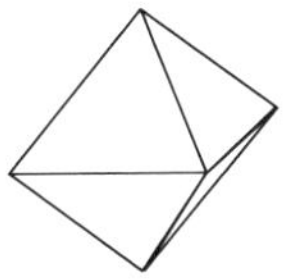	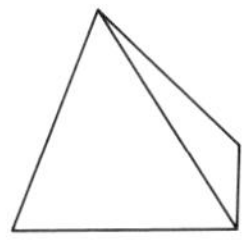	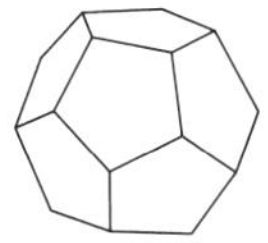
安定、重い、硬い、冷たい	大きい、丸い、柔らかい	内在	小さい、軽い、熱い、鋭い	無重量、冷たからず熱からず、乾燥せず、湿らず
世俗性、変化に富む、直線運動				神聖性、永遠、円周運動

図1 五つの正多面体及びそれに対応する五大元素

デルを形成することにあった。たとえば、プラトンの忠実な学生とアカデメイア学園の継承者であったクセノクラテス（Xenocrates of Chalcedon、前396頃-313頃）[12]は『プラトンの生涯』[13]と呼ばれる書物を書いた。その中で、プラトンがあらゆる生物を形式と組成部分によって分類し、五つの基本元素に至ったことを触れている[14]。このようにして彼は実際、五つの元素と対応する五つの形（shape）と体（body）、すなわちエーテル、火、水、土と空気を確定した（thus he [Plato] divided up living things, dividing them into forms and parts in every way, until he arrived at the five elements of living things, which indeed he specified as the five shapes and bodies, namely *aether*, fire, water, earth, and air）6 [15]。

プラトン学派のテアイテトス（Theaetetus、前417-369頃）[16]は最も早い時期にただ五つの凸型正多面体のみがあることを証明した。これはまさにエウクレイドス『原論』の最後の命題（巻13命題18）の推論にほかならない7 [17]。これに基づいて、エウクレイドスの究極の目標はすなわちプラトンの宇宙図のために信頼すべき数学の基礎を提供することであったと、断言する者もいる。たとえ事実は必ずしもこのようなものではないにせよ、筆者はこうした陳述が蔵するところの知恵と哲理を深く味わうものである。

長いことプラトンとアリストテレスが論述した宇宙構成と発展変化の構図が西洋の数理科学の発展を先導してきた。

図2は広範囲に流布した宇宙の構造図であり、ドイツの学者アピアヌス（Petrus Appianus, 1495-1552）[18]に由来する『世界誌』(Cosmographia,1524)[19]である。当時コペルニクスの『天球の回転について』[20]はまだ出版されておらず、この図が示すところの宇宙の図はアリストテレス－プトレマイオスの地球中心説[21]の基礎の上に描かれている。地球は中央に位置し、図の中心にはいくばくかの土地があり、そこにはぼんやりと樹木や村落等の景物を識別することが出来る。大地を囲んでいるのは海である。外側には一層の雲があり、大気を示している。もう一層外側のものは火であり、これはみな人が住む世界である。土、水、空気、火という四つの地上の元素から構成される。火の上の同心上の円は順番に月、水星、金星、火星、木星、土星と恒星の世界である。月世界は純粋、永遠の星空であり、天上の元素のエーテルより構成される。

図3はよく知られたところのケプラーの宇宙模型であり、これは『宇宙誌の神秘』(Mysterium Cosmographicum, 1596)の書[22]に発表されている。作者は地球中心説をすでに放擲し、地球と五大惑星の軌道が大小異なる六つの球面上に位置することを構想した。中から外まで正八面体、正二十面体、正四面体、正六面体の順に層をなし、太陽が中心に位置する。

図2 Apianus 书中的插图（1524）
典拠 Wikipedia

図3 Kepler 书中的插图（1596）
典拠 Wikipedia

アピアヌスの宇宙図は天と地の境界（月球がなす世界は界である）と四つの元素の位置関係を明晰なほどに詳述しているけれども、『ティマイオス』が述べているところの幾何学化された五大元素[23]には言及していない。他方、ケプラーは正多面体の幾何学的な関係に基づいた宇宙の模型を構想したけれども、宇宙を構成する物質が五大元素にほかならないということには説き及んでいない。正多面体と元素学説を同時に形象化させて表した例があるのであろうか。

2．五輪塔の寓意と日本の密教

五輪塔は日本の仏教寺院の典型的な建築である[26]。供養塔や墓石として平安時代（794-1192）の後期、すなわち12世紀前後に流行した[27]。日本語のウィキペデイアによれば、現存する石で造られた最古の五輪塔は奈良市春日山石窟の仏毘沙門天持物塔で、1157年（保元2年：訳者注）に建てられている。そのほかに銘文によって学者により認定された早期の石造りの塔が複数存在する。岩手県平泉町中尊寺釈尊院墓地の一基は1169年（仁安4年）に建てられている。大分県臼杵市中尾には二基あり、それぞれ1170年（嘉応2年：訳者注）と1172年（承安2年：訳者注）に建てられている。福島県石川郡泉村岩法寺墓地に一基あり、1181年（治承5年）に建てられている[8,9]。以下に早期の1169年と1181年の両基の五輪塔の図像を掲げる。いずれも破損しており完全ではないことが見て取れる。

完全な五輪塔は全部で五層からなり、各層は形態が異なる。上よりそれぞれ寿桃（宝珠）形、半月形、三角形（四棱錐形）、球形そして方形（立方形）をなし、おのおのが空、風、火、水と地の五大元素—これはすなわち仏教の密教が主張するところの「五大」で

劉鈍

もある—に対応する[28]。

ギリシア古典時期の宇宙－物質の構図と比べると、ギリシアの元素のエーテルはここでは空に対応し、空気は風に対応し、火と位置を互換し、水と土はそのままであり、対応する立体の形状及び重さと対応する位置は基本的に一致している。言い換えれば、『ティマイオス』編で形式に意味のある元素はまさに正多面体であり、日本仏教建築の五輪塔において物質化され具象化されて現れた。

問題は、日本の五輪塔は古代ギリシア哲学の影響を受けているか否かということである。ここまでこの問題に対して筆者は確たる解答をまだ見つけることが出来ない。本文もまた考察を少し前に進めることに助けとなる手がかりをいくらか提供することが出来るのみである。中でも重要な手がかりは仏教の密教の「五大」とギリシアの元素説が対応していることである。

図4　岩手県中尊寺仁安4年(1169年)塔
典拠：本文参考文献8, 7頁。

図5　福島県岩法寺治承5年(1181年)塔
典拠：本文参考文献9, 9頁。

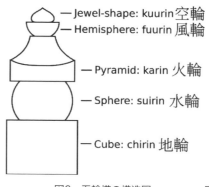

— Jewel-shape: kuurin 空輪
— Hemisphere: fuurin 風輪
— Pyramid: karin 火輪
— Sphere: suirin 水輪
— Cube: chirin 地輪

図6　五輪塔の構造図
典拠　Wikipedia

図7　京都府木津川市岩船寺五輪塔（鎌倉時代）
典拠　Wikepedia

密教はもともとインド仏教の一つの宗派である。西暦4世紀に中国に伝わり、唐の時代初めに大いに流行した。また、日本の仏教は朝鮮と中国経由で伝わった[29]。8世紀以後、遣唐使の一団が中国に派遣されるようになってから、仏教は日進月歩の勢いで発展した。名のある中国留学僧が漢訳仏典と関連する注釈を将来し、仏教の理論的発展に貢献した。これにより異なる宗派が生まれて行った。そのなかで最も影響力のあった宗派は空海（774-822）が創設した真言宗であり、彼と同じ遣唐使船に乗った最澄（767-822）が日本にもたらした天台宗である。時はまさに9世紀初めであり、この二つの宗派は最も早い時期に日本に根を下ろしたというべきものであり、いずれも密教に属し、前者は「東密」、後者は「台密」と呼ばれる。日本現存の早期の石造りの五輪塔も多くは密教寺院にある。例えば、先に取り上げた岩手県中尊寺は日本の天台宗の東北地方の大本山であり、最澄の弟子として唐に求法の旅に出た慈覚大師円仁（793-864）が850年に創建したものである。

　五輪塔の頂上が代表する「空」は仏教において複雑な意味を有している。簡単に言えば、「空」とは空虚、空寂、純浄、非有であり、これは「もっとも澄んだ透明な気」である意味の、プラトンが称する「エーテル」と相当近い。五輪塔の形の組成について言えば、「空」を代表する寿桃（宝珠）の形をした塔の頂上は、「風」を代表する半月形と連なり、蓮華宝座を構成する。蓮華崇拝はインド－イランのアーリア的伝統において悠久の歴史を有している。仏教世界において仏陀と智慧の象徴をなすものである[10]。また日本の天台宗は『妙法蓮華経』を最も基

図10　「妙法蓮華経」文五輪塔
　　　田市了仙寺開基今村正長らの墓
典拠　Wikipedia

本的な経典としていることに気づく。

　五輪塔の下部の三層の形状はプラトンの『ティマイオス』をより容易に連想させるものである。まず中央に位置する火輪に注目したい。この中国の大屋根に似た三角形（四棱錘）の奇妙な形は火を表わし、他方プラトンは正四面体によって火を表している。プラトンは『テイマイオス』において正四面体は最少の平面を有し、最も動的ですぐれた透過力をもっていると述べている[30]。しかし正四面体の三角形（四棱錘）の形状は建築上安定条件を満たし難いものがあり、そのため五輪塔製作に携わった工匠は大屋根に似た根株（截頭）三角形（四棱錘）を用いたのであり、時間の経過とともにそこに込められていた元来の意味を人々は忘れてしまったのである。ただ日本には確かに中央が三角錘状を呈する五輪塔の様式もあり、学者はこれを「三角五輪塔」を呼んでおり、中国と関連があるという認識がある[11]。関連する細部については後文にて取り上げたい。いま概ね球状を呈する水輪を見てみよう。建築の安定性の観点から見ると、球体を中下部に配置するのはいささか奇異である。ただ『ティマイオス』は正二十面体によって水を表わす。というのもそれが最大で、最も動きやすく、五種の正多面体のなかで最も球体に近いからである[31]。最下方の立方体については、五輪塔と『ティマイオス』の双方がこれによって最も安定した、最も固い大地を表わしており、これはまた土の元素である。

　鎌倉時代中期になると、各種の石造りの五輪塔が日本全土に広がった。真言宗、天台宗等の密教の寺院が五輪塔を建造しただけでなく、日蓮宗や禅宗等の宗派も続々と模倣した。甚だしくは民間の神社においても五輪塔が出来た。

図8　梵文五輪塔
　　　京都市豊国神社耳塚
典拠　Wikipedia

図9　漢字五輪塔
　　　兵庫県景福寺松平
　　　明矩墓
典拠　Wikipedia

3．早期の五輪塔の模式図と小型供養五輪塔

　密教の伝統には身体と自然を一体化する五輪胎蔵の伝統がある[31]。平安時代後期東密（真言宗）の伝承者、新意真言宗（智山派）の開祖覚鑁（かくばん）（1095-1144）[33]は形密（picture）、口密（words）、意密（emotion）の三位一体を提唱し、『五輪九字明秘密釈』[34]を著わし、『大日経』の胎蔵界の絵図を利用し、人の身体の部位と五輪を結び合わせた。具体的に言えば、下半身は方形をなし金剛地輪（金剛輪臍以下）に対応し、腹部は円形をなし水輪（大悲水輪臍中）に対応し、胸部は三角形をなし火輪（智火輪心上）に対応し、顔面部は半月形をなし風輪（風輪眉上）に対応し、頭部は宝珠形をなし空輪（大空輪頂上）に対応する[35]。この思想は日本の乱曲「五輪砕」[36]にも反映されている。その中では平安時代早期の詩人紀貫之（872-945）が宇佐八幡宮を参拝したときに身体と五輪、季節が対応することを神から聞いた故事を謳っている[12]。すなわち、すべての人の身体には天人一体を象徴する五輪胎蔵が組み合わされており、法輪がつねに転回し、生命が輪廻しているということである。或いはこれも五輪塔が広く仏教の墓地に用いられた原因であろうか。

　以下におもに寺廟建築物以外の早期の五輪塔に関する資料を検討しよう。これまでの研究の示すところによれば、五輪塔の平面図像と文字の記録として日本に見られるものは仏教寺院の墓塔としての石造りの建築物より些か早いようである。

　最も早い文字資料は835年の空海の入寂の年に遡ることが出来る。東大寺高僧であった宗性の『日本高僧伝要文抄』[38]の「弘法大師伝」によれば、「七七の御忌辰に及んで門弟等御体を見奉るに、顔色衰え

ず、鬢髪更に長ぜり、之に因って剃除を加え、衣装を整え、石段を畳む、……。石匠をして五輪卒塔婆を安ぜしむ、種種の梵文陀羅尼を入る、其の上に更に亦宝塔を建立し、仏舎利を安置せり、……。」[39]ということである。ただこの「弘法大師伝」は神秘的で不思議なことに関する記述が多く、学者は大抵の場合この説を採用しない[13]。

　2012年12月、日本の京都の大谷大学博物館は、京都市左京区久多的志古淵神社においてヒバで出来た五輪塔が一基発見されたと対外的に発表した。塔は高さ29.2cmで幅8.4cm、深さ7.8cmである。塔の底部の印の箇所には、「平治元年（1159）十二月九日」と「施入僧寂念」や「入道西念」等の墨跡が残っている。これは今に至るまで日本国内で発見された最古で保存状態が最高に良い木造りの五輪塔であり、小型供養塔に属するものである[14]。

　五輪塔の平面図形と文字の記録に対してパイオニア的な研究をした人物は川勝正太郎である。彼は「平安時代の五輪石塔」という論文において、五輪塔の形象は最も早くには紙上や布上で描かれたと指摘したが[40]、彼はこれについて具体的な証拠を挙げていない。彼が取り上げた最も早い例は京都市法勝寺の小塔院（1122年〔保安三年〕）建設遺構で発見された二種類の瓦当の中心部にいずれも五輪塔の図像があった[15]。彼はまた僧禅慧が1144年（天養元年）に播磨国大字須賀院のために制作した瓦製の五輪塔に触れている[41]。これは寸法からすれば、小型の供養塔である。彼はさらに1164年（長寛二年）に改鋳した旧成身院の銅鐘（現神戸市徳照寺蔵）の内側に五輪塔の図形が鋳造されていることに触れている[16]。厳島神社蔵平家納経箱の蓋にも五輪塔が描か

図11　『五輪九字明秘密釈』
中の坐位人身五輪図形
典拠：参考文献12、84頁[36]

図12　京都市法胜寺遗址出土
瓦当上的五轮塔
图源：参考文献15，页134

図13　神戸市徳照寺收藏梵钟
內面阳纹五轮塔
图源：参考文献16，页78

れている。時期は1167年（仁安二年）である[42]。「五輪石塔」に関係する早期の文字の記録は、彼が平信範（1112-1187）の日記『兵範記』なかに発見した需要な資料である。平信範は仁安二年（1167）七月二十七日の日記に近衛基実の遺骨の木幡の浄妙寺への埋葬について、「先穿穴……次奉殯穴底……次埋土、其上立五輪石塔……」と記している[17][43]。

　千々和実は仏教文献の『教王護国寺[44]文書』の「東寺新造物具等注進状」の中に仏舎利を安置するうえで有用な水精五輪塔、金塗塔〜制作時期は康和五年（1103年）〜各一基を発見した。そのうち水晶五輪塔は鎌倉時代（1185-1333）の早期に創建された山口県の阿弥陀寺[45]所蔵のものの淵源と見ることが出来る。阿弥陀寺のものは小型供養塔に属す。この中に仏舎利が入れられている[18]。

　本節で議論する供養塔はもっぱら舎利や経文を収めたり、或いは僧侶が身につけて携行する仏具の容器としての各種の材質で出来た小型五輪塔を指しており、寺廟の墓地の建築物について述べたものではない。先に木、瓦、水晶という材料で作られた小型供養塔について述べたが、ほかに陶器と金属で作られたものがあり、これらは日本の仏教の寺廟に遍く分布している。制作年代は平安時代後期から近世までである。図14は非常に典型的な小型供養塔である。それは実際のところ舎利を収める容器であり、建久九年（1198年）に制作されている。敏満寺旧蔵で現在は滋賀県胡宮神社に所蔵されている。塔身は高さ38.7cmであり、真鍮でメッキされている。底部にある立方体のなかに舎利を収める水晶球が収められている。その高さは4.7cmである。それは高さ7.6cmの碗形の金属の台座の上に置かれている。

塔の底部の銘文にはもともと僧重源（1121-1206）[46]が敏満寺の本堂に阿弥陀仏を安置するために喜捨したものであると記されている。「舎利寄進状」には中に収められた舎利は空海請来のものであるという説明がもともと附されていた。図15は日本の兵庫県浄土寺保存の重源上人の木彫像である[19]。

　重源はもと真言宗に属する醍醐寺[47]で出家し、のちに浄土宗の始祖法然（1133-1212）のもとで学び、宗派に捉われないで仏法を発揚した。彼は三度南宋の時代に中国を訪れた。天台山阿育王寺[48]等で仏教と建築技術を学んだ。彼は仏教の寺院建築において「天竺様」を編み出した。実際は「和様」のなかに「南宋様」が組み入れられたのである。この「天竺様」は鎌倉時代の日本の仏教寺院建築に対して多大な影響を及ぼした。この重源和尚はまた日本の東大寺尊勝院、東大寺別院、高野新別院、摂津渡辺別院等のために舎利を収める五輪塔を制作している。彼の著作である『南無阿弥陀仏作善集』の中に詳細な記録が留められている。

　胡宮神社蔵の舎利を収める容器の内部は截頭三棱錐である。一般の石造りの五輪塔が屋根状の四棱錐に似た形で火輪を示すとは異なっている。これが先述した「三角五輪塔」にほかならない。重源が制作した多数の供養塔はいずれも三角五輪塔である。石田尚豊は、このことは、五輪塔の原型は中国伝来であることを、証明するものであるという認識を示している。何故ならば、唐代の仏典中に見られる五輪塔の図形の水輪の部分が三角形であるからである。また中には重源が入宋しておらず、三角五輪塔は同時代の人たちに彼が中国に留学したことを信じ込ませるために異国情緒を浸み込ませようとして意

図14　胡宮神社蔵五輪塔形舎利子容器
典拠：参考文献19，図版44

図15　浄土寺蔵重源上人坐像
典拠：参考文献19　図版43

図16　泉涌寺「楊貴妃観音」坐像
典拠：参考文献19、図版87

図17　X線照射図は彫像の体内の
　　　五輪塔を明示している。
典拠：参考文献23、446頁。

図的に四棱錐に似たものを截頭三棱錐に改めたと考える者もいる。藪田嘉一郎は中国伝来説に反対で、重源が三角五輪塔を制作したのは東密と台密と浄土宗を融合させようとした結果であると考える[20]。

日本語のウィキペディアはさらに、真如苑に属する真澄寺収蔵の大日如来坐像の内部にX線を照射した結果、木製の小型五輪塔を発見した。この坐像は鎌倉時代の僧運慶(1148?－1224)[49]或いはその弟子が制作したものではないか。関連の計測データは東京博物館の館刊に発表された[21]。

よく似た別の例が京都市の泉涌寺[50]観音堂内部の「楊貴妃観音」と称せられている木彫坐像がある。1998年に彫像を修復した際に、胎内に別の装置があることを発見した。当時は簡単な報告を行なったにすぎなかった。2009年に奈良博物館主催の「聖地寧波」展に協賛した。研究員がこの観音坐像に新たにX線を照射したところ、胎内に舎利を収める

小型五輪塔が蔵されていることが確認された。塔の高さは3.6㎝である。塔の底部には三つの舎利が置かれていた。高さ144㎝の観音坐像の胸部の中央に位置していた。現在のところこの超小型の五輪塔の材質と製作地を判定するすべを有しない。日本の多くのマスコミ、通信社、朝日新聞、読売新聞はいずれもすぐさまこのことを報道した。

　泉涌寺は時代を異にして多くの天皇に関わった寺院である。また真言宗泉涌寺派の総本山でもある。開山の祖師は俊芿（しゅんじょう）(1166-1227)[51]は真言宗の僧であるだけでなく、中国に行き天台大師のもとで学んだ。勅号を大興正法国師とするが、一般には月輪大師と称される。泉涌寺の心照殿（博物館）研究員西谷功氏は観音彫像の主要な研究者である。彼の研究によれば、この木彫は俊芿の弟子湛海（1181-?)[52]が中国の南方から持ち帰ったものである。外観は普陀山観音像とよく似ている。中国の工匠の手になるものであろう。当時、遠洋航海は極

図18　逸名『餓鬼草紙』（局部）　東京国立博物館蔵
典拠：ウィキペディア

めて危険であり、普陀山観音は航海する船の安全を守る力があると見なされていた。湛海は四度中国を訪れ、1228年には三度めの入宋を果たしている。1230年6月には観音像とその他の品（月蓋長者[53]像、善財童子[54]像等―現在、いずれも泉涌寺に保管されている）を持ち帰った[22]。西谷功氏は、この観音は五輪塔を胎蔵しており、その点が真澄寺の大日如来坐像とよく似ていると捉えている。年代もまた近いので、日本にはこのような伝統があると彼は説明している。しかし彼はまた中国人の工匠が制作したものであること、或いは湛海が工匠に自ら携帯している供養塔に収めることを依頼した可能性を排除していない[23]。

さらに多くの学者の関心を集めた図像がある。それは東京国立博物館収蔵になる『餓鬼草紙』の絵巻物であり、この長い巻物の左端に五輪塔の図像がある。この絵は12世紀末の作品である。当時日本の寺院の中にある石造りの五輪塔は非常に流行していた。

４．考えられる外来の影響及び由来

仏教の密教の「五大」、古代ギリシアの四大元素にエーテルを加えたもの、古代中国の五行の三者の間に関連があるや否や、恐らく今に至るまで充分納得させるまで決定的な言辞を言い出せた者はいない。時間的にみると、古代ギリシアはペルシアとインドを通過したために相互に影響を及ぼし合った可能性がいくらか高くなるようである。とりわけアレキサンドル大帝の東征（334-324BC）以降のギリシアと東方文化の直接的な交流と融合の機会について言える。古代ギリシアの哲学、天文学と占星術はマウリヤ王朝（c.322-180BC）のサンスクリットの経典にいずれも反映されている[24]。

つとに前世紀には西方に院との仏塔建築の形而上学の意義を議論する者がいた。ニュートン（John Newton）はピラミッドの形はシヴァ神の象徴であり、太陽、男根、生命と火を示すものであると指摘している。チベット仏教と中国仏教において古代インドの仏塔もまた宇宙観を体現したものである。下から上に積み重なるように地、水、風、空の形体を象徴する。火炎は地と水の上にあり、火炎が示すシヴァは半月によって天空に結びつけられる。半月の中に挿入された穂先はシヴァを象徴したものである[25]。筆者の見識には限界があり、非専門的な雑誌に掲載された短い文章[26]以外には現在まで明確に五輪塔と

『ティマイオス』の宇宙論との関連を議論した論文を目にしたことがない。

村田治郎はチベット語の仏教経典のなかに仏塔が五輪図を護持しているのを発見し、五輪塔の原型はチベット仏教のラマ塔であり、北インドの板卒婆（率塔婆）が仏教の密教化以後「五大」観念に附和したことにより出来上がったと見なしているが、その論証は粗略で、藪田嘉一郎等によって認められていない[27]。

塔（サンスクリットでは Stupa）はもと仏舎利等のものを安置するために作られた建築物で、盛り土、瓦、レンガ、石を材料とし、仏教文化の影響のある国家や地域に分布しており、形式やスタイルは極めて多い。日本の平安時代以後の寺院建築は中国の影響を大きく受けているけれども、五輪塔のような形の墓石や供養塔はアジア各地の仏塔、蔵経塔、舎利塔とは異なっているが、唐代中期以来流行した経幢[55]とは幾分似ている。経幢の梵語名は Dhvaja である。上面に経典が刻まれているのもインドの密教の伝統である。図19は中国山西省五台山仏光寺[56]の一本の経幢である。乾符四年（877年）に建てられた。スケッチは著名な古代建築の専門家梁思成、林徽因夫妻が1937年に実地調査を行なったときに描いたものである[28]。この絵より経幢の頂は寿桃（或いは宝珠）状を呈していることが分かる。その下は二層の蓮華宝座であり、さらにその下は同一の屋根の形状（截頭棱錐或いはピラミッド）をしている。これらの部分は五輪塔の中上部とよく似ており、経文は下面の

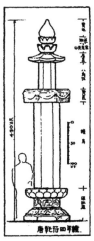

図19　五台山仏光寺唐代乾符四年（877）経幢図
　　　梁思成、林徽因作成

多角棱柱(通常は六角或いは八角)の表面に刻まれる。

しかし幾何的な形体によって異なる元素を表わすということ—それは『ティマイオス』が描くところの宇宙の図像と似ている。こうした様式の日本の五輪塔は非常に独特であり、古代インド、中国及び他の地域においてはこれと似た建築物は出現していないようである。

多くの日本人の学者が漢訳仏典の中に五輪塔の文字或いは図像が含まれていることを指摘している。藪田嘉一郎は『大日経疏』、『慈氏菩薩略愈諏念誦法』、『尊勝仏頂瑜伽法儀軌』、『三種悉地破地獄転業出三界秘密陀羅尼法』等の経典に図があると述べている[29]。石田尚豊は『宝悉地成仏陀羅尼経』には「可安置五輪塔中」という語があることを指摘している[30]。村田治郎は『尊勝仏頂瑜伽法儀軌』の材料を重視して利用し、『大正新脩大蔵経』巻十九より引用して説明している[31]。

『大蔵経』は種類が豊富で巻数も多いので、村田治郎のように明確に提示しなければ、専門外の人間がこの中から砂中に金を得るように必要な資料を探し出すことは困難である。例を挙げれば、空海の『御請来目録』には彼が入唐し仏法を学んで後日本に持ち帰った経、律、論、疏等、全部で216部461巻についてその奏表のなかで、「密蔵深玄、翰墨難載、更假図画開示不悟」、「経疏密略載之図像、密蔵之要世系乎茲。」[32]と記している。この資料は密教の経や疏は密なる教義が隠されており、図像の力を借りなければ次の世代に伝えて行くすべがない[33]。ただ偶々最近仏教界の網友が五輪塔において火を表わす三角形について質問して来たことがあり、そのとき

彼は同時に『大正新脩大蔵経』の手掛かりとなる文を数則提供してくれた。これらは日本の僧侶が書き写した密教文献の中に五輪塔の文字と図像が確実に存在したことを証明するに足るものである[34]。

真言宗の僧侶恵什[57]は『図像抄』(『十巻抄』とも称す)の中で「胎蔵界五仏」について言及している。一番上にあるものは大日如来で、その法身が象徴するものこそ五輪塔である。原稿本の描くところの五輪塔の図形の下にはさらに朱筆で「可図例塔也、但有古本如此」という批語がある。これはこの図にはより早い時期の由来が他にあることを説明するものである[35]。

別に真言宗の僧侶覚禅[58]が四十年の歳月を費やして『覚禅鈔』[59]を編輯した。これは『大正大蔵経』の「図像部」に収められている。彼はまた上述の『図像抄』の五輪塔の図形及び文字を引用している[36]。また「造塔法」の一節があり、唐代の『不可思議疏』、『密蔵記』、『造塔功徳経』及び『大日経疏』等の関連箇所を引用し、また図20のように自ら五輪塔の図形を描いて説明を加えている。

『覚禅鈔』はまた『五大互相融通』を引いて「身体塔同事」を説明している。すなわち、
「腰下念阿字，地輪，黄色；臍念尾字，水輪，白色；胸念羅字，日輪，赤色；髪際念吽字，風輪，黒色；頂上念劍字，虚空，青色。」[37]とある。前節「早期の五輪塔線図と小型供養塔」の初めに挙げた覚鑁の『五輪九字明秘密釈』の意とするところと大体において一致している。

古義真言宗僧侶澄円（1283-1372）[60]が編輯した

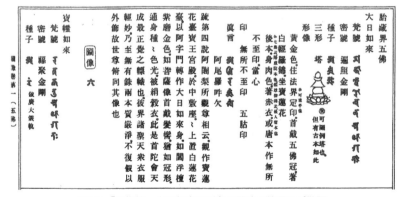

図20 『図像抄』大日如来の形象に関連の絵図及び批語
影印は『大正新脩大蔵経』図像部第三冊による

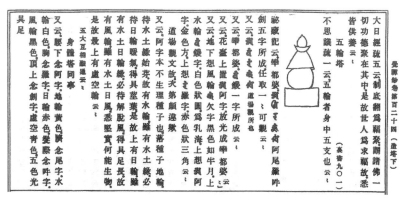

図21　『覚禅鈔』中の五輪塔に関係する内容
『大正新脩大蔵経』図像部第五冊

『百宝抄』（また『白宝抄』とも称す）は『宝篋印陀羅尼法』[61]を引くときもまた五輪塔の形に触れている。その文は、「観最下［「最下」とあるのは「其上」の誤りではないかと思われる］有ख［梵音kha］字成虚空, 団形, 雑色；其上有ह［梵音ha］字成風輪, ◗, 黒色；其上有र［梵音ra］字成火輪, △形, 赤色, 焼浄世界；其上有व［梵音va］字成水輪, ○形, 白色也；其上有अ［梵音a］字成地輪, □形, 金色, 金剛不壊清浄地界。」[38]とある。

　以上取り上げた三名の日本人僧侶はいずれも日本の密教の真言宗に属す。『覚禅鈔』は『図像抄』を引用しているので、覚禅は恵什の後の人間であることが分かる。『覚禅鈔』にはたびたび「大治」の年号（1126-1131）が登場するので、恵什、覚禅はいずれも平安時代後期の人物であること、また日本の寺院において石造五輪塔が出現するその早期より少し前に生存したことが推測され得る。澄円の生卒年代は調べることが出来る。彼は鎌倉時代（1192-1333）の人である。その当時の五輪塔は日本においてすでに相当普及していた。

　以上五輪塔の形を含む経文や図像はいずれも日本密教の伝習の内容に属す。それらは各々所依とするものがある。それはまた漢文、甚だしい場合はサンスクリットの密教経典に由来するものにほかならない。密教は中国の唐代の初めに隆盛を極めた。一行（683-846）[62]は胎蔵、金剛の二つの秘法を総合し、『大日経』[63]等の仏教経典を漢訳し、併せてこれらの注疏も作成した。中国における密教の流行と後の日本への東伝に大きな影響を及ぼした。しかし唐の武宗（在位840-846）[64]に会昌の廃仏[65]によって中国における仏教は深刻な打撃を被った。東方の密教の中心地も次第に日本に移って行った。筆者の推測するに、密教の儀軌の表現形式としての五輪塔図形は中国を訪れた日本の僧侶が書写した経典の上に描いて

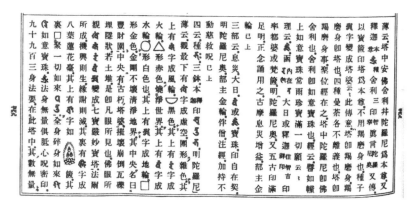

図22　『百宝抄』中の五輪塔に関する内容
影印は『大正新脩大蔵経』図像部第十冊

日本にもたらし、まず紙或いは布の平面に描かれた形式で流伝し、しだいに立体的な墓塔や供養塔に発展し、平安時代後期に続々と真言や天台等の密教寺院の中に出現して行ったものであろう。

5．中国の石造りの五輪塔

　日本の仏教は朝鮮及び中国を経由して入ってきたにせよ、朝鮮あるは中国を問うことなく近代以前において石造りの五輪塔のような寺院建築及び小型供養五輪塔の出現はないようである。筆者の把握しているところのわずかばかりの資料によれば、中国の五輪塔は少なくとも三箇所にあり、時代的には新しいものであり、日本の影響を受けている。

　その中の一つは岳麓山[66]中腹にある。塔の高さは約11m、塔身は五層、上から下まで金字のサンスクリットで空、風、火、水、土が刻まれている。建設の発起人は当時の湖南督軍趙恒惕（1880-1971）である。時期は1924年である。建設の目的は三年前の「援鄂」戦争で亡くなった将兵を弔うためであった[39]。趙恒惕は若いころ日本の陸軍士官学校に留学している。彼は密教の信徒であった。残念なことにこの塔は文化大革命の時期に壊されている。2002年に香港の或る会社が120万元を喜捨して元あった場所に修復した。修復に用いた石材の多くはもともとの塔から取り、また岳麓書院近くの池の周辺から頂上の壊されたもとの石球を探し当てたというふうに言われている。ただ修復後の五輪塔はもとの姿をもはや留めていない。その内側にある中空の立柱と塔身の入口は鉄の門で封鎖されている。昔この塔に昇ったことのある長沙の人士の回億によれば、この塔の内側にはもともと昇れるように梯子があったということである。

趙恒惕は当時湖南地方の最高長官であり、この五輪塔の再建の実際上の発起人といえば当時湖南で仏法を弘めていた江蘇淮南の人顧鵬（1889-1973）であった。彼は清初の大儒顧炎武（1613-1682）の子孫であった。自著『宝筐印経釈』の中で「五輪塔縁起」と名づけた材料に説き及んでいる。この五輪塔の再建のための出資者のうち最も主要な人物は湖南湘潭の人梁煥奎（1868-1930）であった。彼は実業家、教育家であり、湖南の日本留学生の監督をしていた。仏学を研鑽し、とりわけ密教の信仰に篤かった。梁煥奎没後、夫人とともに故郷の黄坡沖古竹塘山陽麒麟山陽に合葬された。その墓地の地上部分の建築はおおむね五輪塔の形状を呈している。仔細に点検するとさらに多面体の表面に刻まれたサンスクリットの文字を見ることが出来る。残念なことに、この墓はたびたび盗難にあって破壊され、塔は最早存在していない[40, 41]。

　このほかに北京の雍和宮南門外の牌楼にも一基の石造りの五輪塔があった。それは八か国連合軍が北京を占領した（日本は「北清事変」と称す）後、日本軍が亡くなった将兵を追悼するために1901年に建てたものである。五輪塔は招魂亭とともに高さ3mの石砌の土台のうえに据えられた。地輪は辺長1.6m、塔の高さは4.6mであり、水輪にはサンスクリットの「水」に当たる文字が見える。恐らくは1945年に破壊されたものであろう。図25は上海公益洋行が発行した絵葉書である。その写真は五輪塔が建設されて間もないころの1901年に撮影された。右下の角にはさらに塔と招魂亭に関する由来と大きさの説明がある。図26は1923年に撮影された写真である[42]。

図23　再建後の長沙岳麓山五輪塔
撮影者　劉鈍

図24　梁煥奎夫婦墓及び墓頂五輪塔
　墓前に立つのは令息梁培偉と令嬢梁培懌（撮影は1930年）
提供者は梁建雄氏

図25—26　北京雍和宮牌楼院内の日本占領軍が1901年に建設した五輪塔
典拠：老北京網

西安南郊の終南山の奥深いところにある浄業寺の境内には二基の五輪塔に似た建築物がある。一基は五観堂の前の庭園ないにあり、年代は比較的早期のものである。例：図25。別の一基は多面角柱の頂に据えられている。現代に新たに追加された作品のように見える。例：図26[43]。浄業寺は隋の開皇元年（581年）に創建され、たびたび破壊に遭っている。現在の木石建築はその多くが明清両代に再建されたものである。この二つの物品はつまるところいつ造られたのかということについてはさらに研究を進めなければならないことである。ただこれらはいずれも標準的な五輪塔ではない。それらを変形五輪塔と称するほうがより適切であるかも知れない。五観堂の前の石塔の中間の三層の位置は五輪塔の構造に符合しない。水を表わす球形に似たものが第二層に据えられている。以下は風を表わす半月形と火を表わす截頭角錐であり、標準的な五輪塔の中間の三層の順序は風、火、水となるであろう。このことは浄業寺の石塔の建造者が五輪塔に帰せられた寓意を少しも理解していないことを物語るものである。図26

について見れば、これは現代人が制作した一基の経幢の頂上部の装飾でしかないことになろう。

近年このかた中国政府が文観光事業を重視するようになるにつれて、多くの場所で五輪塔が新たに建造されるようになったし、多くの仏教寺院の仏具関係の流通所にも各種の材質の供奉の五輪塔が出品されるようになった。このほか中国と日本以外の場所においても五輪塔とよく似た多層の建築物がある。そのうちの立方、円球、屋根、瓢箪の頂等の形状などは美学或いはその他の目的に基づいて配列されたものに過ぎず、五輪塔の形式上の意義を具備していない。これらについてのことがらは本文の議論の枠外である。

6．結論と問題

五輪塔は多くの日本の寺院の墓地の標識的性格を有する建築であり、またそれは小型の供奉品或いは貯宝器は十二世紀中葉に始まり現在に至っている。五輪塔の外観、順序及びその形態上の意義はプラト

図27　西安浄業寺五観堂前　准五輪塔
典拠：参考文献43[67]

図28　西安浄業寺経幢上の五輪塔形頂上装飾
典拠：参考文献43[67]

ンの宇宙図と高度に相似関係にある。両者間になに
がしかの関係がないと想像することは困難である。
換言すれば、『ティマイティオス』の中の幾何化さ
れた元素で宇宙の構成と変化を解釈するという思想
は約1500年後に出現した日本の寺院建築の五輪塔
によって具象化される形で表現された。単に偶然の
一致ではないであろう。

　建築の様式から論ずれば、日本の寺院建築は中国
から深く影響を受けている。しかし、例えば経幢や
仏塔のような或る種の建築の外観がいくらか似てい
るにせよ、中国の唐、宋までの建築物に五輪塔のよ
うな造形を探し当てることは出来ない。哲学上の理
論から言えば、中国の五行は地平、方位、色、季節
等に及ぶだけであって、高低や軽重には触れない。
それゆえ「五輪」は「五行」と何ら関係がないであ
ろう。文献上から遡れば、日本の仏教経典はおもに
中国から伝入したものである。歴代の中国留学僧や
その弟子たちによる整理を経て特色ある日本仏教の
経典の宝庫を形成したものである。『大蔵経』のう
ち日本で作成されたもの中には五輪塔の形式に関係
する若干の文章と図形があるが、それらは日本の密
教の内容に関係する。これらの文章と図形には所依
とするものがある。それらはまさしく漢文甚だしく
はサンスクリットの密教経典に由来するものである。

　晩唐の「武宗の滅仏」の後、中国における仏教の
発展は深刻な打撃を被った。唐の初期に栄えた密教
はほとんど地下に潜り正真正銘の「秘密教派」となっ
てしまった。しかし空海や最澄等の日本の留学僧が
国に戻った後、唐の密教を発展させ、日本を新たな
密教の中心地にしたのである。平安時代晩期に至っ
て、日本作成の仏教経典の五輪塔の線図はまず兵メ
イン図像の形態で紙、布、瓦当と鋳造された鐘の上
に出現し、しだいに立体的な五輪塔と供養塔に発展
して行った。

　日本作成の仏教経典は漢訳仏典と密接な関係にあ
る。しかし漢訳仏典がサンスクリット原典或いはチ
ベット語仏典とどう関係するかということについて
は専門の仏教研究者にとっても一つの大きな難問で
もある。古代インドの「五大」の観念は古代ギリシ
アの元素学と酷似している。それらの間に交互の影
響がかつて発生したのであろうか。時間と空間より
見れば、ギリシアの古典文明は（ペルシアを通って）
古代インドと接触があった可能性が高い。日本の五

輪塔とプラトンの『ティマイオス』との相似性は研
究者に挑戦を投げかける。五輪塔について言えば、
歴史的に「ギリシアーインドー中国ー日本」という
一本の知識の伝播の筋道が存在したのであろうか。
これは世界的な視野における文明交流史上大いに興
味をそそる問題である[68]。

1. 柏拉図『蒂邁欧篇』謝文郁訳注、上海（上海人民出版社）、2003年。
2. Plato, *Timaeus* 55c, Plato in Twelve Volumes, Vol. 9 trans. By W. R. M. Lamb. Cambridge, MA: Harvard University Press; London: William Heinemann Ltd. 1925.
3. Plato, *Timaeus* 55, *Works of Plato*, Vol.5, trans. by Benjamin Jowett, 4th edition, Guillin: Guangxi Normal University Press（広西師範大学出版社）, 2008, p.358.
4. Plato, *Timaeus* 58d, *Plato in Twelve Volumes*, Vol.9, trans. by W. R. M. Lamb, MA: Harvard University Press; London: William Heinemann Ltd. 1925.
5. Aristotle, *On the Heavens* 269-270, esp.270b, in Simplicius,[9] *On Aristotle's On the Heavens* 1.1-4, trans. by R. J. Hankingson, London: Bloomsburry Publishing Plc.2002.
6. Simplicius, *On Aristole' On the Heavens* 1.1-4, trans.by R.J.Hankingson, London: Bloomsbury Publishing Plc.2002, p.31.
7. Thomas Heath[24], *A History of Greek Mathematics.* Vol.2. Oxford University Press. 1921, p.394.[25]
8. 川勝政太郎、「平安時代の五輪石塔」藪田嘉一郎編『五輪塔の起源』綜芸舎（京都）、1958年、3-10頁（～「三、五輪石塔」において中尊寺釈尊院のものについては、6-8頁に、大分県臼杵中尾のものについては4、8-9頁に、福島県泉村岩法寺のものについては9頁に記述がある～訳者注）。
9. 千々和実「初期五輪塔の資料三題」藪田嘉一郎『宝篋院塔の起源 続五輪塔の起源』綜芸舎（京都）、1966年、91-94頁（～千々和実の論考の重要な点は、「一 最古の五輪石塔文献か」の中の「以上によって、これまで五輪石塔の文献的初見とされた兵範記の仁安二年（1167）条の近衛基実の五輪石塔、あるいは、五輪石塔最古の遺品とされている平泉中尊寺釈尊院墓地の仁安四年銘の五輪石塔より、六十余年さかのぼる康和五年（1103）に五輪石塔が新造された事実が確認され、これを、わが国の確認された五輪石塔の最古と考えてよい。」（93頁）という記述であろう～訳者注）。
10. 穆宏燕「印度ー伊朗 '蓮華崇拝' 文化源流探析」『世界宗教文化』、2017年6月、61-70頁（―『世界宗教文化』第108期〔世界宗教研究雑誌社〕の特集は「摩尼教研究」である。その中の一つの論考である北京外国語大学亜非〔アジア・アフリカ〕学院教授穆宏燕の論文の「四、蓮華崇拝伝入印度」の中で、アケメネス朝ペルシアがアレキサンドルによって倒された後、アレ

キサンドルの軍勢が東方遠征によってインド西北部まで進んだ。インド文化とイラン文化がルーツを同じくすることもありゾロアスター教に由来する蓮の花信仰がインドに移入され土着化したというように論述している（69-70頁）。『足利惇氏著作集』第一巻「イラン学」（東海大学出版会、1988年）と第二巻「インド学」（同出版会、同年）には蓮の花信仰がゾロアスター教に淵源するということに関する記述がないように思う。また伊藤義教『ゾロアスター研究』（岩波書店、1979年）と『ゾロアスター教論集』（平河出版社、2001年）にも見られないように思う。また伊藤義教には「大和朝廷とゾロアスター教徒の来日」という論考を収めた『ペルシア文化渡来考―シルクロードから飛鳥へ―』（岩波書店、1980年）という著書がある。古代日本と古代イランの文化交渉のことを考察した労作である。蓮の花のことには触れられていないように思われる。井本英一「西アジアの宗教」（金岡秀友・井本英一・杉山二郎著『シルクロードと仏教』大法輪閣、1980年、229-268頁）の「リグヴェーダとアヴェスタの成立」の項には、「インド・イラン語派に属するアーリヤ語を話す語派は、前二千年紀にはインドとイランの地に移動していた。」（256頁）とある。古代イランと古代インドはもともと同一の文化圏に属していたようである。これらは東西交渉史における重要な論題である。訳者の浅見の及ぶところではない。〜訳者注）。

11. 石田尚豊「三角五輪塔考」『ミウジアム』、1957年、第4期（〜『ミュージアム』〔東京国立博物館編集、美術出版社発行〕72号、1957年3月、18-21頁。同論文は、「ここにこれからのべようとする五輪塔は、普通われわれの目にふれるものとは異り、火輪が三角錐をなしていて、見るからに奇異な感を抱かせる。」（18頁）という文より始まる。そして「……今回はこの種の五輪塔にいかなるものがあるかを見るにとどめ、次回に改めてこれらの問題を考えてゆくことにしたいと思う。」（同頁）と述べる。中国との関係については言及されていない。そこで愛知大学名古屋図書館の職員の方にここにいう「次回」の論文をお調べいただいた。まったく同じ題名の論文が第73号（1957年4月、26-29頁）に記載されていた。その「三、五輪塔の始原」に中国との関連が詳述されていた（28-29頁）。〜訳者注）。

12. 藪田嘉一郎「五輪塔の起源」藪田嘉一郎編『五輪塔の起源』綜芸舎（京都）、1958年、103-104頁。そこには、「前にふれた重源の宋文化導入の傾向から、五輪塔史における断層的性格を有する三角五輪塔も、宋にその祖型があったのであろうと考えられる。……ここに宝悉地成仏陀羅尼経（不空訳　訳出の時期746〜747）の注目すべき記事に遭遇した。……いうところは仏舎利を五輪塔を始めこれらの諸塔に安置するということであり、ここに五輪塔の存在を明記していることである。……しかし五輪累積の思想が遥か遠く唐以前にあり、想念の世界とはいえ各輪の形象も明らかであり、しかも人間の五体に関係せしめている以上、その想念も上下に安定性を持ち、現在の五輪塔に最も移行し易い関係にあり、その形も当然さう飛躍があるとは考え難いのである。……ここにおいて従来の覚鑁をもって五輪塔思想の創始者となす説はもとより、藤原末期に五輪五大と塔婆とを結びつけたとする通性は根本的に再考されねばならず、日本古来の五輪塔もおそらく何

らかの形でシナより流入したものとの推察を強くし、この問題は唐より平安後期のブランクをより広い視野から検討しなければならないと思う。」（28-29頁）とある。五輪塔の起源は宋時代の中国にあると石田尚豊は考えるのである〜訳者注）。

13. 藪田嘉一郎「五輪塔の起源」藪田嘉一郎編『五輪塔の起源』綜芸舎（京都）、1958年、103-104頁（〜注の箇所は「六、日本における五輪塔の創成と普及」の「弘法大師廟の五輪塔卒塔婆」の項に該当する。ここでは、「しかしこの弘法大師伝は後一条天皇の世を溯るものではない。文中に『禅定大相国御堂』の語があるからである。（実は堀河天皇寛治三年以後の書）しかもこの伝記は神怪の記事多く、信ずべからざる点が多い。」（103-104頁）と述べる。

14. 未名天日本游学旅游、"日本最古老的木造五輪塔面生"、新浪博客、2011-12-16
http://blog.singa.com.cn/s/blog8690f4e5010113qz.html（〜大谷大学博物館にて2011年12月13日（火）から17日（土）まで2011年度冬季企画展特別陳列「新発見　久多の木造五輪塔」が開催された。この企画展について大谷大学のホームページ（http://www.otani.ac.jp/news/nab3mq000001nuoi.html）では、「京都市左京区の北端、滋賀県に接する久多は、古く平安時代の藤原道長の創建した法成寺領とみえてより、連綿と独自な文化を今に伝えています。……現在、本館に寄託されている鎌倉時代前期の『大般若波羅蜜多経』は文化財として高い評価をうけ、昨年4月に京都市指定の文化財となりました。その後、志古淵神社に木造の五輪塔が保管されていることが新たに確認され、本館に寄託されることになりました。本館では、この五輪塔の基礎調査をすすめてまいりましたが、その結果、五輪塔の遺品としてきわめて重要な意味をもつものであり、制作時期が平安時代にさかのぼる可能性の高いものであることが判明しました。」と紹介されている。大谷大学図書館閲覧係の石橋鮎さんから、日本古代史がご専門の大谷大学教授宮﨑健司先生がご執筆された「「久多の木造五輪塔」（『大谷学報』第93巻第2号、2014年、24-42頁）を教えていただいた。記して感謝します。〜訳者注）。

15. 藪田嘉一郎「続五輪塔の起源」藪田嘉一郎編『宝篋印塔の起源　続五輪塔の起源』綜芸舎（京都）、1965年、133-134頁（〜川勝政太郎「平安時代の五輪石塔」の「「二　五輪塔の出現」の中に、「平安時代の何時頃から五輪塔形が現はれたかと言ふことは、此等の種々の材料のものに就いて見るべきであるが、大体に於いて京都市岡崎の廃法勝寺阯より発見された軒丸瓦や、軒平瓦の瓦当に現はされたものが、現在知られるものゝ中では最も古いやうである（第一図①本）。此等の瓦は保安三年（西紀1122）に建立された法勝寺小塔院の屋蓋に使用されたものと考へられて居る。」（『五輪塔の起源』、2-3頁）とある。注に挙げられた藪田「続五輪塔の起源」には、「顕教の標識が宝塔であり、真言宗の標識が五輪塔であることは前述したが、ここに顕密両宗共存を象徴する標識が現われた。それは宝塔と五輪塔の合いの子である。その一例が京都市左京区岡崎公園、法勝寺跡から出土した塔形文瓦当である。その風空輪は全く五輪塔であるが、火輪には四隅……に降棟形をつけて宝塔を現わし、水輪は舎利瓶形で、

地輪はせい低く宝塔の基礎に他ならない。この瓦当は法勝寺小塔院の遺物と信じられている。」（133-134頁）とある〜訳者注）。

16. 田岡香逸「石造五輪塔初現の年代について」藪田嘉一郎編『宝篋印塔の起源　続五輪塔の起源』綜芸舎（京都）、1966年、78頁（〜川勝「平安時代の五輪塔」の「二　五輪塔の出現」の中に、「……長寛二年（1164）の改鋳にかゝる旧大和国成身院銅鐘（今、神戸市中山手通八丁目徳照寺蔵）の内面に鋳出された五輪塔形があり（第一図③）、……」（『五輪塔の起源』、3頁）とある。また田岡「石造五輪塔初現の年代について」には、「……長寛二年（1164）の改鋳銘がある神戸市の徳照寺鐘の内面に陽鋳され……」（『宝篋印塔の起源　続五輪塔の起源』、78頁）とある〜訳者注）。

17. 川勝政太郎「平安時代の五輪石塔」藪田嘉一郎編『五輪塔の起源』綜芸舎（京都）、1958年、3-6頁。

18. 千々和実「初期五輪塔の資料三題」藪田嘉一郎編『宝篋印塔の起源　続五輪塔の起源』綜芸舎（京都）、1966年、91-93頁〜同書の85頁に掲げる赤松俊秀編『教王護国寺文書』（巻一）（平楽寺書店、1960年）の「三〇　東寺新造仏具等注進状」の康和五年の箇所には、

「仏舎利安置五輪塔　其内中石輪　水精五輪塔　金■塔　各一基
御輿二宇　西院大師（空海）等」

とある：訳者注）。

19. 奈良国立博物館編『聖地寧波−日本仏教1300年の源流』、2009年、290-291頁（〜「作品解説」の「44　◎三角五輪塔形舎利容器」（奈良国立博物館学芸部清水健氏担当）（290-291頁）と「43　◎重源上人坐像」（同岩田茂樹氏担当）（290頁）とが関係しているであろう：訳者注）。

20. 藪田嘉一郎「重源の五輪塔」藪田嘉一郎編『五輪塔の起源』綜芸舎（京都）、1966年、139-141頁（〜「附録　重源の五輪塔」〔138-144頁〕には、「要するに重源は念仏聖であったわけで、法然上人の教を受けたが、それにこだわらず対蹠的の真言念仏をも修したのである。こういうことは念仏聖の特色である。醍醐や高野にあっては真言念仏を、東大寺にあっては三論系念仏を唱導したのであろう。」（139頁）とある：訳者注）。

21. 丸山士郎「真如苑真澄寺所蔵大日如来坐像のＸ線断層写真（CT）調査報告」*Museum*（東京国立博物館）669号、2017年8月（〜『MUSEUM 東京国立博物館研究誌』所載の東京国立博物館特別展室長丸山士郎氏の論文は同号の45−66頁に掲載。論文は「構造」、「各部材の接合」、「納入品」、「注」からなる。Ｘ線断層写真が数多く掲載されている。同論文は最初、山本勉「新出の大日如来像と運慶」『MUSEUM』589号〔2004年〕によって真澄寺所蔵の大日如来像が紹介されたことを記している〔本文45頁、注（1）〔66頁〕：訳者注）。

22. 西谷功「泉涌寺僧と普陀山信仰−観音菩薩の請来意図」奈良国立博物館編『聖地寧波−日本仏教1300年の源流』、2009年（〜泉涌寺宝物館心照殿学芸員の西谷功氏の論文は260-263頁に掲載。特に、「以上のことから、寛喜二年（1230）に湛海によって請来された〈楊貴妃〉観音像は、航海守護・海難救済の信仰を

集めた普陀山の楊柳観音であることが判明し、請来当初から応仁の乱まで、法堂二階に観音像を中心に、向かって左に月蓋長者像（顔をやや右〈観音像〉方にむける）、右に善財童子像を安置し、普陀山の聖域を現出させていたのである」（262頁）が重要な記述であろう。但し、「……善財童子は現存していない。これは盗難によるもので、『泉涌寺盗難届綴』によると、明治二十二年（1889）一月二十七日に盗難品として仏堂安置の「月蓋長者木立像　二尺三寸／作者宋仏工」と「善財童子木立像　一尺九寸／作者宋仏工」と記されている。月蓋は取り戻されたが、善財は行方不明となった。『盗難届綴』によって像高五センチメートルほどの善財童子像が泉涌寺に安置されていたことがわかる。」（261頁）ということである。更に同論文は観音像の制作過程にまで論及する。「これらを踏まえた上で注目したいのは、観音像の材質がヒノキ材の可能性が指摘されている点である。ヒノキは中国に群生しないため、観音像の制作地に関して疑問が呈されていたが、先の白蓮教寺修造時の材木で制作された可能性が提示できるのである。仏牙を七月十五日に頂戴し、九月八日に日本に請来したと伝えられるように、この際に、普陀山観音像の制作は一二二八〜三〇年ころと考えてよかろう。」（262頁）とある：訳者注）。

23. 西谷功『南宋・鎌倉仏教文化史論』第二部第六章「楊貴妃観音像の〝誕生〟」勉誠出版、2018年、445-452頁（〜同書は西谷功「泉涌寺僧と普陀山信仰−観音菩薩の請来意図」〔奈良国立博物館編『聖地寧波』所載〕を敷衍発展させたもののようである。445-452頁は第二部「南宋仏教文化・儀礼・文物の受容と展開」第五章「南宋時代における普陀山観音信仰の展開とその造形−泉涌寺伝来観音菩薩坐像を中心に−」の「三　像容の検討」と「四　泉涌寺所蔵の『楊貴妃』観音像と月蓋長者像の奉安場所」の箇所に当たる。第六章「楊貴妃観音像の〈誕生〉」は487-509頁である。第六章で重要と思われる箇所は、「以上の考察によって、湛海自身の海難体験や同門の海難死及び像請来以後に入宋する同門僧の航海守護のために、湛海自身が、像の制作を中国工人に依頼し、泉涌寺に請来したと考えられるのである。さらに、『偶然訪れた』とされ白蓮寺は、仏牙舎利が安置されていたため、明確な意図をもって訪れたとわかる。」〔493頁〕という記述及びここに附された注（17）〔506頁〕であろうか。：訳者注）。

24. David Pingree, Jyotiḥśāstra, in Jan Gonda ed., *A History of Indian Literature*, Vol. VI, Fasc.4, Wiesbaden: Otto Harrassowitz, 1981.

25. John Newton, The Assyrian "Grove" and other emblems, in Thomas Inman, *Ancient Pagan and Christian Symbolism*, 2nd edition, New York, 1875, p.133. 筆者は原文未読。引用は文献12（67-68頁）による（〜藪田嘉一郎「五輪塔の起源」の「五輪図形に関する西人の説」の節には、「……二十数年も前のことだが或る古書館で Ancient Pagan and Modern Christian Symbolism by Thomas Inman, 2 nd edition, New York, 1875. という古ぼけた本を購った。これを今でも失いもせず売却もせず、貧架に蔵しているのは奇蹟のようであるが、それはこの本の奇態さが私をして此の本を愛着せしめた故であろう。この本の133頁、附録の John Newton: The Assyrian "Grove"

and Other Emblems の中に

　　　印度神話においてピラミッド形は重要な役割を
　　演じている。その形はシバ神 Siva のもので、シバ
　　神は太陽であり、火であり、男根（ファーラス）
　　Phalllus であり、生命であった。支那とチベットに
　　ある古代印度式塔婆の上についている一つの綜合シ
　　ムボルによって宇宙は次のように現わされている。
　　それは下より上への積み重ねに注意すべきで、地と
　　水を加えたのが此の土であり、その上に火炎のエン
　　ブレムを載せる。これはあらゆる生命を造り出した
　　創造神であり、あらゆる生命の代表者である。彼は
　　半月によって天空と結びつけられている。半月に挿
　　しこまれた槍の穂先のようなものはシバ神のエンブ
　　レムである。それはリンガム（男根）Lingam のよ
　　うに生命が神よりで出たものであることを現わし、
　　また完全な智慧は自然界に於る男性原理と女性原理
　　male and female principle の結合においてのみ見
　　出されるということを象徴すると云われる。これは
　　チベットの仏教寺院の屋根の飾りとなっているが、
　　古代の信仰から出たことは聖蓮華やリンガと同様で
　　ある。

と言っている。これは五輪の思想とその図形に他なら
ぬ（『五輪塔の起源』、67-68頁）。」とある。薮田の翻
訳の原文に当たるものを確認する必要があるであろ
う：訳者注）。
26. 定方晟「五輪塔とプラトンの多面体」『春秋』454号、
　2003年、12、12-15頁（〜定方晟はインド思想の専門
　家。『春秋』所載の文章には、「私は五輪塔のアイデア
　はプラトンのこのアイデアを借りたものではないかと
　考える。……仏教では五輪塔の最上層に『団形』があ
　り、四要素とは性質の違う空の象徴になっている。プ
　ラトンでは正十二面体が神の特別使用に供せられたも
　のとして別格の扱いを受けている。このように四要素
　の外に特殊な一要素が存在するという点でも五輪塔と
　プラトンの多面体には共通性がある。プラトンは正十
　二面体について『神は万有のためにそこにいろいろの
　絵を描くのに用いた』といっているが、この正多面体
　を空（空間）に当ててよいかも知れない。また、五輪
　塔の団系（空輪）はこの正多面体の構成面である五角
　形に似ていなくもない。
　　　もし右に論じたアイデアに関して仏教とプラトン思
　想のあいだに貸借関係があるとすれば、借り手は仏
　教であろう。プラトンの施行はギリシャの伝統ある幾
　何学の上に成り立っている。これはその伝統を持たな
　い仏教からの借用の可能性を排除する。一方、仏教の
　ほうは要素と形態の配分をたいした理由を示さずに行
　なっている。これは仏教がプラトンの思考の美しさに
　惹かれ、その結果だけを取り入れたことを窺わせる。
　　　密教はグプタ朝（四一六世紀）の頃から発展したが、
　そのころ、ギリシャ・ローマの学問がインドに影響を
　与えている。……当時の文化的背景からいっても、五
　輪塔のアイデアがギリシャに由来することは考えられ
　うるであろう。」（14-15頁）とある。
27. 村田治郎「五輪塔の起源」（改稿）薮田嘉一郎編『五
　輪塔の起源』綜芸舎（京都）、1958年、31-45頁（〜
　村田治郎「五輪塔の起源（改稿）」は本文の記述によ
　れば『史迹と美術』27輯7号の同名の文章を書き改め
　たもののようである〔『五輪塔の起源』、31頁〕。村田

氏の見解は最後に箇条書きに記されている。「（一）密
教経典の五輪図はインドで成立した。……（二）チ
ベットのラマ塔はインドの後期ストゥーパに基づくと
ころが大きい。……（三）中国では後期ストゥーパの
姿が南北朝時代（五・六世紀）にあらわれたが、たち
まちに中国化されていわゆる宝塔形や宝篋印塔形に
なつて流行した。（四）中国や朝鮮では五輪塔の遺例
は今まで全く発見せられていない。五輪塔は日本の創
作のようである。（五）創作は漢訳経典の五輪図を手
本としたが、……火輪が宝形屋根の姿となつた。（六）
故に日本の五輪塔はインドのストゥーパの直系という
べきであり、日本で五輪塔が墓に用いられたのは、ス
トゥーパ本来の意味をよく保持したものであつた。」
（44-45頁）とある。この見解について薮田嘉一郎は「五
輪塔の起源」の中で、「五輪図形が印度でどのように
して発生し流伝したか。これについては村田博士の高
説がある。……要するに村田博士はチベット語訳の蔵
経中にも五輪図形があることを知り、またチベットの
ラマ教の塔婆が五輪図に合致するものであることに着
目し、結局五輪図はインドの後期ストゥーパの要点を
線描し、各部の比例を無視してシムボライズしたもの
であると考えられた。」〔65-66頁〕とまとめる。その
うえで薮田は、「又、村田博士は塔形を簡化して五輪
図形を造ったといわれるが、これは逆に五輪図形を以
て塔形を観たのであって、これは善無畏訳の仏頂尊勝
心破地獄法（前述）の説くが如くである。こう考えな
ければ五輪図形が具体的にはあれだけ人体やその内臓
に関係せしめて説かれる理由を解し難い。塔婆の形の
硬化なれば経軌にその事を説いてもよさそうなもので
ある。これは火炉説にも通じることである。」〔86頁〕
と論評する。
　　更に薮田は、「瞑想して鑁字を幻想し、それが色々
のありがたいものに変化するのを観念する。それはや
がて卒都婆に変成するが、その卒都婆ゃ形で言えば
方・円・三角・半月・団形で。そのエレメンツは地水
火風空の五大を以てできている。この卒都婆が大日如
来に変化するというのである。つまり、塔婆は五大の
所成で、形でいえば方円三角等の五輪にあてはめるこ
とが出来るというのがその意味である。故足立康博士
は、高野山の大塔を毘盧遮那法界体性塔と呼んでいる
が、その大塔について康和元年の修理記録に『外陣水
輪柱云云』と記し、深賢法印記に『塔に因果と果塔と
有り、次の如し、五輪と多宝となり、……宝塔総体は
五輪なり、両部倶に五輪塔と云うなり』とあるから、
宝塔の意を体していると思う。すでにこういう思想が
できたのであるから、その思想に合うように塔婆を造
ることはありうるので、その顕著な事例が村田博士の
所謂ラマ塔なのであろう。このように塔を五輪の所成
と観ずることがやがて生起するのは当然の成行で、
これが後世日本の五輪塔に生長するのである。しかしそ
うなるのにはまた遥かな歳月を要したので、印度にお
いても中国においても、いわゆる五輪は造られなかっ
たのである。というのは五輪を現わす塔婆を造ろ
うとすれば宝塔を造っておけば事足るわけで、これは
村田博士の高説の通りである。もっともエムブレムと
して板状の、それが厚板状であれば立体に近い、五輪
図形が作られていたことは前記の宝悉地成仏陀羅尼経
の『五輪を塔中に安置すべし』からでも推察できるし、

千手千眼観世音菩薩大悲心陀羅尼〔不空訳と称す、縮蔵余帙4〕の錫杖手の図にこれがあることからも知られる〔第四図〕、しかしこれを決して五輪塔とは呼称しなかった」のである。」（98-100頁）と述べる：訳者注）。

28. 梁思成「記五台山仏光寺的建築」『文物参考資料』、1953年第5-6、112頁（〜同論文は文物参考資料編輯委員会編『文物参考資料』第五、六期、総33-34号（1953年）の76-121頁に掲載されている。それは「一、仏光寺概略―現状与寺史」、「二、仏殿建築分析」、「三、仏殿科栱之分析」、「四、仏殿的附属芸術」、「五、経幢」、「六、文殊殿」、「七、祖師塔」、「八、両座無名的墓塔」からなる。「五、経幢」の箇所（110-113頁）に大中十一年（857年）と乾符四年（877年）の二本の経幢が紹介されている。乾符四年のものは4.9mで大中十一年の3.24mより高いが、造りが粗雑であり、芸術性において大中十一年のものに及ばない（110-113頁）ようである。：訳者注）。

29. 藪田嘉一郎「五輪塔の起源」藪田嘉一郎編『五輪塔の起源』綜芸舎（京都）、1958年、65頁（〜藪田嘉一郎「五輪塔の起源」の「四　五輪図形の起源」の「中国における五輪図形」には、「五輪の思想が中国において唐の玄宗時代にあったことは確かに認められる。善無畏が開元十三年に大日経を漢訳したときに経意を講説したのを弟子の一行がノートしたという大日経疏巻第十四、字輪品、秘密曼荼羅品にこれを説いて詳密である。また慈氏菩薩略愈誐念誦法（善無畏訳と称す）、尊勝仏頂瑜伽法儀軌（同訳と称す）、三種悉地破地獄転業出三界秘密陀羅尼法（同訳と称す）等には五輪図形を示して説いている。もっとも今本の図は原のまゝかどうかは疑問である。とにかく唐代には五輪図形が知られていたことは確かである。」（65頁）とある。：訳者注）。

30. 文献29より転引。57-64頁（〜『MUSEUM』〔東京国立博物館美術誌〕73号〔1957年〕所載の石田尚豊「三角五輪塔考」の中に、「前にふれた重源の宋文化導入の傾向から、五輪塔史における断層的性格を有する三角五輪塔も、宋にその祖型があったのであろうと考えられる。それゆえにこそ真言僧たる重源は、当時すでに日本における五輪塔を認めていたにもかかわらず、宋においてこの三角五輪塔を見るや、より教理を反映しているとして関心を持ちその形を伝えたにちがいない。もしそうならば、シナに五輪塔がすでに実在していたということになるからである。　この疑問にかりたてられて大蔵経密教部を通覧したとき、ここに宝悉地成仏陀羅尼経（不空訳　訳出の時期746〜774）の注目すべき記事に遭遇した。」（28頁）とある。

31. 村田治郎「五輪塔の形の起源　改稿」藪田嘉一郎編『五輪塔の起源』綜芸舎（京都）、1958年、34頁（〜村田論文には、「五輪塔形が中国にさかのぼるらしいことを示す最も確実な一証は、唐の善無畏訳『尊勝仏頂修瑜伽法儀軌』巻上の尊勝真言持誦法則品第二（大正新修大蔵経巻十九）であって、それには先ず地水火風空の五智輪を四角、円、三角、半円形（仰月）および宝珠形の五つの形にそれぞれ梵字 a,va,ra,ha,kha の各一字を入れて示し、次に五つの形を上下に組み合すことを説いたのち、われわれが日本でよく見る五輪塔によく似た五輪図を掲げている。それにも拘わらず、このような図形を金属や石で具体的に造った五輪塔の遺例は、今まで中国で発見されなかったことも事実である

る。中国の影響を絶えず敏感にうけ入れた朝鮮にさえ、五輪塔の遺物はついに見出せない点もここで参考になる。そうして見ると、中国において五輪図は単なる知識の範囲を出なかったらしく、そのままを具体的に造形することは絶無に近かったようである。それは上記のような密教経典が翻訳ものであつて、中国内で著述されたものでないことを考えれば、少しの不思議もない語である。ゆえにわれわれは経典の原書が作られたインド方面に、捜査の方向を転じなければならない。ところが五輪塔形に一致する図様や遺物は、インドにおいても容易に見つからない。……」（34-35頁）とある。善無畏訳『尊勝仏頂脩瑜伽軌儀』（二巻）は『大正新脩大蔵経』第十九巻「密教部二」の第973番に収められている〔368-383頁〕。本文の該当箇所に当たるものは、「尊勝真言持誦法則本第二」であろうか〔368-369頁〕。「金剛輪」、「水輪」、「火輪」、「天風輪」、「五智輪」について言及されている。：訳者注）。

32. 空海『御請来目録』『大正新脩大蔵経』、巻55、1064頁（中国河北省仏教協会影印版、2008年）（〜『大正新脩大蔵経』第五十五巻「目録部」第2161番〔1061-1065頁〕の中に、「法本無言。非言不顕。真如絶色。待色乃悟。雖迷月指。提撕無極。不貴驚目之奇観。誠乃鎮国利人之宝也。加以密蔵森深玄。翰墨難載。更假図画開示不悟。種種威儀種種印契。出自大悲一睹成仏。経疏非略載之図像。密蔵之要実繁乎玆。伝法受法棄此而誰矣。海会根源斯乃当之。」(1064頁中下)〔下線、訳者駐〕とある。本文は「密蔵之要実繁乎玆」の箇所が「密蔵之要世系乎玆」（太字訳者注）となっている。これは今井浄円「密教図像集在日本的成立――以入唐求法僧请回的唐代图像的影响为中心」吕建福主编『密教文物整理与研究』中国社会科学出版社、2014年、47頁）の中で引用されている：訳者注）。

33. 今井浄圓「密教图像集在日本的成立――以入唐求法僧请回的唐代图像的影响为中心」吕建福主编《密教文物整理与研究》中国社会科学出版社（北京），2014年，47頁（〜吕健福主编『密教文物整理与研究』〔中国社会科学出版社〕は「陕西師範大学宗教学集刊之一」の『密教研究』第4輯である。吕建福の「前言」によれば、陝西師範大学宗教中心は三年に一度、国際的な密教学のシンポジウムを主宰する。2013年6月27日から30日まで第二回の「中国密教国際学術研討会」が「密教文献文物資料整理与研究」のテーマのもとに開催された。綜芸種智院大学教授今井慈円はそのシンポジウムの報告者であろう。今井論文は本書では「日本文物画像」の47頁から57に収められている。今井論文では劉論文の本文に紹介された『御請来目録』の文以外にもう一箇所、引用している。それは、「真言秘蔵経頗隠密。不假図書不能相伝。則喚供奉丹青李真等十余人。図絵胎蔵金剛界等大曼荼羅等一十鋪。」（『大正新脩大蔵経』第五十五巻「目録部全」、1065頁中）である。：訳者注）。

34. 筆者は四川の積慶寺の公式サイトからこの資料を知ることが出来た。"打破纠结，感觉我请的五轮塔，代表火的△形状似乎不对"（〜「もつれをほどくこと、五輪塔が火を表わすとする△の形状は正しくないようであると思う」というような意味か、よく分からない：訳者注）と題する博士論文がそれである。作者は仏教経典中の五輪塔の図が三角形によって火を表わすことに対して困惑を示している。彼は明らか

にこの幾何学的な図が古代ギリシアとインドの人間がこれに付与した形而上的な意義を知らない。ただこの博士論文が引用している『十巻抄』、『覚禅鈔』等の文献が五輪塔のあり得そうな由来に重要な手がかりを提供するものであるということに過ぎない。筆者はここにおいて未署名の論文の作者に謝意を表するものである。参考：http://blog.sina.com.cn/s/blog_8a3165b901012pcf.html。

35．恵什輯『十巻抄』『大正新脩大蔵経』図像部第三冊、巻91、3頁、中国河北省仏教協会影印版、2008年（〜『図像抄』巻第一「五仏」『大正新脩大蔵経図像』第三巻、3頁上。五輪塔の図の下に小さめの字で、「可図例塔也但有古本如此」と記されている。：訳者注）。

36．覚禅輯『覚禅鈔』巻一、『大正新脩大蔵経』図像部第四冊、巻92、391頁、中国河北省仏教協会影印版、2008年（〜『覚禅鈔』巻一「両部大日」『大正新脩大蔵経図像』第四巻、391頁下。「不同記二云。或率塔婆云々 十巻抄云。可図例塔也 古本如此」とあり、『十巻抄』の図が附されている。；訳者注）。

37．覚禅輯『覚禅鈔』巻百二十四『大正新脩大蔵経』図像部第五冊、巻93,573頁、中国河北省仏教協会影印版、2008年（〜『覚禅鈔』巻一二四「造塔 下」『大正新脩大蔵経図像』第五巻、572頁上。「五大互相融通云々 身体塔也同事」とある。：訳者注）。

38．澄円輯輯『百宝抄』、『大正新脩大蔵経』図像部第十冊、巻98、769頁、中国河北省仏教協会影印版、2008年（〜『白宝抄』〔経部〕「宝篋印陀羅尼法」雑集』『大正新脩大蔵経図像』第十一巻、769頁下。：訳者注）。

39．岳麓山の五輪塔に関する公式な解説は、その多くがこの塔は趙恒惕の元部下で北伐軍第八軍軍長唐生智（〜唐生智は古田時夫「唐生智」の項には、「湖南省東安県の人。1915年保定軍官学校を卒業して湖南軍に入り、趙恒惕のもとで旅長となり、その後、上将まで累進した。26年趙を放逐して湖南省長代理についたが、趙が呉佩孚とむすんでふたたび南下してきたため衡陽に逃げて広東軍とむすび、革命第8軍長となった。26年夏、長沙を占領して北伐軍の揚子江進撃の基礎をつくった。27年武漢政府から第1路軍総指揮に任ぜられ、……きびしい共産党弾圧を行なった。（平凡社と『アジア歴史事典』第7巻、62頁）とある。〜訳者注）が1927年に建てたものであり、北伐戦争中に湖南で犠牲になった将兵を記念するためのものであったと述べている。しかしこの説は実際のところは「政治的な思惑」から出た偽りである。

40．梁建雄、"长沙岳麓山五轮塔修建年代考"、百度文庫, 2015-12-31
　　https://wenku.baidu.com/view/399431cc90c69ec3d5bb75f6.html

41．梁建雄、"祖父梁焕奎的一些相关影像史料"、语言大旗、2016-10-09
　　http://www.360doc.com/content/16/1009/22/34875003_597176563.shtml

42．佚名、"雍和宫的五轮塔和招魂亭"、老北京網、2014-1-6 http://www.obj.cc/forum.php?mod=viewthread&tid=94505&page=1&authorid=7138

43．若愚、"西安浄業寺"、若愚的新浪博客、2016-02-27
　　http://blog.sina.com.cn/s/blog_51ec9abf0102wk17.html

訳注
　　────────────
(1)「五輪卒塔婆」に同じ。宇井伯壽『コンサイス仏教辞典』（大東出版社）の「五輪卒塔婆」には、「地水火風空の五大を表示する塔婆。……下より順次に方・円三角・半円・宝珠形の五石を重ね、五大の種子……を刻す。」（288頁）とある。

(2) 岩波『プラトン全集12』の種山恭子訳「ティマイオス」の「二一」の箇所（93-96頁）に記されている。特に注2の箇所で対応関係が具体的に示されている（95頁）。伊東俊太郎『文明における科学』（勁草書房、1976年）の「I 古代・中世の自然観」「二　ギリシアの自然観」の「1　イオニア的（10-16頁）の中で四元素のことが触れられている。そこには、「まずエンペデクレスはパルメニデスの『存在（エオン）』と同様にそれ自身は不変な火、気、水、地の四元素を『万物の四つの根（テッサラ・パントーン・リゾーマタ）』として認め、この普遍な要素が『愛（ピリアー）』と『争（ネイコス）』とにより、結合したり分離したりすることによって、すべての生成変化が生ずるのであると考えた。」（14頁）とある。

　　「四元素」については弘文堂『縮刷版　科学史技術史事典』の小玉敏彦「四元素説」（1082頁）に簡潔で要領を得た解説がある。

　　また種山恭子には「ギリシアにおける自然哲学とコスモロジー」という論文がある（『自然とコスモス』「新・岩波講座　哲学5」、1985年、116-146頁）。そのなかの「三　プラトンの『ティマイオス』」には、「しかしまた、互いに截然と区別される四根や不可分体（アドマ）（原子）を『あるもの』とするエンペドクレスや原子論者とは異なり、プラトンは、たとえば『火』と呼ばれているものを、実体的なものの名称とは考えない。」（136頁）とある。「四元素説」についてプラトンとイオニア学派の考えは同一ではないようである。

(3) 火の「小さいこと、軽いこと、鋭いこと」は前掲岩波『プラトン全集13』「二一」の箇所（94-95頁。56B）が対応する。また「熱いこと」は同書「二六」（109-110頁。61D-62A）が対応する。

(4) 水の「大きいこと」は同書「二一」の箇所（95頁。56A）が対応する。また「柔らかいこと」は「二四」の箇所（104頁。59E）が対応する。しかし「丸いこと」に対応する箇所は見つけられない。

(5) 土の「安定していること」は同書の「二一」の箇所（94頁。55E）が対応する。土に関しては「二五」（106-108頁。60B-61C）が詳しいが、「重いこと、冷たいこと、硬いこと」を示す記述は見当たらない。

(6) 空気が「火と水の中間に位置する」というものは対応する箇所が見当たらない。

(7)「黄道十二宮」とは「ヨーロッパや古代オリエントで天球上での天体の位置（黄道座標）を表示する基準としたもの」（宮島一彦「十二宮」弘文堂『縮刷版科学史技術史事典』、453頁）である。

(8) 岩波『プラトン全集12』の「二四」（58D）には、「また、空気の場合も同じで、『アイテール』の名で呼ばれているところの、最も澄み切ったものと、『霧』とか『暗さ』とかいう、最も濁ったものとがあり、またその他、三角形が不等なために生じた、名もないいくつかの種類があります。」（下線、訳者注）（101頁）とある。種山訳の「アイテール」は「古代ギリシア以来現代物理

学に至るまで様々な性質を与えられる微細な物質」（板垣良一「エーテル」『岩波哲学・思想事典』、159頁）を意味する通常「エーテル」と訳されるものを指すであろう。

（9）佐藤徹「シンプリキオス」には、「活躍期前六世紀前半　ビザンツの新プラトン主義者でアンモニオス（Ammonios）の弟子。」（『縮刷版　科学史技術史事典』、509頁）とある。伊東俊太郎『近代科学の源流』（中央公論社、1978年）の「第4章　ビザンツの科学」の「新プラトン主義者たち」の「2　シンプリキオス」の項には、「……最も重要なのはアリストテレスの自然学諸著作に対する注釈で、それらはアラビアやラテン世界で大きな影響力をもった。後世、……「注釈者commentator」と言えばしばしばシンプリキオスのことを意味した。」（130頁）とある。

（10）山田道夫訳「天界について」（岩波『アリストテレス全集5』、2013年）の第一巻第三章（24-28頁）に関係することが述べられている。とくに、「さて諸物体の第一のものは永続的であって、増大も減少もせず、老化も性質的変化も受動的変化も被らない……。その〔第一の物体の〕呼び名にしても、太古の人々がそのように想定したことによって彼らから今日まで伝えられてきたように思われるのであり、われわれもまたその考え方に従ってそう呼んでいる。……だからして彼らは第一の物体は土でも火でも空気でも水でもない何か別のものであるとして、最も上方の場所を『アイテール』と名付けた。」（26-28頁）という部分が本文の記述に適合するであろう。

山田道夫「『天界について』解説」の注（3）には、「アイテールはむろんアリストテレスが言っているように古くから用いられてきた語であるが、澄んだ大気や輝く火から峻別してはっきり別の物体としたのはアリストテレスが最初であろう。」（366頁）とある。

（11）山田道夫「『天界について』解説」の「二、テキストの概要と読み方」には、「このように『ティマイオス』と同様、地球を中心として整然と周回する恒星天球によって閉じられた永続的宇宙を描き出すのであるが、しかし天界を構成する物体として、火、空気、水、土とはまったく別に、自然本性的に円運動する物体を考えるところがアリストテレス独自の着想として際立っている。アリストテレスは、これは古人が『アイテール』と呼んできたものだと言い、彼自身は『諸物体の第一のもの』とか『第一物体』と呼ぶが、後代には『第五元素』と呼ばれるようになる。」（全集 5、356頁）とある。この箇所の最後には注（2）が附してある。その最後の部分に、「……シンプリキオスもしばしば『第五物体』という呼称を用いている。」（366頁）とある。

（12）『岩波世界人名大辞典』（第1分冊）の「クセノクラテス」の項には、「前396～14頃ギリシアの哲学者。カルケドンの人。古アカデメイア第3代学頭［前339~14］……プラトン晩年の思想をピュタゴラス派の方向に体系化し、イデアと数とを同じものと見て、生命の原理を自己運動する数として規定するなどアリストテレスに対抗した。」（776頁）とある。また神崎繁「アカデメイア」には、「前387年ころ、アテナイの北西郊外に、プラトンによって建てられた哲学教育の場。……哲学だけでなく、幾何学や数論などの諸科学の探求も盛んに行われていた。実際、プラトンの死

後第二代学頭となったスペウシッポスや第三代・クセノクラテスは師のイデア論を数学的に解釈した。」（『岩波哲学・思想事典』、10頁）とある。

（13）『プラトンの生涯』（中国語訳は『柏拉図生平』）のギリシア語原文の箇所は、'τοῦ Πλάτωνος ρίος'（主格では ὁ 'Πλάτωνος βίος'）(Simplicii in Aristotelis de caelo commentaria: consilio et auctoritate Academiae litterarum regiae borussicare/edidit I.L. Hewiberg, Berolini: Typis et impensis G.Reimeri, 1893, p.12）である.'

（14）本文中の Simplicius の On Aristotle's On the Heavens 1.1-4 (trans.by R.J.Hankingson, Cornell University Press,2002）の直前の文は、"And that Plato did indeed think that there were five simple bodies corresponding to the five shapes is sufficiently shown by Xenocrates, his most faithful pupil , when he wrote the following in his Life of Plato:"（p.31）となっている。ここでは五つの形（shape）に対応する五つの単純な体（body）が存在することが述べれている。実際のところ、'shape' と 'body' をどのように訳すべきか、分からない。前掲シンプリキオスのギリシア語原文の該当箇所によれば、'shape' は 'σχήματα'(σχῆμα)（12頁）であり、'body' 'σώματα'（σῶμα）（同頁）である。

（15）括弧内の英文はシンプリキオスによるクセノクラテスの『プラトンの生涯』の中の一節の引用である。Hankinson による英訳本の引用文の最後には69という注の番号が附されている。注69の箇所には、"…The ascription of a fifth element to Plato is startling. It is usually supposed to be Xenocrates' creative re-interpretation of his master's doctrine."（p.111）とある。第五元素プラトン説はクセノクラテスによる創造的なプラトン解釈というわけである。また、"But as Simplicius goes on to imply, the 'fifth element' here amounts to no more than the particular geometrical construction associated with the heavens;"（p.111）とある。ここでの第五元素は天界に結びつけられた特定の幾何学的構造物を指すようである。

（16）『岩波世界人名大辞典』（第1分冊）の「テアイテトス」の項には、「キュレネのテオドロス……に幾何学を、アカデメイアでプラトンに哲学を学ぶ。若くして無理数や立体幾何学の分野で貢献をなし、エウクレイデス②の『原論』にも影響を与えた。」（1728頁）とある。また佐藤徹「テアテトス」には、「このほかハッポスのものとされている『エウクレイデス原論第10巻への註釈』やプラトンの『テアイテトス』の記述などから、エウクレイデス『原論』第10巻で展開される無理量論の一部分と第13巻の正多面体の理論は、テアイテトスによって基礎づけられたものであると一般に推測されている。」（『縮刷版　科学史技術史事典』、694頁）とある。

（17）中村幸四郎・寺坂英孝・伊東俊太郎・寺田美恵訳・解説『ユークリッド原論―縮刷版―』（共立出版社、1996年）の第13巻18の最後は、「よって先に述べた五つの図形以外に等辺角な図形によってかこまれる他の立体はつくられないであろう。これが証明すべきことであった。」（435頁）となっている。「五つの図形」と

は正四面体（角錐）、正六面体（立方体）、正八面体、正十二面体、正二十面体を指すのであろうか。

(18) 高田紀代志「アピアヌス」には、「ドイツの天文学者。ライプツィヒとウィーンで数学を学び、インゴルシュタット大学の教授となる。1524年出版した『世界誌』(Cosmographia seu Discriptio totius Orbis)では、地球の経線、緯線、地図測量、気候について述べており、当時もっともポピュラーなものであり各国語に翻訳された。」(弘文堂『縮刷版　科学史技術史事典』、18頁)とある。

(19) 愛知大学名古屋図書館の職員の方から1553年・1564年発行の『世界誌』がWeb上で公開されているというご教示を得た。
1553年発行のものは、
[URL] https://babel.hathitrust.org/cgi/pt?id=dul1.ark:/13960/t7wm24j12;view=1up;seq=1
1564年発行のものは
[URL] https://babel.hathitrust.org/cgi/pt?id=gri.ark:/13960/t2s47mn9t;view=1up;seq=1
ということである。

(20) 伊藤和行「コペルニクス」によれば、『天球の回転について』(De revolutionibus orbium coelestium、1543)は「この著作は6巻からなり、第1巻では地球の運動に伴う自然学的な諸問題と宇宙体系が論じられ、第2巻以降では各惑星の具体的な運動が計算されている。」(『縮刷版科学史技術史事典』、371頁)とある。

(21) 常石敬一「地球中心説」によると、「その他の天体は地球を中心として一様に回転していると考えられた。しかし、ただちに、惑星の運動がこの通りではなく不規則性があることが明らかになった。それを救うため、エウドクソスによって同心天球の理論が提出された。アリストテレスもこの同心天球の説を支持し、天球は第5の元素エーテルでできており、透明であるとした。しかしさらに観測が進むと同心天球の理論では不十分となり、プトレマイオスは導円と周転円の組み合わせ、あるいはエカウント、離心円を用いて地球中心説を完成させた。」(前掲事典、630頁)とある。アリストテレスによって継承された「地球中心説」(geocentric theory)が最後にプトレマイオスによって完成されたということであろう。

(22) 村上陽一郎「ケプラー」には、「1596年、彼は最初の著作『宇宙誌の神秘』(Mysterium cosmographicum; 邦訳、大槻真一郎訳、工作舎)を出版するが、ここでは、惑星の数（6）と正多面体の数（5）との間の数的な調和関係を幾何学的に解読した著名な入籠型の天界儀が提案されている。」(前掲事典、323頁)とある。

(23) この五大元素とは火、空気、水、土、エーテルのことを指しているのであろうか。山田道夫「『天界について』解説」の中の注（3）には、「プラトンの『ティマイオス』で二種類の要素三角形から構成される正多面体が火、空気、水、土に割り当てられたあとに残る第五の正多面体である正一二面体について、シンプリキオスはこれをアリストテレスの第一物体と同一視しようとしているが（12,16-13,3）、……シンプリキオスの解釈はプラトンとアリストテレスを和合させようとする熱意の勇み足である。」(前掲岩波『アリストテレス全集5』、366頁)とある。『ティマイオス』にお

いては明確に「五大元素」について議論されていないのではないであろうか。「五大元素」説はアリストテレスのそれであるような気がする。

(24) 佐藤徹「ヒース」によれば、「Thomas Heath 1861-1940　イギリスの数学史家。……彼の『ギリシア数学史』(A History of Greek Mathematics, Ⅰ - Ⅱ,1921)は、……いくつかの点で問題があるものの、豊富な資料を用いた包括的な記述はいまでもギリシア数学の必須の本となっている。」(『縮刷版　科学史技術史事典』、856頁)ということである。ヒースの著書の邦訳として平田寛・菊池俊彦・大沼正則訳『ギリシア数学史1、Ⅱ』(共立出版、1959年)がある。これは A manual of Greek Mathematics (1931)の翻訳である。これは「訳者のまえがき」によれば、「A history of Greek Mathematics, 2 vols. の通俗化をはかったもので、一般知識人を対象にしています。」(1998年復刻版)というものである。

(25) 神戸大学附属図書館所蔵になる Oxford の the Clarendn Press から1921年に出ている原版 第2巻の394頁には該当する箇所が見つけることが出来なかった。第二巻の英語索引（ENGLISH INDEX）の 'Theatetus' の項（585頁）には、'investigated regular solids'（正多面体）として159頁、162頁、212頁、217頁が挙げられていた。このうち217頁の、"As in the case of Book X, it would appear that Euclid was indebted to Theatetus for much of the substance of Book ⅩⅢ, the latter part of which (Props. 12-18) is devoted to the construction of the five regular solid, and the inscribing of them in spheres." が原注7が本来意図するものではないであろうか。これは ' Ⅵ .PROGRESS IN THE ELEMENTS DOWN TO PLATO' S TIME' の 'Summary' の箇所に当たる。

(26)『竜谷史壇』第28号（1941年12月）所載の佐々木利三「五輪塔の成立」には、「五輪塔の起源は当然大陸にあるだらうことは誰しも想像する所であるが、未だ的確なる遺物に接しないので、むしろ我国に密教が流入してから、我国で創案されたものと認められる。」(藪田嘉一郎編『五輪塔の起源』綜芸舎、1958年、13頁)とある。さらに藪嘉一郎は「五輪塔の起源」の「二　五輪塔の起源に関する諸説」（同書、49-56頁）の中で五輪塔起源に関するさまざまな説を紹介して、五輪塔が日本独自のものであること述べている。

(27) 中村元『佛教語大辞典　縮刷版』(東京書籍)の「五輪塔」の項には、「……密教で説く五大（地輪・水輪・火輪・風輪・空輪）を、それぞれ方・円・三角・半月・宝珠の形で象徴して、金銅や石でつくって下から積み上げ、塔の形に仕上げたもの。各面に五大の種子を刻む。……また鎌倉時代からは最も普通な墓の形式となった。」(378頁)とある。

(28) 前掲中村元『仏教語辞典　縮刷版』(東京書籍)の「五大」の語義の第二には、「密教では、地大は方形で黄色、水大は円形で白色、火大は三角で赤色、風大は半月形で黒色、空大は宝珠形で青色である。」(371頁)とある。

(29) 早島鏡正監修・高崎直道編集代表『仏教・インド思想辞典』(春秋社)の「密教」の項では吉永千鶴子「総論・インドの密教」（440-444頁）と吉田宏哲「中国・日本の密教」（444-445頁）の二部構成になっており、とくに前者について詳述されている。中村元た他編『岩

波仏教辞典』の「密教」の項には、「密教はインドに
興り、7世紀に大日経と金剛頂経の成立によって、思
想と実践体系を整え、中央アジアから中国、チベット、
東南アジアなど各地に伝播して栄えたが、現存するの
はチベット、モンゴル、ブータン、シッキム、ネパー
ルなどのいわゆるチベット文化圏と日本に限られる。」
（706頁）と簡明に密教の成立と伝播の歴史が記されて
いる。

(30)関連する『ティマイオス』（種山恭子訳）の箇所は、
例えば「火には最も動きやすい形を、……。……さらに、
最も尖ったものを火に、……。そこでこれら全部を綜
合すると、底面数の最も少ない形は、どの方向にも切
れ味がよくて鋭く尖っている点では、すべての中でも
一番なのですから、これが元来、最も動きやすいのは
必然ですし、……この形が一番軽いのも必然です。」
（56AB。岩波『プラトン全集12』、94-95頁）ではない
であろうか。

(31)同『ティマイオス』の55D-56A（全集、93-95頁）
の箇所が該当するのであろうか。

(32)「五輪胎蔵」という語の意味が術語として記載され
たものを知らない。東京堂『仏教語大辞典　縮刷版』
の「五輪」の第二の語義に、「密教では、地・水・風・
火・空の五大をいう。……衆生の肉身とを対応させて、
自身の五所（頂・面・胸・臍・膝）に五輪五字を配し
て観ずる法を五輪観・五輪成身観という。」（377頁）
とある。

(33)覚鑁については、大野達之助編『日本仏教史辞典』
東京堂、1979年）には「嘉保2－康治2年。……永久
2年（1114）東大寺で受戒、高野山に登って明寂から
密印を授けられる。その後保安2年（1121）仁和寺に
帰って灌頂を受け、また三井寺の覚猷、醍醐寺の賢覚
から各流の灌頂を受け、諸流を合わせた権威を誇るよ
うになった。」（76頁）とある。

(34)『五輪九字明秘密釈』は前掲『日本仏教史辞典』に
よれば、「1巻。……五輪とは大日如来の三昧耶曼荼羅
である地水火風空のことで、九字とは阿弥陀如来の真
言のことであり、この五輪と九字とは同一体であると
いうことを説く。つまり大日如来と阿弥陀如来とは一
体で、極楽浄土と密厳浄土（大日如来の浄土）とは同
処であるといい、真言宗と浄土宗とを融合させようと
した書。」（176頁）であるということである。より詳
しい解説が橘信雄「五輪九字明秘密釈」（鎌田茂雄他
編『大蔵経全解説大事典』（雄山閣）、744-745頁）にある。
そこには、「本書の副題は『頓悟往生秘観』と名付け
られているが、これは本書の中心問題の五臓三摩地観
のことで、……この秘観は、道教の五行・五蔵思想と
真言密教所依の経典である大日経所説の支分生曼荼羅
観・五字厳身観とを融合したもので、行者の五処に五
字を布し自身の曼荼羅を建立する観法である。」（744
頁）とある。『大正新脩大蔵経』第79巻『続諸宗部　十』
所載（11-22頁）。

(35)藪田嘉一郎「五輪塔の起源」の「四、五輪図形の起源」
には、「この坐位ミイラの形を簡化して、これを幾何
学的図形にすると、五輪図ができるというので、膝の
部分が地輪、胴体の下部が水輪、同体の上部と腕が火
輪、顔が風輪で、髪際以上の頭部が空輪となったもの
と思う。……空輪二点は肉髻であり、火輪の智拳印は
金剛界をあらわし、水輪の定印は胎蔵界をあらわして

いるのである。この人体各部にあてた五輪の名を頂輪、
面輪、胸輪、腹輪、膝輪と云うとある。」（藪田嘉一郎
編『五輪塔の起源』綜芸舎、84-85頁）とある。この
記述の直後に「善無畏（637-735）が大日経を翻訳す
るかたわら講述したものを、訳場に列した弟子の一行
が筆録したもの」（「大日経疏」中村元他編『岩波仏教
辞典』、543頁）である『大日経疏』「秘密曼荼羅品第
十一」及び『尊勝仏頂脩瑜伽法軌儀』「尊勝真言持誦
法則品第二」の一節が引かれている（それぞれ『大正
新脩大蔵経』第39巻「経疏部七」727頁、同第19巻「密
教部二」369頁）。

(36)「乱曲」（らんぎょく）とは、「謡曲の一節で、独吟
などにするために、謡い手の自在な技法を聞かせるの
にふさわしい部分を独立させた曲。」（小学館『日本国
語大辞典　第二版』第13巻、799頁）のことではない
であろうか。「五輪砕」という作品については未詳。

(37)藪田嘉一郎編『五輪塔の起源』綜芸舎、84頁に記
載の「第二図」。この図はもともと『大正大蔵経』第
79巻の13頁の最上段に掲載されている。十種の観法
のうち最も記載の多い第二の「正入秘密真言門」（12-19
頁）の箇所である。第二門は、「五輪と九字の曼陀羅観、
三摩字観を──一の解字門により示す。」（『大蔵経全解
説大辞典』、744頁）というものである。

(38)『日本高僧伝要文抄』は前掲大野達之助編『日本仏
教史辞典』によれば、「三巻。現存する日本最古の僧伝。
東大寺の宗性が、建長元年（1249）より同三年（1251）
までの三年間に、東大寺知足院において諸高僧伝」や
別伝や古記録などを抄録したもの。」（394頁）である。
史料としての価値は、「奈良・平安時代の高僧に並ん
で、浄蔵・性空・道場・陽勝らの神異僧の伝記や、ま
た完本の伝存しない日本最初の僧伝である思託の『延
暦僧録』を収載している点」（同頁）にあるようである。
また抄録者の宗性は『日本仏教史辞典』によれば、「建
仁二年―？（1202-？）。華厳宗。藤原隆兼の子。出家
して東大寺尊勝院に入り、道性・光暁について華厳を
学び、傍ら倶舎・因明・唯識などを修め、弁暁のもと
で華厳宗の奥義を究む。……著作すこぶる多く、門弟
に凝然・公暁らがある。」（221頁）というように華厳
の学問に精通したようである。

(39)『日本高僧伝要文抄』の「第一」中の「弘法大師伝下」
の該当する箇所の原文は、「又云。及七々御忌辰。門
弟等奉見御躰。顔色不衰。鬢髪更長。廻之加剃除。整
衣裳。畳石壇々廣可人出入。使石匠安五輪率都婆。入
種々梵文陁羅尼。其上更亦建立寶塔。安置佛舎利。其
終制眞然僧正一向營之。」（『新訂増補　国史大系』（完
成記念版）第三十一巻（吉川弘文館、1965年14頁）
である。

(40)川勝政太郎「平安時代の五輪石塔」の「二　五輪
塔の出現」の中で、「五輪塔形を現はすには紙又は布
の上に描くといふ方法もある。立体的に作る材料とし
ては石あり、金属あり、木材あり、泥あり、事実我々
の祖先は此の諸々の方途によつて五輪塔を作り来つ
た。」（『五輪塔の起源』綜芸舎、2頁）と述べている。

(41)川勝「平安時代の五輪石塔」の「二　五輪塔の出現」
の中に、「この法勝寺瓦以後、平安時代の五輪塔形の
年次の知られるものが少数ながら存するといふことも
注意さるべき点であつて、天養元年（1144）僧禅慧
によつて造られたものとされる瓦製五輪塔が播磨国神

崎郡香呂村大字須賀院で発見され（第一図②）、……」
（『五輪塔の起源』、3頁）とある。また田岡香逸「石造
五輪塔初現の年代について」の中に、「つまり、畿内
地方で発祥した石造五輪塔が、時の遅速は別として、
仏教文化の一中心地であった両地方に伝播し、たまた
ま、後進地のゆえに、今日に残されたもので、先進地
においては、政治的、思想的変動が甚だしいために、
破壊湮滅してしまったというより、要は調査が不十分
で、将来発見される可能性が大きいと考えるのである。
……そして、この推定をさらに確信せしめる資料とし
て、瓦製五輪塔が、石造五輪塔以前に造られているこ
とが、このさい注目されなければならない。たまたま、
兵庫県下から経塚の遺品として二基が出土している。
すなわち、神戸市兵庫区上淡河町神影の石峯寺境内と、
神崎郡香寺町須加院の常福寺の裏山の出土品である。
前者は、藤原時代と推定されるだけで、なおその年代
は詳らかでないが、少なくとも後者は、伴出の瓦経に
よって、天養元年（1144）の造顕にかかることが明
らかである。すなわち、天養元年　歳次甲子　六月廿
九日奉書写了、願主東寺真言僧善慧（花押）の奥書
のある願文中に、五輪卒　婆四基とあるものに該当す
ることが、その次に見える阿弥陀如来像、地蔵菩薩像
一躯と伴出し、いまも常福寺に蔵されているからであ
る。」（73-74頁）とある。

(42) 川勝「平安時代の五輪石塔」の「二　五輪塔の出現」
の中に、「……仁安二年（1167）の有名な厳島神社蔵
平家納経には其の筥金具に五輪塔形を作り、また写経
の各行を五輪塔にしたものがある（第一図④⑤）。」（『五
輪塔の起源』、3-4頁）とある。

(43) 川勝「平安時代の五輪石塔」の「三　五輪石塔」
の中で、「即ち後にも述べるが、豊後国に存する嘉応
二年（1170）在銘のもの（第一図⑥）を先に、それ
に続く承安二年（1172）の同所の五輪石塔（第一図
⑦）、この二基が知られてゐるに過ぎなかつた。しか
らば我々はこれより以前の五輪石塔の例を求め得ない
のであらうか。この問ひに対して私は全く字義通り若
干ではあるが、次の文献によつてその年次を進め得る
ことを答えることが出来る。平信範の日記『兵範記』
の仁安二年（1167）七月十七日の条に、近衛基実の
遺骨を木幡浄妙寺に埋葬することを叙して
　　先穿穴…次奉殯穴底…次埋土、其上立五輪石塔…
と記し、埋骨せる上の地上に五輪石塔を立てたことが
知られる。現実に五輪石塔を造つた確かな例として今
私の知つてゐるのは、これが一番古い。しかし、その
五輪石塔は今如何になつたか存在を知らぬ。洛南木幡
の藤原氏一門の墓所はなほ累々たる土饅頭を見るが、
その何れが誰の墳たるや知られぬ程である。けれども
此の『兵範記』の記載の如くんば、平安時代の五輪石
塔の断片でも見出されさうな気がする。或は将来発見
されることがあるかも知れない。」（『五輪塔の起源』、
5-6頁）と記されている。
　平信範（のぶのり）とは杉橋隆夫「平信範」によれ
ば、「1112-87　平安時代後期の官人・公卿。……摂関
家累代の家司として藤原忠実・忠通・基実に仕え、鳥羽・
後白河両院司も勤めた。」（吉川弘文館『国史大辞典』
第八巻、909頁）という人物である。またその日記で
ある『兵範記』は林幹弥「兵範記」によれば、「平信
範の日記。全二十五巻。……平安時代後期の長承元年

（1132）から承安元年（1171）まで。……学問の家に
生まれ、朝政の実務に参画した彼のこの記は詳細を極
め、まま指図を挿入して理解に益し、なかでも、保元
の乱・高倉天皇即位の記事は詳細にわたり、『保元物語』
の記事をこれによって訂正することができる。」（958
頁）というものである。
　引用の箇所は笹川種郎編輯・矢野太郎校訂『史料大
成　17』（平範記三）（内外書籍、1936年）の仁安二
年七月廿七日壬戌の箇所（242頁）に当たる。西林寺
に埋葬されていた藤原基実の遺骨を浄妙寺に移すとき
の記録である。そこには以下のようにある。

　　知足院鐘打了、引率男共参西林寺、……信基信季奉
　取出御骨、瓶裏生絹云々、信基奉
　懸之、召御随身武成武安忠武等侍両三、炬火前行、
　侍従俊光朝臣、少将顕信、信国、信
　季等扈従、……未明着御木幡、信基下馬、自南辻入
　御、経浄明寺門前、直入御々山、御墓守男共称路前行、
　下官前行、……密々候閑所、次奉殯中、先穿穴、知
　足院入道西方去三丈許頗寄　北方、弾正忠継継、前主
　殿允知廣役之、……次奉殯穴底、……次埋土、其上立
　五輪石塔、又構釘貫、其邊立六萬本小卒土婆、次有供
　養、立本寺花机、供香花燈明仏供等、大僧都覚智為導
　師、是非兼日請、参会之間臨時勤仕也、……（同頁）
　基実の遺骨が鄭重に大勢の人間によって別の墓に移
し変えられる様子が具体的に絵が描かれていて興味深
いものがある。

(44) 教王護国寺は、「真言宗東寺派本山。……通称は東
寺。……弘仁一四年（823）嵯峨天皇は当時（ママ）
を空海に賜い、定額僧五〇人を置いて真言宗の根本道
場とした……平安初期以来の仏像・仏画・古文書・典
籍を多く蔵す。」（前掲『日本仏教史辞典』、107-108頁）
という名刹である。

(45) 阿弥陀寺は中村元監修『新・仏教辞典』（増補版）（誠
信書房、1980年）によれば、「真言宗御室派。……東
大寺再興の勧進職重源が、その造営に当てられた周防
国の管理のため下向して建立し、東大寺別所とした。
不輸租田を定め、念仏宗を置いたため、浄土教の盛大
に一つの拠点となった。」（12頁）という重源が建立に
深く関わった寺院である。

(46) 重源（ちょうげん）は『日本仏教史辞典』によれ
ば、「保安二―建永元年（1121-1206）。浄土宗……初
め仕官して刑部左衛門尉となったが仏門に帰依して出
家、醍醐山に入って密教を学び、のち源空に従って浄
土教を受く。仁安二年（1167）入宋して天台山に登り、
翌年栄西とともに帰国す。」（348頁）という人物である。

(47) 醍醐寺は『日本仏教史辞典』によれば、「真言宗醍
醐寺派の総本山。貞観一六年（874）、聖宝が山上に
草庵を結んだのがはじまりで、……延喜七年（907）、
醍醐天皇の勅願寺となる。」（322頁）という寺院である。

(48) 中村元他編『岩波仏教辞典』の「阿育王山」の項には、
「中国、浙江省寧波市の東にある山。山中に阿育王寺
があり、阿育王塔の伝承を持つ。……六朝以後、歴代
にわたって堂宇が修復され、禅宗五山の第五に数えら
れた。阿育王塔発見に由来する育王山信仰は、日宋交
通を介してわが国にも多大の影響を与え、平安末期以
降、育王山は五台山に代って入宋巡礼僧の聖地となり、
日本国内でも『平家物語』に伝える平重盛の沙金寄進

を始め、重源の材木搬入、源実朝の前育王山長老説と渡海志願などがあった。」（下線、訳者注）（2頁）とある。

（49）運慶は『岩波仏教辞典』によれば、「?-1223（貞応2）鎌倉時代に活躍した〈慶派〉の代表的な仏師。」（63頁）である。

（50）泉涌寺（せんにゅうじ）は誠信書房『新・仏教辞典』（増補版）によれば、「真言宗泉涌寺派大本山。古く空海創建と伝える法輪院を再考し、改称した。台・密・禅・律兼学の道場として勅願所。……朝廷との関係が特に深い。」（325頁）とある。

（51）俊芿（しゅんじょう）は『日本仏教史辞典』には、「仁安元－嘉禄三年（1166-1227）。律宗。……戒律の尊ぶべきことを覚り、京都・奈良の間を往復して大小乗の戒律を学究す。帰郷して箇嶽に正法寺を建て、戒律と密教を弘めた。建久一〇年（1199）宋に渡り、天台・禅・律を学ぶこと三年、建暦元年（1311）帰朝す。……後小松天皇から大興正法国師の号を謚られ、明治天皇は月輪大師と加謚された。」（231頁）とある。

（52）湛海（たんかい）については西谷功「泉涌寺僧と普陀山信仰―観音菩薩の請来霊図」（奈良国立博物館編『聖地寧波―日本仏教1300年の源流』、2009年）の中に、「寺僧聞陽房湛海（1181-1255-?）」（260頁）とある。さらに同論文には、貴重な【湛海の略歴】（263頁）も附されている。江戸時代の真言宗の同名の僧侶とは別人。

（53）「月蓋長者」は宇井伯壽『コンサイス仏教辞典』（大東出版社）には、「毘舎離国の長者にて、嘗て維摩の方丈に入りて不二の法門を聴き、また弥陀・観音・勢至の三尊を請じて国内の悪疫を救ひたりという。」（144頁）とある。

（54）「善財童子」は同辞典には、「華厳経入法界品に説かれたる求道の菩薩の名。……発心して五十三の善知識を歴訪し最後に普賢菩薩に遇ひてその十大願を聞き、西方阿弥陀仏国に往生して法界に入らんことを願ふに至る。」（642頁）とある。

（55）「経幢」（きょうどう）は、多谷頼俊他編『新版仏教学辞典』（法蔵館、1995年）の「経幢」によれば、「四面・六面・八面の石柱に仏頂尊勝陀羅尼経・白傘蓋陀羅尼・金剛般若経などの経文を刻んだもの。起源はインドのドヴァジャ dhvaja（はたぼこ）の変形と考えられ、仏頂尊勝陀羅尼経によればこの陀羅尼を書写して幢の上か高山に安置すると功徳広大で一切の危難を除くとあり、唐の玄宗（712-36在位）頃盛んに行われ、日本にも伝えられた。」（85頁）というものである。

（56）『新・仏教辞典』（増補版）の「五台山」の項には、「中国陝西省五台県東北部にある山で、峨眉山・普陀山と共に中国仏教の三大霊山とされ、……清涼山とも称する。不空は金閣寺・玉華寺等を建て密教の中心地ともし、法照は竹林寺を創建し般若道場で念仏三昧を修したり、……この山に関係した著名僧が多く、日本の入唐・入宋僧でここを訪れた者も少なくない。」（176-177頁）とある。

（57）恵什（えじゅう）は日本仏教人名辞典編纂委員会『日本仏教人名辞典』（法蔵館、1992年）の「恵什」の項には、「平安後期の真言宗の学僧。生没年不詳。……芳源の法脈を嗣ぎ醍醐寺安祥坊に住した。のち仁和寺に移って密教を学び、『印信謬譜』撰して海雲血脈の疑問を提示した。事相に通暁したが、保延年間（1135-

1141）仁和寺保寿院流祖の永厳と不和となり勧修寺に移る。なお永厳が撰進したと伝える『図像抄』（十巻抄）の実際の撰述者とも考えられている。……」（56-57頁）とある。

（58）覚禅は中村元『新・仏教辞典』（増補版）には、「真言宗。京都の人。仁和寺に学び東密各流に通じ、嵯峨清涼寺・高野山・勧修寺に住し、覚禅鈔を著す。1182（寿永元年）の著という。年寿不詳。」（80頁）とある。

（59）「覚禅鈔」は同辞典には、「128巻（種々）。覚禅著。諸仏・仏頂・諸経・観音・文殊・菩薩・明王・天等・雑の9部門に分けて図像と儀軌の説を集大成した書で、東密事相研究の権威書。」（80頁）とある。

（60）澄円は今泉淑夫編『日本仏教史辞典』（吉川弘文館、1999年）の大橋俊雄「澄円」の項には、「1290-1371鎌倉・南北朝の僧侶。禅宗からの批難に対し、浄土宗の教義が他宗に比しすぐれていることを主張した学僧で、浄円または智演ともいい、旭蓮社と号した。」とある。古義真言宗の僧とは別人であろう。

『白宝抄』の著者澄円については佐々木力先生のご高足で大正大学学長高橋秀裕先生のご高配により大正大学名誉教授苫米地誠一先生のご教示を学ばせていただくことが出来た。それによれば、「建保6（1218）年の生れ、鎌倉時代後期、弘安年中に高野山往生院谷、西院谷などの寺院、また泉州巻尾（槇尾山施福寺）別当坊などで『白宝抄』を撰述。」ということであり、「鎌倉時代の仁和寺僧、または高野山大伝法院方の学匠」であり、「古義・新義の成立する以前の学匠」になるということであった。大野達之助『日本仏教史辞典』（東京堂出版、1979年）の「古義真言宗」の項には正応元年（1288）頼瑜が高野山の大伝法院と密厳院を根来へ移し、高野山から独立した。これを新義真言宗と称したのに対して、従来の高野山・東寺の系統を古義真言宗という。」（168頁）とある。これによれば鎌倉時代の後期の正応元年（1288年）以降に真言宗は古義を新義の二つに分かれたことになる。高橋先生と苫米地先生には満腔の謝意を表するものである。

（61）『宝篋印陀羅尼経』は『コンサイス仏教辞典』には、「具に一切心如来秘密全身舎利宝篋印陀羅尼経。一巻、唐の不空訳。宝篋印陀羅尼の功徳を説く。」（966頁）とある。また同辞典の「宝篋印陀羅尼」の項には、「……現に真言・天台にては、三陀羅尼の一として日常これを誦持す。」（同頁）とある。

（62）一行は『新・仏教辞典』（増補版）には、「真言宗五祖の一人に数えられる密教の伝授者。インド善無畏・金剛智に師事し、前者が発見した密教根本聖典の大日経を師ともに7に翻訳し、密教のほか禅や律にも通じ、特に数学・暦法にくわしく、従来の暦の計算を訂正して大衍暦52巻を著した。……師の口伝に基づいて編集した註釈書大日経疏は日本密教で最も重要視される。」（21-22頁）とある。

（63）『大日経』は『岩波仏教辞典』には、「……善無畏と一行による漢訳7巻、チベット訳は現存するが、サンスクリット原典は未発見。7世紀初期に中インドで成立したインド中期密教の代表的な経典で、中国と日本に大きな影響を与えた。……要するにそれまでの呪法として断片的に説かれていた密教が、教理的にも実践の上でも成仏を目的とするシステムとして構成された最初の経典が、大日経であったということができ

る。」（543頁）とある。

(64) 武宗は鎌田茂雄編『中国仏教史辞典』には、「開成
五年（840）、兄の文宗に次いで即位。会昌五年（845）
に廃仏を断行。寺四六〇〇余を破し、二〇万余人の僧
尼を還俗させ、担税戸とした。」（323頁）とある。

(65) 会昌の廃仏については鎌田茂雄『中国仏教史』（岩
波全書）の第十章「唐の仏教―仏教の社会的発展一」
の第一節「唐代仏教の国家的性格」の「会昌の廃仏」
（212-213頁）に述べられている。そこには、「……最
大の理由は寺院所有の荘園の増加による国家の経済的
問題と、教団における僧尼の腐敗堕落、私度僧・偽濫
僧の横行であり、そのため歴帝の寺院僧尼の制限禁
止令の大規模な断行を行ったのが会昌の廃仏である。」
（212頁）とある。また『岩波仏教辞典』の「三武一宗
の法難」（328頁）には、「〈会昌の廃仏〉は……道教徒
の画策により西方伝来の景教・祆教（→ゾロアスター
教・マニ教の三夷教も禁圧された。」（328頁）とある。

(66) 岳麓山は星斌夫『中国地名辞典』（名著普及会、
1979年改題覆刻）によれば、「湖南省中部東寄り、善
化県の西南十支里にある山。……山麓の嶽麓書院は宋
四大書院の一で、……。……南宋乾道元年（1069）
修築され、次で張栻・朱子こ々に学を講じて、益々栄
え、元・明を経て、清の康熙年間また重復されて今に
至る。」（59頁）とある。

(67)（若愚、"西安浄業寺"、若愚的新浪博客、2016-02-27
http://blog.sina.com.cn/s/blog_51ec9abf0102wk
17.html）。

(68) 例えば、定方晟『異端のインド』（東海大学出版会、
1998年）は「アショーカ王がギリシャ人の王に使い
を送ること」や「メナンドロス王が仏教僧と議論する
こと」などインド文化とギリシア文化との関係につい
て述べた論考を収めている。印希両文化の交渉に触れ
た研究書は浅学の想像しがたいほど汗牛充棟のごとく
多いのではないのであろうか。また2010年に勉誠出
版の「アジア遊学」137として井本英一編『東西交渉
とイラン文化』が出ている。東西交渉史上のイラン文
化の位置を鳥瞰出来るかも知れない。

筆者は以下の方々に感謝の意を表したい。まず
佐々木力教授に対してである。2013年11月筆者は
当時中国科学院大学で教えておられた氏と共に汽車
で北京から安徽省合肥に向かった。梅文鼎生誕380
周年記念学術討論会に参加するためである。車中に
て筆者は氏に日本における五輪塔の状況についてお
尋ねした。2018年10月に筆者は中部大学高等学術
研究所主催のシンポジウムに出席を招請され、これ
に参加することになった。シンポジウムでは今回の
論文の初稿に当たるものを報告した。佐々木先生は
熱心に筆者を励まされ、ご自身がこれを日本語に翻
訳したいと述べられた。ARENA編集長小島亮教授
もまたこの論題に相当の関心を示された。小島先生
は筆者が出来得る限り速やかに修正すべき点を修正

して文章にして公表することを強く促されたほか、
ご自身日本の密教の状況を説明されたうえ、ご所蔵
の五輪塔関係の書籍を筆者にご恵贈くださった。京
都泉湧寺博物館西谷功氏は同寺所蔵の「楊貴妃観音」
像の胎内に隠された五輪塔の主な発見者である。
2018年10月10日に泉湧寺は筆者に特別に関係資料
をお見せくださった。その後さらに電子メールを通
して筆者の疑問に思う若干の疑問にお答えくださっ
た。中国科学院大学黄栄光教授からは日本語資料の
調査と翻訳の面で多大なご助力を賜った。このよう
な方々からのお励ましとお支えがなければ、多年の
歳月をかけて熟成させた本研究は今日ここに発表す
ることは難しかったことであろう。

（～共編著書として『科史新伝：慶祝杜石然先生
従事科学史研究40周年学術論文集』（遼寧教育出版、
1997年）、『中国科学与科学革命：李約瑟難題及其
相関問題研究論選』（遼寧教育出版、2002年）、『算
経十書』（遼寧教育出版、1998年）等がある～訳者注）

訳者付記
訳出にあたり愛知大学名古屋図書館の職員の方に一
方ならぬお世話になりました。記して感謝致します。

贅言

　わたくしは岩波の『アリストテレス全集』と『プ
ラトン全集』をずいぶん前に購入しました。前者は
一所懸命に一冊、一冊読んだ記憶がありますが、後
者にはそれがありません。時折、拾い読みした程度
だったでしょうか。研究室が移動し、書籍も場所を
変えましたが、全部把握しているわけではありませ
ん。後者はまとまって移すことに至りませんでした
が、たまたま『ティマイオス』の巻を研究室の書架
に見出し、胸を撫でおろす思いでした。

　高校生の頃、大学に入ったらサンスクリットを勉
強して仏典を原典で読んでみたいと漠然と思ってい
ましたが、入った大学にはインド思想史の講義もサ
ンスクリットの授業は設けられておらず、物足りな
い気がしました。けれども現代日本語に訳された仏
典を時折読むことで慰められた思いがしました。

　1977年、大学四年生の時、文部省国際交流制度
によりインドのネルー大学に一年留学させてもらい
ました。インドに対する小さい時からの憧れを実現
させた形となりました。その年の暮れに、友人となっ
たカトリックのP.P.ジョンさんの実家に日本人留学
生の中川哲夫さんと一緒に遊びに行きました。中川
さんとはKaveri Hostelという名前の寮で階を同じ

くし、お世話になっていました。

　ジョンさんの故郷は南インドのケララのコーチンです。デリーから二泊三日の記者の旅でした。着いてみると、コーチンの国際性を知らされました。ユダヤ人の会堂もあることをジョンが教えてくれたように思います。

　或る家―ジョンさんの家であったのでしょうか―の軒先の水色の太い柱が目に留まりました。真ん中が微妙に膨らんでいるのです。昔、世界史で学んだギリシア建築のエンタシスが自ずと思い浮かんできました。海がギリシア、ローマ、メソポタミア、インドをつないでいることを実感せざるを得ませんでした。プラトンの幾何学の概念がはるばるギリシアからインドに伝わり、日本まで辿り着いたというのでしょうか。

　海は西から東に、東から西にモノと文化を運びます。根拠を提示することの出来ないまったくの憶測でしかありませんが、プラトン或いは「…『原論』第一三巻で展開された五個の正多面体にかんする理論の実質的な発見者、一般に立体幾何学の創始者とされている。」(廣川洋一『プラトンの学園　アカデメイア』岩波書店、1980年、124頁)とあるところのテアイテトスのような人物たちが形象化した幾何学の構造は西と東を結ぶ海洋交易圏において共有されていたなにがしかの価値ある情報であった可能性はないのでしょうか。航海術、建築学か、荷物の積載の観点からか分かりません。ただ同時代の交易圏生活者には言わずと理解されていた共有の真理であったように想像したくなります。

　つまりプラトンが発明したものが西から東に移動したのではなく、当時一流の知識人であったプラトンがこの共通の真理に興味を覚え、学問的な形に具象化したということは考えられないでしょうか。ギリシアからはるばる日本にまで長い時間をかけてプラトンの思想が伝わったわけでなく、この交易圏で共有されていたなにがしかの真理を密教の勃興したインドでもそれに興味を覚えインド思想の枠内で意義づける人が現れたということは起き得ることあるように思われます。

　五輪塔は多くは石造りのようです。何故なのでしょうか。これについては小さいころ正月の前に実家で餅をついた時の臼のことが思い出されます。わたくしの実家は経済学者の山田盛太郎の生地愛知県葉栗郡木曽川町です。冬になると伊吹おろしが吹いてきます。花崗岩の取れる伊吹山は生活の中に息づいています。我が家の臼は石臼でしたので、テレビ

に映る木製の臼にいささか違和感のようなものを覚えていました。地理的な条件が木臼ではなく、石臼を生んだのではないでしょうか。

　石造りの五輪塔についてわたくしは材料となった石の産地と種類を具体的に知りたくなりました。大谷大学の博物館が発見した久多の五輪塔は日本最古の木製の五輪塔であることを知ることが出来ました。平治元年(1159年)ですから、今から860年前のものです。

　宮﨑健司「久多の木造五輪塔」の「一　木造五輪塔の概要」の「1　外観の観察による知見」によれば、「久多の木造五輪塔は、檜材様の針葉樹の芯部分で制作され、五輪に方形の基壇を伴うものである。」(『大谷学報』第93巻第2号、2014年、25頁)ということです。木材は檜です。長く保存できた重要な理由の一つでしょう。ただしどこで採取された檜であるかを知ることは分かっていないようです。

　中国は平野が多く、山の多い日本とは地形的に好対照をなします。中国では石より木のほうが材料として入手しやすかったということは考えられないでしょうか。石で造るとすれば、遠隔地から運ばなくてはならず経費が日本以上にかさむことになります。

　木で五輪塔を造るとすれば、針葉樹か広葉樹かということになります。中国の生態系を知りません。広葉樹で造ったとすれば、九百年近く保存することは物理的に可能であったのでしょうか。

　唐突と思えるかもしれませんが、ここで甲骨文字のことが思い浮かんで来ます。甲骨文字が漢字の最古の文字であると言われています。甲はカメの甲のことです。骨は恐竜の骨です。

　恐竜の骨は竜骨といって今は漢方で用いられる薬の材料です。わたくしの住む豊橋の漢方薬局の先生が実際に「竜骨」を見せて教えてくださいました。今も昔も高価であったものではないでしょうか。亀は愛知学泉大学教授でカメ研究がご専門の矢部隆先生から直接うかがったことによりますと、発見されたところでは取れないものだそうです。交易で運ばれたものです。これも高価なものでしょう。いずれも素材は固く本性的に腐敗しにくいものです。恐竜の骨と亀の甲が当時においても高価であるとすればこれらが日常生活における書写媒体として使われたとは考え難いでしょう。

　商業活動に重要なものは契約書です。漢字は音から自由な意味の缶詰として異なる言葉を話す売り手と買い手の間で交わされた契約書に書かれた文字ではないでしょうか。画数が多いのは偽造を防ぐため

でしょう。単なる意思疎通のためであるならば、画数は障害となります。商売上の契約書は永続性を求めません。永久保存する必要はないのですから、硬質ではない、軟質の材料を用いてもよいわけです。

　木製の板に漢字を彫って契約書を交わしたということは充分考えられるところではないでしょうか。

　そして交易の中で必要に迫られて作られた漢字がやがて政治や宗教の舞台でもその意義を見出し用いられるようになって行ったわけです。宗教や政治的な意味合いを持つものであれば、記録としての永続性が求められます。硬質の物体に書かねばなりません。そこで漢字を記録するために木材ではない、なにがしかの固い材質のものを探すことになります。

　石田千秋「甲骨文」によれば、甲骨文字は「殷代の王室によって占卜された内容を亀甲や獣骨などの刻した文字」(尾崎・竺沙・戸川編『中国文化史大事典』大修館、2013年、343頁) というものです。固い物体の亀の甲羅や動物の骨であればこそ、三千年の風雪に耐えたものではないでしょうか。漢字の成立は貴族や一部エリートが独占的に行なう宗教儀礼の文脈ではなく人間の日常的な商業の文脈の中で捉えられるべきものではないかと思うしだいです。その原初の漢字の姿を映し出していた材料が木であれば、現在にまで残されることは不可能なことであってみれば、これを実証的に証明することはかなわないことです。これについては拙文「研究ノート　漢字再考―音声言語と書記言語の狭間」(愛知大学語学教育研究室『言語と文化』第13号、2005年) の中で触れています。

　わたくしはかつて今は亡き溝口雄三先生から『中国歴史文化事典』(東京大学出版会) の「外来宗教の影響」の項目を担当するように言われました。そこにはゾロアスター教やマニ教のことが含まれます。イラン思想に関して無知であったわたくしは最初から学び始めました。五輪塔の形象化の問題を考えるうえでイラン思想も視野に入れなければなりません。この論考を目にして昔少しだけ学んだ知識を呼び起こされました。

　東西交易圏で共有されていた或る真理をインドの仏教徒がこれに興味を覚えて密教の教義の中に反映させその教義が中国に移された後、そこで木製の五輪塔が作成され、中国から密教を移入した日本はそれを模倣する形で木よりもおもに手近にあった材料の石で五輪塔を作成し、その石造りの五輪塔が素材のゆえに現在まで残されたという可能性はないのでしょうか。単なる門外漢の妄想でございます。

要約

五輪塔の形而上学

　五輪塔の見た目と形而上学の意義は、プラトンの『ティマイオス』における宇宙の形状と比較可能である。換言すれば、『ティマイオス』は宇宙の構成と変化を解読する幾何学の諸要素を用いるのであるが、この考えは、約1500年後の日本では、寺院建築の五輪塔を通して具体的に表現された。日本の寺院建築の基盤上の五輪塔の象徴的構造だけではなく、神聖な小物とか宝物の容器にも転用された。

　このことは、12世紀中葉から今日に及んでいる。建築様式について言えば、日本の寺院建築は中国から深い影響を受けているのだが、しかし、それは随朝・唐朝以後であり、五輪塔らしきものは中国では見当たらない。もっとも、歴史文書や主として中国から伝来した日本の仏典によれば、五輪塔にいくぶん似た仏塔のような中国建築は存在したように思われる。しかし、幾世代にも及ぶ訪中した日本人仏僧や追随者による編纂作業のあと、仏教古典は日本では地域的特徴をもって発展した。『大正大藏經』に画像部において五輪塔のテキストと絵が見いだされ、それらは日本の密教的伝統の領域に属する。著者は、以上のテキストと画像は、中国あるいはサンスクリットの密教古典に由来したものと推測している。仏教経典の「五大」、古代の「五行」理論、古代ギリシャの元素説は類似性をもっている。それらは、相互に関連しあっているのであろうか？　時期と空間を考慮に入れるならば、古代ギリシャは、古代インドとペルシャを介して交流をもったのかもしれない。五輪塔が『ティマイオス』と何らかも関係をもっているのかどうかは、文明間の文化交流の歴史における魅惑的問題なのである。

Summary

The Metaphysics of Gorintō

Gorintō's look and metaphysical significance is comparable to the imagery of the universe in Plato's *Timaeus*. In other words, *Timaeus* uses geometrical elements to decipher the composition and changes of the universe and this idea was represented in concrete terms through Gorintōs at temple buildings in Japan approximately 1500 years later. Not only are Gorintōs symbolic structures on Japanese temple burial ground, but they have also been turned into miniature sacrificial objects and treasure containers, and have been passed on from the mid-12th century to this day.

 In terms of building styles, temple buildings in Japan have been profoundly affected by China but since the Tang and Song Dynasties, the likes of Gorintō have not been found there, although there are some Chinese buildings like Buddhist towers that somewhat resemble a Gorintō. Seen from historical literature, Japanese Buddhist texts mainly came from China. But after generation-spanning compilation by China-visiting Japanese monks and their followers, a trove of Buddhist classics developed in Japan with local characteristics. In the image sections of *Taishō Tripiṭaka*（大正大藏经）, Gorintō texts and pictures are found, and they belong to the realm of Japanese Mikkyō tradition. The author speculates that the above texts and images both stem from Mikkyō classics in Chinese or even in Sanskrit.

 The godai（五大）of Buddhist Tantrayāna, the five-element（五行）theory of ancient China and the element theory of ancient Greece have similarities. Did they have some bearing on one another? With time and space factored in, it is more likely that ancient Greece might have had some interaction with ancient India through Persia. Whether Gorintō have anything to do with *Timaeus* is a captivating question in the history of cultural exchanges among civilizations.

東西数学の邂逅に関する史料集
まえがき

葛谷登●愛知大学経済学部教授

　2009年の一年間、わたくしは東京大学駒場にて科学史研究では世界的に名の知れた佐々木力先生の下で研修を許されました。明の時代に中国を訪れたカトリック宣教師は漢文著作を残しています。これらの著作はキリスト教関係のものと自然科学関係のものの二つに大別されます。マッテーオ・リッチらイエズス会士の文章と向き合うには当時のヨーロッパの科学史の知識が不可欠です。佐々木力先生にはご高著『デカルトの数学思想』（東京大学出版会、2003年）等で彼らの著述に関して科学史的な考察を行われています。科学史には門外漢のわたくしですが、暴虎馮河の勇を鼓して先生の講莚に列することをお願いし幸いにも許された次第です。

　そのとき『幾何原本』に附されたリッチの序や徐光啓の序等を訳してはそれらを先生のお目を汚すべく手ずからお渡し致しました。昨年小島亮先生のもとで「学問史の世界　佐々木力と科学史・科学哲学」という特集が組まれた『アリーナ』第21号にはリッチの『幾何原本』の序の拙訳を投稿させていただきました。忝くも感謝するものです。

　今回、『幾何原本』に附された徐光啓の文章「刻『幾何原本』序」、「『幾何原本』雑議」及び「題『幾何原本』再校本」の訳出を試みました。全二者はひと昔ほど前に書いたものを篋底から探し出して覚束ない記憶を頼りに見直し書き削り書き足したものです。三番目は篋底には見出しえず、もう一度最初から試みたものです。

　拙訳は王重民輯校『徐光啓集』（上冊）（上海古籍出版社、1981年）所載の「刻幾何原本序」（74-76頁）、「幾何原本雑議」（76-78頁）、「題幾何原本再校本」（79頁）に拠りました。見直すにあたり、十年前と同じように Engelfriet 先生の手になるご翻訳を参照させていただきました（Chapter 6 "Mathematics in the service of the dynasty", A.1. "Xu Guangqi's Preface", Peter M. Engelfriet, *Euclid in China, The Genesis of the First Chinese Translation of Euclid's Elements Books I-VI (Jihe yuanben; Beijing, 1607) and its Reception up to 1723,* Brill, 1998, pp.291-297）.

　不勉強で門外漢のゆえ斧正に堪えぬほど誤り多きことを預めご海容願うものです。徐光啓の文章を改めて読ませていただいて非力にも思うことは、この人は四書五経の伝統的な中国の思想世界の枠からはみ出たスケールの大きな人物ではないかと感ずる次第です。読んでいて彼の至情の暖かさと論理の明快さがヒシヒシと伝わって来るからです。

　徐光啓の文章を読んでいて何故か40年ほど前に目にした魯迅、周作人研究の第一人者木山英雄先生の「実力と文章の関係、その他—散文の発達と周民兄弟—」（『現代アジアの革命と法』勁草書房、1966年）というご論考が思い浮かんで来ました。そこには、「自国の現実と本質的に渡り合いながら、着実に表現の方法を鍛えた周氏兄弟」（156頁）とあります。徐光啓も明末の王朝体制の動揺期に従来の伝統的な中国の知識人とは異なって地に足の着いた「実力者の文章」と呼び得るものを鍛え上げたとは言えないものであろうか、という取り留めのない妄想が一論文への無理解もあって一膨らむのを禁じ得ませんでした。

　彼の思想の卓抜さを象徴する出来事があります。36歳の徐光啓は万暦25年（1595年）に順天郷試に応じます。分考官の張五典は落第の答案の中から彼のものを見つけ、これを主考官に推薦します。主考官の一人焦竑は第一位の答案がないことに穏やかならず、渡された文章を見て激賞し、発表間近に徐光啓の文章を首位に推します（梁家勉編著『徐光啓年譜』上海古籍出版社、1981年、59-60頁）。まさに圧巻な出来事です。焦竑は「李卓吾の友人としても知られる。思想的には王学左派に属するが、一方で歴史等に関する考証も多く手がけ、考証学の先駆者

としても知られる。」（永冨青地「焦竑」大修館『中国文化史大事典』、2013年、577頁）ような幅の広い思想の学者です。彼は李贄を認めたように答案の中に徐光啓のほとばしる才能の兆しを認めたのでしょうか。

徐光啓と『幾何原本』について書かれた重要な文献として徐匯区文化局編『徐光啓与《幾何原本》』上海交通大学出版社、2011年）があります。同書は奥付によれば2007年7月に徐家匯で開催された「紀念徐光啓暨『幾何原本』翻訳出版四百周年国際学術研討会」で発表された論文を選び出したものです。

日本において徐光啓研究の先駆けをされた方に後藤基巳先生がおられます。「徐光啓」、「保禄徐公評伝（一）― 明末奉教士人の典型」、「保禄徐公評伝（二）― 明末奉教士人の典型」が『明清思想とキリスト教』（研文出版、1979年）が収められています。徐光啓像を描くにはまずもって読まねばならない論考ではないでしょうか。

中国語で書かれた徐光啓の伝記としては羅光『徐光啓伝』（伝記文学出版社、1970年）、王重民『徐光啓』（上海人民出版社、1981年）、陳衛平・李春勇『徐光啓評伝』（南京大学出版社、2006年）等があります。また羅光には徐光啓と共に『幾何原本』の訳出の作業に取り組んだマッテーオ・リッチの伝記『利瑪竇伝』（光啓出版社、1960年）もあります。

昨年の『アリーナ』第21号にラテン語を教わった平田先生のことを紹介させていただきました（308頁）。早稲田大学教授の石井道子先生より西洋古典学がご専門の平田眞先生であられることを教えていただきました。平田先生はポール・ロバーツ『ローマ皇帝』（学芸書林、2010年）の訳者であられます。今もなおラテン語の辞書が引けるかどうかの不出来な学生ですが、学恩に感謝するものです。

なお、今回も愛知大学名古屋図書館の職員のかたには文献渉猟のときに一方ならないお世話になりました。記して感謝するものです。

　　　主の年2019年11月7日　　妹登美子旅立ちの日

刻『幾何原本』序

徐光啓

葛谷登 訳◉愛知大学経済学部教授

　堯舜の時代には羲氏と和氏[1]が担当した治暦から司空[2]、后稷[3]、工虞[4]、典楽[5]の五つの官職[6]はいずれも度と数をもって当たらなければ何ごとかをなさない[7]。『周礼』の六芸[7]では、数はそのどれとも関係し一体をなしている[8]。数以外の五芸もまた度と数をもって当たらなければ、何ごとかをなしえない[9]。師襄[8]と師曠[9]は音楽に対して、魯般[10]と墨子[11]は機械に対して〜どうして度と数に基づかいない他の偽りの巧みさがあろうというのか[12]〜彼らは度と数に基づいた用法に精通しているにほかならない[13]。

　こういうわけで三代[14]以前は度と数に関する技術が盛んで、一から十まで師が伝え、仲間で学び合うという度と数に関する学問があったのだけれども、秦の始皇帝の焚書によって滅び去ってしまったとかつて言っていたものである。漢以降は多くは勝手気ままに憶測するようになった。それは目の見えない人が的を射るようなものである。空しく矢を発するけれども当たらない。或いは多くは真似事をしているのである[14]。それは蛍の光で象を照らそうというようなもの、また頭を捉まえて尻尾を逃すようなものである。こうして現在に至るまでこの度と数の道は廃れてしまっているし、また廃れざるを得ないところのものがあるのである。

　『幾何原本』は度と数の大本である。ものの四角いこと、円いこと、また平らかであること、まっすぐであることの本質を追求するための手立てであり、規矩（コンパスとものさし）、準縄（水盛りと墨縄）の働きをいかんなく果たすための根拠である[15]。リッチ先生は少年の時より、天主の道を論ずる合間に六芸の学に心を向けられた[16]。しかもまたこの技芸かの地にあってはいわゆる「師が伝え、仲間で学び合う」[17]ところのものである。その師のクラヴィウス先生もまた無比なる名家の出であった。こういうわけでリッチ先生は度と数の学問を深く窮め

たのである。

　リッチ先生は非才のわたくしと交わられて久しいが、講義の残り時間にしばしばこの学問に触れられた。そこでわたくしはその象と数の天文学の諸書[18]を中国語に翻訳することを願い出た。それに対してリッチ先生はただ「『幾何原本』の本書が訳されないことには、他の書物は理解できません。」とだけ言われた。そこで先生と共にその要となるものを翻訳してみたのである。その成果は六巻にまとめられた。訳し終えて後、再び目を通せば、明白な領域から微妙な領域に入り、疑問から出発して真理に至るようになっている。

　思うに、本書はふだん用いないものを用いる、それはものごとの基礎や要素になるものを多く用いるということである[19]。まことによろずの図形の園や百家の学問の海はまことに尽きることがないのだけれども、他の書物を読む際にも、本書を備えればその内容を理解することが出来るのである[20]。

　わたくしは秘かに、「思いもかけなかったけれども、古の学問が廃絶されてから二千年後に、堯、舜、夏・殷・周の三代のなくなった典籍や学問を突然補い綴り合わせることが出来れば、現在の世に裨益すること必ずや小さからぬものがあろう。」と思い、同志の者二三とこれを出版して世に伝えるものである。

　リッチ先生は、「本書は百家の用をなすものです。羲氏・和氏や魯般・墨子のごとき人物がいることを願います。偉大さにおいて彼らに及ばぬ者としても本書は大きな働きをします。本書によって学ぶ者の知性は緻密になり確実なものとなるでしょう。」[21]と言われました。

　わたくしが思うに、本書が小用をなすのも大用をなすのも実は読む側の人間次第である。たとえていうならば、鄧林[22]の木を切れば、どれでも棟・梁・榱桷（丸い或いは四角いたるき）にすることが

出来るようなものである。

　顧みれば、先生の学問は大略三つの種類に分かれる。大なるものは身を修め天に事える[23]学問であり、小なるものは物に格り理を窮める[24]学問である。格物窮理の学問の一分野には独立して象や数を取り上げるものがある[25]。これら大小、またその他の学問の内容の一つ一つが精確であり要領を得ており、からりとして疑いようがない。また分析手法も疑う余地がない[26]。

　かくしてわたくしはすみやかにその小なるものを伝えて、その信じることが易しいものを先に取り上げようと思う[27]。それは人々にその文章を辿らせ、その文意を考えさせることによって、リッチ先生の学問が信ずべきであって疑いようのないものであることを分からせるためである。

　大体このようなことが実現出来れば、本書は更に大きな用をなすことであろう。

　リッチ先生が触れるところの幾何の諸家は本書によって自ら専門とするところを追求する[28]。それはほぼ先生の自序の中に収められているので、詳しくは論じない[29]。

　　　　呉淞[30] 徐光啓書す

注：
(1) 堯舜の時代に暦法を司った（『書経』「舜典」）。
(2) 土木事業の監督をした（平凡社古典文学大系『書経・易経（抄）』の赤塚忠の注57〔39頁〕）。
(3) 農業に関する事柄を管轄した（注10前掲『書経・易経（抄）』、39-40頁）。
(4) よく分からない。「虞」は「舜典」では山沢の官として出て来るようである。
(5) 音楽に関する事柄を管轄した（注83、84前掲『書経・易経（抄）』、43-45頁）。
(6) 殷では司徒・司馬・司空・司士・司寇、周では司徒・宗伯・司馬・司寇・司空であった。
(7) 原文は「非度数不為功。」（下線、訳者注。特に注記しない限り、以下同じ）（（『徐光啓集　上冊』上海古籍出版社、1984年、73頁）。「度数」という語を、Engelfrietは'Measures and Numbers'と訳している（'Chapter 6 Mahemaics in the service of the dynasty','1. *Xu Guangqi's Preface*', Peter M.Engelfriet, *Euclicd in China*, Brill, 1998, p.291)。『幾何原本』を理解するうえで重要な語であるが、中国の数学の本質とも重なるような語であり、当然訳者の力量を超えるため、訳語を案出することをしない。
(7) 士の六つの教養科目であるところの、礼・楽・射・御・書・数のこと（『周礼』「地官」「大司徒」）。
(8) 原文は「周官六芸、数与居一焉、」（『徐光啓集』上冊、74頁）。「数与居一焉」の部分が良く分からなかった。

Engelfriet は "Mathematics is one of the Six Arts mentioned in the Offices of Zhou,"(p.291)と訳していた。
(9) 原文は「而五芸者不以度数従事、亦不得工也。」（『徐光啓集　上冊』、74冊）。ここのところで「数」に加えて何故新たに「度」が言及されているのか、よく分からない。
(8) 春秋時代の魯の楽師。師は音楽を司る官。孔子は彼について琴を学んだという（『史記』「孔子世家」）。
(9) 春秋時代、晋の平公の時の楽師。良く音調を識別したという（『孟子』「離婁」上）。
(10) 春秋時代、魯の哀公の時の有名な工匠。雲梯を作ったという。また公輸子と同一人物ともいう（『宋策』）。
(11) 戦国時代の思想家。軍師公輸子による楚の攻撃に対して宋の城を固く守ってこれを撃退したという（『斉策』下）。
(12)「豈有他謬巧哉」。宋の文天祥の「正気歌」の中の一節。「豈有他謬巧　陰陽不能賊」（入谷仙介『宋詩選（下）』〔中国古典選34〕朝日新聞社、1979年、184頁）とある。訳は、「私には何の計略も知恵もあろうはずはない。このみじめな生活の中にあってはなお陰陽、気のプラスとマイナスとの作用が私の肉体を侵食しないことについて。」（193頁）とある。その後に、「謬巧は知恵を働かせて巧妙にやってのけること。」（同頁）とあり、『漢書』「韓安国伝」の中の言葉が紹介されている（同頁）。
(13) 原文は「精於用法爾已。」（『徐光啓集』上冊、74頁）。
(13) 夏、殷、周の三つの王朝。
(14) 原文は「或依倣形似」（『徐光啓集』上冊、75頁）。「倣」は「擬」に通じるであろう。
(15) 原文は「所以窮方円平直之情、尽規矩準縄之用」（『徐光啓集』上冊、75頁）。
(16) 原文は「論道之暇、留意芸学。」（『徐光啓集』上冊、75頁）。「論道」は『書経』「周官」の中に「立太師、太傅、太保、茲惟三公。論道経邦、燮理陰陽。」として出て来る。「芸学」は『漢語大詞典』第九巻602頁に項目がある。それによれば、第一の語義が「指経学；文章典籍之学。」であり、第二の語義が「指技芸之学。如応用科学、自然科学等。」である。この場合、清代の馬建忠の「富民之説」の中の文が用例として挙げられた第二の語義の「技芸之学」ではないであろうか。
(17) 原文は「所謂師伝曹習」（『徐光啓集』上冊、75頁）。「所謂」とあるが、典拠は分からない。
(18) 原文は「其象数諸書」（『徐光啓集』上冊、75頁）。三浦国雄「象数学」によれば、「象数学」は「中国哲学のターム。『易経』の解釈において、象と数を重視する立場をいう。……象とは象徴、数とは文字通り数字の謂であるが、……」（弘文堂『〔縮刷版〕科学史技術史事典』、474）というものである。「象」も「数」も易の用語。前者は日・月・星の類、後者は初九より上九の類。幾何、代数の類を念頭に置いているのであろうか。Engefrietはここでは「象数」という語は "refers to astronomy"（292頁）、すなわち天文学を指しているとする。川原秀城・長谷部英一「天文・暦法」の「天文学体系の成立」には、「中国二千年を特徴づける経学を中心とした文化パターンは、漢代に一応の完成を見たが、算学とともに術数学ないし象数学の一領域を構成する天文・暦の学もその例外ではない。」（東京大学出版『中国思想文化事典』（484頁）とある。伝統的

な中国の学問では天文学は象数学の一部をなすものの
ようである。とすれば文脈から考えれば、ここでの「象
数」も天文学を指していると考えてよいことになるの
ではないであろうか。川原秀城『中国の科学思想』(創
文社、1996年)の序章「中国の自然科学」の「一
中国科学と天文歴数学」の中の(三「中国の暦数学と
一般人文学の親和性」(25-33頁)がこのことを詳述し
ているように思われる。例えば、「現存する最古の書
籍目録『七略』の六部分類のばあい、天文暦数学は術
数学の範疇に入り、……」(10頁)とある。さらに、「天
文暦数学と経学占術の親和化に第一義的に関与したの
は、二者に共通しかつその本質を構成する『数』一形
と数の原理ととらえるべきである。魏徴が天文小序に
おいて『数術』に言及し、阮元が疇人伝序中、やや占
術的ニュアンスをもつ『象数』というテクニカル・ター
ムを使用したゆえんも、その学術上の性格にある。」
(29頁)とある。特に清代の阮元の「『疇人伝』序」が
重要ではないであろうか(25-28頁)。

(19) 原文は「蓋不用為用、衆用所基、」(『徐光啓集』上冊、
75頁)。「不用為用」は、『荘子』「外物篇」の「荘子曰、
然則无用之爲也、亦明矣。」に拠るものではないであ
ろう。また後半の「衆用所基」について、「所基」は『原論』
のクラヴィウス版の _Euclisidis elementorum libri XV_
(中村・寺阪・伊東・池田『ユークリッド原論一縮刷
版一』共立出版、1996年、478頁)の elementa を反
映したものであろうか。

(20) 原文は「眞可謂万象之形囿、百家之学海、雖実未
竟、然以当他書、既可能得而論矣。」(『徐光啓集』上冊、
75頁)。「他書」とは具体的には前出の「象数諸書」を
指し、『幾何原本』を座右に備えれば、天文暦数の学
についての書物も理解することが出来るということに
なるのであろうか。

(21) 原文は「是書也、以前当百家之用、庶幾有義和般
墨其人乎?猶其小者;有大用於此、将以習人之霊才、
令細確也。」(『徐光啓集』上冊、75頁)。

(22) 原文は「如鄧林伐材、棟梁榱桷、恣所取之耳。」(『徐
光啓集』上冊、75頁)。「鄧林」は『大漢和辞典』巻十
一の「鄧林」の項(315頁)には『『山海経』「海外北
経」の中の文を出典として挙げている。「平凡社ライ
ブラリー」の高馬三良訳『山海経　中国古代の神話世
界』(1994年)では、「夸父は太陽とかけくらべして
入日を追った。口がかわいて水がほしくなり、黄河と
渭水で飲んだが、黄河と渭水ではなお足らず、北の大
きな沢で飲もうとして、到着せぬさきで道で渇(のど
かわ)いて死んでしまった。その杖を棄てると、(杖は)
化して鄧林となった。」(128頁)となっている。徐光
啓の読書範囲の広さを示すものではないであろうか。

(23) 原文は「大者修身事天」(『徐光啓集』上冊、75頁)。「修
身」は『大学』第一章に出て来る語(「脩身」)であり、
「事天」は『孟子』「尽心篇上」に出て来る語。大なる
ものとは、具体的には『天学初函』の中の「理編」に
収められたキリスト教関係のものということであろう
か。

(24) 原文は「小者格物窮理」(『徐光啓集』上冊、75頁)。
「格物」は『大学』第一章に出て来る語であり、「窮理」
は『易』「説卦伝」に出て来る語である。小なるもの
とは具体的には『天学初函』の「器編」に収められた
数学や技術等を指しているのであろうか。

(25) 原文は「物理之一端別為象数」(『徐光啓集』上冊、
75頁)。「物理之一端」の「物理」は「小者格物窮理」
の「物」と「理」を合わせたものであろう。要するに、
小なるもののううち「象数」に関するもの、具体的に
は天文暦法関係のものは学問分野として別に独立させ
るという意味ではないであろうか。

(26) Eigenfriet は脚注15の箇所で、三つの分野に分け
られたリッチの学問はコレージョ・ロマーノのカリ
キュラムを反映した可能性が高いというふうに述べる
(_Euclid in China_ 、p.293)。

(27) 原文は「而余乃亟伝其小者、趨欲先其易信」、(『徐
光啓集』上冊、75頁)。「其小者」とは天文暦法を除い
た数学に当たるものということであろう。具体的には
『幾何原本』を指すものである。

(28) 原文は「他所説幾何諸家籍此為用」(『徐光啓集』
上冊、75頁。ここでいう「幾何諸家」とは、リッチの
「訳『幾何原本』引」によれば「算法家」、「量法家」、「律
呂楽家」、「天文暦家」の四つを指すのではないであろ
うか(王紅霞点校『幾何原本』朱維錚・李天綱主編『徐
光啓全集』第四冊、上海古籍出版社、2010年、6頁)。

(29) 原文は「略具其自叙中、不備論」(『徐光啓集』上冊、
75頁)。リッチの序によれば、「算法家」、「量法家」、「律
呂楽家」、「天文暦家」が『幾何原本』に基づいて行う
ことは「量天地之大、……」、「測景以明四時之候、…
…」、「造器以儀天地、……」、「経理水、土、木、石諸工、
……」、「製機巧、……」、「察目姿勢、……」、「為地理
者、……」等であろう(『徐光啓全集』第四冊、7頁)。

(30) 呉淞は地名。星斌夫『中国地名辞典』(名著普及会、
1979年改題覆刻)には、「江蘇省東南部、黄浦江口の
都邑。上海の下流十二哩。明の初め倭寇の跳梁に海警
戒の急を覚つてより、此地は揚子江と黄浦江の防御の
為に重視され、其洪武十九年(1386)呉淞江守御千
戸所なる衛戍機関を設け土城を築き、倭寇の侵略愈々
急なるに従つて次第に堅固化したが、屢々其荒掠を受
けた。」(13頁)とある。徐光啓は自らの出身地を「呉
淞」と記したものであろう。

『幾何原本』雑議

徐光啓

葛谷登 訳◉愛知大学経済学部教授

学問をする営みには理の側面と事の側面がある[1]。本書の有益なることは以下の如くである。本書を読むことによって、理を学ぶ者に対しては軽佻浮薄な心を取り除き、綿密な精神を練り上げることが出来るようにする[2]。事を学ぶ者はすでに定まった方法を利用し、精巧な思考を繰り出すことが出来るようになる[3]。だから本書を読むことによってこの世の中で一人として学問に取り組むことの出来ないものはいなくなる[4]。

聞くところによると、西洋の国では昔、大学があったき。そこには教師と学生が常時数百、数千人集まっていた。大学を訪れる者はまず本書を理解しているかどうかを問われ、理解していてこそ初めて入学が許された[5]。何故なのであろうか。それは本書が思考において精密であることを求めるからにほかならない[6]。その大学が輩出した名士は極めて多い。

さて本書をよく理解することの出来る者は一つの事として理解出来ないものはなく、他方本書を喜んで学ぶ者は一つの事柄として学ぶことが出来ない事はないのである[7]。

およそ他の事柄であれば、行なうことが出来る者は語ることが出来るし、また行なうことが出来ない者もまた語ることが出来るものなのである[8]。しかし本書に限って、その効用について言うならば、ものごとについて語ることが出来る者は、ものごとを行なうことが出来るものにほかならない。ものごとを行なうことが出来ない者はおのずからものごとについて語ることが出来ないのである[9]。何故なのであろうか。語る時に少しでも分かっていないことがあれば、それより先は一言も繰り出すことが出来ないからである。本書についてどうして不確かなことを語ることが出来るだろうか[10]。こういうわけで心を砕いてこの学問を学ぶならば、ものごとについて語ることはものごとを行なうことの補助的なものであることを悟らないことはない[11]。

およそ人が学問する場合、半分理解する者もいれば、十のうち九つを、或いは十のうち一つを理解する者もいる[12]。しかし幾何の学問に限っては、理解するならばすべてを理解するのであり、理解しないならば、すべてを理解しないのである。議論するに値するような理解の上下の程度の差を示す数字などはない[13]。

人がすぐれた資質を備えていても、論理の筋道を追いかけるのが大まかであれば、優れた資質といえどもその人は無用であり、他方人の資質が中くらいであっても、精神が緻密であれば、中くらいの資質といえどもその人は有用である[14]。幾何の学問を理解することが出来れば、精神は非常に緻密になるのだ[15]！　だから天下の人を導いて実用に至らせようというならば、この幾何の学問が或いはその拠るべき道となるであろう[16]。

本書に関して四つの不必要なことがある。疑う必要のないこと、推し量る必要のないこと、試みる必要のないこと、改める必要のないことである[17]。また四つの不可能なことがある。逃れようと欲しても出来ないこと、論駁しようと欲しても出来ないこと、減らそうと欲しても出来ないこと、前後を置き換えようと欲しても出来ないことである[18]。さらに三つの至上なこと、三つの可能なことが三つある[19]。至って晦渋であるように見えて実は至って明快である、そのためその明快さによって他のものの至って晦渋なところを明快にすることが出来る[20]。また至って煩瑣であるように見えて実は至って簡単である、そのためその至って簡単なことによって、他のものの至って煩瑣なところを簡単にすることが出来る[21]。また至って困難であるように見えて実は至って容易である、そのため至って容易なことによって他のものの至って困難なところを容易にすることが出来る[22]。容易なことは簡単なことから生じ、簡単なことは明快なことから生ずる[23]。三つの至上

なことの優れた点をまとめてみれば、明快なことに帰するわけなのである(24)。

本書が実際の用をなす範囲は至って広い(25)。現在のこの時にあってわたくしは最も緊要なところを訳し終えたので、時を移さず同好の士と共に上梓して世に伝えることにした(26)。リッチ先生は序をお書きになられ、また本書が速やかに世に伝わることを最も喜んでくださった(27)。そのお考えにもなられるところは、今の世の人々が速やかに学べるように、本書を公にして人々に知らせたいというものであった(28)。しかるに本書を学ぶ者は思うに多くはないであろうけれども、独り考えるに、今から百年の後には必ずや人々が本書を学ぶことであろうし、学ぶならばただちに遅きに失したと思うことであろう(29)。また誤ってわたくしのことを先覚者だと言うであろうけれども、わたくしのどこにそのような先覚者としての知識があるであろうか(30)。

初めて本書を読む者は本書の述べるところが奥深く難解であると考えあぐんで、わたくしが字句の意味するところを説明すべきであるとしきりに言い出す者が現れた(31)。わたくしはこれに対して次のように答えたい。度と数の理には本来奥深く隠れているものはないのであって、字句については、翻訳に従事した当時において再三再四推敲を重ねたので、極めて明瞭なものとなっている(32)。それでもなおわたくしの配慮が充分に及んでいなければ、それは例えば多くの山が重なり合ったところを行くようなものであって、四方を見渡しても道がないが、そのまま或るところまで進んでみると、そこに小道がはっきりと現れて来るであろう(33)。どうか十日ばかり努力して読んでもらいたい。一旦、その意味するところを押さえるならば、たちどころに本書の諸篇を最初から最後まで理解することであろうし、字句もまたことごとく明瞭なものとなることであろう(34)。

幾何の学問は知性を働かせることにおいて大いに有益である(35)。幾何の学問を理解すれば、これまで推し量り作り上げて自身で精巧であると偽っていたものがことごとく誤りであることを知ることになる。これが有益の一つめである(36)。幾何の学問を理解すれば、自分がすでに知っている事柄が数えきれないほど多くの知らない事柄に及ばないことを知ることになる。これが有益の二つめである(37)。幾何の学問を理解すれば、先に思いめぐらしたところの理はその多くが虚しく実体のないものであって、拠り所とすることが出来ないものであることを知ることになる。これが有益の三つめである(38)。幾何

の学問を理解すれば、先に固く言明された事柄が移ろい行く可能性を持つものであることを知ることになる(39)。

本書は学んではいけない五種類の人間がいる(40)。心に落ち着きのない人は学んではいけない。心が粗雑な人は学んではいけない。自己満足の心がある人は学んではいけない。妬み心のある人は学んではいけない。心に高ぶりのある人は学んではいけない(41)。だから本書を学ぶ者は知性を伸ばすだけではなく、道徳の基礎もまた伸ばすことになる(42)。

昔の人は「鴛鴦の刺繍は君が見るのに任すも、金の針は人に与えず」と言っている(43)。しかしわれわれは幾何の学問はまさにこれとは異なるものであると言おう(44)。こういうわけでこの語とは逆に、「金の針は与えて君に用いるに任すも、鴛鴦の刺繍はいまだ与えず」と言おう(45)。本書のごときは金の針を与えるだけにはとどまるものではない(46)。すなわち鉱山を採掘したり、鉄を冶金したり、線を引き計画を作成したりすることを教えるものである(47)。また桑を植えたり蚕を飼ったり、糸を練ったり糸を染めたりすることを教えるものでもある(48)。これらのことをよくする人は鴛鴦を刺繍によって作り出すことが出来るのであり、このようなことは造作なく出来る些細なことにほかならない(49)。それならばどうして鴛鴦を刺繍して与えないのか(50)。答えて言おう。金の針を造ることの出来る者は鴛鴦を刺繍して作ることが出来るのである(51)。お手軽に鴛鴦を手に入れた者がどうして自ら進んで金の針を造ろうとするであろうか(52)。更にまた、金の針を造ることが出来ない者はつる草や棘のとげで間に合わせに鴛鴦を作るものなのだよ(53)！簡単に鴛鴦の刺繍を与えない本意は人々が実際に自ら鴛鴦を刺繍して作る力を身につけることを欲するからにほかならないのだ(54)。

注：
(1) 原文は「下学工夫、有理有事。」(『徐光啓集』上冊、76頁)。「下学」は『論語』「憲問」の中にある「下学而上達」を踏まえたものであろうか。或いは、「下工夫」という語句を基礎にして「工夫」に「学」を加えたものであろうか。
(2) 原文は「能令学理者祛其浮気、練其精心；」(『徐光啓集』上冊、76頁)。「精心」の「精」は「精粗」の「精」を意味するのではないであろうか。
(3) 原文は「学事者資其定法、発其巧思，」(『徐光啓集』上冊、76頁)。「巧思」は大東文化大学中国語大辞典編纂室編『中国語大辞典　下』(角川書店)に語の項が

あり（2439頁）、『三国志演義』（78）の中の文が用例
として挙げられている。

(4) 原文は「故挙世無一人当学。」（『徐光啓集』上冊、
76頁）。「当学」は口語的な言い回しではないであろうか。

(5) 原文は「聞西国古有大学、師門人生常数百千人、
来学者先問能通此書、乃聴入。」（『徐光啓集』上冊、
76頁）。Engelfriet はこの「大学」をプラトンの創設
したアカデメイア（廣川洋一「アカデメイア」弘文
堂『〔縮刷版〕科学史技術史辞典』、8-9頁）であると
解して 'an Academy' と英訳する（Euclid in China,
Brill, 1998, p.295）。さらに脚注20で 'Prolegomena'
の中でクラヴィウスがアカデメイアの門に書かれ
た "Let no one universed in geometry enter my
doors" という語に触れていることを記している（同
頁）。これは 'Prolegomena' の 'Vtilitates variae
mathematicarum disciplinarum'（「数学のさまざ
まな功用」と訳せるのでしょうか）の箇所に出て来る
ように見える（1607年版では g*5 の左一これに関し
ては愛知大学名古屋図書館職員の山井啓子さんより
「[g*4v]」もしくは、前付部分の p.[104] という表記に
なるかと存じます。ただし、vol.1 の前付頁は、先
に8頁ございまして、新たに、112頁あるという形態
でございますので、[g*4v] が一番特定できる表現と
なるように思われます。」という貴重な書誌情報を得
た。記し感謝す）。岩波の田中秀史・落合太郎『ギリ
シア・ラテン引用語辞典〔新増補版〕』には "άγεωμ
έτρητος μηδείς είσίτω." （1頁）とあり、「幾何学
者ならざる者は何人も入るなかれ。」（同頁）という訳
が附してある。

omnino est expers. Quid? quod olim nemo ausus esset celeberrimum
Diuini Platonis gymnasium frequentare, qui prius optime Mathe-
maticis disciplinis non fuisset exornatus? Vnde pro foribus Academiæ
hoc symbolum dicitur pinxisse, άγεωμέτρητος ούδεις είσίτω. Imo ve-
idem Plato in Philebo, omnes disciplinas sine Mathematicis viles es-
non dubitauit asserere. Quade causa in 7. de Rep præcipit, Mathe-
maticas disciplinas primo omnium esse addiscendas, propter varias, et
multiplices earum vtilitates, (vt copiose scribit) non solum ad reli-
quas artes rectius percipiendas, verum etiam ad Remp. bene admini-
strandam: Cuius ego rei multa exempla cum præteriti temporis, tum
nostra ætatis, si id necesse foret, in medium possem adducere. Ibidem

上に四角で囲んだものは（愛知大学名古屋図書館所
蔵本のコピーに下線を施したもの）
廣川洋一『プラトンの学園アカデメイア』（岩波書店、
1980年）の第Ⅵ章「学園の日常」には、「数学的諸学
を中心とする教養科目を修めるかなり長い期間に耐え
て、その資性を認められた者たちだけが、あるいは真
の学園生となったといえるかもしれない。……私たち
にも親しい『幾何学を学ばざる者は入門を許さず』…
…という言葉がプラトンの門戸にかかげられていた
という話は、古くはアレクサンドレイアの新プラトニ
ストでアリストテレスの注釈者としても名高い六世紀
後半のエリアス……の、下って一二世紀ビュザンティ
オンの文献学者ツェツエスの伝えるもの……で、じっ
さいにあったものではないようだが、私たちがいまみ
てきたような意味では、一定の真実を含むものといえ
るだろう。」（104頁）とある。また第Ⅶ章「予備学問
―科目とその性格」には、「アカデミアにおける研究
教育科目については、……哲学を最終の研究目的とし
ながらも、そこでは平面・立体幾何学を中心とする数

学、天文学などの数学的諸学が哲学研究のための最重
要な基礎科目として、その学習と研究がとりわけ奨励
されていた。この事情はこれまでに広く知られたこと
がらであった。」（147頁）とある。アカデメイアでは
哲学研究のための予備的基礎科目としての幾何学の位
置づけが行われていたのであろう。
徐光啓はその事情をリッチから口頭で知らされたので
はないであろうか。
「雑議」の中に用いられた「大学」という語は最も早
く西洋の学園に「大学」という語を当てた例としても
特筆されるものではないであろうか。

(6) 原文は「欲其心思細密而已。」（『徐光啓集』上冊、
76頁）。「心思」は『漢語大詞典』第七巻に語の項があ
る（379頁）。第一の語義が「思考能力；才思」（同頁）
とあり、『孟子』「理樓上」の中の「既竭心思焉、継之
以不忍人之政、而仁覆天下矣。」を用例として挙げる。
「心思」は心の中の思考の働きを際立たせる語であろ
うか。

(7) 原文は「能精此書者、無一事不可精；好学此書者、
無一事不可学。」（『徐光啓集』上冊、76頁）。対句的な
言い回しである。「一事」の「事」は単なる事柄ではなく、
冒頭の「下学工夫、有理有事。」にある「理」と対比
的に用いられた「事」を指すものであろうか。よく分
からない。

(8) 原文は「凡他事、能作者能言之、不能作者者亦能言；」
（『徐光啓集』上冊、76頁）。
集合で表せば、（能作者）∈（能言者）ということにな
るであろうか。「能作者」と「不能作者」の双方が「能
言」者となり得るからである。これは伝統的な四書五
経の学問への実質的批判を述べたものであろうか。

(9) 原文は「独此書為用、能言者即能作者、若不能作、
自是不能言。」（『徐光啓集』上冊、76頁）。

(10) 原文は「言時一毫未了、向後不能措一語、何由得
妄言之。」（『徐光啓集』上冊、76頁）。
「言時」と「向後」は呼応しており、この文は対句的
な言い回しであろう。

(11) 原文は「以故精心此学、不無知言之助。」（『徐光啓
集』上冊、76頁）。「精心」はここでは動詞であり、『漢
語大詞典』第九巻の「精心」の第一の語義であるとこ
ろの「用心；専心」（217頁）ではないであろうか。『漢
語大詞典』は『明史』「閹党伝」「韓福」の中の文を用
例として挙げる。後半部の「不無知言之助」の部分が
よく分からない。なぜ「不」と「無」が入れ替わって
「無不知言之助」となっていないのであろうか。「不無
～」とすることによってどのような意味の差異が生ず
るのであろうか。この部分について Engerfriet は、
"Thus, the one who immerses himself in this book
will never be without an aid in knowing how to
discourse." （p.295）と訳す。つまり、「本書に通暁
している者は語り方を知るうえで補助なしではあり得
ないであろう。」ということであろうか。

(12) 原文は「凡人学問、有解得一半者、有解得十九或
十一者，」（『徐光啓集』上冊、76頁）。これは注(8)の「凡
他事、能作者能言之、不能作者者亦能言；」と似た趣
旨の文ではないであろうか。

(13) 原文は「独幾何之学、通即全通、蔽即全蔽、更無
高下分数可論。（『徐光啓集』上冊、76頁）。これは注
(9)の「独此書為用、能言者即能作者、若不能作、自

是不能言。」と似た趣旨の文ではないであろうか。「分数」は『漢語大詞典』第二巻は二つの項を設けている（587頁）。ここでは文脈から第一の項の「分数」であり、語義は第二の「数量；程度。」（用例は宋の蘇轍の「乞廃忻州馬城池塩状」の中の文を挙げる〔同頁〕）ではないであろうか。要するに、「分数」という語で現代において一般に「数」というものを示したものではないであろうか。

（14）原文は「人具上資而意理疎莽、即上資無用；人具中材而心思縝密、即中材有用、」（『徐光啓集』上冊、76頁）。「意理」という語がよく分からない。『漢語大詞典』第七巻「意理」の項（642頁）には第一の語義として「猶義理。」（同頁）とし、第二の語義として「猶思理。」（同頁）としている。ここでは第二の語義ではないかと思われるが、本文で「上資」に対照される「中材」について「心思」という語が用いられている。「意理」の実質的な意味は「心思」の意味ではないかと思われる。「心思」は同辞典同巻の「心思」の項（379頁）では第一の語義として「思考能力；才思。」（同頁）を掲げ、『孟子』「離婁　上」の中の「既竭心思焉、継之以不忍之政、而仁覆天下矣。」という文を用例として挙げる（同頁）。

『論語』「陽貨」に「唯上知与下愚不移。」とある。「雑議」の「上資」は『論語』の「上知」に当たるであろう。『論語』では知的に優れた者と劣った者は不可変であると見なすわけである。朱子の集註にも、「人之気質相近之中、又有美悪一定、而非習之所移者。」（中華書局「新編諸子集成（第一輯）」「論語集註」巻九『四書章句集註』、176頁）とある。「上知」の部類は改善改変の必要がないのであろう。それに比し徐光啓は知的に優れた者といえども、論理の筋道を明確にして思考を営むのでない限り、その才能は無意味であると断言するのである。徐光啓の議論は伝統的な儒教的な人間観とは一線を画すものであろう。

（15）原文は「能通幾何之学、縝密矣！」（『徐光啓集』上冊、76頁）。「縝密」という語は『大漢和辞典』巻八に語として項が設けられており、「緻密」という語が対応するようである（1144頁）。『易』「繋辞上伝」の中の「子曰『乱之所生也、則言語以為階。君不密則失臣、臣不密則失身、幾事不密則害成。是以君子慎密而不出。』」を用例として挙げる。「縝密」ではなく「慎密」である。

（16）原文は「故率天下之人而帰於実用者、是或其所由之道也。」（『徐光啓集』上冊、77頁）。『漢語大詞典』第三巻の「実用」の項（1614頁）では語義の第二として「実際実用；実際応用。」（同頁）とし、用例として明の胡応麟の『少室山房筆叢』「九流緒論上」の中の「……悉股肱之才。非如後世文人芸士、苟依托空談、亡裨実用者也。」（巻二七丙部『小室山房筆叢』〔歴代筆記叢刊〕上海書店出版社、2001年）という文を挙げている（同頁）。胡応麟は野村鮎子「胡応麟」によれば、「1551（嘉靖30)-1602（万暦30)。明の文学者。蘭渓（浙江省）の人。1576（万暦4）年に挙人となったが久しく進士に及第せず、故郷に二酉山房を築いて4万巻の書を蔵し、著述に専念した。」（大修館『中国文化史大事典』（385頁）という人物である。徐光啓と時と所の点で近いところに生きた文人である（『明史』巻287「列伝」第175「文苑下」〔中華書局本第24冊、7382頁〕）。徐光啓も挙人から進士及第には手間取った。

「実用」という語に籠められた意味は徐光啓のそれに近いのではないであろうか。

山井湧『明清思想史の研究』（東京大学出版会、1980年）の第二部「明学から清学へ」の「一　経世致用の学」の「明末清初における経世致用の学」（223－238頁）で詳述されていることがらではないであろうか。それによれば、「学問とは経世のためのもの、実際社会の役に立つものである、そうなければならない、ということであった。……こういう学問観が、はっきりした形で提唱されたのは、明代においては東林学派、つまり顧憲成……、高攀竜……等、万暦から天啓年間にかけて活躍した学者たちによってであった。」（226頁）とあるように、「経世致用の学」は明末に東林派によって提唱されたようである。さらに「……在来の学問を空疎無用と批判し、経世致用という意識をうちたてたという、そのこと自体が最も重要なのであって、」（237頁）とあるように、その思想の中心には既存の学問が現実の改変に実効のないという批判意識があったようである。この「経世致用の学」は「……学問の内容からすれば、大きく三つに分けられる。第一は、明学とはまったく違った意味で、実践に重きを置いた一派……、第二は、天文暦算・農業水利・あるいは兵学火器その他、言わば技術的な方面に重きをおいた一派……、第三に、経学史学に重きをおいた一派……である。」（229頁）というものであった。同書では「且つ彼がこれらの学問に従事したのは、やはり経世致用の関心に基づいていた。」（231頁）とあるように、徐光啓は第二の「技術派」（231頁）に分類されている。この文に附された注（14）で「……『簡平儀説序』『泰西水法序』など参照。」（238頁）とある。これら『簡平儀説』や『泰西水法』の序もまた訳出の意義があるのではないであろうか。さらに同著者の「明学から清学へ」という論文には、「明末清初の最初の学問の一大特色は、この『用』を重んじたことで、これが一世を風靡した学風であったと言ってよい。」（242頁）とある。「実用」は明末思想を象徴的に表わす基礎概念ではないであろうか。

（17）原文は「此書有四不必：不必疑、不必揣、不必試、不必改。」（『徐光啓集』上冊、77頁）。

（18）原文は「有四不可得：欲脱之不可得、欲駁之不可得、欲減之不可得、欲前後更置之不可得。」（『徐光啓集』上冊、77頁）。

（19）原文は「有三至、三能：」（『徐光啓集』上冊、77頁）。

（20）原文は「似至晦実至明、故能以其明明他物之至晦；」（『徐光啓集』上冊、77頁）

（21）原文は「似至繁実至簡、故能以其簡簡他物之至繁；」（『徐光啓集』上冊、77頁）

（22）原文は「似至難実至易、故能以其至易易他物之難；」（『徐光啓集』上冊、77頁）

（23）原文は「易生于簡、簡生于明、」（『徐光啓集』上冊、77頁）。

（24）原文は「綜其妙在明而已。」（『徐光啓集』上冊、77頁）。

（25）原文は「此書為用至広、」（『徐光啓集』上冊、77頁）。ここでの「用」という語は明末思想史におけるこの語の重要さを示すものではないであろうか。

（26）原文は「在此時尤所急須。余訳竟、随偕同好者梓伝之。」（『徐光啓集』上冊、77頁）。マッテーオ・リッチ「イエズス会によるキリスト教のチーナ布教につい

て」（川名公平訳、矢沢利彦注）（岩波「大航海時代叢書第Ⅱ期9」『中国キリスト教布教史2』、1983年）の第八章のなかで「ドットール・パーオロがマッテーオ・リッチ神父ともに、『エウクリーデの幾何学原論』の一部を翻訳して出版したいきさつ」（時期は1605年から1607年6月まで）についても記されている。そこには、「ドットール・パーオロは、神父たちやわたしたちの国の権威を高め、これによってキリスト教の進展をはかること以外に何も考えていない人のようであった。彼はマッテーオ神父と相談して、わたしたちの自然科学書を何か翻訳することにした。……そこでさまざまな書物について話し合ったすえに、当面、エウクリーデ〔ユークリッド〕の『幾何学原論』の各書の翻訳が最善であろうということになった。なぜならチーナでは数学が重視されていながら、その基礎ができていないと誰もが言っていたからだ。そのうえ、わたしたちが何か他のことを科学的に教えたいと思っても、この本がないと何もできなかった。とくにこの本の論証はきわだって明快だったからだ。……だがそれから間もなく、ドットール・パーオロは、かつて神父が、彼ほどの才能がなければ、この仕事は完成をみないだろう、と言っていたことを思い知らされた。それゆえ、彼はみずからこれに専念しようと決意して、毎日わたしたちの家を訪れ、三時間から四時間ものあいだ、神父とともにこの仕事にあたった。……一方、彼自身もその精緻で堅固な書物を理解できるようになると、それを楽しむようになり、同僚たちとともにほかに話すことを知らないというほどであった。そしてその著作を明快かつ重厚で、しかも優雅な文章に移そうと、日夜、研究を重ね、一年あまりこれに打ちこんだすえに、ついに完成し、その本で最も必要な最初の六書を翻訳した。」（71-74頁）とある。

(27) 原文は「利先生作叙、亦最喜其亟伝也、」（『徐光啓集』上冊、77頁）。

(28) 原文は「意皆欲公諸人人、令当世亟習焉。」（『徐光啓集』上冊、77頁）。

(29) 原文は「而習者蓋寡、竊意百年之後必人人習之、即又以為習之晩也。」（『徐光啓集』上冊、77頁）。

(30) 原文は「而謬謂余先識、余何先識之有？」（『徐光啓集』上冊、77頁）。「先識」は「先知」に通ずるのではないであろうか。「先知」は『孟子』「万章章句下」の中に「天之生斯民也、使先知覚後知、使先覚覚後覚。」とし에出て来る語である。

(31) 原文は「有初覧此書者、疑奥深難通、仍謂世当顕其文句。」（『徐光啓集』上冊、77頁）。『幾何原本』を訳出するにあたり、伝統的な中国の数学にはない用語を徐光啓は編み出している。李梁先生は《幾何原本》的成立及其東亜的伝播—以上概念的翻訳与公理思為中心」の「六、定義、公設、公理諸概念的翻訳与公理体系問題」の中で「界説」や「求作」という訳語が取り上げられている（『徐光啓与「幾何原本」』上海交通大学出版社、2011年、136-139頁）。特にギリシア語 "ὄρος" の漢訳語が「界説」となったことについて斎藤憲・三浦伸夫・解説『エウクレイデス全集』第1巻（東京大学出版会、2008年）の「『原論』の構成」（69頁）や中村幸四郎他訳 解説『ユークリッド原論―縮刷版』（共立出版、1996年）の「『原論』の解説」（490-491頁）等も言及しながら考察され、リッ

チと徐光啓が作り出したこの訳語は原義を伝えていると述べられている（136頁）。研修の期間に佐々木力先生からも直接同様のことを教わったことを思い出す。しかし数学的素養の充分であるとは思い難い中国の知識人には難解この上ないものであったのではないであろうか。

中国思想では伝統的に概念を明確に定義して論理を構築することをしないように思う。リッチと徐光啓が提示した「界説」という概念は中国思想の思考様式を根本から揺り動かすものであったのではないであろうか。

(32) 原文は「余対之：度数之理、本無隠奥、至于文句、則爾日推敲再四、顕明極矣。」（『徐光啓集』上冊、77頁）。

(33) 原文は「倘未及留意、望之似奥深焉、譬行重山中、四望無路、及行到彼、小蹊径歴然。」（『徐光啓集』上冊、77頁）。

(34) 原文は「請仮旬日之功、一究其旨、即知諸篇自首迄尾、悉皆顕明文句。」（『徐光啓集』上冊、77頁）。

(35) 原文は「幾何之学、深有益於致知。」（『徐光啓集』上冊、77頁）。「致知」は『大学』第一章の語。

(36) 原文は「明此、知向所揣摩造作、而自偽詭為工巧者皆非也。一也。」（『徐光啓集』上冊、77頁）。

(37) 原文は「明此、知吾所已知不若吾所未知之多、而不可算計也。二也。」（『徐光啓集』上冊、77頁）。

(38) 原文は「明此、知向所想像之理、多虚浮而不可按也。三也。」（『徐光啓集』上冊、77-78頁）。「不可按」がよく分からない。「想像」は『漢語大詞典』第七巻にある「想像」の項（608頁）の語義には「緬懐；回憶。」（同頁）と「猶設想。」（同頁）の二つがある。ここでは後者の意味ではないかと思われる。また「按」は『漢語大詞典』第六巻に設けられた二つの「按」の項（620頁）の最初の「按」の字義の第一は「揉搓；摩む」という意味で「捼」という語に通じるようである（同頁）。ここでは「捉えて固定する」ほどの意味であるように思われる。ここで「按」という語が使われていることの意味がよく分からない。

(39) 原文は「明此、知向所立言之可得而遷徙移易也。」（『徐光啓集』上冊、78頁）。『徐光啓集』の「校記」の㊃には、「疑脱「四也」二字。」（上冊、78頁）とある。「立言」は『漢語大詞典』第八巻に設けられた項（374頁）の第一の語義は「指著者立説。」（同頁）とあり、『左伝』「襄公二十四年」の中の「大上有立徳、其次有立功、其次有立言。雖久不廃、此之謂不朽。」という文を用例に挙げている（同頁）。岩波文庫の小倉芳彦訳『春秋左氏伝（中）』ではこの箇所を、「徳を立てるのが最高、功を立てるのはその次、言を立てるのはさらにその次」と豹（わたし）は聞いています。いついつまでも摩滅せぬ、これを三不朽と申すのです。」（286頁）と訳している。ここでは「立言」は不朽不変の言説というような意味であろうか。

(40) 原文は「此書有五不可学、」（『徐光啓集』上冊、78頁）。

(41) 原文は「躁心人不可学、麤心人不可学、満心人不可学、妬心人不可学、傲心人不可学。」（『徐光啓集』上冊、78頁）。「躁心人」「麤心人」「満心人」「妬心人」「傲心人」の五種類の心の持ち主は学ぶことが許されないとする。「満心」は『漢語大詞典』第六巻に設けられた項（58頁）では第一の語義が「謂心中充満某種情緒或意願。」

（同頁）、第二の語義が「満足。」（同頁）となっている。第一の語義では『荘子』巻八「盗跖」第二十九の中の「財積而無用、服膺而不舍、満心戚醮、求益而不止、可謂憂矣。」という文を挙げている（同頁）。第二の語義では『醒世姻縁伝』第八十一回の中の「這事気殺人！断箇「埋葬」、也不過十両三銭。詐了人家這們些銭、還不満心呀！」（西周生輯著、李国慶校注『醒世姻縁伝〔下〕』第八十一回、中華書局、2005年、1046頁）という文を用例として挙げている（同頁）。この場合、第二の語義を採り、自己満足の意味に解することは出来ないであろうか。

（42）原文は「故学此者不増才、亦徳基也。」（『徐光啓集』上冊、78頁）。「徳基」は『漢語大詞典』第三巻に項（1074頁）を設け、第一の語義を「徳行的根本。」（同頁）とし、この語は『詩経』巻十八「生民之什」「蕩之什」「抑」の中の「温温恭人、維徳之基。」という文に基づくとしている（同頁）。

「躁心人」「麤心人」「満心人」「妬心人」「傲心人」の五種類の人間を排除するのではなく、人の内側から「躁心」、「麤心」、「満心」、「妬心」、「傲心」を取り除くことが徳の基礎であり、それが幾何学の学習の心構えであると述べているのであろう。

（43）原文は「昔人云：『鴛鴦繍出従君看、不把金針度与人』、」（『徐光啓集』上冊、78頁）。「鴛鴦繍出従君看」は『大漢和辞典』巻十二の「鴛」の項に成句として掲げられ（813頁）ている。句義を、「をしどりをぬひとりする妙技は人の看るにまかすも、其の秘訣は容易に其の人に授けるを惜しむ。」（同頁）としている。用例として元好問の「論詩絶句」の中の文が挙げられている（同頁）。姚奠中主編、李正民増訂『元好問全集（増訂本）』（上）（山西古籍出版社、2004年）には、「暈碧裁紅點綴勻、一回拈出一回新。鴛鴦繍了従教看、莫把金針度與人。」（10-11頁）とある。「鴛鴦繍了従教看」の箇所に注があり、「趙考：『他書多引作「鴛鴦繍出従君看。」』」（同頁）とある。鐘星選注『元好問詩文選注』（「中国古典文学作品選読」）（上海古籍出版社、1990年）では「金針」の箇所に注がある（11頁）。それによれば「金針」は黄金の針で古代の鄭侃の娘采娘が織女に刺繍の技術について教えを求めたとき、織女は一本の黄金の針を渡した。これにより采娘は刺繍の技巧が飛躍的に伸びたという。「金針」とは秘法を指すようである。感動的な鴛鴦の刺繍を可能にしたところの「金針」を人に渡してはならないというのが詩の意図するところであると解す（同頁）。

「金針」は『大漢和辞典』巻十一の語項（467頁）には唐の馮翊子の『桂苑叢談』の中の文が用例として挙げられている（同頁）。

（44）原文は「吾輩言幾何之学、政与此異。」（『徐光啓集』上冊、78頁）。

（45）原文は「因反其語曰：『金針度去従君用、未把鴛鴦繍與人』、」（『徐光啓集』上冊、78頁）。

（46）原文は「若此書者、又非止金針度與而已、」（『徐光啓集』上冊、78頁）。

（47）原文は「直是教人開卭冶鉄、抽線造計；」（『徐光啓集』上冊、78頁）。

（48）原文は「又是教人植桑飼蚕、凍糸染縷。」（『徐光啓集』上冊、78頁）。ここで述べられている『幾何原本』の効用はリッチが序で述べたことと重なるかもしれな

い。しかしここには戦争との関連は触れられていない。

（49）原文は「有能此者、其繍出鴛鴦、直是等閑細事。」（『徐光啓集』上冊、78頁）。

（50）原文は「然則何故不與繍出鴛鴦？」（『徐光啓集』上冊、78頁）。

（51）原文は「曰：『能造金針者能繍鴛鴦、』」（『徐光啓集』上刷、78頁）。

（52）原文は「方便得鴛鴦者誰肯造金針？』」（『徐光啓集』上刷、78頁）。

（53）原文は「又恐不解造金針者、菟絲棘刺、聊且作鴛鴦也！」（『徐光啓集』上冊、78頁）。

（54）原文は「其要欲使人人眞能自刺繍鴛鴦而已。」（『徐光啓集』上冊、78頁）。ここには科学技術を重視する視点が例えを用いて顕著に表されているのではないであろうか。

題『幾何原本』再校本

徐光啓

葛谷登 訳◉愛知大学経済学部教授

　本書は丁未の年に出版され、版木は都に留められた[1]。戊申の春、リッチ先生は南方に関心を寄せる者がいればこれに再版させるようにと校正本を送って来られた[2]。その後年を重ねたが、結局現れずまいで、校定本は家塾に留め置かれた[3]。庚戌の年に北京に上ったときには、先生は没せられていた[4]。残された書物の中に『幾何原本』が一冊あった。それは先生と別れた後に先生が自ら手を入れられたものである。校訂はみなご自身がされたのである[5]。ご講義をされた席を燈火で照らして先生偲ぶとき、人琴の感に堪えない[6]。その友パントーハ、ウルシス両先生は没後に『幾何原本』一冊をご覧になられたのだが、久しい間それをしまっておかれた[7]。辛亥の年の夏に無聊なおもむきで長雨が降ったが、おりしも都の下の方で暦法のことで論争が起きた[8]。わたしは伯牙琴の故事を思い、さらに四年後に、ついに忘れ去られることを恐れて両先生ともにもう一度閲読したのである[9]。増訂の作業を加え、前に出版されたものに比し、やや憾みとするものがなくなった[10]。校定の大業を続けて完成させるのはいつの日か、また誰なのか、知らない[11]。ここに記して終えることにする[12]。

呉淞　徐光啓[13]

注：
(1)　原文は「是書刻於丁未歳、板留京師。」(『徐光啓集』上冊、79頁)。丁未は万暦35年(1607年)のこと。
(2)　原文は「戊申春、利先生以校正本見寄、令南方有好事者重刻之、」(『徐光啓集』上冊、79頁)。戊申は万暦36年(1608年)のこと。「好事者」は『漢語大詞典』第四巻に項(286頁)が設けられ、語義が三つ掲げられているが、第一の語義が「愛興事端；喜歓多事。」(同頁)、第二の語義が「謂喜歓某種事業。」、第三の語義が「謂熱心助人。」(同頁)である。第二の語義の用例の一つに『文心彫龍』巻五「書記」第二十五」の中の「休璉好事、留意詞翰：抑其次也。」(黄叔琳注、李

詳補注、楊明照校注拾遺『増訂文心彫龍校注』〔上冊〕中華書局、2000年、346頁)という文が挙げられている。よく分からないが、ここでは第二の語義ではないであろうか。また梁家勉編著『徐光啓年譜』(上海古籍出版社、1981年)の「公元一六〇八年」の箇所に「令南方有好事者重刻之」が挙げられている(88頁)。「附注」の[3]に「見《跋幾何原本》。」(90頁)となっている。朱維錚・李天綱主編『徐光啓全集』(上海古籍出版社、2010年)の第四冊『幾何原本』の「點校説明」によれば、徐光啓の「刻幾何原本序」とリッチの「訳幾何原本引」、徐光啓の「幾何原本雜議」、「題幾何原本再校本」は「再校本」にいずれも載せられている(1頁)。李之藻の編集した『天学初函』(台湾学生書局本)所収の『幾何原本』の場合もこの題名でこの順序でそれぞれの文章が載せられている(四)1921-1946頁)。
　馮錦栄「徐光啓著作補遺」の「二、美国国会図書館所蔵《幾何原本》(明万暦三十九年再校本)では「《幾何原本》諸版本之比較表」が収められており(『徐光啓与「幾何原本」』上海交通大学出版社、210-214頁)、裨益されるところ大である。
(3)　原文は「累年来竟無有、校本留實家塾。」(『徐光啓集』上冊、79頁)。
(4)　原文は「暨庚戌北上、先生没矣。」(『徐光啓集』上冊、79頁)。「庚戌」は万暦38年(1610年)のこと。梁家勉編著『徐光啓年譜』の「公元一六一〇年」の箇所では「四月中、利瑪竇卒於北京。」(95頁)とある。その後の出来事として、「服関後赴京、妻呉氏等随行。」(同頁)とある。同年譜の「公元一六〇七年」の箇所には「五月二十三日父思誠卒於京邸。」(85頁)とある。この場合「服関」とは父思誠の三年の喪を守ることを意味するであろう。「矣」は藤堂明保『学研漢和大字典』の「矣」の項(903頁)の「解字」の箇所で、「文末につく『あい』という嘆声であり、断定や慨嘆の気持ちをあらわす。息がつかえてとまるの意を含み、唉アイ(のどがつかえて嘆息する)と同系のことば。」(同頁)とある。この字には徐光啓のリッチの死を哀悼する気持ちが籠められているのではないであろうか。かつて溝口雄三先生が入矢義高先生から教わったこととして1980年の秋(だったように思う)の一橋大学でのゼミの時間にこの字が感嘆符に相当すると言われ、研究室の小さな黒板に「！」を書かれたことを思い出す。
(5)　原文は「遺書中得一本、其別後所自業者、校訂皆手跡。」(『徐光啓集』上冊、79頁)。
(6)　原文は「追惟籌燈函丈時、不勝人琴之感。」(『徐光

啓集』上冊、79頁）。「函丈」という語について『漢語大詞典』第二巻は項（507頁）を設け、派生義として「講学的座席」（同頁）と「「対前輩学者或老師的敬称。」（同頁）としている。ここでは前者の意味であろう。また「人琴之感」は「人琴倶亡」という成語に基づく。『漢日双解熟語詞典』（吉林教育出版社）の「人琴倶亡」の項（1042頁）によれば、『世説新語』「傷逝」所載の故事による（同頁）。同辞典によれば、この成語は「遺物を見て亡くなった人を哀悼するときの悲痛な気持ちを表わす場合に用いる。」（同頁）ということである。

(7) 原文は「其友龐熊両先生遂以見遺、庋置久之。」（『徐光啓集』上冊、79頁）。「龐熊両先生」とはパントーハとウルシスのイエズス会士を指す。岩波「大航海時代叢書第Ⅱ期」『中国キリスト教布教史1』と『中国キリスト教布教史2』に附された矢沢利彦作成になる「補注」の「人名解題」に記載がある。パントーハは『布教史1』の「四　人名解題」にあり、それによれば名前が Diego de Pantoja、生年が1571年、没年が1618年であり、スペインの人で、「1612年に北京住院の上長となった。」（599頁）人である。他方、ウルシスは『布教史2』の「五　人名解題」にあり、それによれば名前が Sabastino De Ursis、生年が1575年、没年が1620年であり、イタリアの人で、「自然科学的才能にすぐれていたこともあって、リッチの信任を得、リッチは死に臨んで北京に10年もいるパントーハをさし置いてデ・ウルシスを北京住院の上長に任じた。」（526頁）ということである。

(8) 原文は「辛亥夏季、積雨無聊、属都下方争論暦法事、」（『徐光啓集』上冊、79頁）。
　辛亥は万暦39年（1611年）に当たる。また「属」という語は商務院書館の『古漢語常用字字典』の「属」の項（814-815頁）によれば、二つの発音がある。ここでは zhu と発音されるものとして分類され、第六の語義の「正；恰。」（同頁）があてはまるのではないであろうか。この暦法についての論争が具体的に何をしているのかはよく分からない。『明史』巻三十一「志」第七「暦一」の「暦法沿革」の箇所には、「三十八年監推十一月壬寅朔日食分秒及虧円之候、職方郎范守己疏駁其誤。礼官因請博求知暦学者、令与監官昼夜推測、庶幾暦法靡差。於是五官正周子愚言：『大西洋帰化遠臣龐迪莪、熊三抜等、携有彼国暦法、多中国典籍所未備者。乞視洪武中訳西域暦法例、取知暦儒臣率同監官、将諸書尽訳、以補典籍之欠。』先是、大西洋人利瑪竇進貢土物、而迪莪、三抜及龍華民、鄧玉函、湯若望等先後至、倶精究天文暦法。礼部因奏：『精通暦法、如雲路、守己為時所推、請改授京卿、共理暦事。翰林院検討徐光啓、南京工部員外郎李之藻亦皆精心暦理、可与迪莪、三抜等同訳西洋法、俾雲路等参訂修改。然暦法疏密、莫顕於交食、欲議修暦、必重測験。乞勅所司修治儀器、以便従事。』疏入、留中。未幾雲路、之藻皆召至京、参預暦事。雲路拠其所学、之藻則以西法為宗。」（中華書局本第三冊、528頁）のことに触れているのであろうか。

(9) 原文は「余念牙弦一輟、行復五年、恐遂遺忘、因偕二先生重閲一過、」（『徐光啓集』 上冊、79頁）。「牙弦一輟」とは『学研漢和大字典』に掲げる「伯牙絶弦」（65頁）のことを指し、「ほんとうに自分を理解してくれた人の死を悲しむこと。」（同頁）の意味であろう。同辞典には「春秋時代の琴の名人、伯牙が自分の琴を理解し

てくれていた鍾子期が死ぬと、琴の糸を切って二度と琴をひこうとしなかった故事から。」（同頁）とある。この成句が用いられているのは徐光啓にとってリッチは鍾子期のように無二の理解者であったことを示している。また「行復五年」とあるので、これが書かれたのは万暦43年（1615年）ということになるであろうか。

(10) 原文は「有所増定、比於前刻、差無遺憾矣。」（『徐光啓集』上冊、79頁）。「増定」という語は見慣れないが、ここでは「増訂」と同じ意味で用いられているのではないであろうか。

(11) 原文は「続成大業、未知何日、未知何人、」（『徐光啓集』上冊、79頁）。

(12) 原文は「書以竣焉。」（『徐光啓集』上冊、79頁）。

(13) 原文は「呉淞徐光啓」（『徐光啓集』上冊、79頁）。「刻幾何原本序」では「呉淞徐光啓書」となっている。「書」の字はない。「先祖妣事略」の中に、「亡何倭倭燹、邑未城、郷里迸散、室廬貲産焚廃殆尽。」（『徐光啓集』下冊、525頁）とある。徐光啓の先祖も倭寇の被害に遭っている。呉淞の地が倭寇と関係の深いことをこの文はいみじくも物語っている。
　初暁波『従華夷到万国的先声―徐光啓対外観念研究』（北京大学出版社、2008年）の第二章「華夷観念対徐光啓対外観念的影響」の「二、徐光啓的日本観」は「先祖妣事略」に加えて「先妣事略」の文（『徐光啓集』下冊、527頁）も引用して祖母尹氏と母銭氏（「譜主世系表」〔『徐光啓年譜』、285頁〕参照）が倭寇の実害を被ったことを具体的に述べている（68-69頁）。わたくしは学部時代（であったと思う）に戴國輝先生から日本の中国侵略は日清戦争から起算すべきこと。つまり日中戦争は五十年戦争であることを教わったが、伝聞ではあれ生々しい徐光啓の倭寇の記述に接すれば、或いはそれは歴史学的には倭寇にまで遡り得るのではないかという思いに駆られる。

追記
　この11月に旧知の二人の方が旅立たれた知らせを得ました。一人は東アジア天文学史が専門の大橋由紀夫さん、もう一人は高校時代の数学の恩師小森正道先生です。大橋さんは漢文、ギリシア語、サンスクリット、チベット語に精通して中国天文学史、インド天文学史、チベット天文学史の稜線を駆け抜けたという意味で文字通り前人未踏の研究をされたように思われてなりません。ギリシア語は意外に映りますが、間違いないように思います。最早確認するすべがないことを憾みと致します。最近の論考に「チベット数学・天文学の話」（『数学史研究』第232号、2019年）があります。わたくしははるか彼方の前方の背中を見ながら少しでも近づきたいと思いました。他方、小森先生は一記憶によれば一理系クラスであった高三の時に大学ではスミルノフの『高等数学教程』を学ぶことになる教えてくださいました。お話を聞いた後、ややあって名古屋の丸善で一冊入手したのではないでしょうか。高三の夏休みまでは漠然と大学は理学部数学科に入り、純粋に理論的な世界の中に沈潜したいと思っていました。爾来現在に至るまでわたくしの覚束ない歩みを励まし続けてくださいました。この文字通りの拙訳が白玉楼中のお二人へ些かなりとも感謝の心を届けることが出来ればと願うものです（2019.11.25）。

沖縄の民俗数学

三浦伸夫◉神戸大学名誉教授

今日の沖縄はかつて琉球王国と呼ばれていました．中国と日本との間に位置し，そこには東アジアの歴史上そして文化史上でも大変興味深いものが数多くあります[1]．しかし沖縄の数学については，中国数学史にも日本数学史にもほとんど登場せず，数学史上では十分な位置づけがなされてきませんでした．沖縄に目を向けなかったからか，沖縄の数学に関する資料が少なかったからか，その数学のレヴェルが低いと見なしていたからか，そこには様々な思い込みや理由があるでしょう．そもそも沖縄にいつ頃数学と呼べるものが現れたのかは不明です．以下では，17世紀以降の沖縄の数学を，その担い手によって，士族（武士ではなく文官）の数学と百姓平民（農民，舟人，樵夫，漁師など）の数学の2つに分け，それらについて概説した後，後者に見られる記数・計算用具の藁算について紹介します．その際，沖縄という地理的位置から，東アジアという広い視点に立って，とりわけ琉球王国の数学を捉え直してみることにします[2]．

沖縄の歴史的文化的位置

かつて中国の明朝は，「華夷秩序」，つまり中国は文明的で，周辺諸国は野蛮であるとして，中国が周辺諸国を服属させて東アジアの秩序を維持するという政策をしていました．そのなかで琉球商人たちは中国からの恩恵を受け，東アジアで独占的に交易をすることができました．しかし薩摩藩島津氏はその交易で得られる利益を狙い，また様々な理由で3000人を伴い1609年琉球に侵攻します．それによって琉球は王国としては存在したものの，事実上薩摩藩の支配下になってしまいます．それでも琉球は中国にも日本にも使節を送り，微妙な関係を保ちますが，ついに明治になって王国解体を迫られます．

沖縄の歴史において，近世琉球は，1609年の侵攻から1879年の沖縄県設置までを指し，この時代

が以下で取り上げる時代です．ここでは沖縄の数学を士族の数学，百姓平民の数学に分けて考えます．しかし女子は対象外でした．

士族の数学

士族の数学とは，役人や士族が行政に用いた数学です[3]．士族の数学に関する資料はきわめて少なく，ここではこの数学を計算法と測量術とに分けて見ておきます．

まず計算法は，いわゆる和算で云う「地方算法」，つまり町方に対するもので，農村部の測量などを主とする実用数学に属します．その研究の大半は，須藤利一の発見した数少ない貴重な資料に基づきます．彼は八重山諸島・宮古島を中心に10点にも満たない数学テクストを発見しました[4]．計算が用いられる場としては，人頭税，船運賃などの計算があります．

今日『算用秡』という表題の写本が5本残っており，おそらく算用奉行などが用いたものでしょう[5]．それらを調査した須藤は，そのうちの一つ八重山諸島で発見されたものを『八重山算法』と名付けて紹介しています[6]．いまそこに含まれる問題を見ておきましょう．「丸太を角材にする仕方」という題では，丸太の周を3.16で割れば，直径がでてくるというのです．ここでは円周率という言葉はありませんが，この3.16は当時基本数値であったようです．後に見る『量地法式集』では，「円廻之法三一六」と書かれています．また乗除法を扱った暗記箇所では，「2で割るときは5で掛けよ．5で割るときは2で掛けよ」，つまり a/2＝a×0.5 などが見えます．

ところで琉球王国では，すでに1625年に，3人の算用奉行のもとで「算用座」という役所が設置されていました．「諸座御物の勘定や，諸知行の頒賜並に査験，その他貢物船装貨物などのことを管理せしめた」とあります．そこは帳簿勘定によって，品物

の数量を計算したりチェックしたりする部署ですが，さらに後継役人を養成するため計算法も教えていたようです．向茂栄という数学者がいて「升口之算」という算方を研究していたという記述もありますが[7]，詳細は不明です．そもそも数学者というものが存在していたか大いに疑問です．当時の沖縄は，数学を数学として研究することが可能な社会ではなかったからです．

　士族の子弟の教育のためには，村学校というのがありました．ただし設立は遅く，1835年以降です．琉球王国の政治と文化の中心地である首里では，村学校で7，8歳から14，15歳までの生徒が学んでいたようです．学ぶ内容は四書の素読など中国の古典が中心でした．その上に平等学校という5，6年間学ぶ学校があります．平等とは首里における行政単位です．そこには算師が一人いました．おそらくは初等計算法が教えられ，換算の暗記などがあったろうと推測されます．たとえば，「七四三七五」は7貫が43斤75であることを示し，「八作五」は8貫が50斤であることを示しています．

　外部からの影響については，日本本土からの実用算術の影響がごくわずかにあります．それは当時広く読まれた和算書のひとつである『改算記』からの引用です[8]．この他にも和算書が読まれたとは思われますが，そのことを示す資料は見つかっていません．他方中国数学をまとめた『数理精蘊』が，中国に派遣されたた津波古政古という人物によって沖縄にもたらされましたが，それがどれほど読まれたかは不明です[9]．明治になると本島での官吏登用試験のため数学を勉強する必要があり，首里にはそのための数学塾があったとされ，次のような記述が見えます．「我進んで時の数学者首里儀保町伊是名氏に就き（伊是名氏の先祖は，支那に留学し専ら数学を伝習したる伝有之）伝習を受け，時は明治八年より同十一年迄（我二十三才より二十六才まで）伝習を受けたるに…」[10]．数学者という言葉が用いられている伊是名は，明治初年から12年まで首里で珠算を教えていた人物ということで，数学とは言えまだそろばんを用いた計算を指すにすぎなかったようです．

測量と地図作成

　次は測量と地図作成に関わる数学です．琉球王国では耕地開発の増大などに対応するため検地を行いました．琉球における最初の検地は慶長15年（1610）の薩摩藩による慶長検地と言われています．ここで重要なのは，次の検地である乾隆検地（1737-50）

アリーナ　プロフィール

三浦伸夫

みうらのぶお◎1950年生まれ．東京大学大学院理学研究科科学史・科学基礎論博士課程単位取得退学（理学修士）．神戸大学大学院国際文化学研究科教授を経て，現在神戸大学名誉教授．専門は比較数学史，比較文明論，著書は『フィボナッチ』（現代数学社），『古代エジプトの数学問題集を解いてみる』（NHK出版），『数学の歴史』（放送大学教育振興会）など．デカルト，ライプニッツ，エウクレイデスなどの数学の翻訳などを手がける．数学を広く文化として捉えることに関心をもつ．

と呼ばれた一大国家プロジェクトです．当時琉球では中国の年号が使用されていたので，乾隆検地と呼ばれます．その際「間切島針図」という3000分の一の地図が作製されましたが，今は消失して見ることはできません[11]．消失以前の1796年，それらをもとにして120000分の一の「琉球国之図」という地図が作成され，その現物が存在します．これは多色で美的にも優れ，きわめて高精度で，伊能忠敬が作製した，種子島と屋久島をも含む日本全土の，いわゆる伊能図に匹敵します．しかしそれは伊能図より25年も前に作製されたものなのです．しかも沖縄地上戦で米軍が航空写真で作製した地図と比較しても遜色ないと言われています．それについて安里進氏の最近の研究がありますので，それをもとに紹介しましょう[12]．

　地図作成には測量術が必要で，そのため200メートル四方に八重山諸島・宮古島を除く沖縄諸島全体で1万個の印部石が設置され（現存するのは約230個），三角点網による測量が行われました．日本では木杭などを用いていましたが，琉球では恒久的な

石が用いられています．つまり未来を見据え何度でも使用できるように計画していたのです．実に琉球は江戸時代に測量術においては頂点に立っていたのです．ではなぜそのような精度の高い測量が可能となったのか．そこには中国測量術の影響があると考えられています．琉球測量のため清朝の康熙帝（在位1661-1722）は「皇輿全図」（中国全土の実測図）作成に関わった平安という名の測量官（景視日影八品官）を琉球に派遣しました．おそらく彼から測量の方法を学んだのが，中国の漢族の系統につながる琉球の高官である蔡温（1682-1761）と考えられます．蔡温は風水地理を学ぶためにかつて中国の福州に派遣されたことがあり，その際そこである程度の測量術の知識を得ていたと思われます．こうして蔡温は，来琉した平安，そしてそれに連れだって来た中国の数学者である監生，豊盛額とともに，乾隆検地に臨んだのです[13]．この時期琉球では中国の実学の伝統が広く普及していたと考えられます．しかしこの精確な検地によって何か実利が生み出されたというわけではないようです．そこまで正確な検知は当時必要ではなかったのです．おそらくは，自らの土地を自らの手で精確に計測しようという，琉球人の強い意気込みが検地の背景にあったと考えられます[14]．

さてこの検地には，私的文書ですがそこで用いられた測量術に関するマニュアルがあります．それは高原景宅が著した『量地法式集』（1785）です．そこにはきわめて面白い器具「針方角之割」が掲載されているのでそれを見ておきましょう[15]．そこには全角が384に分割された分度盤，つまり方角を示す目盛りの記述があるのです．それは全体をまず十二支として12分し，さらにそれを8分し，さらに4分するというもので，12×8×4＝384分割となります．たとえば「子下小間左少上寄」などそれぞれに長い名前が付けられています．いずれにせよ十二支が用いられていましたが十干は用いられていません．当時日本本土には方角の概念はあっても，数学的角度の概念は西洋から三角法が導入されるまでありませんでした．方角の分割は全周が360度というものもすでに存在していましたが，一般的ではありません[16]．こうして琉球では検地に384分割が採用されていました．

この方角の分割は中国の風水の影響なのが興味深いところです．先程の蔡温も風水地理の研究で中国に渡った（1708-10）のですから，風水と測量が関係していたことがわかります[17]．風水では器具として羅盤[18]を使用し，これは先に述べた針方角之割に

あたると考えられます．18世紀頃風水は中国，朝鮮そして琉球にも大きな影響を与え，多くの風水見が吉凶のみならず測量にも関係していたと思われます．この羅盤は江戸期には鉱山や治水工事にも用いられていたようです．伊能図に匹敵する，あるいはそれを超える地図は琉球以外に対馬にもありました．対馬の測量は1697-1700年に行われ，伊能による対馬の測量は1813年なので，110年以上も先行して，高精密でしかも多色の芸術的地図が作成されていたことになります．こちらも琉球と同様に風水の羅盤（384分割）が使用されていました[19]．

中国へは1676年から1868年まで29回，約100人の留学生が派遣されました．中国と琉球とは人的交流が盛んでしたから，測量術を含め『数理精蘊』以外にも中国数学がもたらされた可能性があります．『量地法式集』に記述された測量術には，中国の影響が見られるのはもちろんですが，さらに琉球独自と思われる，たとえば水を用いて測量器を水平に保つ方法も付け加えられています．

ところで，その中国の測量は最先端のフランスの近代測量術の影響を受けていました．当時中国に滞在していたフランス人イエズス会宣教師たちが，フランスで考案された三角点網による測量を中国にもたらしたのです．そして中国では，それを用いて康熙帝（在位1661-1722）はイエズス会宣教師を動員し，1708年から1718年までほぼ中国全土の測量を実施しました．そして完成したのが有名な「皇輿全図」です．そしてその直後に康熙帝は平安を琉球に派遣したのです．伊能忠敬の測量がオランダ式トラバース測量であったのに対して，琉球のそれはフランス式三角測量であったという違いがあります[20]．

ここでわかりやすく以上の出来事を年表にしておきましょう．

方秀水による携帯用風水羅盤．日時計や方位磁針が付いている．季節により角度が変えられるように裏に台座が付けられている．
10.3×5×1.4cm．木製．製作年不明．筆者蔵

1697-1700	対馬の測量
1708-10	蔡温，福州留学で風水地理を学ぶ
1708-18	康熙帝が中国全土の測量を命ずる
1717-18	蔡温，北京訪問
1719	「皇輿全図」完成
1720	測量官平安，琉球測量のために琉球に来る
1737-50	乾隆検地(琉球独自の検地)．この間，「間切島針図」という彩色地図作成
1785	高原景宅『量地法式集』
1796	「琉球国之図」作成
1800-16	伊能忠敬，日本全土の測量
1821	「伊能図」完成

　以上，和算には見られない独自の測量術が琉球に存在していたことを見てきました．士族の数学に関する資料は現在のところ希少で，しかも計算法や測量術に限られています．純粋数学の領域は含まれませんし，またそのような数学が生まれる社会文化状況になく，存在はしなかったと思われます．

　さてもうひとつの数学は，士族の数学とは関係のない，百姓平民が用いた独自の数学です．

百姓平民の数学

　琉球では貨幣経済が未発達であったので，商業数学つまり『塵劫記』『改算記』などに記載されるような問題は殆ど見られませんでした[21]．1609年の島津藩の琉球支配以降，大半の百姓は教育を受けることを禁じられました．文字も教えられず書くこともできませんでした．しかしごく一部の百姓は，下級役人養成所のような筆算稽古所で教育を受けたようです[22]．ここを終了した筆算人という百姓は，あくまでも身分は百姓のままであっても村役人などの役職に就くことができ，貧困状態から脱することができ

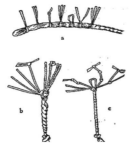

平行型（上）とほうき型（下）．
出典：須藤利一『沖縄の数学』，17頁．
ただしそこでは列座型と束ね型と呼ばれている．

きたようです[23]．ここでは，筆つまり習字（そして読書，作文）と，算つまりそろばんによる四則演算，開平法，開立法などの計算を中心に教えられたようです[24]．彼らは士族と百姓の媒介的役割を果たし，村落共同体の存続に貢献しました．当時は「検知なき石高」と言われ，石高制が不徹底であったので独特の検地算法が存在したのです．たとえば一石という米の量の場合，一石起（おこし）はそのまま一石ですが，そこに一定量の付加が加えられ，増量した一石二斗八升先（さき）をもって一石起としたという[26]．これは米の場合ですが，他の穀物はまた異なる数値となり，この付け加えられた余分が蔵役人の心付けとなるのでした[27]．大半の百姓は教育を受けることがなく文字や数を知らなかったので，ここにおけるさらなる中間搾取を防止するため，数量の記憶の助けなどにと何か記号が必要でした．それが藁算でした．

藁算

　藁算研究に関しては，今日では3人の重要な研究者の仕事に依存しています．矢袋喜一，田代安定（やすさだ）（あんてい），須藤利一です[28]．現在のところこの3人の研究を抜きにして藁算を語ることはできませんので，その先行者の仕事を参考にして述べておきましょう．

　さて藁算とは藁を用いた記数法で，少なくとも17世紀頃から20世紀なかば頃まで沖縄各地で使用されていました[29]．藁算はワラザンと読みますが，宮古島ではバラザンとも発音され，地域によって様々異なる呼び方がありました．材料は主として藁（イネの茎）を用いるので，藁算と総称されています．藁以外にも身近にあった材料（クバの皮など）を使用し，藁を結んで，計算器具，記数法として用いました．具体的には，村の人口，集会出席者数，穀量，金高，材木の寸法，貢納布（女性の上納布）の織高などを表しています[30]．藁算は約90センチで，作る費用がかからず，雨にぬれても暗くなっても使用できるので，便利な数筆記用具でもありました．藁算の使用目的に関しては，研究者によって様々な

藁算における数の典型的表記法．左から数え，6，5，8，7，7，4を示す．5はループ状で示される．
出典：須藤利一『沖縄の数学』，18頁．

議論があります．沖縄本島では日常の計算や記数などに利用され，宮古島や八重山諸島では収税上の記録として用いられたようです．さらに八重山では，藁算で記帳し板札と一緒に渡すことが行われていました．ここで八重山の竹原文書によれば，「板札とは納税告知書を云う．是に記しある異字をカイダー字と称す」と書かれています[31]．

ここで重要なのは記数法としての藁算です．文字と数字を絶たれた百姓が考案し自分用に使用していたので，個人差・地域差が大きく，また人数，布，穀物など数える対象によって異なることもあり，様々な結び方が存在しています．ここでは2つに分けておきます．平行型は，一本の太い藁に順に座を設けて，そこにさらに藁を付けていく方法です．ほうき型はほうきのような形をしています．それは座を設けない方法で，一箇所から様々な太さの藁を付けたりあるいは結び目をつけたりするものです．したがって少し煩雑になります．藁算は記数のみならずさらに計算器具として用いられました．確かに足し算・引き算はできるのですが，掛け算・割り算はできず，加減用途のみの初歩的な計算器具といえます[32]．

藁算の起源

藁算は，縄を結んで表記するという結縄法の一つです．文字成立以前の古代の文化では，縄を用いて記録して治める「結縄の政」があったと言われています．たとえば，周易の『繋辭下傳』では，「昔は結縄を用いて治めたが，後の聖人は文字や割り符にかえて，多くの官僚はそれを用いて治め，民はそれによって理解した」，という記述があります．したがって藁算を古代中国にまで遡及することも可能かも知れませんが，推測の域を出ません．さらに結縄法は台湾の高砂族・アミ族[33]，中国南部苗族，そ

藁算を持つ30歳の八重山の男（出典：「20八重山島士族平民老若男女世俗之図」部分，『八重山蔵元絵師画稿集』，石垣市立八重山博物館蔵）．

してアイヌ，チベット，ポリネシアなどにもあったと言う人もいます．しかしそれらの結縄法に関しては藁算以上に不明な点が多く，また相互関係についても現在のところ未知の領域となっています．したがって藁算の起源に関しては確かなことは言えないのが現状です．しかし八重山諸島に限るのですが，藁算は人頭税の課税に始まるという，須藤の唱えた説がありますので，それを見ておきましょう[34]．

1609年に薩摩藩の島津氏は沖縄に侵攻し，その後1637年から百姓に過酷な人頭税を課すようになります．飢饉などにも減じることなく課税するとても過酷な制度でした．この人頭税の導入と廃止こそが，八重山の藁算の普及と衰退に大いに関係したというのです．薩摩藩の圧政により，大半の百姓は教育を受けることを禁じられ，文字も数字も知りませんでした．役人の中間搾取がはびこり，また石高の増額が図られ，百姓はそれらを見抜くため，蔵元の勘定座にある原簿の数量を照合しチェックすることを考えました．百姓は自らを守るために，身近な藁を用いて備忘のため独自の記数法を考案し，それを記しておいた，それが藁算です．また納税額が決まると，漢数字で記されていた額を役人が藁算になおして各人に知らせました．1903年になってようやく人頭税が廃止されると，それ以降，八重山諸島では藁算の使用例は極端に減少していくと言われています．

ただし沖縄本島では店舗などで商品の計算などに使用されたので，そこでは藁算は人頭税とは無関係と言えます．また明治期になり学校教育が始まってアラビア数字を用いる洋算が制度的に教えられるようになると，藁算はその計算威力に太刀打ちできなくなり，衰退したと考えることもできます．紙の使用の普及もそれを促進させることになりました[35]．するとその消滅は外部からの影響ということになります．藁算は人頭税に関するところでしばしば用いられたということだけは確かで，琉球文化の中で自発的に誕生したのです．またその使用者は特定の専門家ではなく，庶民であったというところに，たとえばインカのキープとの相違もあります．

藁算は実用に供するためにのみ用いられたのですから，そこに数体系や計算法の高度な展開，さらには研究としての数学の発展を見ることはできません．また大半が個人的使用なので，そこに藁算全体を貫く統一的体系性を見いだすことも困難です．すなわち藁算はごく初歩的な数の「術」でしかなく，そこには数の「学」は存在しないと言えるのです．しかし大国中国と日本の間にあり，厳しい生活環境

の中で身近な材料を生かし独自に記数法を考案していったことは，人類にとって記数法がいかに重要かを教えてくれます．

　沖縄の数学は，日本数学という枠にくくれるものではないし，また中国数学の一部というものでもありません．その数学は日本と中国の影響を微妙に受けながらも，独自に展開した民俗数学といえるでしょう．歴史的に見ると数学（数表記や計算法など）は決して普遍的ではなく，民俗独自の文化社会のなかから独自に展開してきたことが見えてくるのです．

注

1　この地域を総称する場合，沖縄，琉球，南島，海南（あるいは南海），などという呼び方がある．沖縄は日本語起源，琉球は中国語起源，南東は今日の学界で使用，海南は明治時代の呼び名である．ここでは沖縄と呼ぶことにするが，琉球王国（1429年から1879年の450年間）が主たる対象になるので，琉球という言葉も使うことにする．

2　本稿は次と重複するところがあるが，さらに展開したもの．三浦伸夫「沖縄数学史研究のススメ」，『現代数学』2018年10月，64-69頁．

3　ここで言う士族の数学の具体的内容に関しては次が詳しい．嶺井政行『沖縄の数学史・経済史を考える』，［嶺井政行］，1994.

4　須藤利一『南島覚書』，東都書籍，昭和19年，277-289頁．須藤利一『沖縄の数学』，富士短期大学出版部，1972，123-135頁．

5　そのうちの一つ，1864年松茂氏當貴によって筆写された算法書は，現在琉球大学附属図書館デジタルアーカイブで参照することができる．
http://manwe.lib.u-ryukyu.ac.jp/d-archive/s/viewer?&cd=00011310（2019年5月30日閲覧）

6　須藤利一『沖縄の数学』，93-121頁．船運賃や人頭税関係の問題が多い．

7　真境名安興『沖縄教育史要』，沖縄書籍販売社，1965，89-90頁．

8　『八重山算法』に「右改算記より書写置申候」とある．須藤利一『沖縄の数学』，115頁．

9　現物は沖縄県立図書館．琉球と中国との交渉は久米村住民が担っていた．そこの学校である明倫堂では7歳から24歳まで学問が無料で教えられていたが，そこに算術はない．戦災で資料が失われ詳細は不明．

10　須藤利一『沖縄の数学』，127頁．平良長信が大正15年74歳のときに書いた記録であり，ここではカタカナをひらがなに改めた．

11　間切とは琉球王国の行政区分．

12　安里進「琉球王国の測量事業と印部石」，『近世測量絵図のGIS分析』，古今書院，2014, pp.1-30．安里進「乾隆検地の測量術をめぐる琉中交流史の課題」，『第15回琉中関係国際学術研討会』，2015, pp.1-8．安里進「琉球王国の印部石と針図」，『地図』52（2014），pp.47-52.

13　『中山伝信録』巻4には，「上が特に内廷の八品官平

安と監生の豊盛額を同行させ，測量をさせた」とある．夫馬進『増訂　使琉球録解題及び研究』，榕樹書林，1999，94頁．

14　検地による測量は歴史に残る成果であったとしても，検地の結果による増税は失敗し，評価は分かれる．『沖縄大百科事典』（中），沖縄タイムズ，1983，42頁．

15　『量地法式集』は国宝「琉球国王尚家関係資料」として那覇史歴史博物館に所蔵されているが未公開．器具の図版は，図録『尚家継承琉球王朝文化遺産展』，1993，琉球新報社，92頁や，安里進「量地法式集第505号について」，『琉球国王家・尚家文書の総合的研究2004（平成16）年度〜2007（平成19）年度科学研究費補助金（基礎研究（B））研究成果報告書』，琉球大学教育学部，473-509頁の488頁などに見える．

16　鈴木一義，田辺weak一「江戸初期の方位及び角度の概念から見た測量術の形成についての一考察」，『国立科学博物館研究報告E類 理工学』32（2009），41-49頁．

17　蔡温と風水の関係は次に詳しい．伊從勉「新発見の首里城古絵図の測量法について」，『民族藝術』23（2007），37-47頁．

18　これがやがて海上で用いられて羅針盤が誕生してようだが，詳細は不明．テンプルは前4世紀には羅針儀（初期の羅盤）が用いられていたとする．テンプル『図説中国の科学と文明』（牛山輝代監訳），河出書房新社，1992，258頁．

19　中島新吾「対馬藩の元禄絵図について」『対馬歴史民俗資料館報』25（平成14年），2-6頁．後藤恵之輔・崔勝弼・全炳徳「元録13年（1700年）献上・対馬国絵図に関する技術的考察」，『土木史研究』15（1995），587-591頁．文書では「九十六方之方角図」とあるが，図を見る限り，384分割されているようである．

20　薩摩藩は幕府に従いキリスト教を禁止し，また関連する書物も禁書とする．実際『天学初函』『幾何原本』などは琉球でも禁書であった．他方で琉球との関わりが密である中国の福建はキリスト教徒が多い地域でもあった．康熙帝は当初キリスト教を弾圧していたが，1692年にはキリスト教を公認に転じた．しかし次の雍正帝は1724年またキリスト教の布教禁止に転じた．そのことが琉球の数学にどのような影響を与えたか，まだ研究はないようである．

21　八重山方言には「交換する」という語はあっても，「売る」「買う」に該当するものはないという．須藤利一『沖縄の数学』，91頁．

22　『沖縄県史』第4巻教育，琉球政府，1966，64-67頁．

23　算術稽古所の校訓「其方等事」（スノフアラクトウー）は蔡温が作成した．「其方等土民の家に生まれながら農民の辛苦を免れ，百姓等に尊敬せらるること何故ぞ，只筆算稽古する故ならずや…」．本部町史編纂委員会（編）『本部町史』（通史編　下），平成6年，5-6頁．

24　ソロバンは本土よりも先に琉球に導入されていたが，算木の痕跡はない，と須藤利一は述べている．須藤利一『南海覚書』，203頁．

25　『沖縄大百科事典』（中），264頁．

26　穀物を運搬したり保管したりするとき損失があるので，あらかじめ増量しておく．元の量を「起」，増量したものを「先」と言う．『沖縄大百科事典』（中），599頁．

27　須藤利一『沖縄の数学』，123-124頁．

28 矢袋喜一『琉球古来の数学と結縄及記標文字』，1915, 寶文館，1934（沖縄書籍，1982）．田代安定『沖縄結縄考』，養徳社，1945（至言社，1977）．須藤利一『沖縄の数学』，富士短期大学出版部，1972．以上の3点のほか次が基本文献．長浜章「結縄及び記標文字」，『数学史研究』73（1977），1-41頁．栗田文子『藁算』，慶友社，2005．沖縄県立博物館（編）『企画展　ワラザン展』，沖縄県立博物館，1996．

29 竹富島では「終戦の翌年まで使用されていた」と言う．大真太郎『竹富島の土俗』，日本ジャーナリズム出版社，昭和49年，56頁．

30 瀬名波長宣「八重山の藁算について　付天気俚諺」，滝口宏（編）『沖縄八重山』，校倉書房，昭和35年，176-180頁．

31 八重山博物館所蔵文書　14　竹原家文書．紙の使用がなかったので行政通達に木板に文書が記された．沖縄本島では「すうちうま」，与那国島ではカイダー字（カイダディと呼ばれていた）という記数法が別に用いられ，他の地方に比べ藁算の使用は少ない．琉球のものは中国の数碼（蘇州碼）とは異なる．

32 ただし新城島では，「倍率藁算」という8勺，1合6勺，3合2勺等々と倍々になっていく結節が祭事で用いられていることが知られている．これは数学史でいえば乗法表であるが，これによって藁算で一般的に乗法が行えることにはならない．

33 中野敏雄「台湾・アミ族の結縄」，『数学史研究』88（1981），1-8頁．

34 須藤利一「沖縄のわらざん」，『沖縄文化論集』第2巻，平凡社，1971，308-321頁．

35 たとえば八重山では明治20年頃まで紙は使用されなかった．矢袋喜一『琉球古来の数学と結縄及記標文字』，56-57頁．

要約

沖縄の民俗数学

従来，沖縄の数学は数学史において取り上げられることはきわめて少なかった。しかし文化史的に興味深い内容を持っている。本講演では，琉球王国時代（15世紀-19世紀）に限定し，その数学をそれにたずさわった社会階層から2つに分ける。まず役人の数学では，日本本土の実用数学が継承されつつも，他方では中国からもたらされた最新の測量術も実践されたことを示す。次に庶民の数学では，教育が施されなかったことから，文字も数字も持たない独自の数表記が展開したことを見る。それは身近にあった藁を利用した藁算と呼ばれる記数法である。藁を縄状にして結んで数値を表記する方法で，ときに加減法にも用いられた。藁算は沖縄諸島一般に見られるが，八重山諸島では薩摩藩からの圧政で，庶民が人頭税などの数値を記憶しておくために用いた。明治になり人頭税の廃止や西洋数学教育の導入により，藁算はもはや用いられることはないが，土着の記数法として数学文化を考える材料を提供してくれる。

Summary

Folk Mathematics of Okinawa

Mathematics in Okinawa has been rarely taken up in the history of mathematics. However, it has interesting contents in cultural history. I will here focus on the mathematics under the Ryukyu Kingdom era (15th century - 19th century), and divide the mathematics into two from the social stratum. First, administrative mathematics of officers continued to practical mathematics of mainland Japan, on the other hand the latest surveying technique brought from China was practiced. Second, since education was not applied to ordinary people in Ryukyu, they had a specific numerical notation and calculation using straw---*wara zan*. Making the straw rope and it knotted, they used sometimes the *wara-zan* in addition and subtraction. This notation could be seen in the Okinawa Islands in general, but in the Yaeyama Islands people used to keep numerical values such in poll tax, in the tyranny from the Satsuma government in Kagoshima, southern Japan. With the abolishment of the poll tax and the introduction of western mathematical education in the Meiji era, the straw notation is no longer used. This indigenous numerical notation provides us a good case study to consider mathematical culture.

数学的観点から見た複雑系科学

津田一郎●中部大学創発学術院教授

1. はじめに

複雑系と称されるシステムが科学的に扱われるようになったのはおそらく第一次世界大戦後からであろうと思われる。そののち何度かのメルクマールがあり現在は第4期のただなかにあると考えられる。特に第2期以降は数学的な研究によって科学に革命的な変革が起こり、私たちの複雑系に対する理解は格段に進んだ。

本講演では、まず複雑系の原理について述べ、複雑系研究の歴史的概観を与える。次に、その研究の歴史の中でも複雑系の意味を深く掘り下げる役割を果たした（カオス遍歴を含む）カオス現象とその数学的構造を解説し、その脳科学への応用について述べる。複雑系のこれらの数学的構造がいかに現在の IoT（Internet of Things）時代の複雑ネットワーク系の情報的基盤になっているかを脳の機能分化に典型的に見られる創発インタラクションの研究を通して強調したい。

2. 複雑系の原理

まず日本のことわざから始めよう。「風が吹けば桶屋が儲かる」は一つ一つの因果的推論は納得がいくものであっても、それらを多数組み合わせた因果は初めの事象からは大きくずれ、とても最初の事象と最後の事象の間に因果性があるとは思えないようなものの（悪い意味の）典型としてしばしば引用されてきた。風が吹く→砂埃が舞う→目を患う人が多くなり、盲人が増える→（昔は盲人の主な職業は琴や三味線の演奏者であったため）三味線が売れる→（三味線の革は猫皮であったため）猫が捕獲され、少なくなる→ネズミが増える→（ネズミは桶をかじるので）桶屋が儲かる。本来はA→Bの推論が一意ではなく「AならばB1かB2かB3か……Bnかである」、すなわち複数の結論の可能性があるにもかかわらずその中の一つだけを取り出したことで、前提からの結論が奇妙に聞こえるのである。むろん、風が吹いて、桶屋が儲かることもありうるのだが、不確定さは大変大きいと言わざるをえない。

しかしながら複雑系ではこういうことが起こりうる。これらの事象の確率空間を明確には定義できないので、確率概念をこのことわざが示す事象群に適用するのは無理があるが、ちゃんと確率が定義される場合に、稀にしか起きない「稀現象」を定義することができる。個々の事象群の連鎖の確率が小さくても、そのような事象が確率1で起こることはありうるのである。ここで、確率1で事象が起こるとは、事象がある有限時間内に起こる初期値集合が零集合ではないと理解しよう。すると、ある有限時間内にその事象が起こる確率はどんなに小さくても、別の有限時間内ではそれよりも大きな確率を持つような時間範囲が存在する。つまり、稀にしか起こらないが待っていれば必ず起こる事象は定義可能である。どの程度待てばよいかについての数学的な評価が存在し、大偏差原理と呼ばれている。

次に別の角度から複雑系について触れる。複雑系を定義することはそんなに簡単な話ではない。そこで、ここでは複雑系の原理を示すことにする。そのために次のような思考実験を行おう。もしある一つの機能モジュールが脳全体から分離され他から孤立されたならば、この分離された部分は同じ刺激に対して以前と同じ反応をするだろうか？ もしその反応が同じであれば、このサブシステムと残りの脳の間の関係は単純であり、このサブシステムは脳において単純系として振舞う。もしそうでなければ、このサブシステムは複雑系としとして振舞う。そこで、複雑系の原理として次のように言うことができるだろう。

複雑系の原理

複雑系では系を部分に分割することで系のダイナ

ミクスに関する関係性が失われるので、要素還元が不可能である。

3．複雑系研究の歴史と現在の概観
（我々はどこにいるのか）

第一期（第一次世界大戦後）

ゲシュタルト心理学に代表されるように、「形」が注目された。形は全体としてしか意味をなさない概念である。またこの時期、H. ベルグソンが創造的進化を提唱し、生命の連続性を論じた。このようにこの時期は系の**全体性**に着目して研究が行われた。

第二期（第二次世界大戦後）

典型的にはN. ウィーナーが提唱したサイバネティクスが複雑系研究を主導した。ウィーナー自身は複雑な時系列の確率微分方程式による解析を行った。ここから、フィードバック制御、予測理論、フィルター理論、ホワイトノイズ解析など制御の数学理論が構築された。また特筆すべきは、このサイバネティクス研究の中で異分野融合的な共同研究が起こったことである。典型的には、マッカロとピッツのように医学生理学者と数学者の共同研究が実を結び、形式ニューロンとそのネットワークの計算能力の万能性が証明されたが。このように**普遍性**の追求がこの時期の複雑系研究の特徴である。

第三期（1970年代以降20世紀末まで）

この期間はI. プリゴジンやH. ハーケンに代表されるように、平衡から遠い非平衡系でおこる様々な現象が明らかにされ、その一つとしてカオス現象が注目された。カオスは決定論的な方程式の解である。従来、決定論的方程式は解の一意性があれば予測不能な軌道を描くことはないと信じられていたが、すでに19世紀末にH. ポアンカレによって天体力学の三体問題において二重漸近解の存在が証明されたようにカオス解は決定論的方程式の解としても存在するのである。E. ロレンツの研究を契機として多くの数学者、物理学者がカオスを研究することで、このことが改めて認識された。またカオスの数学的研究からその構造はフラクタル的あることも示され、平衡から遠い非平衡のこのような意味で複雑な現象の発見が物理学のみならず、化学、生物学、気象学・地球物理学、電気工学、機械工学、そして社会・経済学、言語学にも及んだ。この時期の複雑系の特徴は**繰り返しによる決定論的複雑性**と**多様性の出現**である。これらを基盤に生命性の理解へと進む研究が

盛んになった。

第四期（21世紀）

この期間では、複雑ネットワークが盛んに研究された。ランダムネットワークはもともと数学者のP. エルデッシュが理論化したが、それを超えて複雑さの概念がネットワーク構造として再定義された。さらに、インターネット時代になり、すべてのモノがインターネットで結びつくIoTの時代となり、環境そのものが複雑系として認識されるようになってきた。ここでは環境はかつてのように自然だけではなくなり人工的な環境も含まれる。かつては環境といえば自然のことであった。物理学も自然としての環境を理論の中に取り入れてきた。それは天体の周期運動、特に一日、一年の周期の存在から環境因子として周期外力が考えられた。もっと複雑な自然環境からの影響は雑音として定式化された。しかしながら現代では人が作った人工物という環境にヒトは取り囲まれている。ここでは環境との良いインタラクションとは何かが注目されている。それは、複雑な環境の相互作用がうまくいかないと人は人工環境に埋没し阻害される存在でしかなくなるからである。そこで、いかにして人工環境と良いインタラクションをすることができるかという**共生インタラクション**、**創発インタラクション**の考えが起こった。人工環境とうまくインタラクションして自ら**機能分化**し人工環境に**即時適応**するエージェントの原理に注目が集まっている。今、我々はここにいる。

4．カオス現象と数学的構造
予測不可能性

カオス現象は1970年代後半から80年代にかけて様々な分野で発見された。しかし、カオスの理論的研究、数学的研究はそれ以前に行われていた。1960年代のE. ロレンツによる大気運動に関するロレンツ方程式が示す非周期運動の予測不可能性、その内在化された連続写像による規則の発見、天気予報の原理的困難さの一つの可能性の提示は衝撃的であり、この研究がその後のカオス研究のお手本になった。さらに、そのすぐ後に数学者のS. スメイルによる馬蹄形写像の提案があった。この研究は、確率的現象を決定論的な規則によっていかにして生み出すかの考察から生まれた数学研究である。馬蹄形写像は可算無限個の（不安定な）周期解、非可算無限の非周期解、自分自身に常に漸近する自己漸近解を持つことが証明された。周期解が不安定なので、

ほとんどすべての初期値から出発した軌道は非周期的になる。しかも、二つの近接した軌道から出発した二つの軌道は時間とともに指数関数的に離れていくことも証明できるので、予測不可能性も有していることが証明された。

さらに、遡ること19世紀末、H. ポアンカレが天体力学の三体問題の解として非常に複雑な解が存在することを証明した。2体問題ならケプラー運動という楕円運動、双曲運動、放物運動の三種類しかないことはニュートン自身が作った微分積分学で証明していたが、三体になると解析的には書けない複雑な解が存在するのである。これが今日知られている力学系のカオスであることが分かっている。

荘子の渾沌

カオスは決定論的な方程式が示す予測不能で不規則に運動する解軌道で表現されるが、これら解の集合をカオスアトラクター、あるいはストレンジアトラクターと呼ぶ。解析的に解を書けないので、数値計算によって解を表現するのだが、ロレンツが示したように初期値に対する鋭敏性があるために、数値解は一般的に真の数学的な解とは異なっている。これは人知を超えたものの存在を予感させる。荘子の「渾沌」に描かれた渾沌が目鼻を付けられたとたんに死んでしまったという物語はまさに数学的カオスの姿そのものにも見えるのである。我々は今、荘子が表現した超自然的な存在としての渾沌を数学的に表現できたと実感している。

複雑系の良いモデルとは

ロレンツは大気の流れを熱伝導と流体運動を記述する二つの偏微分方程式を連立させ、二重フーリエ変換を行うことで、漸近的に(時間無限大で)0にはならない有限の値をとりうるフーリエモードを三つ抜き出し、三つの変数からなる閉じた常微分方程式を導いた。これを数値シミュレーションすることでカオス運動を発見し、「カオスの存在ゆえに天気予報は当たらない」と主張したのである。しかしながら他方で、ロレンツの発見したカオスは実際の大気運動ではいまだに観察されていない。ではモデルとして間違っていたのかというと必ずしもそうは言えないのが複雑系の面白いところである。ロレンツカオスは次の点で重要である。

・ロレンツカオスそのものは大気現象で観察されていないが、類似現象は数多く観察されている。
・ロレンツモデルは大気運動に内在する不安定性の

津田一郎

本質を射抜いている。

したがって、カオスのような決定論に従うが不規則で予測不可能な現象のモデルが持つべき要件は、従来の"良いモデル"の概念とは異なるはずである。従来の"良いモデル"概念ではモデルが現象を正確にシミュレートできることが必須であったが、ロレンツモデルのように複雑現象の"良いモデル"は現象に内在する力学構造あるいは確率構造を抽出するモデルであると言えるのではないだろうか。

カオスの不確定性原理

さらに興味深いことには、カオスには不確定性関係が内在している。状態空間での軌道の位置と時間の間に不確定性関係がある。軌道が状態空間にある幅ΔXにあるとしたとき、そこにいつ訪れるかという時間の幅ΔTが存在し、それらの積は一定の大きさになる。すなわち、$\Delta X \cdot \Delta T =$一定。つまり、位置を正確に決めようとすると軌道がその場所にいつ訪れるかを指定することはできず、初期にある場所から出発した軌道が確定した時刻に訪れる場所を予測することはできない。このことは意外と知られていないが、R. ショー、筆者、I. プロゴジンらによって報告されている。

カオス遍歴:アトラクターは存在しない、生成されるのみである

今まで述べたカオスはせいぜい3次元程度の低次元力学系の様相だが、高次元状態空間のカオスはさらに特異な普遍性を持っていることが池田研介、金子邦彦と筆者によって提案された。それが**カオス(的)遍歴**である。これは次のような特徴を持つ動態で、比較的低次元のアトラクター痕跡間のカオス的遷移現象である。①零近傍のリアプノフ指数を多

く持つ。したがって、フラクタル次元と位相次元の差が低次元カオスとは異なり1を超える。②アトラクター痕跡への滞在時間はべき分布に従う。

軌道がアトラクター痕跡間を遍歴することによってすでに消滅しているアトラクターが浮かび上がってくる。そこでは、アトラクターは存在しているものではなく、軌道の運動によって生成されるものとして定義される。筆者は、カオス遍歴が起こる数学的機構として5つのシナリオを提唱した。

カオス遍歴を比喩的に言うと、「夫天地者万物之逆旅也、光陰者百代之過客也」（李白）ということになるかもしれない。旅人が宿から宿へ渡り歩く遍歴のように、遍歴することで宿の意味が現れ、旅が成立する。旅が一つの宿に収束するならば、ずっとそこに滞在しつづけるのならば、それはそもそも旅を意味しないし、宿も宿の意味をなさない。宿に滞在するが、またそこを離れて次の宿に向かうという旅人の"運動"があって初めて旅が成立し、宿が意味を持つ。これは**何かの動き、運動によって実体が生まれる**ことを意味しており、**身体性**の起源、したがって**心の起源**といってよいものではなかろうか。カオス的遍歴という運動形態はまさにそのようなものを表している。

5．脳活動におけるカオスの役割
（1）感覚情報はカオス遍歴によって学習され、知覚される
W. フリーマンはラットやウサギの嗅球の集合電位をさまざまな学習条件で測った。約1cm四方に64個の電極を配置して脳活動を調べた。匂い情報は呼吸の吸期にのみリセプターについた匂い分子から入ってくるので、脳活動は基本的に呼吸に同期した周期的な活動を示す。しかしながら、フリーマンはその活動が必ずしも周期的なものではなくカオス的になることを発見した。匂いに関する学習を動物にさせると、例えばバナナに関する概略周期的な活動状態が嗅球脳波に現れる。これをバナナアトラクターと呼ぼう。ニンジンの匂いを学習するとニンジンアトラクターが生成される。では、まだ学習していないオガクズをかがせると脳波はどうなるだろうか。バナナアトラクターとニンジンアトラクターの間をしばらくカオティックに遍歴し、学習がうまくいくと状態空間の別の場所にオガクズアトラクターができるのである。ここでのカオス遍歴は「この刺激はまだ学習してないぞ」というシグナルであり、我々の数理モデルからの類推では学習を促進する。

（2）視覚情報処理は同期・脱同期間のカオス遍歴である
C. グレイとW. シンガーはネコの第一次視覚野の離れた二か所から細胞外電位を記録した。彼らは、二つの電位変動が同期したり同期が外れたりということをランダムに繰り返す現象を発見した。線分のような単純な刺激でも細胞の応答は非常に複雑で、脳はカオス遍歴を生成することで刺激を知覚している可能性が示唆された。また、細胞内電位記録も行い、電位変動と神経パルスの関係も調べられ、パルスの同期・脱同期も観測された。

（3）脳の広領域ネットワークのカオス活動
L. ケイは嗅球―嗅皮質―内嗅野―海馬という脳の広範囲に及ぶ領域すべての脳活動を計測し、動物が匂い情報を知覚し、判断して行動に移す一連の認知活動との相関を調べた。その結果、次のことが明らかになった。匂い刺激が嗅球に到達する以前に予期や期待を意味するトップダウン的な情報の流れが20ヘルツ程度のβ波として起こり、次いで、刺激を意味する情報が40－60ヘルツの速いγ波とともにボトムアップ的にやってきて、そののち意志決定を意味するβ波と20－30ヘルツ程度の遅いγ波がトップダウン的に流れた。最後のトップダウン情報は動物の行動と同期して現れた。

6．複雑ネットワーク系の情報構造としての脳の機能分化
最後に、複雑にネットワーク化された環境（社会）と相互作用する人間が持つべき要件を考える。かつて、人々は環境というものをそれほど複雑なものだとは考えていなかった。そのことは物理学が扱う環境要因を見れば明らかである。物理学では、環境は熱浴か周期外力しか考えてこなかった。したがって、システムを支配する方程式は力学方程式＋雑音または周期外力の形で与えられ、環境を熱浴とみる場合はランジュバン方程式が支配方程式になる。現代における環境はこのような単純なものではなく複雑ネットワークであり、インターネットによってすべてのものが結びつくIoTを反映したものとなる。また、自然環境も非常に複雑に変動しており、従来方式での適応がむつかしくなりつつある。したがって、環境そのものを陽に書き下すことや支配方程式を陽に書き下すことは原理的に不可能になり、このように**支配方程式が与えられていない場合の科学的方法**が議論されなくてはならない。

この問題を解決するために、我々は**機能分化**に着目した。人間が複雑に変動する環境に置かれたとき、様々な拘束条件を受けると想定されるが、そのような拘束条件下ですばやく機能分化（あるいは**機能分割**）し、環境に即時適応する仕組みを考えることが重要な問題になる。これに対して我々は、変分問題の形でとらえ、それを**拘束条件付き自己組織化理論**として定式化することを提案している。そこではシステムから機能成分（部品）がいかに生成されるかが問題になる。すでに出来上がった部品からシステムを構築するのとは逆の過程を考える必要があるという認識である。現在までに、（1）力学系ネットワークの進化ダイナミクスから要素としての**ニューロンが自発生成するモデル**（渡部大志ら）、（2）振動型ニューロンネットワークの進化ダイナミクスから構造的に異なる**モジュールが分化するモデル**（山口裕ら）、（3）レビー小体型認知症患者が経験する**複合型視覚性幻覚**の神経機構解明へ向けての**幻覚モデル**（塚田啓道ら、藤堂真登ら）、（4）**進化型リザバーコンピューティング**による**感覚刺激特異的に反応するニューロンの分化モデル**（山口裕ら）を提案している。それぞれのモデルでは拘束条件が異なっている。（1）では外部入力が持つ情報量を最大限ネットワークに伝達することを拘束としており、（2）ではモジュール間を流れるエントロピー量を最大にすることを拘束とし、（3）では相互情報量を最大化することを拘束とし、（4）では誤差を最小化することを拘束とした。このように拘束の違いは分化する機能の違いをもたらすので、環境から与えられる拘束に応じて即時適応するエージェントが持つべきシステム構成、相互作用の種類が明らかにされると期待される。すなわち、環境によりよく適応する拘束を自らが選択し進化するエージェントが生まれる可能性が指摘できる。我々のここまでの研究では拘束に基づく機能分化が起こるときはネットワーク全体の活動状態は弱いカオスかカオス遍歴的なものであることが観察されている。先に述べたことから、このような適応的システムは心の萌芽を有する可能性がある。ゆえに、このような相互作用こそ創発インタラクションと呼ぶべきものであり、**心の創発研究**の対象になるべきものと考えている。

参考文献：
津田一郎、「複雑系」、日本物理学会誌 特集「平成の飛翔」（2019年6月号）

津田一郎、「9.2- 複雑系（カオス、相転移、分岐 etc)」、人工知能 AI 事典第3版（近代科学社、出版予定）

津田一郎、「脳のなかに数学を見る」（共立出版，2016年）

津田一郎、「心はすべて数学である」（文芸春秋，2015年）

研究開発の俯瞰報告書 システム科学技術分野（2015年）

3.5複雑システム区分（pp238-289）（JST, 2015年）

金子邦彦、「生命とは何か：複雑系生命科学へ」（東京大学出版会，2009年).

岩波 数学辞典 第4版 391（XXII-11）複雑系（岩波書店，2006年）

津田一郎、「複雑系脳理論」（サイエンス社、2002年）

津田一郎、「ダイナミックな脳」（岩波書店、2002年）

Kunihiko Kaneko and Ichiro Tsuda, Complex Systems:chaos and beyond, Springer-Verlag: Berlin, Heidelberg, New York, Tokyo, 2001

金子邦彦・津田一郎、「複雑系のカオス的シナリオ」（朝倉書店、1996年）

Herbert A. Simon, The Sciences of the Artificials, MIT press, 1996

津田一郎、「カオス的脳観」（サイエンス社、1992年）

Summary

　Sciences of Complex Systems: Mathematical Point of View
　Ichiro Tsuda
　（Chubu University Academy of Emerging Sciences)
　Scientific studies on complex systems have experienced some of the milestones, which may be divided into four phases. In particular, after the second phase, scientific revolution due to the finding of new mathematical theories and techniques occurred, whereby our understanding on complex systems was enriched.
　In the first part of this lecture, I will describe a principle of complex systems and from the aspect of the principle I will touch upon scientific history of the study of complex systems. Secondly, I will explain chaotic phenomena including chaotic itinerancy, whose finding accelerated the study of complex system. I will also explain the mathematical structures of chaotic attractors, thereby treating the applications of these mathematical studies to brain science. Finally, I would like to emphasize how the mathematical structures of complex systems can provide the information basis of complex network systems which we now encounter, via the study on emerging interactions which are typically seen in functional differentiation in the brain.

第Ⅱ部門6

複雑系科学、俯瞰型科学としての デジタルアース研究プロジェクト

福井 弘道◉中部大学中部高等学術研究所所長

要約

　地球温暖化や広域複合災害のような問題複合体に見るように、現代社会は地域から地球の様々なレベルの相互に連関した「リスク」に直面している。これらは、局所的に突発した事象が急速に連鎖反応して、時空間的に波及、伝播していく特徴を有している。従来の領域科学では、局所的、個別に問題に対処することはできたが、その延長上のアプローチで21世紀の突発的危機事象に対応することは難しい。それには、複雑系科学のような新しいアプローチが必要である。すなわち、問題の把握と対応を実時間に行い、諸科学を横断して協働し、因果分析やプロセス分析を融合するといった、新しい手法が求められている。機械化、電気利用、IT活用で進んだ産業革命は、今、IoTやAIにより創られるデジタルな世界を、現実世界の問題複合体の解決に生かす段階まで進んでいる。このCyber-Physical Systemを活用してSociety5.0を構築するには、多解像度や多次元の地理空間情報で構築される「デジタルアース」が不可欠である。国際送電網計画、国際災害支援情報基地構想などのデジタルアースの応用プロジェクトを事例に、その取り組みを紹介したい。

Summary

Digital Earth Research as a Complexity Science, the Panoramic Perspective Science of emergent systems and networks

As we can see in "Problematique", such as global warming issues and wide area complex disasters, the various risks we face at both local and global scale are all interrelated to each other, tend to suddenly emerge at very local level. These risks also tend to spread exponentially causing spatial and temporal chain reactions. Conventional science has only been able to deal with parts of these problems and will not be adequate for dealing with the Emerging Crises of the 21st century. We have reached a stage where a new approach such as Complexity Science needs to be invented to deal with these emerging crises, whereby the problems are identified in real time as the risk emerges, then researchers collaborate in analyzing the problem applying knowledge from various areas of sciences and putting the problem in perspective. Therefore, we need "the Digital Earth" that is a virtual representation of our planet by multi-resolution, multi-dimensional information. The industrial revolution advanced by mechanization, electricity and IT utilization has proceeded to the fourth stage where the digital world created now by IoT and AI is made use of in the real world. This Cyber-Physical System is expected to create a smart Society 5.0 and we believe that social implementation is impossible without the Digital Earth.

気候変動を考慮したデング熱の流行リスクの可視化
—非線形系に着目したデジタルアース研究の一例として

安本 晋也●中部大学中部高等学術研究所講師

担当セクションにおける津田一郎先生(中部大学創発学術院)のご発表「数学的観点から見た複雑系科学」および福井弘道先生(中部大学 中部高等学術研究所)のご発表「複雑系科学、俯瞰型科学としてのデジタルアース研究プロジェクト」に対し謝辞を述べた上で、特に同じデジタルアースを研究テーマにしている立場から、福井先生のご発表に対し内容を補足するコメントを行った。本稿は当コメントの内容を要約したものである。

福井先生の発表内容の一部として、地球を複雑系として捉えることで、地球上の様々な現象が非線形系としての振る舞いを見せることに対する言及があった。米国サンタフェ研究所 Geoffrey West 教授の研究を例に挙げ、都市のサイズが大きくなればなるほど、生産性が加速度的に高まり、より多くの富を生産することができることや、逆に企業は大きくなればなるほど、その生産性が加速度的に減衰するという非線形系の事例に触れた。また、伝染病の伝播もそうした非線形的な振る舞いがみられることに対する言及があった。

本コメントでは、伝染病の伝播における非線形系の研究例を補足として挙げ、その説明を行った。具体的にはコメンテーターである安本が行った研究「気候値を考慮したデング熱の流行リスクの可視化」についての紹介をした。この研究では気象庁が発表している「地球温暖化予測情報 格子点値」を元に、日本全国の気温の分布(空間分解能は20km グリッド)を GIS(地理情報システム)上で取り込み、その値をもとに各グリッドにおける蚊媒介感染症であるデング熱の流行リスクを評価する指標 (Relative Vectorial Capacity: rVc) の計算を行った。rVc の計算式によると、気温が高くなるほど、ヒトスジシマカによるデング熱の流行リスクが非線形的に高まることが示されている。

計算された rVc を地図上で示すことで、日本において現在どのようにデング熱の流行リスクが分布しているかを可視化した。また、IPCC(気候変動に関する政府間パネル)が設定した温室効果ガス排出のシナリオ「SERS A2」基づき、経済発展を重視し、地球上の将来気温が最も高くなる状況を想定した場合には、rVc の分布が将来どのように変化するのかについても可視化を行った。これらの分析結果から示されたことは、都市部における局所的なヒートアイランド現象などの存在により、気温の影響を受ける rVc は非線形的な振る舞いを示すという点である。よって、伝染病の伝播は、実空間における非線形系の一例であると言える。

また、本研究は広域を対象に地球温暖化の影響(デング熱の流行リスクの変化)を明らかにしたことから、GIS を用いて示したデジタルアース研究の一例であると位置づけることができる。

謝辞

本コメントの発表にあたって、中部大学中部高等学術研究所 杉田暁先生より有用な助言を頂いた。記して感謝を申し上げます。

第Ⅲ部門序論

医学と生物学思想・医療技術 序論

佐々木力●中部大学中部高等学術研究所特任教授

第二日目午後、第Ⅱ部門が終了したあと、「第Ⅲ部門／医学と生物学思想・医療技術」についての3つの講演が、中高研の大会議室でなされた。

第一番目の講演者は、名古屋大学の古代ギリシャ哲学で著名な金山弥平教授であり、論題は「古代ギリシアの医学哲学——『古い医術について』とプラトンの hypothesis の方法」であった。金山教授は、古代ギリシャ哲学についての深い見識で知られ、とくにケンブリッジ大学のジェフリー・ロイド教授との学問的交流をもって名高い。訳業としては、アリストテレスの『生成と消滅についての』の学問的レヴェルの高い新訳、そして古代ギリシャ懐疑主義哲学でもっとも重要なセクストス・エンペイリコスの『ピュロン主義哲学の概要』ほかの訳書をもって知られる。金山教授は今回の講演で、ギリシャ医学の重要文書『古い医術について』の文献学的研究をなし、そのうえで、プラトンの「ヒュポテシス」概念に拠る研究方法について論じている。「ヒュポテシス」の方法とは、何かしらのことがらを仮設として置いて、探究を推進する方法で、医学のみならず、数学・哲学においても広範に活用された。

第二番目の講演者は、中部大学国際会議開催時に常勤理事（現在は学事顧問）で、かつて名古屋大学医学部長の要職に就いていた中島泉教授であった。論題は「東西融合の新医療」であった。中島教授は、現代医学の理論と実践に通じておられるだけではなく、伝統中国医学の事情にも、中国からの留学生を介して、知っておられる。たしか、私が北京勤務時代に出会った若手の研究者は中島先生のもとで学ばれた方であった。いまどの学問分野よりも東西学問の双方から学ばれなければならないのは、医学かもしれない。欧米諸国では中国医学の見直しが急速に進んでいる。

そのあと、中部大学応用生物学部の禹済泰教授によるかなり長文のコメントが読まれた。それは、「21世紀の医学の革新は人体観のパラダイムシフトから」と題する、禹教授の医学観を披瀝したコメントであった。標題から読み取れるように、クーンの科学革命論を医学に取り込もうとする方向に沿うものである。

最後の第三番目の講演は、中部大学応用生物学部の大場裕一准教授による「発光生物学——自然史と自然科学の融合」であった。大場准教授は、蛍などの発光生物の研究で国際的に著名な若手学者である。今日、分子生物学が隆盛するとともに、自然史的研究は等閑に付される傾向にある。本誌には「日本における発光生物学の歴史」をご寄稿いただいた。

最後に、中部大学名誉学事顧問の山下興亜教授から「昆虫の変態と休眠から学ぶ生存戦略」なるきわめて含蓄あるお話が、総括的コメントとしてあった。昆虫は生存するために、変態と休眠をうまく活用するというのである。第Ⅲ部門を締めくくるにふさわしいお話であった。

古代ギリシアの医学哲学
──『古い医術について』とプラトンのhypothesisの方法

金山弥平●名古屋大学大学院人文学研究科教授

1.『古い医術について』

ヒポクラテス全集中の小論『古い医術について』は、医術の成立に関する論敵の見解を批判しつつ、自らの医学観を展開する書である。我々はそこに「古代ギリシアの医学哲学」の一端を見てとることができる。『古い医術について』の著者は、熱と冷、乾と湿など独自のhypothesis[1]を立て、少数の原理へと病気の原因を還元する医者に反論する。特定の批判相手が筆者の念頭にあるのかどうか不明であるが、特徴的なのは、著者が繰り返し、名詞hypothesis、動詞hypotithesthaiを用いて、批判を展開することである。hypothesisは、プラトンが『メノン』で哲学探求の主要手段として幾何学から借りてきたと主張する概念である。『古い医術について』の著者のhypothesis理解は、哲学における同概念の使用とどのように関係しているのであろうか。

最初に『古い医術について』の内容を要約によって示しておこう。第1節で著者は次のように語り始める。

> 医者のなかには、熱と冷、乾と湿など自分たちに独自のhypothesisを仮定し（hypothemenoi）、病気や死の原理をごくわずかの原理に還元し、一つないしは二つのものを仮定して（hypothemenoi）いる人たちがいるが、彼らは間違っている。医術は、空中の事柄や地の下の事柄のように、不明瞭で困惑の的となっているものについて何かを語ろうとする人がhypothesisを利用せざるをえないのとは異なるのである。（第1節）

続いて第2-12節で筆者は、彼が医術とみなすものの成立の経緯と方法について述べる。

> 医術では古来、発見に導く原理（archē）と

方法（hodos）はすでに見出されている。医術について語る人は、一般の人々によく知られていることを語らねばならない。なぜなら、医術が論じるのに相応しいのは、一般人が病気としてこうむっている情態だからである。素人の人たちの理解を得ることができないとすれば、その人は真相に到達することはない。それゆえ、hypothesisはまったく必要ない。（第2節）

人間は古来、性質の強い食べ物を容易には摂取できないため、麦からパンを作るようにして、強くて混ざり気のないものを、弱いものと混ぜて和らげ、人間の自然本性（physis）と能力（dynamis）にあったものを得てきた。それは、人間の自然本性が制圧できないほど強力なものは、苦痛や病気につながり、制圧可能なものは、健康を促進すると考えてのことであった。この発見こそ、医術と呼ばれてしかるべきものである。（第3節）

これは、体育を心がける人が、何を食べ、何を飲めば、摂取したものを最もよく制圧できるかを発見する際に用いた方法と同じである。（第4節）

まず病気の人の食物の量を減らす、それでも駄目な場合は、多量の水と混ぜて煮炊きし、粥を作る。粥さえも消化できない場合は、適度の飲料を与える。（第5節）

苦痛をもたらす原因は、強烈なものは、健康・病気に関係なく害を与える、ということである。（第6節）

人間が食べられるように動物と異なる食物を考案した人々と、病人が摂取できるように食餌法を編み出した医者のあいだに基本的な差異はない。前者は、健康な人間本性に制圧できないものを除去しようとし、後者は、各人が置かれた状態において制圧できないものを除去しよう

とした。ただ前者は、発展の最初の段階に位置
しているが、後者は、より複雑で、より多くの
考察を必要とするのである。（第7節）

　健康人が、動物の食物を食べた場合に害を受
けるのと同じようにして、病人は、健康人用の
食物を食べた場合に害を受ける。ここから、医
術が発見されうる方法自体はまったく同じであ
ることが分かる。（第8節）

　しかし、事はそれほど簡単ではない。なぜな
ら、食べ過ぎだけでなく欠乏も害を及ぼすか
らである。現象は多様であり、より大きな正
確さを必要とする。何らかの尺度（metron）
を射止め（stochasasthai）なければならない
が、尺度となりうるのは、数（arithmos）で
も重さ（stathmos）でもなく身体の感覚（tou
sōmatos hē aisthēsis）のみである。厳密性を
見究めることはほとんど不可能であって、医者
は、穏やかな海だけでなく荒海をも航海する船
の舵取り（kybernētēs）に似ている。（第9節）

　欠乏からも害が生じることは、健康な人のあ
いだでも過度や不足から異なる結果が生じてく
ることを見れば明らかである。（第10節）

　これは、人によって消化にかかる時間に違い
があるからである。（第11節）

　食餌上の誤りに影響されやすい人は、他の人
より自然本性的に弱いが、病人はさらに弱い。
医術において最高度の正確さに到達するのは不
可能である。しかしだからと言って、古い医術
を斥けてはならない。むしろ、多大の無知から
出発して推論（logismos）によって最高の厳密
性に近いところまでたどり着くことこそが重要
なのである。（第12節）

　続いて第13節から第19節で、筆者は、hypothesis
に基づき新規なやり方で医術を探求している人々に
反論する。

　もしも冷に対しては熱、熱に対しては冷、湿
に対しては乾、乾に対しては湿を適用するとい
う仕方で正しい医療がなされるとすれば、確か
に病人に未調理の小麦や生肉や水を与えればそ
れで済むかもしれない。しかし必要なのは、小
麦パン、調理済みの肉、ブドウ酒を与えること
である。そしてこの場合に除去されたのが、熱
と冷、乾と湿のいずれであるかは不明である。
（第13節）

　人体に害を与えるのは、乾・湿・熱・冷では
なく、人間の自然本性が制圧できないほどの各
事物の強さ ── 最強の甘さ、最強の苦さ等々
── である。これらが適切に混和されていれば
身体の不調は起こらない。（第14節）

　この方法から離れて、かの hypothesis に訴
えるという仕方で医術を導いていく人たちが仮
定している（hypotithentai）仕方では、治療
を行なうことはできない。なぜなら、熱と冷、
乾と湿が他の諸々の eidos との結合関係をもつ
（koinōnein）ことなしにそれ自体で（auto ti
eph' heōutou）あるようなものは発見されて
いないからである。また熱いものにも、それに
加えて酸っぱいか、それとも風味がないか、等々
の違いがあり、それらの相違からも反対の結果
が生じてくる。（第15節）

　実のところ、冷と熱が力を発揮する程度は最
も低い。なぜなら、外部から冷（ないしは熱）
がやって来ると身体内部から熱（ないしは冷）
が生じてくるし、病人の場合も、悪寒が起こる
と高い熱が出た後、熱はひいていくからである。
（第16節）

　もちろん重篤な病気の場合は、すぐに熱がひ
くこともないし、熱が冷にとってかわることも
ないが、しかしこのことは逆に、他の要素が関
係していることの証拠になる。すなわち、苦さ、
鋭さ、塩辛さ、等々の力が害を及ぼすのである。
（第17節）

　我々自身経験している（empeiroi）最も明
瞭なものに基づくなら、鼻かぜが回復に向かう
のは、鼻汁が濃くなってその鋭さを減らし、混
合によって穏やかなものとなるときのことであ
る。体液（chymos）の鋭さと非混和状態がも
たらす病気において、回復をもたらすのは煮熟
と混和である。（第18節）

　これは、眼や咽喉の病気にも当てはまる。人
間の病には、黄胆汁（cholē xanthē）の苦さが
そうであるように、様々な力（dynamis）が関
わっており、強烈な酸も、回復のためには混和
によって体液へと変化することが必要である。
（第19節）

　第20節以下では、医術のために、人間とは何で
あるかを知る必要があるとする医者やソフィストに
対する反論を展開する。

医者とソフィストの中には、「人間とは何か」を知らなければ医術を知ることはできない、とする者もいる。しかし、彼らの言葉は哲学に関わるものであって、エンペドクレス等の自然（physis）について執筆した者が、「人間とは何であるか」ということを語ったようなものである。しかし、ソフィストや医者が自然について書いたことはすべて、医術よりむしろ絵画術（graphikē）に似つかわしい。自然（physis）については、医術以外のところからは何も明確なことは知りえない。医者が知るべきは、人間が食べ物や飲み物との関係で何であるのか、また人間の他の行為・習慣との関係で何であるのか、そしてそれぞれのことから各人に何が生じてくるのか、ということである。単純に、チーズの食べ過ぎは有害であるということではなく、いかなる原因で、人間のどの部位に働いて、どのような苦痛をもたらすかを知ることが必要なのである。というのも、チーズを過度に食べて強健になる人もいるのである。人々の自然本性の違いは、身体の中にチーズに敵対するものがあって、それによって刺激されるかどうか、という点にある。こうした体液（chymos）が身体内に多くあって、大きな力をもっている人の場合は、より多くひどい目にあうのである。（第20節）

入浴や散歩や食物のそれぞれが人間との関係でどのようなものであるかを知らない人は、それらから生じる結果も、それらの正しい使用法も知ることはできない。（第21節）

またほかにも、どれだけの情態が、諸体液（chymos）の極端さと強烈性から生じてくるのか、また人体の各部位の形態から生じてくるのか、ということも知らねばならない。各部位の形態が及ぼす影響については、外部に現われた明瞭なもの（phanera）から学ばねばならない。（第22節）

形態の相違は、身体内部にも外部にも、頭の大小、首の細さ太さなど色々あるが、これら相互の差異とその原因を知ることが必要である。（第23節）

諸々の体液（chymos）の作用と、互いの類縁性（syngeneia）を知り、不適切なものから最も隔たっているもの、すなわち最善のものを選ぶことができるようになる必要がある。（第24節）

金山弥平

2.『古い医術について』とプラトン

以上が、『古い医術について』の議論であるが、Jones (1923, p.5) は、第15節の「諸々の eidos との結合関係をもつ（koinōnein）」や「それ自体で（auto ti eph' heōutou）ある」という表現がプラトンとの関係を示唆する可能性を認めながらも、次の理由で、『古い医術について』の成立時期をプラトンの時代より前に置く。

(1) 第20節において「ソフィスト」sophistēs という語が哲学者という意味で用いられている。
(2) 筆者が彼の時代に最も影響力をもつ思想として念頭に置いている哲学者が「自然について」peri physeōs を著わしたエンペドクレスであり（第20節）、また第14節には、アナクサゴラスの諸断片に思想の上でも言葉の上でも非常に良く似た文が見られる。

ここから彼は、執筆時期は前430-420年頃であり、筆者はヒポクラテスか、あるいは、ヒポクラテスが属していた医学学派の同時代の有力な支持者であったと推定する。

しかし、エンペドクレスへの言及やアナクサゴラスの断片を思わせる記述があるからといって、彼らに近い時代に生きたことにはならない。プラトンにもアナクサゴラスへの言及が認められる。プラトンや彼と同時代の人の著作も『古い医術について』の著者の史料となりえたであろう。また「ソフィスト」という語についても、プラトン自身、『饗宴』203d でエロース（恋）について「全生涯を通じて哲学に携わる者、強力な魔術師、薬使い、ソフィスト」と呼んでいる。プラトン著作で一般的に「ソフィスト」

が否定的ニュアンスをもつのは事実であるが、しかし『古い医術について』第20節の「ソフィスト」の用法も、「だれかソフィストや医者によって自然について語られたり、書かれたりした事柄はすべて医術よりはむしろ絵画術（graphikē）に似つかわしいと思う」という発言に見られるように否定的ニュアンスを含んでいる。そして絵画術への言及は、言葉による影像制作者としてのソフィストを、絵画術（graphikē）による似姿制作者の画家に譬えるプラトン『ソピステス』233d-235a の記述を思い出させる（『国家』596c-e も参照）。絵画術とソフィストの比較は、むしろ『古い医術について』の方がソフィストに関するプラトンの記述から影響を受けている可能性を示唆するのである。

またほかにも同書には、プラトン対話篇の反響と思われるものがある。『古い医術について』は、その論敵が、「人間とは何であるか」を問題にし（第20節）、あたかも空中の事柄や地の下の事柄を探求するかのように hypothesis を立てて探求していると言う（第1節）。この批判は、哲学者は「人間とは何であるか」という問題を探求し、その精神は「天の外、地の下にまで」及ぶと述べ、天文観察の最中に穴に落ちた哲学者タレスをトラキア出身の女がからかうプラトン『テアイテトス』174a-b の話を思い起こさせる。

また『古い医術について』第9節では、現象は多様であり、より大きな正確さ（akribeiē）を必要とし、何らかの測定用尺度（metron）を射止め（stochasasthai）なければならないが、それは数（arithmos）でも重さ（stathmos）でもなく、身体の感覚（aisthēsis）であって、そしてそれゆえ医者は厳密性にはほとんど到達できず、船の舵取り（kybernōntes）に似ている、と述べられている。これは、諸々の手仕事的な知識のうちに、知識的程度のより高いものと、より低いものを区別するプラトン『ピレボス』55d-56c の議論を想起させる。そこでは算数術（arithmētikē）、測定術（metrētikē）、重量測定術（statikē）は知識的程度がより高く、それを取り去ったのちに残るのは、比較類推すること、また見当付けの（射止める）知識（stochastikē）に属する諸能力を用い、経験（empeiria）と熟練（tribē）によって諸感覚を訓練すること（aisthēseis katameletan）であるとされる。そしてこの類いの技術として医術とともに挙げられるのが、舵取り術（kybernētikē）、音楽、縦笛演奏術、農業、将軍術であるとされ、これに対して多くの測定用尺度

（metron）や道具を用いる建築術は大きな正確性（akribeia）をもたらすと言われるのである。

こうした点は、『古い医術について』の著者はプラトンを意識していたという想定を促す。プラトンが別々の対話篇において『古い医術について』を意識していたという可能性もありえなくはないが、しかしどちらかと言えば可能性は低い。しかし、プラトンの hypothesis の方法が、この著者が批判するようなものであった、ということにはならない。この著者が、自分の hypothesis 批判はプラトンに当てはまると考えたかどうかは不明であるが、仮にそう考えていたとして、彼の批判はプラトンに当てはまるのであろうか。

3. プラトン『パイドン』の hypothesis の方法

『古い医術について』の著者が hypothesis を仮定する人たちの誤りとして指摘するのは、次の点である。

(1) 病気や死の原理をごくわずかの原理に還元し、一つないしは二つのものを仮定する（第1節）。
(2) 空中の事柄や地の下の事柄のように、不明瞭で困惑の的となっているものについて何かを語ろうとする（第1節）。
(3) 不必要な hypothesis を立てる（第2節）。
(4) 実践（治療）に役立たない hypothesis を立てる（第15節）。
(5) 熱と冷、乾と湿が他の諸々の eidos との結合関係をもつ（koinōnein）ことなしにそれ自体で（auto ti eph' heōutou）あるようなものは発見されていないにもかかわらず、それ自体で存在する eidos を立てる（第15節）。
(6) たんに熱と冷、乾と湿のみを考察し、酸っぱさ、風味のなさは、無視する（第15節）。

プラトンは hypothesis の方法を、幾何学で用いられている方法として『メノン』で初めて提示し、『パイドン』で探求に有効な哲学的方法としてかなり詳細に示し、そして『国家』では、哲学におけるその用法を幾何学における用法と区別して説明する。『パイドン』における用法は要約すると次のようになる[2]。

(H1) その都度、何であれきわめて強力であると判断する言論を仮定し（hypothemenos）、何であれこの言論と協和するように思われることを、真とみなし、そうでないこと

を、真でないとみなす（100a）。そして、hypothesisから出発した諸々のことが互いに協和関係にあるか、あるいは不協和関係にあるかを検討する（101d）。

(H2) 採用したhypothesisの説明を与えなければならなくなったときは、何であれ上位にある諸々のもののうちで、最も善いと思われるhypothesisを別に立てることで説明を与える。そしてそういう仕方で最終的に何か十分なものに達しようとする（101d）。

(H3) たとえ第一のhypothesisが信用しうるように思われるとしても、それでもなお、それらを調べ吟味し、人間が達しうる最も遠くの地点まで到達しようとする（107b）。

プラトンはこのhypothesisの方法によって、この世界の事物の生成消滅を説明しようとした。そしてその際、自然学者たちの機械的な原因が困惑しかもたらさないとして、彼にとってもっとも強力なロゴスとしてhypothesisを立てた。その一つが、イデア論の基本命題の一つ「Fであるものは、イデアFによってFである（例えば、美しいものは、美そのものによって美しい）」である。このことは、hypothesisとして立てられるべきは、(2)と(3)で指摘される類の、不明瞭で困惑の的となるような命題、不必要な命題ではない、とプラトンが考えていたことを示唆する。さらに(H2)は、プラトンが、わずかの原理で満足してしまう(1)や(6)の立場とは反対に、ただしいたずらに数を増やすのではなく、説明のために有効なhypothesisについて、それを根拠づけるべく、必要十分な数だけのhypothesisを立てようとしたことを示す。また『国家』で洞窟の外に出た者が、そうでない者よりも、当座は洞窟の中での物事の推移を見て取ることができないように見えても、最終的には、より明確にそれを理解しうると語られていることは（『国家』516e-517c）、プラトンが、(4)とはまったく反対に、hypothesisとして認識されたものは、実践に役立つと考えていたことを意味する。

だがしかし、(5)の点はどうであろうか。「それ自体で」（auto ti eph' heōutou）存在するeidosを立てているというのは、まさにプラトンが行なっていることではないだろうか。しかし、(5)で批判されている人は、諸々のeidosとの結合関係をもつ（koinōnein）ことなしにそれ自体で（auto ti eph' heōutou）存在するeidosを立てていることに注意

すべきである。これに対してプラトンは『国家』476aにおいて、行為、身体、また相互の結合関係（koinōnia）によって、それ自体としては一つのものであるeidosが多くのものとして現われると述べている。プラトンは、一なるイデアがこの現象世界に現われるときには、必ずや他の諸々のeidosとの結合関係をもって（koinōnein）現われると考えているのである。したがって、(5)の批判も当てはまらない。

4.『古い医術について』の著者自身のhypothesis

また『古い医術について』にhypothesisの使用への否定的態度が認められるのは確かであるが、しかし、いかなる意味でもhypothesisを使用してはならないと言っているのであろうか。彼が反対しているのは、ごくわずかの原理に還元すること（(1)）、不明瞭で困惑の的となる類の事柄をhypothesisとして立ててそれで済ませようとすること（(2)）、不必要なhypothesisを立てること（(3)）、実践に役立たないhypothesisを立てること（(4)）である。逆に言えば、たとえhypothesisという語を用いていなくても、実践のために必要で役に立つ前提を、一つ二つに限定することなしに立て、そしてそれらの前提によって、我々が目にする現象を説明するのであれば、そのような前提の用い方は、『古い医術について』の著者も許容すると考えられ、そしてそれはプラトン『パイドン』におけるhypothesisの用法と合致するのである。

これに対して『古い医術について』が批判対象としている医者ないしはソフィストは、どうであろうか。彼らは、プラトンが『パイドン』で要求するようなhypothesisの用い方をしてはいない。彼らが行なったのは、熱と冷、乾と湿などの独自のhypothesisを仮定し（第1節）、治療に際して、たんに熱には冷という仕方で反対のものを適用することであった。しかしそれは、混合によって強いものを和らげるという古来の医術の発見とは矛盾しており（第13-16節）、それゆえに彼らは、一般の人々の理解を得ることはできなかった（第2節）。プラトンのhypothesisの方法の説明の枠組みの中で理解するなら、彼らは、自分たちのhypothesisが一般人の想定と不協和関係にあるにもかかわらず、それを無視したのである（cf. (H1)）。

上述のプラトンのhypothesisの方法を順守しているのは、『古い医術について』の著者の方である。

すなわち、hypothesis という言葉は用いていないものの、彼の主張「人間の自然本性が制圧できないほど強力なものは、苦痛や病気や死につながりかねない」、「制圧可能なものは、観察に基づき、栄養、成長増大、健康をもたらしうる」（第3節）は、議論の出発点となる強力な言論、hypothesis の資格をもちうる（cf.（H1））。『古い医術について』の著者は、当然、それについて協和・不協和の関係を精査したことであろう。自らの立場が一般の人の情態と矛盾しないという主張（第2節）は、その検討の結果であると推察される。また彼は、重症の病気の場合はすぐに熱がひくわけではないという事態を前にして、自らの出発点の検討をし、体液に由来する様々の力の関わりを導入した（第17節以下）。そしてこの新たな想定は、同じ食べ物を食べていても、ある人はそれを制圧でき、別の人はそれを制圧できないという事態をも説明した（第20節）。これは、（H2）の過程とみなしうる。実際、ここで導入される体液は、ヒポクラテス全集中の『人間の自然性について』（ヒポクラテスの義理の息子のポリュボスの作とされる）において、四体液説の形で、古代医術における最重要の前提とされ（第4節）、その後の医学史における強力な前提となるものなのである。

プラトンの hypothesis の方法が、感覚の使用への反省をきっかけとして導入されているところから（『パイドン』99d-100a）、その方法は、感覚の使用を斥けると考える解釈者もいるかもしれない。しかしそれは間違いである。プラトンにとって想起のきっかけとなるのも感覚である（『パイドン』75a）。人間の探求はいかなる場合も感覚を用いざるをえない（103d も参照）。問題は、感覚が伝えるところを疑問視しないでそのまま受け入れるところにある。『メノン』において hypothesis の方法を用いて「徳は知識である」ということが確立されたにもかかわらず、徳の教師を見出しえないという感覚的事実は、この命題を斥けさせた。しかし、感覚だけでなく、思考をも用いるなら、確かに徳の教師が、目の前にソクラテスという人のかたちで存在することに気づいたはずである。

徳の教師としてのソクラテスに気づかなかったがゆえに、『メノン』では、徳は真なる思いなしであるという hypothesis が新たに提示された。しかし、真なる思いなしは容易に逃げてしまうため知識に劣るとされる。真なる思いなしが逃げないようにするのは、原因の推論（logismos）による縛り付けである（98a）。どんな主張でも、推論によって究

極的な基盤にしっかりと縛りつけるなら、それは知識となって揺らぐことはない。これが（H3）の意味するところであるが、この目標は『古い医術について』第12節でも、「多大の無知から出発して推論（logismos）によって最高の厳密性に近いところまでたどり着く」こととして認められているのである。

もちろん、幾何学における厳密性と哲学における厳密性は、『国家』における hypothesis の方法の説明に見られるように異なるし、また先に『ピレボス』で見たように、幾何学と医術のあいだでも、医術は幾何学に厳密性と純粋性の点で劣るものである。しかし、だからといってプラトンが技術としての医術を過小評価することはない。もちろん医術にも色々あって、プラトンは、『法律』において、主人の指示、および観察と経験（empeiria）にもとづいて医術を体得しているだけの奴隷の医者と、ものごとの自然本性（physis）に従って病気をその原理（archē）から学んだ主人の医者を区別し、主人の医者の方に高い評価を与える（720a-e。857c-d も参照）。『古い医術について』の著者も同様に、原理（archē）と自然本性（physis）の探求を拒絶しないその限りにおいて（第2節、第3節、第20節）、主人の医者の方により高い評価を与えるであろう。プラトンは『パイドロス』270b-c において、ヒポクラテスの立場を、熟練（tribē）と経験（empeiria）に頼るだけでは不十分であり、身体全体の自然本性を理解しなければならないとする立場として認定している。これこそ、プラトンと『古い医術について』の著者が一致して理想とする医者の姿なのである。

主人の医者と奴隷の医者の違いは、『国家』の洞窟の比喩において、外の真実在のあり方の認識に基づいて、再び洞窟に帰ったとき、壁に投影された影のあり方をよりよく理解できる哲人王と、通り過ぎていく影のパターンを記憶してそこから将来のあり方を予測するだけの政治家の対比に相当する。また『ゴルギアス』で比較される、説明をなしうる技術者としての医者と、熟練と経験に基づき、快楽の自然本性も理解せず、ただ顧客の快楽のみを追求する料理人の対比にも相当する（500-501a）。『ゴルギアス』では、『ピレボス』で医術と同類視された舵取り術も高く評価されているが、それは、天文学の知識と長年の経験と研ぎ澄まされた感覚を駆使して、嵐のなかでも乗客を無事目的地まで送り届けうるからである（510d-512b）。プラトンからすれば、『古い医術について』の著者が批判するような独自の hypothesis を堅持するだけの医者は、机上の理

論に頼る舵取りのようなものであり、医者としては、奴隷の医者にさえ劣ることであろう。

5. 経験派の方法論[3]

しかし、hypothesis の方法が目標とする「人間が付き従っていくことのできる最も遠くの地点」まで、人間は達しうるのか。論敵からすれば、相手が明瞭と信じていることも「不明瞭で困惑の的となっているもの」（第1節）であり、常に「本当に達したのか？」という問いは残るであろう。例えば、煮熟と混和による強烈なものの緩和が健康の回復を生むという主張も、論敵は不明瞭とみなすであろう。また『古い医術について』は、身体内各部位の形態の影響を、外部の明瞭なもの（phanera）から学ばねばならないと述べるが（第22節）、しかし、外部のものに基づいた比較類推は、プラトンが『ピレボス』55d-56b で述べていたように見当付けにすぎない、ともみなしうる。

二世紀半ばに活躍したセクストス・エンペイリコスは、懐疑主義のためのアグリッパの五つの方式を伝えているが、その方式の一つにおいて、hypothesis は、ドグマティストたちが証明なしの単なる合意に基づいて採用を求める出発点であるとし、もしも hypothesis を立てることで信用されるのであれば、対立することを立ててもよいではないか、と論じる（（『ピュロン主義哲学の概要』1.168, 173-174）。

不明瞭なものについては慎重な態度を採ろうとするこのような立場は、いかなる hypothesis も排除しようとする傾向を生む。ギリシア医学においても紀元前三世紀後半、純粋に経験のみに基づいて医術を実践していこうとする経験派の医者たちが現われた（ガレノス『経験派の概要』（*Subfiguratio emperica*（以下 *Sub. fig.*）) 49.6-7; cf.42.11-43.6, 80.23-82.20（Deichgräber））[4]。個別的なものに関わる行為に際しては、経験なしに理論のみを所持している技術者よりも、経験家（empeiros）の方が有効に行動できるからである（アリストテレス『形而上学』981a21-b10を参照）。

彼らは、単に経験を積んでいるだけの「経験家」（empeiros）と自分たちを区別し、経験を組織立てたものとして、新しい用語で「経験主義者」（empeirikoi）と自らを呼んだ（*Sub. emp.*, 49.3-7)。彼らが依拠したのは、体験（peira）とそれに基づく経験である。しかし、体験、経験は素人にも共通である。そこで彼らは、『古い医術について』の

著者が、一般人による食生活の考案と医者による食餌法の考案を連続的なものと認めながらも、それぞれ異なる発展上の段階に位置づけたように、自らの技術性もより発展した経験として位置づけようとした。その経験は、体験の積み重ねと記憶によって、ある症状に対してこれこれの治療を施せば、常にこれこれの結果になった、あるいは大抵の場合にそうなった、あるいは半々の程度でそうなった、あるいは稀にしかそうならなかった、というように、成功の程度をも含めて一つの認識として成立し、記憶されているものである（*Sub. emp.*, 45.21-26)。彼らが、「結果になる」という現在形ではなく、「結果になった」という過去形を用い、それによって自らの経験の普遍化・一般化を避けていることに注意すべきである。彼らは、こうした複数の経験が集まって医術が成立するとした（46.31-32)。

しかし、個人的な経験のみでは、得られる認識の範囲は限られてくる。そこで経験派は、治療のための有効な認識を増やす手段として、過去の人々が経験を書き物として残した「記録」、および「類似するものへの移行」をも用いた（*Sub. emp.*, 49.10-19, 64.16-19, 65.31-66.5)。「類似するものへの移行」とは、既知の経験との類似性に着目して、同一の治療を、類似の部位、類似の疾患に適用したり、また通常の治療が効果を上げない場合には、類似の薬に移行したりする方法である（cp.9)。これは、『古い医術について』の著者が身体外部の形態と身体内部の形態の類似性を利用したのと似ている。しかし、ここでも注意する必要があるが、経験派は、記録も、類似するものへの移行も、医者自身の体験による確認を必要とするとしたのである（64.27-65.4, 66.26-33)。

経験派が、観察と経験に基づいて医術を構築しようとしたのは、不明瞭なものについては判断を下さないという懐疑主義的立場の反映でもある。懐疑主義者のセクストス・エンペイリコスは、エンペイリコスという呼び名が示すように経験派の医者であったと考えられる。しかし、奇妙なことにセクストスは、経験主義よりも方法主義の方が自分たちの立場に近いと言う（『ピュロン主義哲学の概要』第1巻236-239)。それは、方法主義が、不明瞭な物事に関する把握可能・不可能について判断保留の態度をとり、また閉塞情態から弛緩処置に向かい、流出情態から流出を止める処置へ向かう彼らの方法が、諸情態から受ける強制に従って生きるという懐疑主義の行為規準と一致しているからである。

経験主義と方法主義を比較するとき、我々は、経験主義の立場は『古い医術について』の著者の立場に、方法主義の立場はその論敵の立場に酷似しているのに気づく。それぞれの立場が注目する具体的な概念の上では、方法主義が治療のために依拠する「閉塞」と「弛緩」、「流出」と「流出停止」の二対の概念は、『古い医術について』の著者の論敵が依拠する「熱」と「冷」、「乾」と「湿」の二対の概念とは異なる。しかし、わずか二対の概念を用い、反対の状態に反対のものを適用するという仕方で、経験による検証を無視して医術の実践が可能であるとしている点で両者は完全に一致している。すなわち、方法主義の場合は、「閉塞情態」には「弛緩処置」、「流出情態」には「流出停止処置」を適用し、『古い医術について』の著者の論敵の場合は、「冷に対しては熱、熱に対しては冷、湿に対しては乾、乾に対しては湿を適用する」（第13節）という仕方で、反対の状態に反対のものを適用すればそれで事足れり、とするのである。

他方、経験主義と、『古い医術について』の著者の立場は、前者が、素人にも利用可能な体験とそれに基づく経験から出発して医術を構築し、また後者も、同様の仕方で、素人の見解や明瞭なものの経験を重視し（第2節、第18節）、素人がすでに発見したような原理（archē）と方法（hodos）に依拠し（第2節）、試行錯誤を行ない、その結果を注意深く観察することによって微調整を繰り返しつつ医術を構築していく（第3-12節、第14-19節）という点で、ここでもまた完全に一致している。違いがあるとすれば、経験主義があくまでも経験の範囲に留まろうとし、そう主張するために、ある主の理論武装を行なった点にそれが認められるのである。

しかし理論武装は、医者が行なうことよりはむしろ、哲学者が行なうことである。セクストスのように医者にして哲学者という人間の場合は、医者としてのセクストスではなく哲学者としてのセクストスが行なうことである。方法主義は確かに懐疑主義哲学に似ている。その点で、懐疑主義哲学者としてのセクストスは、哲学者としては方法主義に親近感をもった（ただしそれは、判断としてではなく、あくまでも彼自身への現われとしてであるが）。しかし、医者としてのセクストスは、経験主義と方法主義のどちらを採るであろうか。医術として役に立つのは、明らかに、『古い医術について』の著者が採用するような経験と観察を重視する立場である。

セクストスは懐疑主義の四つの行為規準を挙げて、次のように語っている（『ピュロン主義哲学の概要』1.23-24）[5]。

われわれは現われに留意しつつ、実生活での観察に従いながら、思いなしをもたずに生きていく。というのも、まったく活動しないでいることはできない相談であるから。ところで、この実生活での観察は四つの領域にわたるように思われる。すなわち、自然が与える導き、諸情態から受ける強制、諸々の法と習慣の伝承、そして諸技術が与える教示の領域である。つまり、自然が与える導きのままに、われわれは生まれつき自然に感覚し、思惟することができるのであるし、諸情態から強制されるままに、空腹になれば食物に導かれ、喉が渇けば飲み物に導かれるし、習慣と法の伝承に従って、実生活の上で、敬虔は善いことであり、不敬虔は悪いことであると認め、また諸々の技術が教えるところに従って、われわれが採用する諸技術において活動するのである。

これらの行為規準のうち、最初の二つ、「自然が与える導き」と「諸情態から受ける強制」は、人間誰でもが採用しうる規準である。そして、方法主義の治療法は、これら二つのうちの二番目の規準に基づく行為と一致する。彼は次のように言う（1.238-239）。

ちょうど懐疑主義者が、諸情態から受ける強制に従って、渇きによって飲み物へと導かれ、飢えによって食べ物へと導かれ、またその他のものへも同様にして導かれるように、方法主義の医者もまた、諸々の病的情態によってそれに対応する処置へと導かれるのである。すなわち、閉塞情態によって弛緩の処置へと導かれ——それはちょうど、人がひどい寒さのために硬直している情態から温かいところへ逃れるようなものである——、また流出の情態によって流出を止める処置へと導かれる——それはちょうど、浴場で多量の汗をかいてぐったりしてしまった人々が、汗を止めようとして、そのために冷たい空気の方に逃れるようなものである。また自然本来的に異質なものが、それを除去するよう強いるということも自明である。事実、犬でさえも、とげが刺さった場合にはそれを取り除こうとするのである。そして、いちいちの場合

を論じることによって、この書物の概要的な記述方式を逸脱することのないように言うとすれば、わたしの考えでは、方法主義者たちがこのような仕方で語っている事柄はすべて、自然的および反自然的な諸情態からの強制に分類されうるのである。

しかし、我々が、セクストスの医者としての実践について考える際には、むしろセクストスが最後に挙げる第四の行為規準「諸技術が与える教示」(1.23-24, 237) に注目すべきであろう。セクストスは哲学においては魂を扱う医者として、懐疑主義をもって魂の治療に当たろうとした (3.280-281)。だとすれば、医者としては、身体を扱う医者として、医術をもって身体の治療に当たろうとしたはずである。そして彼が技術者の規準に言及するとき、医術も一つの確立された技術である以上、医術の優秀性は、この最後の「諸技術が与える教示」を規準として判断されると考えたはずである。先にも述べたように、哲学、幾何学、医術は、純粋性が異なり、各技術を成り立たせる規準も異なる。哲学や幾何学の評価規準を医術にそのまま当てはめるのは完全な誤りである。医術の評価基準を、より忠実に守っているのは経験派の方なのである。哲学としてのピュロン主義に対して方法主義がもつ親近性を主張するセクストスの言葉は、方法主義に対する肯定的評価よりはむしろ批判の言葉として解しうる。哲学者の中には、医術の修得は簡単だとして、方法主義的な立場、あるいは、『古い医術について』の著者が批判するような立場をとった者もいたかもしれない。彼らに対して、医者でもあるセクストスは批判的な態度をとったと思われるのである。

文献表

W.H.S. Jones (1923), *Hippocrates with an English Translation*, vol.1, London/Cambridge, Massachusetts.

Y. Kanayama (2000), 'The Methodology of the Second Voyage and the Proof of the Soul's Indestructibility in Plato's *Phaedo*', *Oxford Studies in Ancient Philosophy*, 18, 41-100.

金山万里子 (1988, 1991)、「ガレノス『経験派の概要』」大阪医科大学紀要『人文研究』19, 42-55; 20, 83-114.

金山弥平 (1995)、「理論と経験 —— 古代医学における経験派の方法論 ——」『名古屋大学文学部研究論集』123, 27-49.

金山弥平、金山万里子 (1998)、セクストス・エンペイリコス『ピュロン主義哲学の概要』京都大学学術出版会.

注

1　文字通りには「下に (hypo) 置かれたもの (thesis)」を意味し、邦訳でしばしば「仮設」「仮説」「基礎定立」などと訳される hypothesis の具体的位置付けは、古代ギリシア哲学における一つの大きな問題である。ここではそのまま hypothesis と記し、動詞 hypotithesthai は「仮定する」と記す。プラトン『パイドン』における hypothesis の位置づけについては、Kanayama (2000) を参照。

2　Kanayama (2000) を参照。

3　ここでは詳しく論じる余裕はない。詳細は金山弥平 (1995) を参照。

4　邦訳として金山万里子 (1988, 1991) がある。

5　翻訳は、金山弥平、金山万里子 (1998) を用いた。

第Ⅲ部門2

東西融合の新医療

中島泉◉中部大学学事顧問

要約

本国際会議の主テーマは、近年暴走が危惧される「科学」の軌道を正すことであり、本稿は特に「科学」の一つの領域である医学の課題を取り上げた。先ずはじめに、医学を含む「科学」を創った人間の「心」のつくりを考え、その上で、「科学」が暴走すると危惧されるに至る要因とこの危惧を解消するための一般的な方法について考えた。その後で、科学の1領域である医学に特化した課題の本質と課題を解決するための方策を論じた。

およそ38億年前に地球上に誕生した「生命」は、自己の中心に向けて集中する「物質代謝の秩序系」であると考えることができる。この「生命」は進化を繰り返し、その過程で格段に高い情報処理機能を持つ脳を備えた人間が誕生、その過程で「情報の秩序系」とも位置づけられる人間の「心」が生まれた。

人間の「心」は、それが存続するための必然性から、「生命」に共通の「自己中心性」を適切に制御するための固有の「社会性・利他性」の特性を備え、この特性を基軸とした健全な「人間性」という基本的な方向性を持つにいたった。この健全な「人間性」のもとで人間の脳の格段に高い情報処理機能である高度な「知力」が働いて「科学」が生まれ、そのもとで「人間文化」が開花した。

人間の「心」に備わる高度な「知力」は、二つに区分される。一つは、個別領域の深い「専門力」の基礎をつくる「デジタル分析・創造力」であり、もう一つは、個別領域を横断して情報全体を見渡す広い「俯瞰力」や「直観力」を生み出す「アナログ認知・総合力」である。

「デジタル分析・創造力」は、アナログ（連続）情報を多数のデジタル（不連続）情報に分断（分析）した上で、新たな「デジタル情報の秩序系」を創る。一方、「アナログ認知・総合力」は、この本質的に不連続な「デジタル情報の秩序系」を連続性のある新規「理念」（＝「（個々のデジタル言語に対応する）単位理念の秩序系」）に転換する。また、現有の複数「理念」を横断的にまとめて、連続性のある総合「理念」として認知する。ここに高みから情報全体を見渡す「俯瞰力」が生まれた。

科学者や社会指導者に備わる上記二つの高度な知力のバランスが、もし健全な「人間性」ともども破綻すると、「科学」が人間生活を豊かにするという本来の役割から離れて暴走することを許すこととなる。

「科学」の一つの領域である「医学」にも「科学」一般に共通する課題と一部固有の課題が生まれており、人間の健康を保持する上で適切な対応が必要である。「医学」は、人体の健康を連続的にケアする医療と密接に関わる。このため、その他の「科学」以上に、情報（身体の健康情報）の連続性（アナログ視点）が重要となる。医学の原点は、人間に備わる社会性・利他性（「人間性」）の特性と関わる、他の人間に対する「思いやり」の「心」である。この原点の上に、東洋と西洋で独自の医学が展開した。東洋医学は、全身の健康状態とこれを調整する生薬等のアナログ健康・環境情報を直接的に認知し積み上げた経験をもとに独自の伝統医療をつくった。一方、西洋医学は、「デジタル分析・創造力」を基軸とする「思考」を駆使して身体とその病態の細部を分析し、臓器・細胞・分子ごとの、また病態ごとの予防・治療法を個別に開発した。

アナログ健康・環境情報を直接的に認知することを基軸とする東洋医学と特殊環境下での実験を含めて「デジタル分析・創造力」を駆使して進める「思考」の結果を蓄積して進展した西洋医学にはそれぞれ長所と短所がある。例えば、限定された原因によって短期に発症する急性疾患に対して西洋医学が開発した治療法の多くは、多様な因子が長期に関わって発症する慢性疾患には有効でない。また、西洋医学

が個別の臓器や病態を対象として開発してきた薬物の幾つかは、全身の健康を損なうといった副作用を伴う。東洋と西洋の医学の長所を組み合わせた新医療の開発が待たれるところである。

　本稿では、東西医学融合新医療を追求した1つの研究事例を紹介する。この研究事例では、西洋医学で開発した遺伝子改変動物を用いた実験研究により、東洋医学で開発された特定の生薬（複合薬）の、慢性疾患の代表であるがんに対する薬効が実験室レベルで示された。

1　はじめに

　近年の人間の年齢構成や生活環境の変化に伴って、急性疾患に代わって数多くの慢性疾患が台頭してきており、このため、新たな健康上の課題に適切に対応できる新しい医学、医療の開発が求められている。

　本国際会議の主テーマは「新しい科学の考え方を求めて――東アジア科学文明の未来」である。このテーマに沿って、東西融合の新しい「科学」を樹立する可能性を「医学」の領域で追求したい。

2　人間の「心」の構造

2-1 概要

　「医学」を含む「科学」を創ったのは人間の「心」である。したがって新しい「科学」の樹立をめざすには、この人間の「心」の基本的な構造と機能の特徴を理解する必要がある（図1－図4）。

　人間の「心」には、人間固有の「方向性」（「人間性」）が備わっており、この方向性のもとで人間に固有の高度の「知力」がはたらく。この「方向性」と高度な「知力」を「情」が推進する。そうした中で「科学」が誕生した。

2-1-1 人間の「心」の「方向性」

　人間の「心」は、すべての「生命」に共通の「自己中心性」に加えて、固有の幅広い「社会性・利他性」の特性を備えている。「自己中心性」が「社会性・利他性」により適切に調整されることで人間に固有の「個性」が生まれる。この「個性」が人間に固有の「情」に支えられて人間に固有の方向性である健全な「人間性」が誕生した。

2-1-2 人間の「心」に備わる高度な「知力」

　人間の「心」は、進化の課程で獲得した高性能の脳の情報処理機能による高度な「知力」を備える。

中島泉

この高度な［知力］は次の2つに区分される。

　一つは「デジタル分析・創造力」である。この力は、自然からのアナログ環境情報を不連続（デジタル）的に分解（分析）し、その結果得られるデジタル情報を、新規の秩序のもとで組み立て直し、新たな「デジタル情報の秩序系」を創る。そしてもう一つが「アナログ認知・総合力」である。この力は、本質的に不連続な「デジタル情報の秩序系」を連続性のある「理念」に転換して「認知」し、その少なくとも一部は意識される。この力はまた、既成の、意識される、あるいは意識されない複数の「理念」を横断的に総合する。結果、大きく連続的に広がる総合「理念」として情報の全体像を認知する（理解する）。この2つ力はいずれも、「人間の心」に固有の高度な「知力」である。

　人間の「心」は、人間性という方向性のもとで、上記の2つの高度な「知力」の共同による「思考」を通して、「科学」とそれに支えられる人間の文化を築きあげてきた。この過程で、「デジタル分析・創造力」を基盤として深い「専門力」が、また、「アナログ認知・総合力」を基軸として広い「俯瞰力」と「直感力」が生まれた。

2-1-3 人間の「心」に備わるもう一つの力としての「情」

　「情」は、人間の「心」の「方向性」と深くて（専門力）広い（俯瞰力）高度な「知力」のすべてを推進する力となる。たとえば、正しいと考える方向を推進する「正義感」、そして「知力」の深さと広さを追求する「意欲」に欠かせないのが「情」である。

　「情」は自己の中心に向かって連続的に集中する「生命力」の発露ともいえる「生命」固有の力である。

　情報のデジタル分析と創造（秩序化）に抜群の力を発揮する人工頭脳（AI）が、この「情」を備える

ことはない。すなわち、後にも紹介するように、本質的にデジタル（不連続性／コンピューター）世界の産物であるAIは、たとえ最先端のAIであっても、それ自身が特定点に集中する「情」や連続性のある「理念」を持つことは難しいと思われる。

「人間の心」が創った「科学」と「科学」に支えられる文化の持続性を論ずる場合に、「人間の心」に固有に備わるこうした能力の特色を十分に理解することが必要である。

2-2 人間の「心」と「人間性」の誕生（図1）

上記の特徴を備えた人間の「心」とその方向性を決める「人間性」はどのように誕生したのであろうか。およそ38億年前に地球上に誕生した「生命」の本質は何か。それは自己の中心に向かって集中する「物質代謝の秩序系」であると考えることができる。この「秩序系」の大規模化をめざして「生命」は進化し、その中で高い情報処理能を持つ「脳」を備えた人間が誕生、そこに人間の「心」が生まれた。

しかし、『人間の「心」＝人間の高性能の「脳」』では決してない。すなわち、出生直後の赤子には「心」の器となる「脳」はあっても「心」はない。人間の「心」は、出生後に、自然から、父や母といった他の人間から収集した情報を「脳」の中で、「情」による集中力にも支えられながら秩序化することで誕

生する。「物質代謝の秩序系」のもとで誕生した人間の「心」は、『連続性を備えた「情報の秩序系」（＝「理念」）』として位置づけることができよう。

この場合、環境から取り込んだ情報を秩序化するのに「言語」に備わる文法が使われる。文法のある「言語」を使うことができるのは人間だけである（京都大学霊長類研究所松澤教授私信）。従って「デジタル情報の秩序系」に支えられた連続性のある「理念」（＝「個別の言語に対応する単位理念が文法に沿って再配置された秩序系」を中身とする人間の「心」は、文法が備わる「言語」を持つ人間に固有である。

人間の「心」は誕生後、自然から、そしてそれ以上に現在及び過去の人間の「心」から膨大な量のアナログ環境情報とデジタル言語情報（および各言語に対応する「単位理念」）とそれらによって創られる新規「理念」を受け入れて、意識されるかどうかを問わず広がっていく。

一人ひとりの人間の「心」は、こうして身体の枠組みを超えて大きく広がっていく中で互いに重なりあう。このため、衝突も生まれる。互いに重なりあいながらしかも衝突を避けて広がるための必然性から、自己と同時に他を大切にする「社会性・利他性」の特性とその特性を基軸とする健全な「人間性」が生まれたと考えることもできる。世界に広がるロータリー財団の基本理念である「奉仕の精神」もこうして生まれたと考えることができる。

2-3 健全な「人間性」と人間に固有の2つの 高度な「知力」のもとでの「科学」の誕生

人間の「心」は、深い「デジタル（不連続）分析・創造力」と広い「アナログ（連続）認知・総合力」の2つの高度な「知力」を持つことを上に紹介した。こうした2つの高度な「知力」とこれを正しく方向づける健全な「人間性」のもとで「科学」が誕生したと考えることができる。このため、「人間性」あるいは2つの高度な「知力」に何らかの問題が生ずると、「科学」は人間生活を豊かにするという本来の目的から離れて暴走し、結果、生命の生活環境を逆に破壊することにもなろうと危惧される。ここではこの2つの「知力」の本質をまず論じたい。

2-4「アナログ認知・総合力」／「俯瞰力」（図2）
2-4-1 人間の心に備わる幅広い「認知・総合力」

あまり広くは知られていない事実として、人間の「心」は時空に大きく広がる環境情報を連続的に認知する特別な能力を備えている。他の動物には存

図1　人間の「心」と「人間性」の誕生

進化の流れ

生命：「物質代謝の秩序系」の誕生

人間：高度な情報処理能を持つ「脳」の誕生

心：　（連続性のある）「情報の秩序系」（理念）の誕生

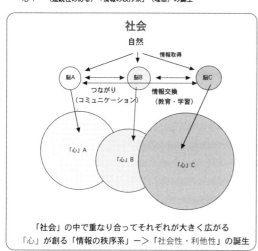

在しない人間に固有の能力の一つが長期の時間認識である。数多くの生物の中で人間だけが暦を持ち、周年行事を行う。過去の時間の流れを連続的に認知し（個別情報間の関係を時の隔たりを超えて理解して）、未来を考える。加えて、宇宙の果てから素粒子の世界まで、幅広い空間を、互いの隔たりを超えて同時期に認知する力も備える。

時空に広がる本来連続的な情報を互いの隔たりを超えて総合的に認知する人間のこうした力のもとで、情報全体の中に個別の情報を互いの隔たりを超えて正しく位置づけることができる「俯瞰力」や「直感力」が生まれた。情報全体を連続的に認知することで生まれる「俯瞰力」は、人間の「心」が他の「心」とつながって互いの連続性を維持しようとする方向性、すなわち「人間性」とも深く関わる。

こうした「認知・総合力」／「俯瞰力」は、もう一つの「知力」である「デジタル分析・創造力」を正しく位置づけて適正に活用する上でも重要な働きをする。個別の情報を時空の隔たりを超えて互いの関連性をもとに総合し集中的に認知する「認知・総合力」は、「情」が持つ集中力によって支えられる。

2-4-2 人間の「心」に備わる「認知・総合力」の基本的な重要性

本稿の2-4-1と図2で説明したように、人間には、過去から現在、および現在から未来につながる長い時間軸と、素粒子から宇宙までの幅広い空間軸を連続的に「認知」する特別な「知力」が備わる。人間の「心」は、長い時間軸と空間軸のもとにある無数の個別デジタル情報を互いの関連性と言語の文法を

図2　アナログ認知力/俯瞰力

人間以外の生物に見られる時空の認知の範囲

人間の「心」による認知の時空への広がり

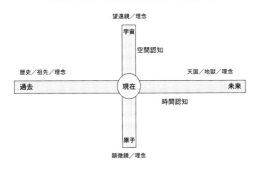

通して再配列し新規の「デジタル情報の秩序系」を創る。この「秩序系」の中の各デジタル言語情報をそれぞれが対応する「単位理念」に転換した上で言語の文法に沿って配列し「単位理念の秩序系」として「認知」する。人間の「心」はまた、こうして創られる複数の「理念」を、個別に意識されるかどうかを問わず、「理念」ごとの関連性のもとで組み合わせて、「理念の秩序系」とも位置づけられる連続性のある「総合理念」として「認知」する。

人間の「心」が環境から取得した情報の意味を理解する行為には、「デジタル情報の秩序系」を連続性のある、このため、個々の情報の互いの関係を時空の隔たりを超えて認知できる、「理念」に転換するはたらきが密接に関わるものと推定される。

2-4-3 「認知」と「認知症」

人間の「心」の病として知られる「認知症」（「認知力」が低下する疾病）の特徴は、時間的にも空間的にも依って立つ自己の位置感覚を失うことにある。この場合、「心」が集める複数の情報間の連続性が失われ、時間的には、本来連続的に記憶されるべき過去の情報が現在の情報から切断される。空間的にも、現在の自己の位置情報が周辺の位置情報から切り離される。こうして、自らの位置づけを見失う。

個別情報を互いの関連性において結合する、切断する「分析力」と対比的な基盤的な能力が「認知力」であり、この「認知力」の範囲を拡大するのが「総合力」であると理解することができよう。「認知・総合力」は、「分析・創造力」と共同して、「秩序」を備えかつ連続性のある人間の「心」をつくり、また、その「心」による「思考」を推進すると思われる。

2-4-4 認知・総合力、俯瞰力、直視力の関係

「認知・総合力」は、「分析・創造力」と共同して、「秩序」を備えかつ「連続性」のある人間の「心」をつくり、また、その「心」による「思考」を推進すると思われる。すなわち、この２つないし４つの能力が人間の「心」を根底で支えていることになり、この内の「認知・総合力」が欠落すると「認知症」が発症すると理解される。関連して、ブリタニカ国際大百科事典にも、『「総合」は「分析」の対語ではあるが、相互補完の関係にある』と記載されている。

「分析・創造力」は、「認知・総合力」との共同による「思考」を通して特定個別領域の「専門力」を深める上で欠かせない。一方、「認知・総合力」は、「分析・創造力」と共同して「思考」を支えるとと

もに、連続性のある（アナログ的な）「総合理念」を認知する。そのもとで、時空に広がる情報の全容を展望する「俯瞰力」が生まれる。領域横断的な「俯瞰力」は、2-5で説明する個別領域の「専門力」を情報全体の中に正しく位置づけるとともに、「思考」の飛躍を可能にする「直感力」（離れた位置にありながら連続性をもって連結する複数「理念」の融合により生まれる力）とも密接に関わる。

2-5「デジタル分析・創造力」（図3）

「科学」を生み出した中核的な高度な「知力」である「デジタル分析・創造力」がどのようなものであり、「アナログ認知・総合力」とどのような関係にあるかを、繰り返しを含めて模式的に図3に示した。

人間の「心」に備わる「デジタル分析・創造力」は、たとえば自然からのアナログ（連続）環境情報を切断（分析）した上でデジタル（不連続）「言語」に翻訳する。こうして得られるデジタル（言語）情報をもとに新たな「デジタル（言語）情報の秩序系」（＝文）が創られる。2-4で説明した「アナログ認知・総合力」は、この「デジタル情報の秩序系」を連続性のある新規「理念」（連続性のある「単位理念の秩序系」）に転換するとともに、先に入手した複数の「理念」ともども総合して新規の総合「理念」を

図3　デジタル分析・創造力：
　　　アナログ認知・総合力との共同

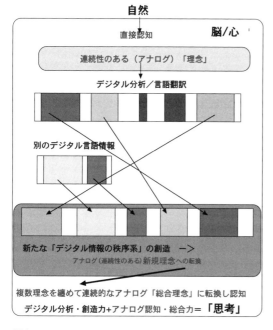

誕生させる。

「デジタル分析・創造力」と「アナログ認知・総合力」が共同する「思考」のプロセスを通して個別特定領域の深い「専門力」と領域横断的な広い「俯瞰力」や「直感力」が生まれ、そこに健全な「科学」と人間の文化が誕生したと考えられる。

2-6「思考」と「認知」の仕組み（図3／図4）

人間の「心」による「分析」と新たな秩序の「創造」、そこで生まれる連続性のある新規「理念」を認知するプロセスは、いずれも人間の「心」に固有の「アナログ認知・総合力」と「デジタル分析・創造力」の二つの高度な「知力」の共同を必要とする。

2-6-1思考のプロセスにおける「分析」と「総合」の位置づけ（図4）

課題を解決するための「思考」には、古くから「分析力」と「総合力」の2つが重要とされる。「分析力」は、それに続く「創造力」の土台となり、「総合力」は並行して働く「認知力」を拡張したものと理解される。中部大学特任教授の佐々木力博士が著した『科学論入門』には、「分析」は、複雑な問題を分解し、複数の単純な問題にして解決を図る思考の方式であり、「総合」は、単純な問題の解決結果を、それらの関連性に基づいて再構築し、複雑な問題の解決へと進む思考の方式であると解説されている（佐々木力：『科学論入門』、岩波新書、1996・2016）。

「分析・創造力」と「認知・総合力」は、人間が「思考」

図4　人間の心による思考と認知

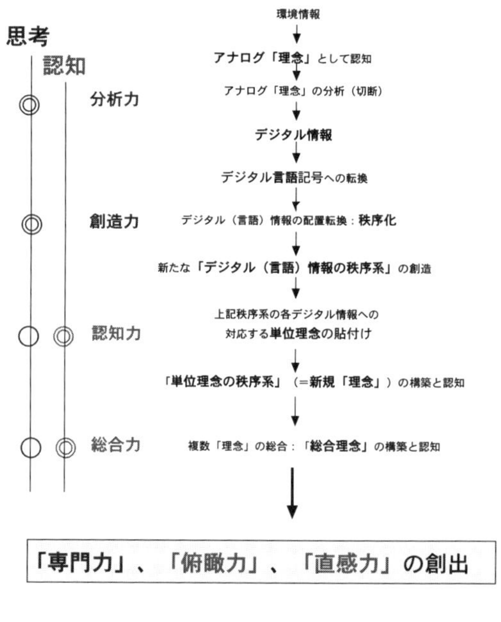

を進める上で最も重要な二つの基本的な高度な「知力」であるように思われる。「分析力」は、連続的な（アナログ）情報を幾つものデジタル情報に切り分けて、それぞれにデジタル言語記号を付す。これに対して、「認知力」は、「分析力」が創る新規の「情報の秩序系」に各デジタル言語記号に対応する「単位理念」を貼付けて新たな「単位理念の秩序系」（＝新規「理念」）に転換して認知する。「総合力」はさらに、「心」が既に保有する複数の「理念」をそれぞれに特徴的な関連性のもとで接合し「総合理念」として認知する。

　連続的なアナログ情報を不連続なデジタル情報に切り分ける「分析」は、切り分けられた不連続なデジタル情報を相互の関連性のもとに再配置して新たな「デジタル情報の秩序系」を創る作業、すなわち、「創造」に欠かせない。この「デジタル情報の秩序系」は、それぞれのデジタル情報に対応する「単位理念の秩序系」に転換され；さらに他の複数の「理念」と互いの関連性のもとで接合されて「理念の秩序系」ともいえる「総合理念」に転換される。こうした中で、人間固有の判断力が生まれると理解される。この場合、人間の「心」に認知される多数の「理念」の全てが常に意識されるとは限らない。しかし、特定時点で意識される「理念」は、意識されない「理念」ともども連続性が維持されており、そこに幅広い「俯瞰力」や「直感力」が生まれると理解される。

2-6-2 「思考」と「認知」のプロセスにおける　デジタル vs アナログ転換

　人間の「心」による「思考」とその結果生まれる新規「理念」を「認知」するに至る過程におけるアナログ vs デジタル転換の位置付けを図3と図4に示す。第1に、自然から人間の「心」に5感を通して直接的に取り込まれる環境情報は連続性のある生のアナログ「理念」として認知される。第2に、このアナログ「理念」は、「デジタル分析力」によりデジタル（不連続）情報に分断されてデジタル「言語」に転換（翻訳）される。第3に、「デジタル創造力」によりこの不連続なデジタル（言語）情報が文法に沿って秩序化され新たな「デジタル（言語）情報の秩序系」が創られる。第4に、この新たな「デジタル（言語）情報の秩序系」は、それぞれのデジタル言語情報に対応する「単位理念」が結合し、「単位理念の秩序系」として認知される。第5に、この新たな「秩序系」に配置された単位「理念」は「人間の「心」の「アナログ転換・総合力」によって総合され連続性のある新規「理念」（意味のある新規の

文章）として認知される。第6に、上記の新規「理念」およびこれを含む総合「理念」が、再び分断されてそれぞれが相当するデジタル言語に転換され、コミュニケーションにより人間aから人間bに伝達される。第7に、人間bの「心」は、受領したデジタル「言語」を、それぞれの「言語」に対応して人間bが保有する単位「理念」に転換し、これを総合してアナログ新規「理念」として認知する。この場合以下の点に留意すべきである。すなわち、それぞれの言語暗号に対応する単位「理念」は、「心」ごとに違うため、人間aと人間bがそれぞれ認知する新規「理念」の内容は完全には一致しない。

　人間の「心」は、通常用いられる「言語」に対応する「単位理念」を、それぞれの経験を通して学習していく（初段階の基本的な教養教育）。人間が最初に学習する「単位理念」は、「花」のような「具象理念」（具象名詞）である。次の段階で人間は、多くの「具象理念」に共通する「美しい」（形容詞）／「美しく」（副詞）といった「抽象理念」（抽象名詞等）を学ぶ。人間の「心」はまた、「咲く」（動詞）といった動作を著す言語も学習する。こうして、それぞれの言語の方向性を示す助詞その他の言語記号も組み合わせて「美しい花が咲く」、あるいは「花が美しく咲く」といったような文（言語記号の集団）をつくる。これによって特定のより複合的な「総合理念」を複雑な文章として表現することが可能となる。例えば、荘子が残した「聖なる者は、天地の美に基づきて万物の理に至る」という名文は、おそらくこれを目にし、耳にする人ごとに違う内容に理解される。これは、特に、「美」や「理」といった抽象名詞（記号）を，どのような「理念」に転換できるかは人ごとに大きく異なるからであろうと思われる。

　ニュートンは、「りんごが地面におちる」とか、「天体同士がひっぱりあう」とかいった、天体とリンゴに関する多くの互いに関連する「理念」を総合して、最終的に「万有引力」という新規の物理法則（新規の総合理念）を認知したと考えられる。荘子の場合も、森羅万象を支える物理法則（理）を「美」と認知したと理解することもできる。

2-7 思考に関わる二つの高度な「知力」を　育成する教育のしくみ

　「人間の心」が進む方向を定める健全な「人間性」を涵養し、そのもとで2つの「知力」を強化するための人間社会の方策が教育である。

2-7-1教育のレベルと種類

　教育は、「就学前教育」、「初等・中等教育」、「高等教育」に分かれる。また、「高等教育」は、「教養（リベラル）教育」と「専門教育」に区分される。「教養教育」はさらに、「基本のリベラル教育」（＝スキル教育）と「高度なリベラル教育」とに分かれる。「高度なリベラル教育」と「専門教育」はともに、「基本のリベラル教育」による知識・技術の上に組み立てられる。「高度なリベラル教育」と特に関わりが深いのが「アナログ認知・総合力」／「俯瞰力」の育成である。「基本のリベラル教育」では、デジタル記号であるそれぞれの「言語（単語）」がどのような「単位理念」と対応するかという「言語の基本」、同じく「デジタル記号である数の基本理念」、「心」のもとで働く身体の「基礎体力」、これらの要因を絵画、音楽、文学等（芸術）を通して自己中心に向けて集中させる「情の基本」の理解と修得が求められる。「基本のリベラル教育」の中核となるのは「就学前教育」と「初等・中等教育」である。

2-7-2 高等教育における基本のリベラル教育

　「高等教育」における「大学レベルの基本のリベラル教育」では、「中等教育」以下で修得する「基本のリベラル教育」に加えて、言語における高度の文法、抽象的な言語、高度な外国語、なかでも第2外国語、高度な「情」などを修得することが目的となる。大学・大学院レベルの本来の「高等教育」では、現行の「大学レベルの基本のリベラル教育」の上に、個別特定領域に限定して深さを追求する力を育成する「専門教育」と領域横断的な頂点の広さを追求する「高度なリベラル教育」）2-7-3/ 2-3-4参照）が必要となる。こうした教育によって初めて、個別特的領域の深い「専門力」を情報の広い全体像の中に適切に位置づけることが可能となる。

2-7-3 高等教育における基本のリベラル教育、
　　　高度のリベラル教育、専門教育の位置づけ

　現在、日本の「高等教育」では、大学低学年で「大学レベルの基本のリベラル教育」が、高学年では高度な「専門教育」が行われる。また、大学院は、「専門力」の深さの追求を教育の基本としており、情報全体の「意味」を理解し、正しい判断を下す力を培う上で重要な、幅広い「俯瞰力」の涵養に関わる各学問領域の頂点の枠組みを学修させる「高度なリベラル教育」が学部と大学院の両方で手薄になっている。各領域の先端の情報を含めて全体像を見渡すこ

とができる幅広い「俯瞰力」を涵養する「高度なリベラル教育」は、理系、文系のいずれの場合も個別領域の「専門教育」とあわせて本来的に必要である。理系の場合、特に深い「専門力」を身に付ける事が第一に求められることから「基本のリベラル教育」のレベルに留まって「高度なリベラル教育」を実施する視点が、少なくとも日本の教育では低い。

　特定領域の研究に特に優れた専門家は、「専門力」を深める中、自己努力で広い「俯瞰力」や「直感力」も獲得する。核物理学／数学の権威であって大局的な観点から核の戦争利用に反対を唱え、またノーベル文学賞を受賞したバートランドラッセル、同じく核物理学の権威であって、核エネルギーの戦争利用にラッセルとともに強く異を唱えた、アインシュタイン、湯川秀樹博士、元核融合研究所長であり現中部大学理事長の飯吉厚夫博士などがその例である。また、別の領域の例として研究面でのフィーリング（「直感力」）の重要性を唱える化学の権威、中部大学山本尚教授が挙げられる。しかし、一般の学生にとってそうした力の修得をめざす授業を受講できれば、効率的にそうした力を一定のレベルで修得することが可能となるであろう。

2-7-4 大学と大学院における理系と文系の学生に対する
　　　高度なリベラル教育

　特定領域の教育研究者となることを目指す以外の文系の学生の場合、深さ以上に理系の先端部分を含むおよその骨組みなどの広さを修得することが、社会の中で理系（技術者）、文系の両方の卒業生のまとめ役（管理者）として活躍する上で重要であろう。理系の学問の進展が著しい昨今、社会の各部門で文理の枠組みを超えた管理が求められている。そうした中で、特に、文系の学生が現在の理系の学問領域の頂点を含めて、その詳細ではなく枠組みだけを理解するために、今少し時間を設けることが必要ではないか。理系にせよ、文系にせよ、日本の大学の学生の多くは、学部で「大学レベルのスキル教育を中心とする基本のリベラル科目」とそれぞれの特定領域の「専門力」を追求するものの、各学問領域の頂点の概要を含む「高度なリベラル教育」を受けることなく卒業する。

　また、大学院で文系の特定領域の深い「専門力」を磨いても、そうした専門性を受け入れる社会の枠は大変限られる。このため、学部から文系の大学院に進学する学生の数は限られる。現在、理系の世界の専門化は著しく、理系、文系の両方の卒業生を社

会で管理する立場に立つのは、容易でないと推定される。こうした中、文系の学生は、自らの文系の専門性に加えて、理系学問の先端部分の枠組みを含む広い視野を習得させる「高度なリベラル教育」が重要ではないか。そうした高度な教養教育を担当できるのは、文系、理系の学問の頂点を極めたシニアの教員であり、こうした教員は、各学問領域の骨格と位置づけを、それぞれの領域の専門領域の授業を担当する傍らで、より多くの学生に短時間に伝授することが可能であろう。

3　現代「科学」の暴走

「科学」が展開する上で特に重要なのが、「デジタル分析・創造力」に基盤を置く個々の特定学問領域における深い「専門力」である。しかし、もし個別領域の「専門力」の深さのみを追求すると、連続的な「理念」を認知する「アナログ認知・総合力」とそれに関連する「俯瞰力」や「直感力」が低下することになる。近年こうして、二つの高度な「知力」の間のバランスが乱れてきている。併せて、科学者と科学を利用する社会指導者の「人間性」の健全性が、各学問領域の頂点を含む情報の全容（総合理念）を正しく認知する「俯瞰力」が低下することも関わって破綻してきている。こうして、現代「科学」は進むべき正しい方向性を見失って暴走する危険性が増している。

3-1「科学」の暴走の実例

「科学」の暴走の定型的な事例が核エネルギーの開発とその軍事利用である。「専門力」と「俯瞰力」のバランスが乱れた科学者が、適正に制御する方策を十分に準備することなく核エネルギーを開発し、これを「人間性」が破綻した社会指導者が軍事に利用し、あるいは平和利用の名のもとで、制御する的確な方策を持たないままに原子力発電に利用することになった経緯がそれである。こうして、本来人間生活を豊かにすることを目的とした「科学」が人間と人間文化を破壊する役割を担うことが危惧されることとなった一連の経緯を「科学」の暴走と表現したものである。

マリー・キュリーがラジウムを発見した頃、科学は人間生活を豊かにするものである点に疑いの目を向ける者はキュリー自身を含めて誰一人いなかった。しかし、キュリーの発見は、残念ながら彼女自身が全く予期しなかった方向へと進むこととなった（NHK2019年5月30日放送「フランケンシュタインの誘惑：放射能：マリーが愛した光線」参照）。NHKのこの放送は、サイエンススペシャルとしてのシリーズの第9回目であったが、関連して第10回目には、月に到達することを夢としてロケットを開発し、結果的にナチスに戦争協力し、最終的にはアメリカで月への到達を達成すると同時に大陸間弾道ミサイルを開発することとなった、天才科学者ヴェルナー・フォン・ブラウンの、自らの夢の実現に向けて手段を選ばなかった生涯が紹介された。このシリーズの第2回目には原爆を生んだマンハッタン計画のロバート・オッペンハイマーを中心とする科学者達、第3回目には、原爆の開発に続いて水爆を完成させ、さらにその後も大量破壊兵器開発に邁進した狂気の天才物理学者エドワード・テラーの紹介があった。

これらは、自らの夢の実現に向けて一途に邁進し、「秩序系」としての「生命」の存在をも徹底的に破壊することを厭わない、視野が狭窄した科学者と社会指導者がこうした「科学」の暴走を許す結果となった典型であるように思われる。こうした過去の教訓を踏まえた科学の正しいあり方が今後に問われ続けることとなろう。

3-2 暴走が危惧される新たな「科学」

もう一つ、近い将来に「科学」の暴走を許す危険性があるのが、近年その有用性が高く評価されてきているAI（人口知能）である。最近、国立情報学研究所の荒井紀子教授が、数学者の視点から、近年特に進展が著しいAIの最大の弱点は、「意味の理解」にあると論じている（朝日新聞2016.11.25、NiRA総研オピニオンペーパー no31/2017 July、日本経済新聞2019,5,10「AIに勝る読解力を養おう」）。

荒井紀子教授の著作「デジタライゼーション時代に求められる人材育成」（NiRA総研オピニオンペーパー no31/2017 July）の第Ⅰ部「ロボットと人間の違い」において同教授は、機械が得意なのは「定型的」な処理であるとする。同教授によればさらに、「近年人間の判断を統計的に模倣する「機械学習」の方法論が開発されて機械が処理できる範囲が広がったものの、機械が力を発揮するのは、入力情報が定型的で出力の判断がYes/Noの2種である場合に限定される、という。入力データとそれに対する解答のデータが大量に与えられる場合、機械はしばしば人間以上の高い精度を示す。機械が「ランキング」による分類判断を行う際の、「分類判断支援ツール」として導入されたのがAIである。荒井教授は、

研究の結果、「現在の理論と技術では、輻輳した状況を的確に判断して問題解決を図るAIをつくることはできない。また、深層学習の技術も「意味」のような抽象概念を扱うことはできない」と結論している。こうした結論を踏まえて、同教授は、数学的言語で処理できない作業をAIに求めても無理であると断じている。

　AIが不得手とするとされる、人間が一つの文章を読んでその「意味を理解する」にはどのようなプロセスが働くのであろうか。デジタル記号である単語が並ぶ特定の文章の意味を人間が理解するプロセスを考えてみよう。人間が目にする一つひとつの単語からどのような連続性のある単位「理念」を読み取ることができるかは、一人ひとりの生活歴の中で経験と学習を通してどのような「単位理念」を積み重ねてきたかによって大きく異なる。特定の文章の意味を理解する上でそれ以上に重要であると思われるのは、それぞれのデジタル記号として並ぶ単語とリンクする複数の「単位理念」が互いの関係性のもとでどのように繋がり得るかであろう。もしそれぞれの言語と対応する「単位理念」が互いに解離し不連続である場合は、その文章は特定の意味をなさないことになる。すなわち、「デジタル分析・創造力」が創る「デジタル情報の秩序系」が、連続性のある「単位理念の秩序系」とそれをもとにした新規「理念」に転換されなければ、人間の「心」がその文章の意味を理解することは難しいであろう。関連して、連続性のあるアナログ理念を特定のデジタル記号としてのみ認知するAIは、その全体像（意味）を認知できないと思われる。

　「デジタル」と「アナログ」が適切に共同することで初めて、人間は言語を使って新たに創り交換しあう「デジタル情報の秩序系」の意味を理解し、そうした理解に基づいて人間としての正しい判断を下すことが可能になると思われる。

　問題はこうした欠点を備えたAIを兵器に利用し、さらにはその場合に人間にかわってその製作と利用に関する判断をAIに委ねようとする兆しがあることである。もしそういうことになれば、科学者と社会の指導者は科学に究極の暴走を許すことになろう。

4　「医学」における課題
4-1 「医学」の起点
　健全な「人間性」と深く関わる医学と医療の原点は、人体全体の健康に関わるアナログ健康・環境情報を直接的に認知することで生まれた、他の人間への「思いやりの心」である。この原点の上に2つの高度な「知力」が積み上がって医学あるいは医科学は誕生した.

　洋の東西を問わず、古代の医学は健全な「人間性」を基礎としたが、古代医学は、「自然」の環境情報を直接的に認知することを基本とする「自然学」と深く関わった。このこともあって、古代医学は、「身体」全体のアナログ的健康・環境情報を、直接的に認知することを基本として誕生した。

4-2 洋の東西における「医学」の展開
　洋の東西とも、健全な「人間性」のもとで人体の健康状態に関するアナログ健康・環境情報を直接的に認知することで得られる「理念」（経験）を蓄積して医学は始まった。しかし、時の流れとともに洋の東西で異なる種類の「知力」を主として利用することに重点が置かれるようになっていった。

　東洋では、身体全体の健康を維持しあるいは病気から回復させる生薬や動作に関わる健康・環境情報を直接的に「理念」として認知する経験が継続的に重視された。この結果、独自の伝統医療がつくられた。

　一方、西洋では、こうして蓄積された経験に懐疑の目が向けられ、結果、デジタル分析・創造（デジタル情報の新たな秩序づくり）力により身体を構成する臓器、細胞、分子を、また個別の病態を明らかにすることを重視した。これによって、臓器・細胞・分子ごとの、また、病態ごとの新たな予防・治療法が開発された。こうして先端医学が拓かれた。

4-3 「東洋医学」と「西洋医学」の長短
　東洋医学と古代の西洋医学はともに、全身の健康に関する情報を連続的に認知することに努めたが、近代西洋医学は特定臓器に関する限定された時間の特定の病態への対応を特に重んじた。このため、身体全体の健康状態を連続的にケアするという医学本来の姿勢が弱くなっていった。

　全身の健康を連続的に維持することを重んずる東洋医学と古代の西洋医学は、いずれも医学の本来目標に沿うものであった。しかし一方で、全身の新たで有用な経験を蓄積するには長期の時間が必要であり、分析と創造（新規の秩序づくり）を基本とする先端医学と違ってさらなる発展が容易でないという点は大きな課題であった。

　一方、「デジタル分析・創造力」を基軸とする「思考」に準拠する医療を重視する近代西洋医学（先端医学）は、数多くの新規の治療法を開発した。しかしこう

した医療は、しばしばその副作用により全身の健康を損なうことにもなった。もともと健全な「人間性」を原点とする医学に暴走があり得るとすれば、こうした副作用がそれに該当するであろう。3-1で紹介したNHKのシリーズの4回目に報映された、「脳を切る、"悪魔の手術"ロボトミー」もその一つである。

西洋先端医療は結果的に、時間的にも空間的にも連続性をもって（アナログ的視点から）全身の健康状態をケアすることが重要であるという医療の原点から遠ざかった。この点は副作用の問題以上に重要である。このこととの関連で、近代西洋医学では、生薬を分析し特定の薬効を示す成分を分離して活用する。このため、生薬に含まれる複数の成分による複合的で連続的な薬効を期待することが困難となった。

5　東西医学の融合
5-1 東西医療の相互乗り入れによる「新医療」の開発

身体・病態の特定局所への限定された時間内の対応を重点的に追求する西洋先端医療と、全身の時間的にも空間的な健康を最重要視する東洋伝統医療とを，適切に融合すれば、新医療が誕生すると期待される。事実、西洋先端医学を基軸とする日本の医療現場では、昨今、全身のケアを重視する東洋伝統医療がしばしば併用されている。また、先端医療を牽引するUSAでも、近年、伝統医療（代替医療）の重要性が再認識されてきており、伝統医療と先端医療の両方の専門性を備えたOD（doctor of osteopathic medicine）が、従来のMDとは別途に養成されてもいる。中国では、中医の強化策を進める一方で、中国の中医を養成する医学部でも西洋医学の教育も行われているといわれる。

5-2「西洋医学」での「新医療」開発の原点が「東洋的伝統医学」にあった幾つかの事例

人体のアナログ健康情報の全容を認知することに基礎を置く東洋伝統医学で蓄積された経験が西洋先端医学においてデジタル分析され、結果、以下に紹介するいくつかの先端医療が西欧医学で創造され用いられてきている。

①生薬であるセンナの有効成分が特定の化学物質（センノシド：sennoside）であることが、西欧医学による分析で同定された。この物質は、以降、西洋医学で便秘薬として効率的に利用されている。

②人の天然痘と牛痘の関係に関して民間に伝承されたアナログ的経験を基礎として、西洋医学でデジタル分析と実験が行われ、結果、天然痘等微生物の感染に対する画期的な予防法：ワクチン療法が開発された。

③青カビが細菌の増殖を抑える現象が西洋医学で偶発的にアナログ認識された後、その有効成分が特定の化学物質（ペニシリン）であるとデジタル分析された。この発見を契機にさまざまな感染症に画期的に有効な治療薬：抗生物質が開発された。

④最近では、八角の成分の一つであるシキミ酸を原料としてインフルエンザの治療薬として画期的なタミフルが西洋医学による分析と創造により合成された。八角は、中国南部とベトナム北部に自生するトウシキミの果実を乾燥させて香辛料や生薬として利用されてきた。

これらは、西洋の先端医学的な新医療のデジタル分析・創造を基軸とする「思考」を通しての開発の原点が東洋の伝統医学、すなわちアナログ健康情報の直接的認知にあった典型的な事例である。留意すべきは、東洋医学が原点となったとはいえ、純粋な東洋医学のもとでは、西洋医学が開発したようなワクチン療法、抗生物質療法は生まれなかったことであろう。東洋医学と西洋医学の融合の重要性がそこにある。

6　「東西医療」の融合による「新医療」の開発
6-1 総論

近年、年齢構成や生活環境の変化に伴って増加した慢性疾患への適切な対応が問われている。がんや生活習慣病など慢性疾患は、多くの因子が長時間連続的に関わることで発症することが知られてきている。こうした点は、限定された種類の因子が短時間に作用して発生する急性疾患と大きく異なるところである。このため、先端医療のもとで急性疾患に対して開発された治療薬の多くは、慢性疾患の治療には有効でない。

慢性疾患の医療には、アナログ健康情報の連続的な認知による東洋医学的な広い視野と西洋医学的な深いデジタル分析・創造の両方を効果的に融合することが重要であろう。

筆者らは、最近西洋先端科学技術のもとで開発したがん遺伝子トランスジェニックマウスを用いた西洋医学的実験研究を行った。そして、アナログ健康情報の直接的な認知による経験の蓄積から効果が予測された特定の東洋医学的生薬（漢方処方）が、慢

図5　東西融合新医療開発実験例データ

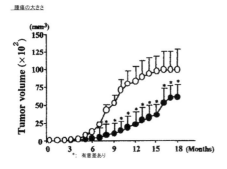

性疾患の代表である「がん」の発生と進展にどのように作用するかを検討した。この実験の結果、そうした生薬ががんを長期に抑える可能性があることが示された。以下、この実験例の概要を紹介する。

6-2「東西融合」「新医療」開発実験例（図5）

(Dai et al., J. *Invest. Dermatology* 2001, 117: 694-701)

6-2-1 実験計画

　本研究は、以下のさまざまなステップを経た長期の実験研究として実施された。

　ステップ1：がん遺伝子の分離：人間の多発性内分泌腫瘍症から RET がん遺伝子が高橋らにより分離された（1985）。

　ステップ2：がん発症動物モデルの樹立：MT/RET- トランスジェニックマウスの作製：　岩本ら（1991）は、RET がん遺伝子をマウス受精卵に導入し、これをマウス子宮内に戻して子マウスを出生させた。こうして、出生直後に黒皮症を発症し、加齢に伴ってメラノサイト系腫瘍が発症するマウス系が樹立された。

　ステップ3　実験計画：
①出生直後の上記マウス系の子マウスを同腹ごとに実験群と対照群に振り分けた。
②特定の生薬3-5mg／日（同じ生薬を別の目的で人間に処方する場合の体重当たり同量）を飲料水を介して終生投与した。
③発生する腫瘍の大きさ等を終生（2-2.5年間）にわたって長期に観察した。

6-2-2 実験データ

　上記の実験データを図5に提示する。対照群マウスは平均10ヶ月で腫瘍死した。一方、実験群マウ

スに発生した腫瘍の増殖は長期にわたって有意に抑止され、マウスの寿命は平均6ヶ月間延命した。

　なお、本研究で活用した西洋医学的（科学的）手法は、①がん遺伝子の分離、②がん自然発症トランスジェニックマウスモデルの作製、③実験研究の3つである。

　一方、本研究で用いた東洋医学的手法は、①生薬（漢方処方）の利用、②臨床経験報告（がん患者の手術後のケアに当該漢方処方を利用した実績）を参考情報として活用、③実験動物に発生する腫瘍を長期に連続的に観察、の3つであった。

　このように、東西融合の医療により、慢性疾患の新規医療開発の可能性を動物実験で示すことができた。

　本実験研究の結果は、多因子が関わり長期の時間をかけて発症し進展するがんの治療には、複合薬である生薬の時間的・空間的に連続的な（アナログ的な）作用が重要であることを示唆した。

7　結語

　以下は、稿を閉じるにあたっての重要事項のまとめと若干の補足である。

　はじめに、人間に備わる「心」の特徴を、人間の心身の健康と病気を専門とする一人の医師の立場から紹介した。

　進化の過程で格段に高性能となった人間の脳は、高度の「デジタル分析・創造力」と幅広い「アナログ認知・総合力」』の2つの卓越した能力（知力）をもつこととなった。同時に人間は、生命共通の「自己中心性」を人間固有の「社会性・利他性」で調整して生まれる健全な「人間性」と、自己中心への集中力の源となる「情」を備えた。人間は、上記の卓越した2つのバランスのとれた「知力」を固有の「人間性」と「情」に支えられながら使うことで「科学」とそのもとでの「人間文化」を誕生させた。

　「デジタル分析・創造力」の人間文化の展開における重要性は広く周知されている。この力は、「アナログ情報」を分析し、結果生まれる「デジタル情報」を新たな秩序のもとで組み直して「創造」を行う。一方、「アナログ認知・総合力」の意義はそれほど広く知られているとは思われない。この力のもとで「デジタル言語情報」に、対応する「アナログ単位理念」が結合し、その「単位理念」が総合されて連続した一つの新規の「アナログ理念」として認知される。これによってはじめて、「デジタル言語」で媒介される情報全体の「意味」が生まれる。すな

わち、人間が保有する過去（歴史）から現在までの情報が連続的に認知され、その中で未来予測が生まれる。さらに、素粒子の世界から宇宙の果てまで、連続的な理念として認知されることで「俯瞰力」や「直感力」が生まれる。

一般社会で活躍する多くの人間が、教育の場でこの２つの力を修得する。現在、こうした教育の仕組みが十分でないことも関わって、健全な「人間性」が破綻し、修得される「知力」の深さと広さのバランスが乱れてきている。このため、本来豊かな人間生活を支えることを目的として誕生した「科学」が、本来の目標を見失って暴走する危険性が生まれている。

「科学」の一領域である「医学」は、個体の健康状態を全体としてケアする医療と直結することから、「医学」が暴走する危険性は他の領域の「科学」と比較すると少ない。それでも、「デジタル処理力」を基軸として展開している近代西洋医学には、局所のケアに集中しすぎて全身のケアを見失うことによる副作用の危険性は増えている。

また、多因子が長期にわたって作用して発症する慢性疾患の適切な治療法を開発するには、人体の健康状態と薬物を含む医療全体を広く長期に把握するアナログ的視点が重要である。

全身の長期のケアを重視する西洋の古代医学と東洋医学、そして局所の短時間のケアに注力する近代西洋医学にはそれぞれ長所と短所があり、それぞれの長所を融合することで新しい医学を構築できる可能性がある。

本稿では、マウスモデルで検討を進めたところ、その方向の一定の成果が得られた事例を紹介した。

第Ⅲ部門2a

New medical care of East-West fusion

Izumi Nakashima●Adviser to the Chairman, Chubu University

Summary

The main theme of this international conference is the trajectory correction of "science" where runaway is threatened in recent years, and this paper is specifically to deal with issues in the field of medicine of "science".

Before getting into medical issues, I would like to focus on the structure of the human "mind" that created the "science" including medicine. On that basis, I would like to first consider the factors that led to concern that "science" would run away and the general method of eliminating this concern. After that, I would like to think about the essence of the problem that is specialized in medicine, and to think about the way to solve the problem.

"Life" born on the earth about 3.8 billion years ago can be thought as an "ordered system of substance metabolism" that is concentrated toward the center of oneself. In order to expand the scale of this "ordered system", "life" repeated evolution, and in that process a human being with a brain with extremely high information processing function was born. There, a human "mind" was born, which is also regarded as an "ordered system of information.".

The human "mind" has had the inherent characteristics of "sociality and altruism" that control the "self-centeredness" common to "life" because of the necessity for its existence. The basic directionality of sound "humanity" based on this characteristic was then provided. Under this sound "humanity", advanced "intelligence", which is the extremely high information processing function of the human brain, worked to create "science", and "human culture" bloomed under that.

This advanced "intelligence" is divided into the following two. One is the "digital analysis and creativity" that forms the basis of deep "professional ability" in the individual area, and the other is "analog recognition and integrating (comprehensive) power", that produces a broad "overhead power" which overlooks the entire information across the individual areas.

"Digital analysis and creativity" divide new analog information into many pieces of digital information (analysis) and create a new "ordered system of digital information". On the other hand, another high-level "intelligence", "analog recognition and integrating power," converts this "ordered system of digital information" into an "idea" with continuity. Furthermore, the intelligence will combine (integrate) several "ideas" across and recognize them as a broad and comprehensive "idea".At this point, a wide "bird's-eye view" is created that overlooks the whole from the high place.

If the balance of these two intellects with human beings breaks down together with "humanity", scientists and social leaders will allow the "science" to run away from its original role of enriching human life. As a result, human beings also lose their inherent power ("science" power) to deal with various challenges they face.

A problem common to "science" is emerging in "medicine", which is one area of "science", and appropriate measures are needed to maintain human health.

The unique feature of "medical science" is that it requires the continuity of information (analog perspective) more than "sciences" in general because it is closely related to medical care that continuously cares the health of human whole body.

The origin of medicine is "caring" for other human beings, which is created by involving sociality and altruism ("humanity") in human "mind".Above this origin, unique medicine developed in the East and the West

Oriental medicine directly recognized analog environmental information on crude drugs etc. that restore general health, and accumulated its experience to create its own traditional medicine. On the other hand, Western medicine analyzed the body and its pathologies using "thinking" ability mainly based on "digital analysis and creativity", and has developed method for prevention and treatment at the levels of each organ, cell & molecule and disease state.

Oriental medicine, born from accumulating experience by recognizing analog environmental information, and Western medicine, which was created by accumulating the results of "thinking" developed mainly using "digital analysis and creativity", including experiments under special environments, has its own strengths and weaknesses. For example, many of the treatments Western medicine has provided for acute diseases are not effective for chronic diseases in which various factors are involved in the long term. Also, some of the drugs developed by Western medicine have side effects that impair their general health. The development of new medical care that combines the strengths of oriental and western medicine is awaited.

Here, we introduced one case study that pursued an East-Western medicine combined new medical care. In this research, in Western medicine experiments using genetically modified animals developed around "digital analysis and creativity", drug effects on cancer that is representative of the chronic diseases of specific herbal medicines (compound medicine) selected by "analog recognition and comprehensive power" was examined.

1 Introduction

With recent changes in age configuration and living environment, a number of chronic diseases have emerged in place of acute diseases, . Therefore, there is a need for the development of new medicines and medical services that can appropriately cope with new health problems:

The main theme of this international conference is "In search of "new ideas of science:future of east Asian scientific civilization".Along this theme, I would like to pursue the possibility of establishing a new "science" of East-West fusion in the field of medicine.

2 Structure of human "mind"

It is the human"mind" that created "science" including "medicine".Therefore, in order to establish a new "science", it is necessary to understand the basic structure and mechanism of this human "mind" (Figure 1 - Figure4).

The human "mind" has human-specific "direction", and in this direction the high-level "intelligence" unique to human works. "Emotions" promote this "direction" and "intelligence." Under such circumstances, "science" was born.

2-1-1 "Direction" of human "mind"

The human "mind" has a wide range of "sociality and altruism" inherent to the human "mind" in addition to the "self-centeredness" common to all life. By properly adjusting "self-centeredness" by" sociality and altruism"," individuality" unique to humans is created. This "individuality" is supported by the "emotion" that is unique to human beings, and becomes a healthy "humanity" that is unique to human beings.

2-1-2 Advanced "intelligence" of human "mind":

The human "mind" is equipped with advanced "intelligence" by the intelligent brain's information processing function acquired in the course of evolution. This intellectual ability is divided into the following two abilities. One is "digital analysis and creative power" that decomposes (analyzes) the analog environmental information discontinuously (digitally) into several portions of digital information and reassembles the resulting digital information to create a new "ordered system of digital information".

And the other is "cognitive and comprehensive power".This power transforms the originally discontinuous "ordered system of digital information" into a continuous "idea".At the same time, this power integrates across established multiple "ideas".As a result, we recognize it as a "general idea (philosophy)" that spreads continuously widely. Both are high-level "intelligence" unique to human "mind".

Under the direction of humanity, human "mind" has built up "science" and human culture supported by "thinking" through jointing these two "intellects".In this process, a deep "professional ability" is created based on "digital analysis and creativity", and a broad "bird's-eye view" is created based on "analog recognition and comprehensive power".

2-1-3 "Emotion" in human "mind"

"Emotion" is the power to promote the "direction" of "human "mind" and the deep ("professional ability") and broad ("overhead power") intellect. For example, "emotion" is essential to "feeling of justice" promoting the direction to be considered correct, or "willingness" to pursue the depth and breadth of "intellect."

"Emotion" is a life-specific force that can be said to be a manifestation of "life power" that is continuously concentrated toward the center of oneself.

It can not be expected that artificial intelligence (AI), which exerts outstanding power in digital analysis and creation (ordering) of information, will never have this "emotion". It is also difficult to expect AI, which is basically a product of the digital (discontinuity) world, to recognize a broad and continuous "idea" and understand the meaning of information. For this reason, it is considered difficult for AI to have its own "emotion" and "idea" with continuity. When discussing the sustainability of the "science" created by the human "mind" and the culture supported by the "science," it will be necessary to fully understand the characteristics of these abilities inherent in the human "mind".

2-2 Birth of human "mind" and "humanity" (Figure 1)

How was the human "mind" with the above features and the "humanity" that determines its direction born? What is the essence of "life" born on earth around 3.8 billion years ago?

Life can be thought as an "ordered system of substance metabolism" that concentrates towards the center of oneself. Life has evolved with the aim of increasing the scale of this "ordered system," among which a human with a brain with high information processing ability

was born, and "human mind" was born there.

However, human "mind" is never equal to " brain" with advanced information-processing function. That is, in the baby immediately after birth, there is a "brain" that is a container of "mind" but there is no "mind". The human "mind" is born after birth by ordering in the "brain" information gathered from nature and from other people such as father and mother. The human "mind" born under the "ordered system of substance metabolism" could be positioned as the "ordered system of information".

In this case, a "language "with grammar is used to order the information taken from the environment. Only humans can use "languages" with grammar (Kyoto University Primate Research Institute Professor Matsuzawa, personal communication). Therefore, the human "mind" based on the "ideas" supported by the "ordered system of information" is unique to humans with "languages " with grammar.

After being born, the human "mind" spreads by receiving a vast amount of environmental and linguistic information accompanying "ideas" from nature and from human's present and past

Fig.1 How the Human Mind and Humanity Appear

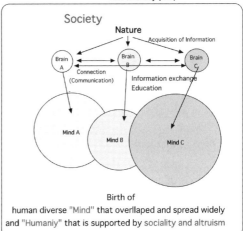

"minds".

Each person's "mind" thus overlaps with each other in a wide spread beyond the body framework. Because of this, a collision is also born. It is also possible to think that "sociality and altruism" and the sound "humanity" under which one cherishes the other as well as oneself is born from the inevitability to avoid collisions with each other and to spread while overlapping each other.

The human "mind" is born after birth by ordering in the "brain" the information collected from other people such as the father and mother and from nature, also supported by the concentrating power of "emotion".

Therefore, a continuous "idea" supported by an "ordered system of digital information" (="an ordered system in which unit ideas corresponding to individual languages are rearranged along a grammar" (= an "ordered human "mind" whose content is a system in which unit ideas corresponding to individual languages are arranged according to grammar) is specific to a human with a "language" having a grammar. Therefore, the human mind of a person who has a continuous "ideal" supported by "the order system of digital information" (= "the order system in which the unit idea corresponding to each language is rearranged along the grammar") "Is unique to humans with" language "with grammar.

After birth the human mind accept from nature, and from the present and past human minds, a vast amount of analog environmental information and digital linguistic information (and the corresponding unit idea) and spread.

The minds of each human being overlap in this way as they spread widely beyond the framework of the body. For this reason, a collision is also born. It is possible to think that sociality and altruism and a sound humanity based on these characteristics that cherish oneself at the same time as oneself can be born from the necessity to avoid and spread while overlapping each other.

2-3 Birth of two kinds of intelligence and science unique to humans

The human "mind" has two kinds of high "intelligence" of deep "digital (discontinuous) analysis and creativity" and broad "analog (continuous) cognition and integrating (comprehensive) power" (see above). It seems that "science" was born under these two advanced "intellects" and the sound "humanity" that correctly orients them. For this reason, if there is a problem with "humanity" and two advanced "intellects", "science" will sometimes run away from its original purpose of enriching human life and destroys the living environment of "life".Here I would like to discuss the essence of these two "intellects" first.

2-4 "Analog cognition, comprehensive ability"/"bird's-eye view" (Figure 2)

2-4-1 Wide range of "cognition and comprehensive power" in human mind

As a less widely known fact, the human "mind" has a special ability to recognize environmental information that is widely spread in time and space. One of the human-specific abilities not present in other animals is long-term time recognition. Of the many creatures, only humans have calendars and perform anniversary events. Humans continuously recognize the flow of past time (understand the relationship between individual information beyond the time gap) and think about the future. In addition, they also have the power to simultaneously recognize a wide range of spaces across distances, from the end of universe to the world of elementary particles. Under such power of human beings who comprehensively recognize continuous information that spreads in time and space beyond each other,"bird's-eye view" and "intuitive power" that correctly positions individual information in the entire information beyond the gap between each other were born. The "bird's-eye view" created by continuously recognizing the entire information is deeply related to the direction in which a human "mind" tries to connect with another "mind", that is,

Fig.2 Analog cognition/perception & overlook/ overhead power

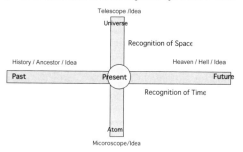

Range of the space-time recognition to be seen in the creature other than the human being

Expanse to space-time of the recognition by a human "mind"

"humanity".

Nourishing this "cognition and comprehensive power"/"bird's-eye view" is also important in properly positioning and utilizing another "intellect", "digital analysis and creativity." In addition, "cognitive and comprehensive power", which integrates and recognizes individual information based on the relationship between each other beyond the space-time gap, will also be closely related to the concentration power that "emotion" has.

2-4-2 Basic importance of "cognition and integrating power" in human "mind"

Especially in this book, I would like to consider the position of "cognition" in human "thinking" as follows. As explained above, human beings have a special "intelligence" that continuously "cognizes" a long time axis leading from the past to the present and from the present to the future and a wide spatial axis from elementary particles to the universe. With this "intelligence", the human "mind" combines a myriad of individual digital information that composes a long time axis and a spatial axis in relation to each other to create an "ordered system of digital information." Then, after converting each piece of digital information in this "ordered system" into the corresponding unit idea, the mind "recognizes" it as "ordered system of unit idea".Furthermore, the human "mind" combines a plurality of "ideas" created in this way in the past based on the relevance of each "idea", and has "comprehensive idea" that can be positioned as an "ordered system of idea".It is presumed that the action of converting the "ordered system of digital information" into a continuous "idea" is closely related to the action of human "mind" to understand the meaning of information acquired from the environment.

2-4-3 Cognition and Dementia

A characteristic of "dementia" (a disease in which "cognitive power" decreases) known as a disease of the human "mind" is to lose the sense of the position of one's own standing both temporally and spatially..

In this case, the continuity between the plural pieces of information collected by the "mind" is lost, and in time, the past information which should be continuously stored is disconnected from the current information. Also, spatially, the current position information of the person is separated from the position information of the surroundings. Thus, he or she loses the sight of his or her own position.

It can be understood that the fundamental ability to combine individual information in relation to each other is "cognition" and it is "integration (by "comprehensive power") to expand the scope of this "cognition"."Cognitive and comprehensive power" seems to work in conjunction with "analytical and creativity" to create a human "mind" that have both "order" and continuity, and to promote "thinking" by that "mind".

2-4-4 Mutual relationship among cognition, comprehensive power, overhead power, and intuition

It can be understood that the basic ability to combine individual information in relation to each other is "cognition" and expanding the scope of this "cognition" is "total integration"(comprehension). "Cognitive and Comprehensive Power" works in conjunction with "Analytical and Creativity" to create a human "mind" with both "order" and "continuity", and to promote "thinking" by that "mind. Relatedly, the Britannica International Encyclopedia also states that "integration" is the opposite language of "analysis", but "integration" and "analysis" are mutually complementary. "Analysis and creativity" is essential to deepen "specialty" in specific areas through "thinking" in conjunction with "cognition and comprehensive power". On the other hand, "cognitive and comprehensive power" supports "thinking" jointly with "analytical and creative power" and recognizes a continuous (analog) "comprehensive idea" Under these circumstances, "overhead power" and "intuition" are born, which provide a complete view of information spreading in time and space.

The cross-disciplinary "bird's-eye view" correctly positions the "professional power" of the individual field in the entire information and enables the leap of "thought" as "intuitive power".

2-5 Digital analysis and creativity (Figure 3)

Figure 3 schematically shows what is "digital analysis power and creativity" which is the core advanced "intelligence" that created "science", and what kind of relationship it has with "analog recognition and comprehensive power".

The human "mind", for example, cuts (analyzes) analog (continuous) environmental information from nature and translates it into a digital (discontinuous) "language".It creates a new "ordered system of digital information" based on pieces of the digital information obtained in this way. While converting this "ordered system of digital information" into a continuous "idea", it further combines a plurality of "idea" obtained earlier to create a new comprehensive "idea".

Through the process of "thinking" where "digital analysis and creativity" and "analog cognition and integrating (comprehensive) power" cooperate, deep "professional power" in a specific area and broad "overhead power" across multiple areas are created.

2-6 Mechanism of "thinking" and "cognition" (Figure 3 / Figure 4)

In any process that "analyze" information, "create" a new order, and recognize a continuous new "ideal" born there it requires the collaboration of human-specific two high-level "intelligence" with "digital analysis and creativity" and "cognition and comprehensive power".

2-6-1 Position of "analysis" and "integration" in the process of "thinking" (Figure 4)

"Analytical power" & "integrating power" have long been considered to be important for thinking solving problems. "Analytical power" will be the basis of the subsequent "creative power", and "integrating power" will be an extension of "cognitive power" working in parallel with that. According to "Introduction to science" written by Dr. Sasaki, a specially appointed professor at Chubu University (Iwanami Shinsho, 1996, 2016), "analysis" is

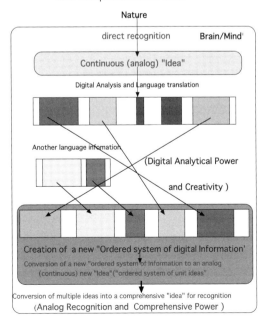

Fig.3 Digital Analytical Power and Creativity: Collaboration with Analog Recognition and comprehensive Power

Nature

direct recognition   Brain/Mind'

Continuous (analog) "Idea"

Digital Analysis and Language translation

Another language information

(Digital Analytical Power

and Creativity)

Creation of a new "Ordered system of digital Information'
Conversion of a new "ordered system of information to an analog (continuous) new "Idea"("ordered system of unit ideas".

Conversion of multiple ideas into a comprehensive "idea" for recognition
(Analog Recognition and Comprehensive Power)

a method of thinking that resolves complex problems into multiple simple problems and solves them, whereas "integration" is a method of thinking that reconstructs the solution of simple problems based on their relevance, and proceeds to solve complex problems.

In any case, "analysis and creativity" and "cognition and integrating power" are considered to be the two most important basic "intelligences" for human beings to advance "thinking".

"Analysis" separates continuous (analog) information into several pieces of digital information and attaches digital language symbols to each. On the other hand, "cognition "converts and recognizes "unit idea" corresponding to digital language symbol into a new "idea" which is a new "order system of unit idea", and recognizes it. Furthermore, "integrating power" joins multiple "ideas" already held by "mind" under distinctive relationships to each other and recognizes it as "comprehensive idea". "Analysis" divides continuous analog information into pieces of digital information. On the other hand, in "cognition and integration", a plurality of "portions" each having a feature are joined under the relationship of the features. "Analysis,"

which divides continuous analog information into discontinuous digital information, rearranges separated, discontinuous digital information based on mutual relationships to create a new "ordered system of digital information".That is, it leads to "creation".However, this "ordered system of digital information" is converted to the "ordered system of unit idea" corresponding to each digital language information; and further joined together with other multiple "ideas".It is thus converted into a "comprehensive idea" which can be called an "ordered system of multiple ideas".Under these circumstances, it is understood that human-specific judgment is born.

2-6-2 Digital vs. analog conversion of information in the process of "thinking" and "cognition" (Figures 3 & 4)

Fig. 4 shows the positioning of analog vs. digital conversion in the process of "thinking" and "cognition" by human "mind".First, environmental information taken directly from nature into human "mind" through five senses is recognized as analog "idea".Second, the analog "idea" is divided into pieces of digital information by digital analysis and converted into digital "languages".Third, digital "creative power" orders this discontinuous digital (language) information to create a new "digital (language) information ordered system".Fourth, this new "ordered system of digital (language) information" is converted to "the ordered system of "unit ideas corresponding to each digital language information and recognized. This "ordered system of unit ideas" placed in the new "ordered system" is recognized as a new "idea" with continuity. Fifth, through the same mechanism, multiple "ideas" previously acquired and held by human beings are combined under the relationship between each other and recognized as a new integrated "idea".Sixth, the above-mentioned "idea" and the "general idea" including this are divided again, each is converted to the corresponding digital language, and transmitted from human-a to human-b by

Fig.4 Thinking and Cognition by Human Mind

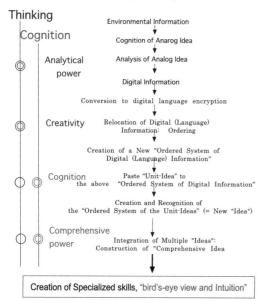

communication. Seventh, the mind" of human-b converts the received digital "language" into the "unit idea" corresponding to each "language" possessed by human-b, and integrates this into an analog "idea" for recognition, In this case, the following points should be noted. That is, since the unit "idea" corresponding to each language code is different for each "mind", "idea" of human-a and "idea" of human-b do not completely coincide.

Humans learn through experience the "unit idea" that corresponds to the "language" normally used. The first "unit idea" that humans learn is "representative idea" (representative noun) like "flower".At the next stage, humans learn abstract "ideas" such as "beauty" (noun), "beautiful" (adjective), "beautifully" (averb) common to many "representative ideas". Human "mind" also learns a language code that represents the action such as "bloom" (verbs). By combining other language codes that indicate the directionality of each language, a sentence (a group of language symbols) such as "beautiful flowers bloom" or "flowers bloom beautifully" are created. This makes it possible to express certain more complex "integrated idea" as a complex sentence.

For example, the critique of "The holy one reaches logic of everything based on the beauty of heaven and earth" left by Chouko is probably understood as different contents for each person who sees the sentence. This seems to be because, in particular, it is different for each person how abstract ideas (symbols) such as "beauty" and "reason" are converted into "ideas".Newton comprehensively understood many related "ideas" about the celestial body including the earth and the apple, such as "the apple falls on the ground" and "the celestial bodies pull each other".Thus, in the end, it is considered that he recognized a new physical law (new integrated idea) called "universal gravity". In the case of Zhuangzi, it is understood that the physical law (in theory) that supports the entire universe is recognized as "beauty".

2-7 A system of education that fosters two high-level "intellects" related to thinking

Education is the policy of the human society to support the healthy "humanity" that defines the direction in which the "human mind" proceeds and to strengthen two "intellects" under it.

2-7-1 Level and type of education

Education is divided into "pre-primary education", "primary and secondary education", and "higher education"."Higher education" is divided into "liberal education" and "specialty education".In addition, "liberal education" is divided into "basic liberal education" (= skill education) and "high-level liberal education". Both "advanced liberal arts education" and "specialty education" are assembled on the knowledge and skills of "basic liberal arts education".What is particularly intimately associated with "high-level liberal arts education" is the development of "analog recognition and integrated power"/"bird's-eye view". In "basic liberal arts education", what kind of "unit idea" corresponds to each "language (word)" which is a digital symbol (basic of language), "the basic idea of number" which is also a digital symbol, understanding and learning the basics of "emotion" which concentrates the "basic physical strength" (physical strength) of the body working under "mind" toward self-centering through painting, music, literature, etc. (art) . These "basic liberal education" forms the basis of "higher education" for both liberal art and specialty. The core of "basic liberal arts education" is "pre-primary education" and "primary and secondary education".

2-7-2 Basic liberal arts education in higher education

The purpose of "basic education at the university level" in "higher education", in addition to "basic education" to be acquired in "secondary education" or lower, is to acquire advanced grammar in language, advanced foreign language including second foreign language, abstract language, and advanced emotion. On the "university level basic liberal arts education", "specialized education" that pursues depth limited to individual specific areas and "advanced liberal arts education" that pursues cross-disciplinary breadth are added up. "This kind of education only makes it possible to properly position the deep" professional power "of each specific area within the broad picture of information.

2-7-3 Positioning of basic liberal education, advanced liberal education, and professional education in higher education

At present, in Japan's "higher education", "university level basic liberal education" is performed in the lower grades of class of the university, and "advanced specialty education" in the higher grades. In addition, the graduate school is based on the pursuit of the depth of "professional ability" as the basis of education, and understands the "meaning" of the whole information. For this reason, "high-level liberal arts education" related to the support of "bird's-eye view", which is important in cultivating the ability to make correct decisions, is lacking in both undergraduate and graduate schools. "Sophisticated liberal arts education" related to the "overhead power" training is inherently necessary together with "professional education" in both science and humanities. In the case of science and technology, it is first of all required to acquire a particularly deep "professional ability", so the perspective of implementing "high-level liberal arts education" is low at least in Japanese education. Experts who are particularly good at research in specific areas gain "bird's-eye view" by self-efforts while deepening their "professional abilities".However, if ordinary students can take classes aiming to acquire such power, it will be possible for them to acquire such power efficiently.

2-7-4 Advanced liberal arts education for science and humanities students at university and graduate school

If you are a literary student who is not aiming to become an educator and researcher in a specific field, it is possible for you to learn the breadth including the approximate framework of sciences more than the depth. It will be important for you to be active as a facilitator (manager) of both graduates from science and literature. In recent years, scientific progress has been remarkable, and management in each social sector is required to transcend the humanitarian framework. Under such circumstances, in particular, it may be necessary to set up a little more time for cultural students to understand only the framework and not the details of the current science field of study. Regardless of science or literature, many Japanese university students pursue "university level basic subjects" and "special skills" in their specific areas, but do not receive "high level liberal arts education" In addition, even if you cultivate the deep 'specialty' of a specific literary field at graduate school, the framework of the society that accepts such specialties is very limited. For this reason, the number of students who advance from undergraduate to postgraduate courses in the field of literature is limited. At present, specialization in the world of science is remarkable, and it will not easy to take a position to manage graduates of both science and literature in society. Under these circumstances, it may be important for Japanese-scientific students to have a high-level liberal education in which they acquire a broad perspective, including the framework of science, in addition to their own specialization in literary sciences. Those who can take charge of such advanced liberal arts education are senior teachers who are at the top of humanities and science studies, and such teachers will be able to transfer the framework and position of each discipline in a short time.

3 A runaway of modern "science"

The most important thing that "science" develops is deep 'expertise' in each specific discipline based on 'digital analysis and creativity'. However, if humans pursue only the depth of the "professional ability" in the individual field, the "analog recognition and integrated power" that recognizes the continuous "idea", and the related "bird's-eye view" and "intuition" fall. Thus, the balance between the two "intellects" has been disturbed in recent years. At the same time, the "humanity" of scientists and social leaders who use "science" has also been disrupted in connection with the decrease in "coercion" that correctly recognizes the entire content of information (comprehensive idea=general philosophy). In this way, modern "science" is losing the right direction to go and the risk of runaway is increasing.

3-1 "Science" runaway example

Typical examples of "scientific" runaways are the development of nuclear energy and its military use. Scientists who are out of balance between "professional power" and "overhead power" develop measures without proper preparation, and social leaders who fail "humanity" use it for military. In addition, in the name of peaceful use, it is used for nuclear power generation without having an accurate measure to control. These are typical of "scientific" runaways. A series of processes in which "science" is concerned about taking on the role of destroying human beings and human cultures were expressed as runaway of science.

3-2 New "science" where runaway is threatened

Another danger in the near future that may cause a "scientific" runaway is artificial intelligence (AI), whose utility has been highly valued in recent years. Recently, Professor Noriko Arai of the National Institute of Informatics argues that, from the point of view of mathematicians, the greatest weakness of AI that has made remarkable progress in recent years is "understanding the meaning" (Asahi Shimbun 2016.11.25, NiRA Soken opinion paper no31 / 2017 July, Nihon Keizai Shimbun 2019,5,10 "Reading comprehension skill over AI").

According to Prof. Arai's book, "Development of human resources required in the digitalization era" (NiRA Soken opinion paper no31 / 2017 July), according to Part I, "Differences between robots and humans," machines are particularly good at "regular" processing . According to the same professor, "The machine learning" methodology that statistically imitates human judgment has been developed in recent years, and the range that machines can process has expanded, but input information is regular and output judgment is limited to two types of Yes/No. Machines are often more accurate than humans when the input data and the answer data are given in large quantities. AI is introduced as a "classification judgment support tool" when machines make classification judgments by "ranking".As a result of research, Professor Arai said, "With the current theory and technology, it is not possible to create an AI that accurately determines the situation and solves the problem. She has also concluded that deep learning techniques can not handle abstract concepts such as "meaning".Based on these conclusions, she argues that it is not possible to ask AI for tasks that can not be processed in mathematical language.

What kind of process is there for human beings to read one sentence and "understand the meaning" that AI is considered to be weak? Consider the process by which humans understand the meaning of a particular sentence of words that are digital symbols. What kind of continuous unit "idea" can be read from each word seen by human beings differs greatly depending on what experiences and learning have been repeated in each person's life history. What seems to be more important in understanding the meaning of a particular sentence is how multiple units "ideas" linked to the words lined up as each digital symbol are connected to each other. If each language and the corresponding unit "idea" dissociates from one another, the sentence will not make a particular sense. In other words, if the "ordered system of digital information" created by "digital analysis and creativity" is not converted to the "ordered system of unit ideas" with continuity, it seems difficult for the human "mind" to understand the meaning of the text.

Only when "digital" and "analog" are properly combined, human beings understand the meaning of the "ordered system of digital information" which is exchanged using language and make judgment as human based on such understanding. Relatedly, an AI that recognizes a continuous analog philosophy (idea) only by a corresponding digital symbol may not be able to recognize its overall image (meaning).

The problem is that such AI might be used as a weapon, and in that case there is a sign that it will try to leave the decision to AI instead of human beings. If that were to happen, humans would give "science" the ultimate runaway.

Under these circumstances, it is said that the Japanese government is also examining the "human-centered AI social principle", which is the basic principle on the development and utilization of AI technology etc. (Norihiko Fukuhara, University Education and Information "Special Future: Information Security", Headline note, 2018 No. 4).

4 Challenges in Medicine
4-1 Origin of medicine

The origin of medicine and medical care closely related to healthy "humanity" is the "caring mind" for other human beings, which was created by directly recognizing analog environmental information related to the health of the whole human body. Medicine was born by putting two advanced "intellects" on this origin.. Thus, ancient medicine was based on sound "humanity", regardless of the east or west of the world. Ancient medicine was associated with "natural science" based on the direct recognition of environmental information of "nature". Because of this, ancient medicine was born on the basis of the experience gained by directly and continuously recognizing the health status of the "body" as a whole.

4-2 Development of medicine in east and west of the world

In both East and West of the World, medicine began with the accumulation of "ideas" (experiences) obtained by directly recognizing analog environmental information on human health under healthy "humanity." However, with the passage of time, emphasis was placed mainly on using different kinds of "intelligence" in the east and west of the world.

In the Orient, emphasis was placed on the experience of directly recognizing environmental information related to herbal medicines and actions that maintain the health of the entire body or recover from illness. As a result, unique traditional medicine was created.

On the other hand, in the West, skepticism is directed to the experience accumulated in this way, and as a result, emphasis is placed on digital analysis and creation (creation of a new order of digital information) to clarify organs, cells, and molecules that constitute the body. This has led to the development of new prevention and treatment methods for each organ, cell and molecule, and for each disease state. In this way, advanced medicine was developed.

4-3 Long and Short of Oriental medicine and Western medicine

While both Eastern medicine and ancient Western medicine sought to continuously recognize information on general health, modern Western medicine has emphasized the response to a specific condition for a limited time on a specific organ. For this reason, the inherent medical attitude to continuously care for the health condition of the whole body became weak.

Oriental medicine and ancient Western medicine, both of which emphasize continuous maintenance of general health, were both in line with the original goals of medicine. However, on the other hand, it takes a long time to accumulate new and useful experiences throughout the body, and unlike advanced medicine based on analysis and creation (new order creation), further development is not easy

On the other hand, modern Western medicine (advanced medicine), which emphasizes medicine based on "thinking" based mainly on "digital analysis and creativity" has developed a number of new treatments. However, such medical care often resulted in the loss of general health due to its side effects. These side effects would be applicable if there was a runaway in medicine that was originally based on sound "humanity".One of them is "Surrounding the brain," Devil's surgery "Robotism", which was reported in the fourth installment of the NHK series

As a result, Western advanced medicine has moved away from the medical point of view that it is important to care about the health condition of the whole body (from an analog point of view) with continuity in time and space. This point is more important than the problem of side effects. In this connection, western medicine analyzes herbal medicines and separates and utilizes ingredients that show specific medicinal effects. For this reason, it has become difficult to expect combined and continuous medicinal effects by a plurality of components contained in the herbal medicine

5   Fusion of eastern and western medicine
5-1 Development of new medical care by mutual access of East-West medical care

It is expected that new medical care will be born if appropriate integration of Western advanced medical treatment that focuses on the response of a limited time to a specific area of body and disease condition, and Oriental traditional medicine that emphasizes continuous health for the whole body in terms of time and space. In fact, even in Japanese medical practice based on Western advanced medicine, nowadays, traditional Oriental medicine that emphasizes whole body care is often used in combination. Also, in the United States, which leads advanced medicine, in recent years, the importance of traditional medicine (alternative medicine) has been reaffirmed, and the OD (doctor of osteopathic medicine) equipped

with the specialty of both traditional medicine and advanced medicine. The conventional MD is also trained separately there. On the other hand, in China, while promoting measures to strengthen Chinese medicine, it is said that the medical school that trains Chinese medicine in China also offers education in Western medicine.

5-2 Some cases where the origin of new medical development in western medicine was in traditional oriental medicine

The experience accumulated in Oriental traditional medicine based on recognizing the whole body of human health analogue information is digitally analyzed in Western advanced medicine, and as a result, several advanced medicines introduced below have been created and used in Western medicine.

1 The active ingredient of the herbal medicine senna was identified as a specific chemical substance (sennoside), as a result of analysis by Western medicine. This substance has since been used in constipation medicine in Western medicine.

2 Digital analysis and experiments are carried out in Western medicine based on the analog experience handed down by the private sector regarding the relationship between smallpox and cowpox, and as a result, groundbreaking preventive measures against infection with smallpox and other microorganisms: vaccine therapy has been developed.

3 After the phenomenon that blue mold suppresses the growth of bacteria has been accidentally analog-recognized in Western medicine, its active ingredient is digitally analyzed to be a specific chemical substance (penicillin). This discovery has led to the development of effective therapeutic drugs for various infectious diseases: antibiotics.

4 In recent years, Tamiflu, an innovative treatment for influenza, has been synthesized by analysis and creation by Western medicine, using shikimic acid, which is one of octagonal components, as a raw material. Octagon has

been used as a spice and herbal medicine by drying the fruit of Toshi Kimi native to southern China and northern Vietnam.

These are typical cases in which the origin of development through "thought" based on digital analysis and creation of advanced new medical care in Western countries was in Eastern traditional medicine, that is, direct recognition of analog health information. It should be, however, noted that although oriental medicine was the origin, under pure Oriental medicine, vaccine therapy and antibiotic therapy as developed by Western medicine would not have been born. The importance of the fusion of oriental medicine and western medicine is there.

6 Development of new medical care by substantial fusion of east and west medical care

6-1 General Remarks

In recent years, appropriate responses to chronic diseases that have increased with changes in age configuration and living environment have been questioned. It has been known that chronic diseases such as cancer and lifestyle-related diseases are caused by many factors being continuously involved for a long time.

These points are largely different from acute diseases which occur due to the action of a limited type of agent in a short time. For this reason, many of the therapeutic agents developed for acute diseases under advanced medical treatment are not effective for treatment of chronic diseases.

For medical treatment of chronic diseases, it will be important to effectively combine both the broad perspective of oriental medicine by continuous recognition of analog health information and deep digital analysis and creativity of Western medicine.

The author of this paper and his colleagues have conducted Western medical experimental research using oncogene transgenic mice recently developed under Western advanced medicine technology. And we examined how

the specific oriental medicinal herbal medicine (Kampo prescription) whose effect is predicted from the accumulation of experience through direct recognition of analog health information acts on the occurrence and progress of "cancer" which is a representative of chronic diseases. As a result of this experiment, it has been shown that such herbal medicine may suppress cancer for a long time. The outline of this experimental example is introduced below.

6-2 East-West fusion new medical development experiment example (Fig. 5)

(Dai et al., J. *Invest. Dermatology* 2001, 117: 694-701)

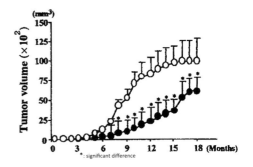

Fig.5 East-West Integrated New Mdeical Development:Experiment Example Data

6-2-1 Experimental design

This study was conducted as a long-term experimental study that went through the following steps.

Step 1: Isolation of oncogenes: RET oncogenes were isolated from multiple endocrine oncosis in humans by Takahashi et al., (1985)

Step 2: Preparation of animal model for development of cancer: Preparation of MT / RET-transgenic mouse: a RET oncogene is introduced into a fertilized mouse egg, which is returned to the uterus of the mouse to give birth to a pups. Thus, Iwamoto et al. (1991) established a mouse strain that develops melasma immediately after birth and develops melanocytic tumors with age.

Step 3 Experiment design:

① Newborn baby mice were divided into experimental group and control group by litter.

② Lifetime administration of specific herbal medicine 3-5 mg / day (the same amount per body weight when the same herbal medicine is prescribed to human for different purpose) through drinking water.

③ Long-term observation of the size, etc. of developing tumors over the lifetime (2-2.5 years)

Step 4 Experimental results: control group mice died at an average of 10 months, whereas tumors developed in experimental group mice were significantly inhibited their growth for a long time, and the life span of the mice was prolonged for an average of 6 months.

6-2-2 Experimental data

The experimental results described in 6-1-2/ step4 are presented in Figure 5. The growth of the tumor developed in the experimental group mice was strongly suppressed as compared to that of the control group.

The Western medicine methods used in this study were three: ① isolation of oncogene, ② preparation of a transgenic mouse model for cancer development, and ③ experimental studies on an animal model.

On the other hand, the Oriental medicine method used in this research were ① use of herbal medicine (Kampo prescription), ② reports of clinical experience (the results of using the Kampo prescription for post-operative care of cancer patients) as reference information, ③ long-term observation of tumors occurring in experimental animals.

Thus, the East-West fusion medical treatment could show the possibility of new medical development for chronic diseases.

The results of these experiments suggest that the continuous (analog) action of the herbal medicine, which is a combination drug, is important for the treatment of cancers that involve multiple factors and develop over a long period of time.

7 Conclusion

The following is a summary and some supplements of important issues when closing the manuscript.

We first introduced the characteristics of human "mind" from the view point of a single medical doctor specialized in the health and illness of humans

Human brain that has become extremely high performance in the process of evolution has got two outstanding capabilities: high-level "digital analysis and creativity" and broad "analog recognition and comprehensive ability".At the same time, human beings are equipped with the sound "humanity", which has been created by adjusting the "self-centeredness" common to life with human-specific "sociality and altruism", and with "emotion" that is the source of concentration on self-centeredness.

Human beings create "science" and "human culture" under it by using the above two outstanding "intellects" with balance while being supported by unique "humanity" and "emotion". The importance of "digital analysis and creativity" in the development of human culture is widely known. This power analyzes "analog information" and reassembles the "resulting digital information" in a new order for "creation". On the other hand, the significance of "analog recognition and integrating power" does not seem to be so widely known. Under this power, the "analog language unit concept" is combined with the "digital language information", and the "unit concept" is integrated and recognized as one continuous new comprehensive idea (=analog concept). Only then the "meaning" of the entire information mediated by the "digital language" will be born. That is, the information from the past (history) held by humans to the present is continuously recognized, and the future prediction is born in it. Furthermore, from the world of elementary particles to the end of the universe, being recognized as a continuous idea (philosophy) gives birth to "bird's-eye view" and "intuition".

Many people who are active in the general society learn these two powers in education.

Currently, due to the lack of such educational systems, sound "humanity" is broken, and the balance between depth and breadth of "intelligence" that must be learned in balance has been broken. For this reason, there is a risk that "science", which was originally created to support rich human life, loses sight of its original goals and runs away.

Since "medicine", which is one area of "science", is directly linked to medical care that cares the individual's health as a whole, the risk of runaway by "medical" is less than that of "science" in other areas. Nevertheless, modern Western medicine, which has been developed based on "digital processing power", has an increased risk of side effects due to over-focusing on local care and losing sight of general care.

In addition, in order to develop appropriate treatments for chronic diseases in which multiple factors act and develop over a long period, it is important to have an analog viewpoint that broadly grasps the health condition of the human body and the entire medical care including drugs.

Western ancient medicine and Oriental medicine that emphasize long-term care for the whole body and modern Western medicine that focus on short-term care in local areas have their respective advantages and disadvantages, and there is a possibility to create a new medicine by combining the strengths of each.

In this paper, we introduced a study case where certain results were obtained in that direction, when we proceeded with a mouse model,

21世紀の医学の革新は
人体観のパラダイムシフトから

禹済泰（Woo Je-Tae）●中部大学応用生物学部教授

要約

　人体を取り扱う医学は、科学技術とともに発展してきた。20世紀までの西洋近代科学は、還元主義的方法論に基づいた傾向が強いことがいえる。西洋医学の研究対象である人体についても、デカルトの「心身二元論」に起因した心から体を切り離して、体だけを対象とするようになり、機械論的な世界観に基づいた還元主義的方法論によって発展してきた。このアプローチによって得られた成果は、疾患の発症原因や治療法の開発、寿命の延伸に計り知れない貢献をしてきた。しかしその一方で、癌やアトピー性皮膚炎、うつ病などストレスと生活習慣など複合原因に起因する疾患については、患者の期待に十分に応えられているとはいいがたい。これらの患者の期待に応えるための21世紀の予防を含めた医学は、人体理解へのアプローチに大幅な発想の転換が求められている。ここでは、古代から20世紀までの人体観を大ざっぱに概観する。また、20世紀までの主流となっている機械論的人体観が直面している限界を乗り越えるためには、心と体の統合に加えて、体の構成要素である各臓器や細胞、遺伝子も組織化した全体として捉えるとともに人体の取り巻く社会や生態環境まで考慮する必要がある。これらに応えられる一つのパラダイムとして、システム論的人体観について考察する。

A paradigm shift to mark the 21st-century medical revolution

Medicine dealing with the human body developed with advancements made in science and technology. It is said that modern science or Western science showed very strong reductionist tendencies until the 20th century. During this time, most of the research regarding the human body relied heavily on Descartes's "Mind-body dualism", in which the mind was thought to be non-physical and distinct from the physical body and thus excluded from the research. This focus on the physical body reflecting the mechanical philosophy- based reductionist ideas eventually shaped the modern medical science. Research using this approach resulted in indispensable contributions to identifying the disease onset, developing treatment, and extending the life expectancy. However, such factors cannot fully be explained for diseases such as cancer, atopic dermatitis, depression, etc. which all have multiple causes including but not limited to stress and lifestyle. In order to fully address patients with such diseases, it is necessary for professionals in the medical field, including the 21st-century preventive medicine, to change their approach in understanding the human body. Here, we show a rough overview of how our understanding of the human body has evolved from ancient times to the 20th century. It is crucial integrate all components of the body; each organ, cell, and gene, in addition to integrating the mind and body in order to overcome the limitations faced by the current mainstream theory of the human body. Thus, we must recognize the social and ecological environment surrounding the human body as an organized whole and acknowledge the systematic theory of the human body as a new paradigm.

1. 初めに

　パラダイムとは、トーマス・クーンが自身の著書である「科学革命の構造」で初めて提唱した言葉であり、特定の科学の分野における支配的・理論的な枠組み又は仮説という意味で使用した。元々、クーンは科学の理論に関してパラダイムという概念を使用したが、今は、様々な学問分野、政治や経済、社会学に拡大適用している。クーンが提唱するパラダイムの例としては、天文学の理論である天動説や地動説があり、天動説から地動説への転換は、典型的

なパラダイムシフトの例になる。

NHK スペシャルの人気シリーズの「人体」（ここでの人体の定義は心や精神も含む）のテーマは、1992年の放送では遺伝子、2007年の放送では細胞であった。人の遺伝子は、約22,000個で、細胞は約250種類で60兆の細胞からなっているが、この二つのテーマである細胞と遺伝子は、人体をイメージしやすいワードとはいえない。しかし、2017年のテーマは、「神秘の巨大ネットワーク」で、緊密な各臓器の相互作用から成り立っていることが強調されており、人体の全体をイメージしやすく視聴者に大きな反響をもたらした。今までは、人体といえば「脳が他の臓器をコントロールする司令塔として機能する」というようなイメージであった。しかし、今回の「神秘の巨大ネットワーク」は、最新の科学の成果に基づいた内容で、「人体の各臓器は相互に情報交換をすることによって人体の営みを果たしている」ということを明らかにしている。例えば、全身関節炎の原因メッセージ因子であるIL-6は、運動によって刺激された筋肉から出て癌を防いで命を守るという正反対の機能を果たしている。また、骨が出すメッセージ物質で、骨代謝やメタボ調節因子として知られていたオステオカルシンは、若返り物質として脳を介して記憶力アップに作用する。番組で放映された各臓器のネットワークのアニメーションは、まるで、東洋医学がいう五臓六腑の相互作用をイメージするものであった。これらの臓器同士の情報交換の解明は、これまでの健康に対する常識や病気の原因や治療の方針を大きく変えることになる。今回の番組では、これまでの極端な細分化に基づいた医学の常識を覆す、人体を全体的に捉える、人体観の大きなパラダイムシフトが起こっていることを反映しているように見える。

超高齢社会を迎え、人生100年時代を生き抜く時代となった今病気の治療だけではなく、病気の予防や健康に多くの関心をもっている人が急増している。健康という概念自体が、人体とそれの取り巻く社会や生態関係との関係をどうみるかによって左右されるため、現代医学の機械論な人体観では、健康というものはなかなかとらえきれない。ここでは、古代から20世紀までの生気論的、有機体論的、機械論的人体観を概観するとともに、現在主流となっている機械論人体観が直面している限界を乗り越えるために求められている人体観は何かを考察する。

2. 古代から20世紀までの人体観

古代から近代までの人体観の基本的な考え方は、生気論や機械論的、有機体論的人体観の3つのパラダイムがあるといえる。一つ目の生気論的人体観は生命現象には物理学及び化学の法則だけでは説明できない物質世界とは次元の異なる特別な力や原理を認める説である。旧約聖書の創世記には、人間はすべて神にかたどってつくられたと記されている。人間であれば誰であっても、物質とは異なる神秘的なもの霊魂を宿している、ということから、これは生気論的人体観に近い例であり、人体現象を自然科学で十全に説明できないことを宗教的に信じる人以外の生命科学の世界では、ほとんど継承されていないのが現状である。二つ目の有機体論的人体観は、生命現象は、部分過程が組織・編成されて、その特定の結合状態・秩序にあるときに（のみ）可能なものとする考え方である。これは16世紀以前の中世のヨーロッパで支配的な人体観であったが、17世紀に入り、ライプニッツは、モナド論を展開しつつ、生命個体が有機的発展活動を営んでいることを説き、カントは、有機的な自然には合目的性が働いているとして、全体と部分とは相互に制約しあう統一体である主張し、有機体論的人体観の基盤を築きあげてきた。20世紀では、ベルタランフィーが生命現象に対する機械論を排して、この有機体論的人体観を継承して「システム理論（ここでシステムとは、人体は互いに作用し合う諸要素の複合体を指すもの）」にまで発展させた。全体として諸要素の組織化のことを省いては人体の営みを捉えられない考え方であり、その後も現在にいたるまで、多くの賛同者がいる。三つ目は、唯物論的傾向のある機械論的人体観である。時代の思考の枠組みを左右するパラダイムとして、人体の機械論的人体観が登場したのが、近代科学成立以降であった。デカルトの「心身二元論」は、人体における心と体（身）はお互いに共通点がない、それぞれ独立された別のモノ実体であるという考え方である。デカルトは、人体は機械と同じように物理学的コントロールされる機械であるとしたが、体の次元の異なる心（精神）の要素を残し、心身相互作用を認めた。しかし、ラ・メトリーは、精神の要素も機械として組み入れた機械論的な人体観を確立した。この機械論的人体観を基盤として、個々の要素に分けて分析する要素還元主義的な手法、すなわち、心を含め人体の営みを、物理・化学的な現象に還元して説明しようとするというパラダイム

が現代の医学や健康科学において、主流の人体観となっている。

1987年、ノーベル生理学・医学賞を受賞された利根川進氏（当時米国マサチューセッツ工科大学教授）は、NHKスペシャル21世紀を警告するシリーズの「地球にとって、人間とは」という番組のインタビューの中で、"人間はランダムの要素がトライとエラーを繰り返し（ランダム）でできた非常に複雑な機械である"と定義し、"科学的な方法論で解明できないものではない"とした。続けて追加説明で、"心の影響を受ける感情、愛情、情緒及び価値観も特定の遺伝子発現の形質一つである"としている。還元主義的機械論の立場に立つ分子生物学の利根川教授の視点では、遺伝子に組み込まれた遺伝情報が生命そのものにとって絶対的なものにしまうリスクがある。上述のように、心の営みに物理化学的な次元以外の可能性を排除し、物質で説明しようとする唯物論的機械論の立場に立っていることがわかる。更に、"しかし、その機械についてまだほとんど分かっていない"とした。この発言における矛盾は、人体について、ほとんど分かっていないと言いながら、複雑な機械と定義してしまうことに加えて、物理化学的な次元を超える要素の可能性も否定する矛盾を抱えている。これに対して、同じ番組で、心理学者で文化庁長官を歴任した河合隼雄（当時京都大学教授）は、利根川教授に対して、"人間は機械ではない、意識や自由意志を持って行動するため、規格化された機械のように、説明できない。また、人間はノイローゼになる場合、脳や臓器などの人体の部分を調べても異常はなく、機械のように還元主義的なアプローチで修理はできない"と反論している。利根川教授の人体観は、物質以外の要素の存在を排除する機械論的パラダイムを受け継いだものであり、一方、河合教授の人体観は、心の営みに物理化学的な次元を超えた、何かの要素があるという、生気論的パラダイムを受け継いだものである。

3．人体観の医療への応用

デカルト以来19世紀末までの機械論的人体観は、医学へ多大な影響を与えた。人体は機械と同じように、病気は体の故障状態であり、病院に行けば医者が修理してくれると考えるようになった。機械論的人体観の医学への取入れのきっかけは、16世紀ウィリアム・ハーヴェィによる血液循環の解明の成果であり、超越的な（神秘的な）原理や要素なしには語

禹済泰

れなかった血液循環を、物理的現象に還元して説明できるようになった。また、18世紀後半近代化学の父と呼ばれるラボアジェは、呼吸を燃焼現象に還元し、酸素と結合することであることを、証明した。このように、機械論的人体観のパラダイムに基づいた要素還元主義的な手法の成果によって、この人体観はゆるぎないものとなった。19世紀に入り、パスツールによる感染症の一病原菌説による治療法やエドワード・ジェンナーによる天然痘のワクチン開発などの成果は、それまでの医療とは別格であったことは言うまでもない。この手法による医学への神話になり始めたといえる。

全体は部分（要素）の集合体である認識に立っている西洋医学では、人体を知るために、20世紀に入り各要素である臓器、組織、細胞研究から始めて来た。同一性保持の本質である遺伝情報物質DNAの発見は、人体の営みや病気の原因を分子レベルにまで還元する学問である分子生物学の発展の基盤となった。実際、人体を、解体して細胞やタンパク質や遺伝子まで知るようになり、20世紀は分子生物学の全盛期で、膨大な知識を得ることができた。単細胞生物の研究では、大まかな生物の営みを理解することになった。多細胞生物であるヒトの遺伝子は約22,000個あることまで解明しているが、その機能については、まだほんの一部しかわかっていないのが現状である。ひとつの遺伝子の機能を理解するために、遺伝子ノックアウト手法によって、特定の遺伝子が機能しないようする変異を導入するが、それによって、形質の変化が表れない場合がある。これは、機能を失わせたはずの遺伝子による形質の変化が、他の遺伝子による代償機能により補われてしまうことがあるからである。また、ある遺伝子が生

存に重要な場合には、遺伝子ノックアウトによりその遺伝子の機能を失わせてしまうと子供が生まれなかったり、生まれてもすぐ死んでしまったりするため、その遺伝子の機能を解明することができなくなる。各遺伝子は、他の遺伝子との相互に影響しあう関係にあり、これらのことから、人体の営みを各遺伝子に還元して分析するには、限界があるといえる。

この分子生物学の発展は、医療の領域にも及んでいる。20世紀の医学における病気の原因解明は、細胞や分子レベルまで還元し、薬物治療を行ってきた。肺炎球菌や梅毒に対する特効抗生物質の感染症治療への応用や当時不治の病であった糖尿病患者へのインスリンの応用、血糖値やコレステロール低下剤など画期的な治療薬が開発され、それぞれの患者の満足度を上げている。しかし、これらの治療薬は、医療において大きな功績をあげてきた半面、抗生物質の使い過ぎによる耐性菌の出現や副作用などの課題に直面している。また、認知症やメタボリックシンドローム、癌、アトピー性皮膚炎など複合的な生活習慣因子がその発症原因の場合、単一の標的を持つ治療薬だけでは限界がある。例えば、2型糖尿病の治療として、数十年間にわたり血糖値低下剤を飲んでも、失明や人工透析、神経の壊死による、足の切断などの合併症を防ぐことができないことも多い。上昇血糖値を治療薬で下げることに加えて、血糖値を上げる原因である生活習慣に対して、徹底した食事療法や運動療法などを行うことや患者の取り巻く人間関係を含めた精神状態の改善のために周囲環境を変えること、すなわち、患者の健康意識を変える総合的な取り込みが求められる。

現代科学によって、心と体の相互関連性が解明されつつある。心が脳を介して身体に影響を与えるとともに、身体の異常が脳を介して心の不調をもたらすことが明らかになっている。人間関係などのストレス（本来は肉体的な負荷の意味であったが、今では精神的なストレスに限定した使い方が定着している）を受けると、体の恒常性を営む自立神経系や内分泌系、免疫系に加えて、消化器系や循環器系、睡眠まで影響されることが、最近の研究で分かっており、これらのシステムの不具合で発症する疾患として、心身症というカテゴリが知られている。心身症には、消化器関連疾患が多く、例えば、胃潰瘍、十二指腸潰瘍、潰瘍性大腸炎、クローン病等があげられる。これらのストレス性疾患は、対症療法的に

治療してよくなっても、真の原因である心のストレスを除かない限り、症状が悪化する、或いは大半が再発すると言われている。最近、西洋医学においても、精神的な要素を含んだストレスを重視し、心の治療法として、精神分析法、行動療法、マインドフルネス、グループ療法、芸術療法などが一部の医療に応用されている。さらに、食事由来の栄養成分がうつ病の症状を軽減できるとの研究成果も報告されている。脳内で、気分緩和、満足感、睡眠の調節機能を有するセロトニンの前駆体で、アミノ酸の一種であるトリプトファンの欠乏でうつ病を発症する可能性があるため、積極的なトリプトファンの摂取がうつ病の症状も軽減できる可能性が示され、うつ病の食事療法として勧められている。また、ウォーキングなどの運動が大うつ病性障害（うつ病）の患者の症状を軽減する報告もあり、心の病であるうつ病の治療には、食事や運動などの生活習慣の改善も重要なアプローチであるといえる。このアプローチは、機械論的人体観に基づいた還元主義的手法である治療薬だけでは解決できないという現代医学の限界を超えるものとして期待される。うつ病、総合失調症、パニック症候群、ノイローゼなど、その原因や発症メカニズムは明確ではなく、また、疾病や複合的なストレスに起因する心身症などは、治療薬だけでは、患者の期待に十分に応えられているとはいいがたい。また、精神に関わる病気の予防や治療方針は、人体観によって異なる。患者の期待に応えるための21世紀の医学は、人体理解へのアプローチにおいて大きな発想の転換が求められている

4．21世紀の人体観の新しいパラダイム

超高齢社会となった今は人生100年時代に入ろうとしており、病気の予防や健康に多くの関心をもっている人が急増している。健康という概念が、医療領域を超えて、一人の人間個人に加えて、人間関係や周囲の環境に複雑にかかわっているため、機械論的人体観に基づいている現代医学の人体観からは、健康全体という概念をとらえきれない。WHOの「健康」の定義は、次のように記載されている。*Health is a dynamic state of complete physical, mental, spiritual and social well-being and not merely the absence of disease or infirmity.* 健康とは、病気でないとか、弱っていないということではなく、肉体的にも、精神的にも、霊的そして社会的にも、すべてが満たされたダイナミック状態にあることをいう。言い換えると、「心身共に健やかで活気に満ち

た状態」であり、社会的要素に加えて精神の要素や霊的要素も含まれている。人間社会や自然環境まで考慮したシステム論的人体観が求められている。

人体に対する機械論的な見方は、人体の一部の仕組みをよく説明できることは間違いない。上述のように、医学や医療の発展に貢献してきたように、人体は、機械のように動く部分もある。しかし、人体は機械そのものではないとともに、機械論的に説明できない要素も含まれている。したがって、生活習慣病やストレスが絡む心身症においては、上述のように、まだ多くの課題を残している。この課題は、心と体の統合に加えて、体の構成要素である各臓器や細胞、遺伝子も組織化した全体として捉えることである。全体として、部分の組織化をしない限り人体の営みを解明したり説明することができないからである。人体の営みには、各ヒエラルキー要素である遺伝子や細胞、組織、臓器同士が依存し合っている。また、物理・化学的に説明可能な脳の神経ネットワークと非物質的要素である心においても、相互に作用し合う現象が起こっているので、システムとして捉える必要がある。ここで、システム論的な人体という考え方は、人体は、心と体の統合に加えて、体の構成要素である各臓器単位の性質に還元し得ない統合された全体であることを指すものである。

このようなシステム論的人体観は、西洋医学の父と呼ばれる、ヒポクラテスの医学伝統と古典的な中国医学体系にもあった。ヒポクラテスは、心と体の相互作用に加えて、個人の健康や病気の発生は空気や水、場所など環境要因に左右されることを強調されている。ヒポクラテスと同じように、環境の影響の重視に加えて心と体の相互依存性を考慮した医学が、東洋医学である。東洋医学の基本は陰陽説と五行説であり、陰陽説では、全宇宙と同じように、小宇宙である人体もその構成要素が陰と陽に分けられている。この二つがダイナミックな均衡状態になく不調和をきたす場合に病気になるという考え方である。五行説は、季節や大気、色、音などの様々な情動の状態と社会関係を表す。東洋医学における、人体の概念では、部分の相互関係を中心に置くもので、全体的なものとして捉われる。言い換えると、人体を、相互に関連しあう部分からなる不可分のシステム、として見なしているシステム論的人体観といえる。東洋医学の治療体系には、心と体はお互いに強く影響し合うという"心身一如"という考え方があ

る。漢方医学の解剖生理学の中にある五臓の機能として、物質的な側面だけでなく、精神的な部分の機能もそれぞれの五臓がコントロールしているという立場をとる。心の状態、すなわち、怒ったり、怒ったり、悲しんだりすると、体の調子が悪くなって、最終的には胃潰瘍のような消化器疾病が発症しやすいので、胃の治療よりも、心の治療を重視している。

脳科学や神経生理学、心理学分野において、脳内神経細胞のネットワークが詳細に分かっても、心の発生カニズムは、明らかになっていない。心と身体の相互関連性を利用し、医学的に応用しているが、心理学者のだれもが承認するような心の定義はまだない。心身二元論の提唱者であるデカルトは、機械論的な存在である物質的肉体と、自由意志をもつ精神を対置し、両者は相互作用すると考えたが、の相互作用の理論を、後継者に伝授できなかった。20世紀になって、物理学者ハイゼンベルクが「量子力学における『量子』の粒子的な性質と波動的な性質の相補性が、デカルトの二元論において、精神（心）と体の相補性と一致している」と主張している。このことについて、アーサー・ケストラーは、大脳の物質的な神経ネットワークを、実体がある物質的な現象は体にあたる「粒子」に、また精神を通りぬけていく意識を、物質的ではない心に当たる「波」に結び付けた。光の粒子説と波説の関係を合理的に説明できなくても、この二面性を有する前提から発光ダイオードやレーザー実験装置、液晶テレビ等に応用した実績を上げて来たように、心身理解において体及び心のそれぞれのみを前提にするのではなく、心と体の相互作用や二面性を前提にすることの方が、よりリアリティを反映し、医学に応用しやすいかもしれない。どんな病気でも、精神（心）的な要素が絡んでいるので、治療において心の持ち方や心理的アプローチは、病気の予防や治療に有効な手段となりえる。治療薬の開発のための臨床試験における、プラシーボ効果は肯定的な期待を持つだけで治療効果が発揮できることを証明している。更に、ストレスの発症が、人間関係や自然環境に起因する可能性があることを前提にして、西洋医学の心身相互作用や東洋医学の心身一如の考え方までをすべて考慮したシステム論的人体観のパラダイムを取り入れれば、心の治療の選択肢が増えて、心身症患者の満足度は上げられるのであろう。更に、人生100年時代を生き抜くため、長寿の健康科学においても、システム論的人体観のパラダイムに立てば、心の状態

や食や運動などの生活習慣に加えて人間関係や自然環境への取り組み方が変わる可能性がある。

4．終わりに

　中世期に起こった、天文学における天動説から地動説への転換は、典型的なパラダイムシフトの例として挙げられる。それより大きなパラダイムシフトが20世紀初期に物理学に起こった。ニュートン力学からアインシュタインの相対性理論への転換に象徴されるもので、古典物理学から量子物理学への転換だった。古典物理学の特徴は、機械論的世界観に基づいた還元主義的アプローチをとることであって、物質世界の現象は矛盾なく解釈しようとした。しかし、物質世界の究極な解明を求めて分子や原子、量子レベルにまで還元して見たら、物質が粒子と波動状態として存在することが解明された。これは、物質の究極に固定した物資がなく非物質的な存在にもなりえる神秘的現象に直面することになる。

　天動説から地動説や古典物理学から量子物理学へのパラダイムシフトに匹敵する21世紀のパラダイムシフトは、人体を取り扱う医学における機械論的人体観からその限界を乗り越える人体観への転換ではないだろうか。近代科学における物質の究極の解明のための手法と同じように、現代医学における人体の究極の解明も、社会・生態環境から人体を分離して、心身から体を切り離して、体から系（消火器系、循環系、神経系、免疫系など）、これらの系から臓器、臓器から組織、組織から細胞、細胞から分子（遺伝子）のレベルまで細分化して調べても全体の代わりにならないし、人体全体の中での要素としての機能は見えない。これまでの人体観の限界を乗り越えるとともに、矛盾に応えるべき21世紀の人体観は、次の3つのことを含む必要がある。1つ目は、体は分子や細胞、組織、臓器、各系同士の相互依存性に基づいた有機的組織化である。最近のNHKスペシャル人体のタイトルを、「神秘の巨大ネットワーク」にした理由は明確に分からないが、臓器や分子同士の相互依存性がこれまでの科学の枠組みを超えたため、「神秘」と「ネットワーク」を選んだのではないかと読み取れる。二つ目は、物資が粒子と波の2面性性質を有することと同じように、物質ではない心と物資である体の相互依存性を有する複合体として人体を捉えることである。三つ目は、個体としての人体同士の社会性、生態環境との関係性まで取り込むことである。この3つを満足する、システム論的人体観へのパラダイムシフトが、21世紀の医学の（さらなる）革新につながることを、今後、期待しながら見守りたい。

参考資料

「パラダイムブック　―新しい世界観―新時代のコンセプトを求めて―」 C＋Fコミュニケーション編・著（本内容の一部には、この本の関連内容をサマリーした部分もある）

「還元主義を超えて　―アルプバッハ・シンポジウム―」 アーサー・ケストラー　工作書　1984

「生命―有機体論の考察」 ルートヴィヒ・フォン・ベルタランフィ　みすず書房、1974

「学際科学としての東洋医学」 森　和　医歯薬出版株式会社2014

「新しい哲学的パラダイムと世界観」 高尾征治　人体科学 7：43-51，1998

「21世紀の健康科学―要素還元主義を超えて」 菅原　努　ILSI　69：3-10, 2002

「高齢社会における経済的・文化的・医学的パラダイムシフト」医療政策会議報告書　日本医師会医療政策会議　2016

「近代ヨーロッパ医学の科学的基盤―古代キリシャの自然哲学者の果たした役割」 榊原　博　人間と科学　県立広島大学保健福祉学部誌　8：25-38　2008

NHKスペシャルの人気シリーズ、神秘なネットワーク　2017

NHKスペシャル：21世紀は警告する　第10集生命の黙示録　第二部地球にとって人間とは

公益社団法人日本ＷＨＯ協会ホームページ https://www.japan-who.or.jp/commodity/kenko.html

日本東洋医学会ホームページ http://www.jsom.or.jp/universally/examination/sinsin.html

日本における発光生物学の歴史

大場裕一●中部大学応用生物学部准教授

本編では、発光生物を対象とする基礎科学の一分野（「発光生物学」と呼ぶ）が、日本において世界をリードするほどにまで発展し、それが応用への可能性に大きく花開いたときを変曲点に一気に衰退していった歴史を概観し、なぜそのような奇妙な運命をたどったのかを分析する。

明治以前（―1868年）

世界にはバクテリアから魚類までの14門882属およそ7000種の発光生物が認められているが（大場、2019a）、その多くは海産種であるため、発光する姿が目撃される機会は少ない。そのため、発光生物の古い記録の大部分は、洋の東西を問わず、身近に見られるホタルや発光菌類に限られる。

日本のホタルは、万葉集に詠まれ枕草子や源氏物語にも登場し、その発光現象が「雅なもの」として奈良平安時代においてすでに高貴な人々の間で認識されていたことが知れる。また、江戸時代に入ると、こうしたホタルを愛でる文化は庶民にも広がり、大人子供が蛍狩りを楽しむ様子が浮世絵から生活雑器にまで描かれている（Oba et al., 2011）。しかし、生物学史における発光生物は、それらの多くが農業や水産業に直接関わりないこともあり、明治以前までは本草学と蘭学の影響を受けた博物学的な記述としてホタルとキノコに関するものが断片的に見られるに過ぎない。これは、江戸初期に当たる1668年に英物理学者ロバート・ボイル（Sir Robert Boyle, 1627-1691）が発光菌類の発光に空気が関与していることを実験的に確かめ（Boyle, 1668）、江戸末期の1855年に仏昆虫学者アンリ・ファーブル（Jean-Henri Casimir Fabre, 1823-1915）がオリーブの樹に生えるツキヨタケの近縁種の発光に酸素が必要であることを明らかにしていること（Fabre, 1855）と比べると、大きな隔たりと言わざるをえない。

しかし、貝原益軒（かいばらえきけん, 1630-1714）の『大和本草』巻一四（1709年）には「大小二種アリ」として、おそらくゲンジボタルとヘイケボタルが示され、また小野蘭山（おのらんざん, 1729-1810）の『本草綱目啓蒙』（1803年）には「大中小ノ三品アリ皆水蟲ヨリ羽化シテ」とあり、ここに日本に産するホタルに関する分類学と生態学の萌芽がうかがえる。ただし、幼虫が水中生活をするホタルは本州にはゲンジボタルとヘイケボタルの2種しかないので、蘭山の記述には疑問が残る。これについて、神田は、「支那の本草綱目の中に、ホタルに3種あり、とかいてあるから良安でも蘭山でも、日本のホタルも3種とゆうことにしたよぉです」と推測している（神田, 1935）。しかし『本草綱目啓蒙』の特筆すべき点は、「皆水蟲ヨリ羽化シテ出夏後卵ヲ生シテ復水蟲トナル腐草化シテ螢トナルニ非ス」とするホタルの生態に関する記述である。当時の日本では、李時珍『本草綱目』（1596年）の記述そのままに、ホタルは腐った草から自然発生する（腐草為螢）と信じられていたが、ここに正しくその俗説を否定し、中国尚古主義から脱却した日本固有の生物学の萌芽が見られる。

一方、『栗氏千蟲譜』国会図書館寄別6-4-2-1（1811年頃完成とされる栗本丹洲『千蟲譜』の転写本）第8冊には「五六月池沼泥中ニ生ス」「尾下光リアリ螢火ト異ナラス」として「ホタルムシ（蠲）」が、また、服部雪斎写しによる『千蟲譜』中巻には「又云草ボタル夏秋ノ間叢中ニアリ」「蚕ノ如クハサミ虫ニモ似タリ」「尾端白色夜ニ至レハ光アリ蛍火ニ似タリ」として「ムシボタル（宵行）」が挿絵付きで記されている。『千蟲譜』においては、ホタルの幼虫と成虫が同じ生物であることが結びついていなかったことが知れる。

発光キノコに関しては、怪異異聞に類する記述は古くからあるものの（例えば、江戸末期の『續三州奇談』に見られる「闇夜茸」）、学術的には藩医坂本

浩然（さかもとこうねん, 1800-1853）の『菌譜』（1834年）に「此菌夜光ヲ発ス故ニ月夜覃ト云フ」の記述とともに「ツキヨタケ」の和名が認められるものが最初と思われる。

その他、『大和本草』諸品図下には「トビムシ」として簡単な図とともに「夜光アリ螢火ノ如シ」とあり、『栗氏千蟲譜』にも同じことが記されている。六脚類のトビムシに発光する種がいる事実（Oba et al., 2011）を思わせるが、その説明には「蚤ノ如ク跳ル」と書かれている。現在知られている発光性のトビムシはイボトビムシ科 Neanuridae とシロトビムシ科 Onychiuridae に含まれる種のみであり、これらは跳躍器を持たず跳ねないので、この点は矛盾する。一方、端脚類（ヨコエビ類）は、跳躍することからトビムシとも呼ばれることがあるので、『大和本草』のトビムシとは端脚類のヨコエビのことかもしれない。ただし、発光性の端脚類は複数種知られているがいずれも海産であるので、「鹹水ニモ生ス」という記述には一致するが「下湿ノ地ニ生ス」と一致しない。淡水性のヨコエビが発光バクテリアに感染して発光したという報告がある（Bowman & Phillips, 1984）ので、これを見たものかもしれない。添えられたイラストは稚拙で、どちらとも判断できない。

リンネ分類体系に基づいて「日本から最初に」記載された発光生物は、リンネの弟子で江戸時代の1年間（1775-1776年）日本を訪れたカール・ツンベルク（Carl Peter Thunberg, 1743-1828）により1784年に記載されたキイロボタル Lampyris japonicus であろう。しかし現在、この種は日本産ではなくジャワ産の個体を間違って記載したものと見なされている（日本學士院, 1980）。ウプサラ大学に残るタイプ標本の写真を閲した川島らの研究よると、おそらくこの個体は日本には分布しない Luciola chinensis (Linné, 1767) である（Kawashima et al., 2003）。本当の日本産ホタルとして最初に記載されたのは、江戸末期の1854年から1866年、ロシアの昆虫分類学の大家ヴィクトル・モチュルスキー（Victor Ivanovitsch Motschulsky, Виктор Иванович Мочульский, 1810-1871）によるゲンジボタル、ヘイケボタル、オバボタルの3種である（Kawashima et al., 2003）。なお、著者（大場）は2017年にモチュルスキーの集めた標本をモスクワ大学博物館で見る機会を得たが、カビだらけのボロボロで、ほとんどその原型をとどめておらず、非常に残念な思いをした（大場, 2018）。

旧ソビエト時代に適切に管理されずに放置されていたせいで、（ゾウムシ類やテントウムシ類などはまだ良いが）ホタルやチョウのような軟らかい昆虫標本はすっかり損なわれてしまったのだそうである。

以上のように、本草学の影響の強い明治以前までは、発光生物に関する記述は日本の生物学にほとんど現れず、ゲンジボタル、ヘイケボタル、ツキヨタケなど、身近で目立つ種に関してようやく分類学的検討の兆しが現れ始めた、発光生物学の黎明期であったといえる。特記すべき点は、ホタルは眼病に効くとして、また、ツキヨタケが平安時代から知られた毒キノコであることで知られていたという事実である。つまり、これらの発光生物が江戸時代に記録されたのも、発光生物だからというよりも薬理作用を持つ生物だからだったのかもしれない。なお、ツキヨタケが強い胃腸毒を持っていることは事実であるが、ホタルが本当に眼病に効くのかどうかは大いに疑問である。おそらく、発光することと目への作用が結びつけられた迷信であろう。ちなみに、ホタルの一部の種からはルシブファジンという強心配糖体が単離・構造決定されており（Mainwald et al., 1979）、何らかの薬理活性のある成分をホタルが持っている可能性はある。

そのほかの発光生物については、例えば、江戸中期の古文書に富山湾でホタルイカが漁獲されていることを示す記録が見つかっているが（北日本新聞, 2015）、そこにはホタルイカが発光するかどうかの記述はない。おそらく、ホタルイカが発光することに漁師は気づいていたが、その利用（食用もしくは肥料用）と関係がないので、誰も記述しなかったものと思われる。

明治期（1868年—1912年）

日本における本格的な動物学が始まったのは、東京大学に生物学科が置かれた明治10年（1877年）である。この時代、日本産の多くの昆虫がヨーロッパやロシアの分類学者によって記載されたが、ここに日本産のホタル類8種（ヒメボタル、キイロスジボタル、ヤエヤママドボタル、オオマドボタル、クロマドボタル、アキマドボタル、オオオバボタル、スジグロボタル）が含まれている（Kawashima et al., 2003）。1898年には飯塚啓（いいづかあきら, 1868-1938）によってイソミミズが Pontodrilus matsushimensis（このときの和名は、うみみみず）として記載されているが（飯塚, 1898; Iizuka, 1898）、当時は発光することが知ら

れておらず、それが明らかになったのは1936年のことである。この発見については、発光生物学者の神田と羽根田が調査に行った際に、同じ宿に投宿した地元の釣り人からこのミミズが光ることを聞いたことがきっかけとなっている（神田, 1938）。なお、*P. matsushimensis* は、のちにコスモポリタン種 *P. litoralis* (Grube, 1855) のシノニムとなった (Easton, 1984) が、最近のわれわれの分子系統学的研究により、*P. litoralis* が複合種（実際は複数の種を含んでいるが現在は1種とみなされているもの）である可能性が指摘されている（大場ら, 2015）。

日本を代表する海産発光性甲殻類ウミホタルは、ドイツの動物学者フランツ・ヒルゲンドルフ（Franz Martin Hilgendorf, 1839-1904）が日本（おそらく三浦半島付近：阿部, 1994）で採取しドイツ本国に送った標本に基づいて、ミュラー（Christian Gustav Wilhelm Müller, 1857-1940）によって1890年に記載された。この記載論文には、発光することが記されている。種小名は *hilgendorfii* で、ここにヒルゲンドルフの名が永遠に刻まれている。

明治期の発光生物学に関わる重要な人物として、渡瀬庄三郎（わたせしょうざぶろう, 1862-1929）が挙げられるだろう。東京帝大動物学教室の第5代目教授であった渡瀬は、様々な動物の研究を行っているが、発光生物に関してはホタルとホタルイカの研究がある。

ホタルイカは、渡瀬が1906年に *Abraliopsis joubini* という学名で、「ほたるいか」の和名とともに新種記載しているが（渡瀬, 1906）、無効名とされ、アメリカのサミュエル・ベリー（Samuel Stillman Berry, 1887-1984）が東京帝国大学にあった標本に基づき1911年に改めて *Abraliopsis scintillans* と命名記載した（Berry, 1911）。現在の学名は *Watasenia scintillans* で、これは東京帝国大学の石川千代松（いしかわちよまつ, 1860-1935）が大正2年に新属に移したことによる（Ishikawa, 1914）。新しい属名（最初は *Watasea* だったが、同じ属名がすでに魚類で使われていたので *Watasenia* に改められた）は、言うまでもなく渡瀬への献名である。ジネズミからヤブカまで、渡瀬に献名された生物は他にも多いが、ホタルイカ以外の発光種にはハダカイワシ *Diaphus watasei* とセキトリイワシ *Rouleina watasei* がある。

ホタルに関する渡瀬の研究には、後世に大きく残るほどのものはないが、明治35年に書かれた開成館の学芸叢談シリーズの一冊『螢の話』は、一般

大場裕一

向けにホタルの生態や生理などについてわかりやすく紹介した日本最初の発光生物に関するポピュラーサイエンス書として意義深い（渡瀬, 1902）。さらに、ラフカディオ・ハーン（小泉八雲, Patrick Lafcadio Hearn, 1850-1904）のエッセイ集『*Kottō*』（1902年）に収められている有名な短編「Fireflies」は、渡瀬の『螢の話』がベースとなっていることから、これを通じて日本のホタル文化が海外にも紹介されることになった。

しかし、このころフランスにおいて発光生物学上の極めて重要な発見がなされていた。ラファエル・デュボア（Raphaël Horatio Dubois, 1849-1929）が、生物発光の反応原理となる「ルシフェリン」「ルシフェラーゼ」の概念を実験的に見つけ出したのである。この発見により、デュボアは、生物発光学を現代科学に引き上げた重要人物として記憶されている（Harvey, 1952, 1957）。デュボアの発光生物に関する研究をまとめた1914年の本「生命と光：La Vie et la Lumière」は、その記念碑である。つまり、こうした世界的な発光生物学の動向に対等に渡り合える日本人研究者は明治までは登場することはなく、次に紹介する神田左京が最初となる。なお、デュボアはハーヴェイ（後述）と交流のあったことはわかっているが、時代的に重なるはずの神田（後述）と交流があったかどうかは不明である。現在、フランスではデュボアの再評価が進み、書簡などが整理されつつあるという。デュボアと交流のあった人物の中に、神田を含めた日本人研究者が含まれているかどうかが気になるところである（Dr. Marcel Koken, 私信）。

大正期（1912年—1926年）

明治期に盛んに行われた外国研究者による日本

のホタルの記載は、大正以降行われていない。代わって大正7年に、松村松年（まつむらしょうねん，1872-1960）が琉球のホタル3種（ヤエヤマヒメボタル、クロイワボタル、オキナワスジボタル）を記載している（松村，1918）。大正時代のホタルの記載は松村による3種だけで、その他の記載はすべて昭和以降となる。なお、大正までに記載された日本に分布するホタルは合計14種だが、現在その数は50種に達している（Oba et al., 2011）。

　この短い大正期から昭和の初めにかけて発光生物の研究で活躍した重要人物に神田左京（かんださきょう，1874-1939）がいる。神田は、発光生物について徹底した研究を行い、発光生物に生涯を捧げた最初の日本人である。たとえば、大正12年の著作『光る生物』は、未熟で短い内容ながら翻訳に頼らず日本で初めて発光生物を広く紹介した書籍として歴史的価値がある（神田，1923）。

　神田は当初アメリカで心理学や動物生理学を学んでいたが（フロイトやユングと一緒にいる若き日の神田の写真が残っている）、福岡に戻ると突如として発光生物の研究に打ち込むようになった。これについて、神田が最後の大著『ホタル』（1935年）を出版する少し前から神田との交際があった羽根田（後述）は、神田が発光生物に取り組むようになった理由を「多分私の想像するところではプリンストン大学のニュートンハーヴェイ教授かその先生であったダールグレン教授ではなかったかと思う」と分析している（羽根田，1981）。ちなみに、ここに名前の挙がったニュートン・ハーヴェイ（Edmund Newton Harvey, 1887-1952）とは、「発光生物学の父」と称されるアメリカの生物学者であり、1920年に最初の発光生物に関する著作『The Nature of Animal Light』を著している。神田の渡米時代にハーヴェイと直接の接触があったかどうかの記録は残っていないが、帰国した神田はハーヴェイと研究上の論争を頻繁に行っている。一方、神田の存在を再発掘して世に知らしめた小西は、神田が渡米時代にジャック・ロエブ（Jacques Loeb, 1859-1924）の研究室で行ったゾウリムシの走光性に関する研究が「そのときの光とのかかわりがライフ・ワークである生物発光の研究へと展開していったのではないだろうか」と推測している（小西，1979）。ちなみに、ハーヴェイが発光生物に興味を持ったのが1913年、また1909年からはずっと夏ごとにウッズホールを訪れ、そこでロエブと親交があったという（Johnson, 1967）。一方、神田は

1912年、1913年、1914年とウッズホールのロエブの元で研究をしている（溝口，2001）。つまり、神田は、発光生物に開眼したのちのハーヴェイとウッズホールで出会っている可能性が高い。そして、もしかするとちょうど発光生物に夢中になり始めたハーヴェイが神田にその話をしたかもしれない。なお、ハーヴェイは1916年に新婚旅行を兼ねて初めて日本を訪れ、そこでのちに入れ込むことになるウミホタルを初めて見るやさっそく研究を始めている（Johnson, 1967）。一方、1915年に帰国し福岡に居を構えた神田も「二ケ年間は全く無為に過ぎた」ものの、1918年からウミホタルの研究に着手している（神田，1923）。かつてロエブの元に出入りしていたハーヴェイが日本のウミホタルを使って研究を始めたことを神田が知り、福岡の海にもウミホタルがいることを知っていた神田の研究意欲が触発された可能性がある。

　神田の最後の著作となったホタル研究の集大成ともいうべき自費出版作『ホタル』（1935年）は、日本のホタル（ゲンジボタルやヘイケボタルだけではなく、当時あまり知られていなかったヒメボタルや昼行性のオバボタル、クロマドボタル、ムネクリロボタルまでを含む）の人工飼育も含めた生活環の研究から、分布、発光様式（生理、化学、物理）まで、さらに日本のホタル文化（伝説、詩歌、名所、ホタルの語源まで）を徹底的に調べ上げた大作である。特に発光メカニズムの研究に力を入れた点は、アメリカのハーヴェイと似ている。

　それにしても神田の人生は、ほぼ同時代人であるアメリカの発光生物学の父と呼ばれるハーヴェイの栄光とは対照的である。かたや、発光生物学の集大成ともいうべき著作『Bioluminescence』（1952年）と、発光学の歴史を調べ尽くした大著『A History of Luminescence』（1957年）を残し、また多くの弟子たちを育てて発光生物学の発展に大きな貢献をしたハーヴェイ。それに比べて、神田は、最後の著作となる予定だった『生物の発光』の原稿は戦災で焼失し（小西，1981）、また、定職に就かなかったため（あるいは、人嫌いと言われるそのキャラクターのせいもあったかもしれない）弟子も育たなかったことは、日本の発光生物学にとっては不幸であった。

昭和期（1926—1989）

　昭和の長い時期における発光生物学の進歩を手短に要約するのは困難であるが、最も重要な人物として、羽根田弥太と下村脩の2人を紹介したい。

ハーヴェイを世界の「発光生物学の父」と呼ぶならば、羽根田弥太（はねだやた, 1907-1995）は「日本の発光生物学の父」と呼ぶことに誰も異議はないだろう。羽根田の特筆すべき点は、発光生物を調べ尽くしただけではなく、タカクワカグヤヤスデ、ヒカリマイマイ、ヨコスジタマキビモドキ、ツクエガイ、イソミミズ、キンメモドキなど、これまで発光することが知られていなかった種の発光現象を数多く見つけ出している点である。さすがのハーヴェイも、この点では羽根田には及ばない。戦時下には日本軍が占領するシンガポールの昭南博物館に勤務し、戦後を乗り越え、その後は横須賀市博物館（現横須賀市自然・人文博物館）の館長という多忙な業務の中にありながら、次々と発光生物を発見し論文発表していった驚異的な勢いには圧倒される。羽根田が自身の体験と観察を中心に一般向けに記した『発光生物の話』（1972年）は名著であり、羽根田の研究の集大成ともいうべき著書『発光生物』（1985年）は、（誤字脱字が多いのが玉にキズだが）今も日本の発光生物学者のバイブルである。

　神田とは対象的に、羽根田はユーモアにあふれた社交的な人物であったようである（宗宮, 1995; 林, 1995）。その研究活動がハーヴェイの目に止まったことで（戦時中にシンガポールで交流のあった英水産局長のウィリアム・バートウィッスル William Birtwistle の紹介であったという；コーナー, 1982）、1954年にアシロマで開催された第1回生物発光国際会議に日本から唯一参加し、羽根田の性格も相まって、ハーヴェイ自身およびその後の世界の発光生物学をリードすることになるハーヴェイ門下らと交流を深め、世界中に発光生物の研究材料と情報の提供を惜しまなかったことは、日本の発光生物学が発達した理由を考える上で極めて重要である（「バートなくして今日の羽根田はなかった」；コーナー, 1982）。

　羽根田の協力の恩恵を受けていたハーヴェイの高弟の一人が、プリンストン大学のフランク・ジョンソン（Frank Harris Johnson, 1908-1990）である。上述の生物発光国際会議で羽根田と知り合ったジョンソンは、1957年に訪日し、羽根田とともにキンメモドキの発光に関する研究を行っている（下村, 2010）。そして、このジョンソンこそが、当時は誰も達成できなかったウミホタルルシフェリンの単離に成功し名古屋大学で学位を取得したばかりの若き下村をアメリカに招待した人物であった。それ以降、下村はアメリカを離れることはなく（ただし、

1963年名古屋大学に助教授として着任するが1965年に退職し、再びプリストン大に研究員として戻っている）、アメリカで発光生物の研究を生涯続けた（下村, 2010; Shimomura et al., 2017）。

　下村脩（しもむらおさむ, 1928-2018）が発光生物の研究と出会ったのは、名古屋大学の平田義正（ひらたよしまさ, 1915-2000）の研究室に研究生として入った1955年であった（下村, 2010）。天然物有機化学者である平田は当時、発光生物の化学をラボの主要テーマのひとつとしており、ここから下村をはじめとする数多くの発光生物学者が育っている。ついでながら、私の恩師である中村英士（なかむらひでし, 1952-2000）も平田門下のひとりであり、アメリカ留学時代には、ハーヴェイの高弟のひとりウッディ・ヘイスティングス（John Woodland Hastings, 1927-2014）や下村、同じく平田門下でハーバード大の岸義人（きしよしと, 1937-）らと共同研究を行い、渦鞭毛藻とオキアミのルシフェリンの化学構造を決定するなど、発光生物学への重要な貢献をしている。下村がもっとも期待をかけていた一人であり（Shimomura et al., 2017）、2000年に沖縄での試料採集の際の事故で早世されたのは大きな損失であった。また、私個人としては2000年に中村教授の助手として採用され、これから中村教授の生物有機化学を主とした発光生物学を私の生物学の知識からサポートできればと思っていたまさしく矢先の、悲しい出来事であった。

　さて、渡米後の下村は、まずウミホタルのルシフェラーゼの精製を達成した後、オワンクラゲの発光メカニズムの解明を皮切りに、さまざまな発光生物の発光メカニズムの研究に着手する。下村のノーベル化学賞（2008年）の受賞理由は「緑色蛍光タンパク質（GFP）の発見と開発」であるが、下村が発見したGFPは、もともとオワンクラゲの発光メカニズム解明の際に単離された副産物であった。オワンクラゲの発光に関わってはいるが、直接光を出す要素ではなく、発光タンパク質イクオリン（これも下村によってオワンクラゲから単離された）から放出されるエネルギー（そのまま放出されれば青色光となる）を緑色に変換する、いわばオワンクラゲの発光反応に間接的な役割を果たすものである。それゆえに、下村自身はGFPよりもイクオリン、およびイクオリンのクロモフォア（タンパク質に含まれている補因子）であるセレンテラジンの決定の方が（発光生物学的に）重要な発見だと考えている点は興味深い（下村, 2010; Shimomura et al., 2017）。

2006年には生物発光反応の化学的側面に関するこれまでの知見をすべてまとめた『Bioluminescence: Chemical Principles and Methods』を出版し、われわれ発光生物学者のバイブルとなっている。なお、この本の第3版は、下村の生前から準備に取りかかり、没後の2019年に出版されたが、その改定作業に私（大場）も関われたことは光栄であった。

考察：ポストGFPの発光生物学

　発光生物の発光現象は、我々の好奇心を引きつけるけれども、その人間社会に対する影響は良くも悪くも全くない。ホタルイカやサクラエビやオキアミのように水産資源として重要な生物種もわずかにあるが、その他の大部分の発光生物は食料資源にはならない。ホタルイカだけは、その発光現象が観光資源（ホタルイカ漁見学ツアー）にもなっているが、サクラエビやオキアミの水産資源としての価値は発光現象とは関係がない。ホタルは、農業害虫や病原菌を媒介する害虫でもなければ、花粉を媒介したり将来の食料資源として期待されている有益昆虫でもない。環境保全のアイコンにされることはあるが、ホタル自体は絶滅危惧種ではない。発光キノコは、日本でも十数種が知られているが、八丈島や小笠原などでは発光キノコが観光資源の一つになっているものの、いずれも食用にはならない（上述のようにツキヨタケは毒キノコ）。つまり、発光生物は、発光すること自体に有益な価値があるわけではないのである。しかし、発光生物がもつ発光メカニズムの科学には、社会的価値が見出された。

　熱を発しない発光生物の光が安全で利用価値が高い光源になりうるというのは、誰しも考えることである（ただし、実際には全く熱を発しないわけではなく、発熱量が少ないため放熱により発光体の温度が上昇しないだけである）。したがって、それを利用しようという発想は古くからあった。たとえば、乾燥ウミホタルを夜間行軍の目印に使うとか、発光バクテリアでランプを作るとか、初期のプリミティブな試みはすべて実用には至らなかった。しかし、1960年代には、酵素速度論を研究するためのよい材料として、また麻酔作用をモニターするためのモデルとして生物発光を利用するアイデアがアメリカから出てきた（Johnson, 1966）。比較的早くから生物発光を基礎生物学的研究に利用しようという機運はあったのである。ちなみに、世界で初めてホタルルシフェラーゼ遺伝子の単離に成功した論文には、すでにルシフェラーゼを使った応用の可能性が指摘されていることは、鋭い先見性と言える（de Wet et al., 1985）。そしてまさにその予言どおり、ルシフェラーゼ遺伝子をツールとして使ったバイオテクノロジー（たとえば、特定の遺伝子発現量を光でモニターする「レポーターアッセイ」や、細胞や組織中でリアルタイムに遺伝子発現を追跡する「発光イメージング」など）は生命科学の分野で幅広く応用され、今ではなくてはならない技術になっている。現在は、ホタルのルシフェラーゼに限らず、ヒカリコメツキ、カイアシ類、深海エビ、ウミシイタケ、発光バクテリア、などさまざまな発光生物のルシフェラーゼ遺伝子が、それぞれの特性を生かしたツールとして市販され使われている。一方、下村がオワンクラゲの発光メカニズム解明の「副産物」として発見したGFPは、その遺伝子を転写・翻訳するだけで蛍光性を持ったタンパク質ができるという画期的な特性を持った遺伝子であることがマーティン・チャルフィー（ノーベル化学賞の共同受賞者のひとり, Martin Chalfie, 1947-）によって明らかになったことによって、遺伝子発現の「蛍光イメージング」というツールに応用できることがわかり（Chalfie et al. 1994）、バイオテクノロジーの分野で一気に使われはじめ、「GFP革命」と呼ばれるまでに発展し、今もなお生命科学の雑誌をカラフルに彩っている。その結果、類縁遺伝子を近縁種から単離したり、ルシフェラーゼや蛍光タンパク質を遺伝子改良したりといった、新しい用途を開発する応用的な方面に研究者が集中し、その反動で、発光メカニズムが未知の生物を研究したり新しい発光生物を探すような基礎的な研究を行う研究者が一気に減少した。これは、GFPを発見した下村本人が、誰よりも未知の発光反応の解明に人生を捧げた基礎科学（純粋科学）志向の科学者であったことを考えると、皮肉である。発光生物の化学的側面に限ってであるが、下村は、この分野での主な発見をカウントして、こう結論している。

　このことは、生物発光の化学的研究は1970年代がピークで、現在は衰退期にあることをはっきり示している。衰退の理由は、研究題目の減少や重要性の低下では決してない。生物発光には、重要な未知の問題がたくさん残っている。生物発光には難問が多いが、研究が応用や利益につながらないことが多いのは事実であり、このことは研究に大きく影響している。（下村, 2014, P42）

本当の意味での生物発光の化学的研究、つまり自然を理解するための生物発光の基礎化学的研究は、最近、ほとんど進歩しない。しかし、商業的研究面での発展はすさまじい。（下村, 2014, P183）

これは、分野は全く異なるが湯川秀樹の抱いた不安と一致している（ただし、GFPのブームは、今のところ衰えるようすがないように見えるが、そのことがさらに生物発光の基礎研究から人を遠ざけているように思われる）。

ある問題が何かのきっかけで多くの研究者の注意をひきだすと、それに関する同じような論文の数が急激に増大する。研究者の多くが、そういうことをやらないと流行におくれてしまうと感じるらしい。その代わり二、三年の間に流行はすたり、また新しい流行ができてくる。こういうことをくりかえすことによって、自然認識が大きく深まるどころか、かえって阻害されるのではないかと、私はいつも心配している。（湯川, 1965）

では、発光生物学に従事する研究者は発光生物学が全盛期であった時代に果たしてどのくらいいたのだろうか。上述した1954年の生物発光国際会議（会議名は"The Luminescence of Biological Systems"; Harvey, 1955）は、ハーヴェイの声がけにより開催されたが、その集合写真に写っている顔ぶれは30人にすぎず（羽根田, 1985）、おそらく参加したのは34人である（Johnson, 1955）。なお、日本人は羽根田ひとり、その他オランダから2人、イギリスから1人、オーストラリアから1人、あとはすべてアメリカからの参加であった（Johnson, 1955）。また、第2回の研究会（会議名は"Luminescence Conference"）は羽根田とジョンソンにより1965年に箱根で開催されたが、その報告論文集を見る限り35名ほどの参加者であったと考えられる（Johnson, 1966）。すなわち、もともと発光生物の研究者はそれほど多くはなかったのだ。発光生物の基礎科学は、まずデュボアの孤軍奮闘により確立されたが、この伝統はフランスでは継承されず、アメリカのハーヴェイとその門下がこれを継いだ（神田によるとこの時代の「動物の発光物質の理化学的研究に没頭しているものが、目下世界の学界に僅かに3人いる」として、デュボアとハーヴェイと神田自身を挙げている；神田, 1923）。一方、まずは神田、次に羽根田によって日本でも独立

に発光生物の研究が始まったが、神田と羽根田がハーヴェイらアメリカの研究者と交流し、また平田のもとで育った門下がアメリカでも活躍したことにより、世界的にも認められるまでに研究が発展した。ところが、ここから画期的な応用可能性が生まれたために、応用的側面を中心に研究する研究者が急増したが、その反動で基礎研究の人口は風前の灯となった。下村の分析するとおり、生物発光の基礎研究には常法というものがなく、こうしたチャレンジングな分野に新たに参入する若い学徒は現在も非常に少ない。

生物発光はごく小さな分野であり、研究者の総数は世界中で多分千人くらいにすぎないのではなかろうか。その大多数は生物発光の応用面の研究にたずさわり、基礎科学である発光生物の生物学面の研究者は30～50人、化学面の研究者は10人以下と思われる。（下村, 2014, P36）

しかし、消えかけた灯し火は、下村の最後の働きかけによって復活の兆しを見せている。下村がロシアからの研究協力に応じたのである。研究協力先が、日本やアメリカではなかった理由は、次の下村の言葉に表れている。

「生物発光（バイオルミネセンス）現象の応用に関する研究は、世界の多くの国でさかんに行われているものの、この現象の化学的基礎研究は、ロシアを除くあらゆるところでほぼ打ち切られました」「近年、生物発光の化学に関して本格的で注目に値する学術論文を発表したのは、もっぱらロシアの学者たちで、今日、この分野で世界をリードしていると思います」「私は、素晴らしいロシアの学者たちと一緒に仕事する絶好の機会を逃さないことにしたのです」（ロシアNOW, 2011）

そして、ロシア科学アカデミーとシベリア連邦大学の共同チームは、下村の期待と信頼を裏切らなかったどころか、それ以上の成果を成し遂げた。2015年から2018年にかけて、永遠のミステリーと思われていた発光キノコの発光メカニズムを完全に解明（Purtov et al., 2015; Kotlobay et al., 2018）、さらに2018年から2019年には、長年の課題であった富山湾の発光ゴカイ *Odontosyllis* の発光メカニズムが解明された（Schultz et al., 2018; Kotlobay et al., 2019）。ちなみに、下村は「この

ルシフェリンの構造は未知であり、その発光は過去30年間研究されていない。しかし、もし100～200グラムのオドントシリスを採集できれば、現在の進歩した分析機器を使ってルシフェリンの構造を解明できるのではなかろうか」と書いている（下村, 2014）が、そのとおり私は平田門下の井上昭二（いのうえしょうじ, 1927-2015）が1989年から2006年の間に採集して凍結乾燥してあった約80グラムのオドントシリスを井上の死去後に譲り受け、これを使ってロシア科学アカデミーとの共同研究で、それが成し遂げられたのである。これらの偉業を共同研究者として間近に見ていた私は、今までは「できなかった」のではなく「やってなかった」だけであることをまざまざと思い知らされた。なお、発光キノコの発光メカニズムについては、応用的利用を目指した研究が早くも欧米の会社ではじまっているという（大場, 2019b）。

　私が共同研究でロシア科学アカデミーとシベリア連邦大学を訪れたときにロシアの研究者たちから感じたのは、なによりも、設定された問題に徹底的に取り組む姿勢であった。

　根拠のない使命感に基づく行動は、ときに危険である。しかし、一度問題を定めたならば無我夢中で取り組むことは科学の実践においては有効である場合がある。ここで思い出されるのは、以前私が科学哲学の佐々木力博士にインタビューしたときのことば「学問っていうのは、いちど問題に取り組んだらある意味ゲームみたいなところがあって、あとはそれがうまく解けるかどうかになってくる。だから一番肝心なのは最初の問題設定なんです」（大場, 1994）と、道教思想における「忘れ」と創造性の関わりである。『荘子』には、考えることを忘れてひたすら技に集中することで心が自由になり、創造性が発揮されるストーリーの寓話が多い（チェルベルク, 2019）。似た例として、物理学者の井上健（いのうえたけし, 1921-2004）は、湯川の創造性に対する考え方について「執念、没我ということにあっても、自己反省的な機構を無視することはできないものでしょう」と評している（井上, 1966）。すなわち、流行り廃りにとらわれず歴史的反省をしながら問題を設定したら、あとはその問題解きに専心する、そうすることで完成度の高い良い仕事が可能になる――そのことをロシアに思い出せられたのは私にとって意外であったが、かつて発光生物学が隆盛だった時代の日本の研究者たちも同じように、一度テーマを引き受けたならば、トレンドなどには脇目

を振らず、与えられた実験のハードワークに専心していたのではないだろうか。下村に発光生物の研究のチャンスを与えた師の平田は、こう書いている。

　「ある程度可能性が生まれたら、自信を持って押通すことも必要である」「一旦決心したら十分な訓練のもとに、自分でなければ攻撃できないという自信をもって何日も攻撃して始めて未踏の山の克服もできる」（平田, 1996）

　下村がロシアに研究協力することを決めたのも、こうした学風がいまもロシアに息づいていること（そして、それが今の日本やアメリカにはないこと）を感じ取っていたからに違いない。なお、読者の中には、一周巡って結局古くさい精神論に戻ってきただけか、と思った向きもあったかもしれない。しかし、私としては学問の歴史的反省の上で着地した先がまたそこであったのであり、それはやはり意義のある試論であると考えている。

参考文献

Berry, S. S. (1911) Note on a new *Abraliopsis* from Japan. *Nautilus* 25, 93-94.

Boyle, R. (1668) Observations and tryals about the resemblances and differences between a burning coal and shining wood. *Philos. Trans. R. Soc. London* 2, 605-612.

Bowman, T. E. & Phillips F. (1984) Bioluminescence in the freshwater amphipod *Hyalella azteca*, caused by pathogenic bacteria. *Proc. Biol. Soc. Wash.* 97, 526-528.

Chalfie, M., Tu, Y., Euskirchen, G. Ward, W. W. & Prasher, D. C. (1994) Green fluorescent protein as a marker for gene expression. *Science* 263, 802-805.

de Wet, J. R., Wood, K. V., Helinski, D. R. & DeLuca M. (1985) Cloning of firefly luciferase cDNA and the expression of active luciferase in *Escherichia coli*. *Proc. Natl. Acad. Sci. U. S. A.* 82, 7870-7873. ”*Unlike the bacterial luciferase, the firefly enzyme requires a single subunit for activity, and its synthesis could therefore be placed under the control of a single eukaryotic promoter. In addition, the exceptionally high quantum yield of light characteristics of the firefly luciferase may make this luciferase gene particularly suitable for use as an indicator of transcriptional activity*"

Dubois, R. (1914) La Vie et la Lumière. Librairie Félix Alcan.

Easton, E. G. (1984) Earthworms (Oligochaeta) from islands of the south-western Pacific, and a note on two species from Papua *New Guinea. New Zealand J. Zool.* 11, 111-128.

Fabre, J. H. (1855) Recherches sur la cause de la phosphorescence de l'agaric de l'olivier. *Ann. Sci. Nat. Bio. Biol. Veg.* 4, 179-197.

Harvey, E. N. (1920) The Nature of Animal Light. J. B. Lippincott Co., Philadelphia.

Harvey, E. N. (1952) Bioluminescence. Academic Press, New York.

Harvey, E. N. (1955) Survey of Luminous Organisms: Problems and Prospects. *In* (Johnson, F. H. Ed.) The Luminescence of Biological Systems. pp. 1-24, American Association for the Advancement of Science, Washington D. C.

Harvey, E. N. (1957) A History of Luminescence: From the Earliest Times Until 1900. The American Philosophical Society, Philadelphia.

Hearn, L. (1902) Kottō: Being Japanese Curios, with Sundry Cobwebs. Macmillan, London.

Iizuka, A. (1898) On a new species of littoral Oligochæta (*Pontodrilus matsushimensis*). *Annot. Zool. Japon.* 2, 21-27.

Ishikawa, C. (1914) Einige Bemerkungen über den leuchtenden Tintenfisch, *Watasea* nov. gen. (*Abraliopsis* der Autoren) *scintillans* Berry, aus Japan. *Zoologischer Anzeiger* 43, 162-172, 336.

Johnson, F. H. (1955) Members of the Conference on The Luminescence of Biological Systems. *In* (Johnson, F. H. Ed.) The Luminescence of Biological Systems. pp. ix-xi, American Association for the Advancement of Science, Washington D. C.

Johnson, F. H. (1966) Introduction. *In* (Johnson, F. H. & Haneda, Y., Eds) Bioluminescence in Progress. pp. 3-21, Princeton University Press, Princeton.

Johnson, F. H. (1967) Edmund Newton Harvey 1887-1959. *Biographical Memoir* 39, 193-266, National Academy of Sciences, Washington D. C.

Kawashima, I., Suzuki, H. & Satô, M. (2003) A check-list of Japanese fireflies (Coleoptera, Lampyridae and Rhagophthalmidae). *Jpn. J. Syst. Entomol.* 9, 241-261.

Kotlobay, A. A. et al. (2018) Genetically encodable bioluminescent system from fungi. *Proc. Natl. Acad. Sci. U. S. A.* 115, 12728-12732.

Kotlobay, A. A. et al. (2019) Bioluminescence chemistry of fireworm *Odontosyllis:* molecular mechanisms of enzymatic and non-enzymatic oxidation pathways. *Proc. Natl. Acad. Sci. U. S. A.* 115, 12728-12732.

Mainwald, J., Wiemer, D. F. & Eisner, T. (1979) Lucibufagins. 2. Esters of 12-oxo-2β, 5β,11 α-trihydroxybufalin, the major defensive steroids of the firefly *Photinus pyralis* (Coleoptera: Lampyridae). *J. Am. Chem. Soc.* 101, 3055-3060.

Oba, Y., Branham, M. A. & Fukatsu, T. (2011) The terrestrial bioluminescent animals of Japan. *Zool. Sci.* 28, 771-789.

Purtov, K. V. et al. (2015) The chemical basis of fungal bioluminescence. *Angew. Chem. Int. Ed.* 54, 8124-8128.

Schultz, D. T. et al. (2018) Luciferase of the Japanese syllid polychaete *Odontosyllis undecimdonta. Biochem. Biophys. Res. Commun.* 502, 318-323.

Shimomura, O. (2006) Bioluminescence: Chemical Principles and Methods. World Scientific Pub, Singapore.

Shimomura, O, Shimomura, S. & Brinegar, J. H. (2017) Luminous Pursuit. Jellyfish, GFP, and the Unforeseen Path to the Nobel Prize. World Scientific Pub. Singapore. "I had awaited further breakthroughs through his research and hoped that he would carry on my work after I retired", p. 105.

Shimomura, O. & Yampolsky, I. V. (editors) (2019) Bioluminescence: Chemical Principles and Methods Third Edition. World Scientific Pub, Singapore.

阿部勝己(1994)海蛍の話―地球生物学にむけて―.

ちくまプリマーブックス78.

飯塚啓（1898）海産貧毛環虫類ノ一新種ニ就テ. 動物学雑誌10, 76-82.

井上健（1966）湯川秀樹『想像的人間』解説. 筑摩書房.

大場裕一（1994）佐々木力氏インタビュー. 別冊日曜会1（私家版）.

大場裕一、松田真紀子、藤森憲臣、池谷治義、川野敬介（2015）日本産発光性貧毛類イソミミズ *Pontodrilus litoralis* のDNAバーコード解析. 豊田ホタルの里ミュージアム研究報告7, 1-10.

大場裕一（2018）モスクワ大学博物館のモチュルスキー標本. 昆虫DNA研究会ニュースレター 28, 23-26.

大場裕一（2019a）発光生物の発光メカニズム. 発光イメージング実験ガイド. 羊土社.

大場裕一（2019b）発光性菌類で見つかった新しい発光反応システム. 発光イメージング実験ガイド. 羊土社.

神田左京（1923）光る生物. 越山堂.

神田左京（1935）ホタル. 日本発光生物協会.

神田左京（1938）ヒカリウミミミズの發光について. 理學界421, 625-631.

コーナー, E. J. H（1982）思い出の昭南博物館. 中公新書659.

小西正康（1981）ホタルに憑かれた人・神田左京. 神田左京著 復刻ホタル. サイエンティスト社.

小西正康（1979）ホタルに憑かれた人・神田左京. アニマ75, 40-44.

坂本浩然（1834）毒菌類 月夜茸. 菌譜後編.

篠原圭三郎、比嘉ヨシ子（1997）沖縄における発光ヤスデの初記録. *Edaphologia* 59, 61-62.

下村脩（2010）クラゲに学ぶ―ノーベル賞への道. 長崎文献社.

下村脩（2014）光る生物の話. 朝日選書917.

宗宮弘明（1995）追悼羽根田弥太博士. 魚類学雑誌42, 217-219.

チェルベルク, P（2019）道教思想と科学的創造性（大場裕一翻訳）. アリーナ（本号）.

羽根田弥太（1972）発光生物の話―よみもの動物記. 北隆館.

羽根田弥太（1981）神田さんと私. 神田左京著 復刻ホタル. サイエンティスト社.

羽根田弥太（1985）発光生物. 恒星社厚生閣.

林公義（1995）羽根田弥太博士逝去. 魚類学雑誌 42, 219-220.

平田義正（1996）わたしたちの天然物有機化学の歴史. 有機合成化学協会誌54, 616-620.

松村松年（1918）日本の螢. 教育畫報6, 82-89.

溝口元（2001）ウッズホール臨海実験所における日本人研究者の活動. 生物科学ニュース No. 353, 16-20.

湯川秀樹（1965）自然認識の現段階. 朝日新聞1965年5月9日（湯川秀樹『創造的人間』ちくま書房1966年に掲載）

渡瀬庄三郎（1902）學藝叢談 螢の話. 開成館.

渡瀬庄三郎（1906）發光力を有する烏賊に就いて. 東京動物學會例會.（記事. 動物學雑誌會報18, 195-196）

北日本新聞（2015）江戸中期にホタルイカ記述 従来資料より120年古く. 2015年4月9日26面.

日置謙校訂（1933）三州奇談 続三州奇談巻六 七尾網燐. 石川県図書館協会.

日本學士院編（1980）明治前日本生物學史 第一巻 新訂版. 野間科学医学研究資料館.

ロシアNOW（2011）シベリア大学での研究を決意. 2011年9月18日号.

昆虫の変態と休眠から学ぶ生存戦略

山下興亜●中部大学名誉学事顧問

　人間の活動は、物質やエネルギー等を栄養としている身体活動と、価値や文化等を栄養としている精神活動との二つの統合によっていると考えます。人間の知的な営為として人間が作り出し発展させてきた学術研究活動も、大きくはこの２つの人間活動に注目し、いろいろな目的や方法を用いて進められ、その結果は学術の振興や人間生活の充実と発展に生かされています。具体的な研究活動は個別的で独立した営みであっても、その総体は文系とか理系とかの分野による軽重はあるものの、最終的には人間社会の持続と幸福な生活に資する知性の場を用意しているといえます。アインシュタインは、「科学研究は個別知識の量を増やすだけではなく、人間活動への配慮そのものを常に目標にしなければならない」と提言しています。

　ところで、私は50年間近く昆虫研究を続けてきました。そして、昆虫の示す特異な現象である「変態」と「休眠」に注目し、その科学的な解明のために多くの時間を費やしてきました。具体的な研究としては、30年がかりで「休眠ホルモン」の構造決定と合成に成功し、また、その作用を解明したことで、今後の昆虫研究のために一石を投じる事ができたと安堵しています。この30年間、諦めることなくこの研究を継続できたのは、多分に、身体が日常性（浮世）からの逃避を覚え、また、未知への挑戦という青臭い夢（呪縛）から醒めきれなかったことにありそうです。

　研究者も50歳を過ぎると、研究生活の脱皮が求められます。１つは管理職務の分担等により研究専念時間が制約され、時間を資源とする研究活動が困難になることです。２つは研究経験者（年配研究者）として、その分野全体の研究体制や研究環境、さらには研究資源をどう整備充実するかという研究業務が期待されだすことです。これまでも多くの先輩研究者が尽力されてきたところです。昆虫研究が科学界のみならず社会の発展にも資するためには、内向きの研究指向による昆虫科学技術の内的な成熟に加えて、昆虫が特異的に獲得してきた生存戦略を科学的に概念化して、人間社会や人間生活を考えるための新たな知として提供することです。この昆虫発の特異な知を啓蒙普及する活動は、特に年配研究者に期待されているといえます。

　本稿では、１．昆虫世界の誕生と現状、２．昆虫変態の実態と生存戦略、３．昆虫休眠の実態と生存戦略を年配研究者の立場で述べることにします。
本論に入る前に、わが国における昆虫研究の特殊性について触れておきます。わが国は明治以降の近代化の過程で、昆虫の一種であるカイコを産業動物として育成し、効率的な生糸生産を振興して国の経済発展を支えました。この過程では、国を挙げてカイコを中心とした基礎研究とそれに基づく実用研究が産官学の連携協力の下で推進されました。その成果はわが国独自の産業開発に貢献したと同時に、世界のこの分野の学術研究を先導してきました。

1　昆虫世界の誕生と現状

1-1 昆虫の誕生

　地球は46億年前に生まれ、地球生命は40億年前に誕生しました。この間、多くの生物種が誕生と絶滅を繰り返してきました。昆虫は約４億年前に誕生し、その原型を留めた状態で今日まで生存し続けている稀有な生物群です。マンモスは１億６千万年前に誕生し、6000万年前に絶滅しています。昆虫が４億年の風雪に耐えて生き続けている実像を学ぶことは、生命の進化・発展史を理解することであり、生命世界の未来を構想することに繋がります。

1-2 昆虫の現状

　現在の地球上に生息している生物種は、５千万種とも１億種とも推定されていますが、科学的に

同定されている生物種の数は約250万種にすぎません。その内訳を見てみますと、微生物が37万種で15％、植物が38万種で15％、残りが動物で175万種の約70％となります。動物の中で鳥類や哺乳類物等の脊椎動物は約5万種の5％弱で、残りの95％は背骨を持たない無脊椎動物が占めています。無脊椎動物の中での最優先種は昆虫群で約80％を占めています。従って、昆虫は全生物種の約60％を占めていることになります。この昆虫群の繁栄は、変化し続ける地球環境への多種多様な方法で適応し続けてきた結果であり、この昆虫の獲得した多様な生活様式を学ぶことは、生命世界の多様性を理解することになります。

1-3 昆虫繁栄の戦略

この昆虫の繁栄にはいろいろな仕組みが組み合わされていることはもちろんですが、ここでは主要な3つの仕組み（戦略）を取り上げます。

1つは、小型化と世代寿命の短命化です。個体の小型化は、一生のうちに必要とする食料の量が少なくてすむため、食料不足や飢饉の下でも絶滅から免れることが可能になります。また、一世代に要する時間（世代時間）を短縮することは、病原体の感染・発病や外傷等による絶命の機会を減らし、生き残りの個体数を維持することになります。さらに、雌雄の交配による遺伝子混合の頻度を増やすことになり、交配による遺伝的な変異を蓄積し、種の多様化と分化を促すことになります。

2つは、翅の獲得による生活空間の拡大です。三次元空間を生活圏としたことで、食料や配偶者の発見を効率化し、生殖効率を高め種の存続を確かにしたことです。

3つは、一世代のうちに変態、休眠、多型等の生活型（ライフスタイル）を転換することで、全く異なった様式による新しい生活を始めたことです。生活型を決める基本戦略（パラダイム）を転換することで、多様な食料資源や生息環境を積極的に開発し活用することに成功したのです。ここでは、変態と休眠を取り上げ、その実態と生存戦略を学ぶことにします。

2 昆虫変態の実態と生存戦略
2-1 変態の実態

昆虫種のうち約90％はその一生を卵から幼虫、そして蛹を経て成虫へと展開します。ハチ類、ハエ類、チョウ類、コウチュウ類等が属し、完全変態昆虫と呼びます。ここでは変態によって体形や食べ物、住処などのすべての生活様式（生活型）が完全に変わり、別種のような振る舞いをします。残りの10％の昆虫種は、蛹期を経ずに直接幼虫から成虫となる不完全変態と呼ばれるもので、トンボ類、ゴキブリ類、バッタ類等が属します。

ここで変態の具体的な様子について、カ（アカイエカ）を例に見ましょう（図1）。卵は、水中あるいは水辺に産み落とされます。これが孵化して幼虫（ボウフラ）になり、水中を住処として有機物や微生物を食料として成長し、3回脱皮して一定の大きさになると、陸地（水のつからない場所）へ這い上り蛹へと変態します。蛹は2週間前後で成虫（蚊）に変態します。成虫は空中を住処として、花粉や花

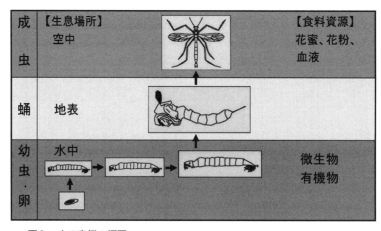

図1．カの変態の概要
幼虫は水中生活者として有機物・微生物を摂食。蛹は地表で成虫への変態。
成虫は空中生活者として花蜜、花粉、血液を摂食。（山下原図）

蜜あるいは動物の血液を食料とし生殖活動に専念します。このように変態は幼虫と成虫との生活の場と食料資源を完全に変え、全く異なったライフスタイルを実現する極めて特異的な生命現象です。

変態現象は、内分泌学、生理生化学、昆虫学、蚕糸学等の研究対象として取り上げられ、その解明には日本の研究者が大きな成果をあげてきました。変態の実態は、調節系と実行系で組み立てられています。調節系としては内分泌系が作動し、生体内外の環境の変化を受容し、認識し、ホルモン合成により記憶し、貯蔵します。ここでは少なくとも4種類のホルモンが関与して、変態現象の全過程を調節しています。主要なホルモンは幼若ホルモンと脱皮ホルモン（エクジゾン）であり、最終段階を調節しています。実行系としては、1つは生体認識系の解発により幼虫系組織の細胞を非自己と識別し、その排除機能を発動することです。ここでは非自己とされた細胞のたんぱく質を全面的に分解し、最終的には組織崩壊によって幼虫由来の機能を完全に排除します。2つは、新たな遺伝子群を発現し、幼虫系組織の分解産物を原料として、新規な生体構成たんぱく質等を生合成し、成虫系の細胞組織を構築し、成虫体を完成させています。

2-2 変態の生存戦略

1つは、幼虫（子世代）という2次元空間の生活者が成虫（親世代）という3次元空間の生活者へ変わることであり、親子間での食料資源と棲息空間をめぐる競争を排除し、個体数を維持すること、および子世代に固有な栄養成長機能を放棄して、親世代に固有な生殖機能に集中することで種の保存を強化していることです。

2つは、一生のうちに食性（食べものと食べ方）や習性（住処と行動）といった生存戦略を変えることで、生活型を全面的に作り変えることです。ここでは、現状の全面的な否定による排除を前提にした新規な機能や形態の創出という、見事なスクラップ　アンド　ビルド（scrap and build）が実践されているのです。

2-3 余談

・「青虫が蛹を経て蝶になる変態現象は、自然界でも最も素晴らしく不思議な現象である。青虫は害虫扱いされ、蝶はその美しさゆえに愛でられる。同じ個体なのにこの違いは何だろう。

仏教の修行では、凡夫が凡夫のまま偉くなること

山下興亜

ではなく、凡夫が凡夫を廃業して、仏になる（変態する）ことが求められている。人生はパラダイムシフトによって、豊かさを増す。」
（参照；藤田一生、桜井肖典、小出瑤子（2017）「青虫は一度溶けて蝶になる」春秋社）
・「一身にして二生を経る」（福沢諭吉）

3　昆虫休眠の実態と生存戦略
3-1 休眠の実態

休眠は微生物、植物および動物を問わず共通して起こっている現象です。ただし、霊長類（ヒト等）だけは例外ですが、カンガルー等の哺乳類は間違いなく休眠します。休眠は食料不足とか寒冷あるいは乾燥等の成長や生殖に不適当な環境下で生命を維持する機構、つまり、不良環境への適応現象として、一般的には理解されてきました。しかし、環境が良好な熱帯地域の昆虫も休眠することから、休眠の持つ機能なり意義は、もっと本質的なところにあると考えるようになりました。

ここではカイコを対象としてその休眠戦略を見ることにします（図2）。この系統のカイコの卵は食料である桑が芽吹き始める5月の初旬に孵化して幼虫となり、幼虫は成長を続けて蛹になり、蛹は成虫（蛾）になって卵を産み、6月の終わりには一生を終えます。つまり、5月と6月の2ヶ月間に成長、発育ならびに生殖に集中し、7月から翌年の4月まての約10ヵ月間は卵として休眠します。7月から10月までは桑は茂り環境の温度や湿度はカイコの成長に最適な状態にあります。この最適環境下においてもカイコは成長や生殖を放棄し休眠します。この点が休眠の魔力であり、休眠研究の魅力といえます。

カイコの休眠研究は、わが国の研究者によって世界に先駆けて進められ、多くの基盤となる研究成果

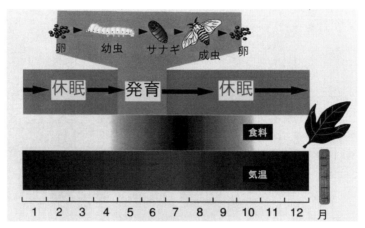

図2．カイコの一生と休眠の概要
一化性のカイコは5月上旬に卵から孵化して幼虫になり、桑の葉を食べて成長し6月上旬に成虫へ変態。直ちに交尾、産卵。卵は2-3日で休眠し、翌年の5月に孵化。カイコの食料である桑は5月から10月中旬まで繁茂。4月下旬から10月中旬までの気温はカイコの成長に適当。（山下原図）

を挙げてきました。その結果は、生命科学の発展に寄与したと同時に、新規昆虫産業を進めるための科学技術の改良と開拓に生かされました。その成果は、大きく次の2点に要約されます。
（1）　休眠性の決定機構の解明：休眠性は親世代と子世代との2世代の共同作業によって決定されますが、その決定因子は休眠ホルモンであること、そして、このホルモンは昆虫類に特異的な24個のアミノ酸からなるペプチドアミドであり、他の昆虫の休眠性の交配にも関与していることが解明されました。この成果は、休眠ホルモンによる新たな昆虫制御法の開発に応用されつつあります。
（2）　休眠の実態の解明：休眠は活動期には見られない特異的な代謝生理状態を創出することで、すべての生体反応を固定し不動化していることです。具体的には休眠開始にともなって、ソルビトール等の多価アルコール類（あるいは糖類）を過剰に蓄積し、生体内の自由水を結合水に変換し自由水欠損状態をもたらすことです。そのことで生体高分子の安定化、病原微生物の増殖停止、氷点下での細胞氷結の阻止、高温下での水分蒸発の阻止等が可能となり、生体の長期間の固定化、安定化、不動化が実現されます。つまり、休眠は環境の変化には左右されない安定した代謝生理状態の創出機構であると結論されました。

3-2 休眠の生存戦略
（1）　休眠は摂食、成長、発育ならびに生殖等の生命活動（「動的活動相」）とは根本的に異なる全面的な活動停止状態（「静的停止相」）を創出し導入するという、もう一つの生存戦略を構築し実現しています。
（2）　「動的活動相」は個体間の競争を作動原理としていますので、必然的に個体差が生じます。この個体差は、競争に勝って成長の進んだ個体から順次休眠に入り、遅れた個体の成長を「待つ」ことで修正されます。個体差のない発育状態が斉一化された集団は、交尾の機会を増し次世代を効率的に産生することになります。休眠は「待ち」による個体差（格差）の修正機構として機能しているのです。
（3）　春の昆虫、夏の昆虫あるいは秋の昆虫と呼ばれるように、一年の内で活動する、あるいは休眠する時期や期間は、昆虫の種によって異なっています。このように昆虫は種に特化した休眠時期を導入することで、多様な種が同一の食料や生息空間を時系列的に配分し保障し合う「時間的なすみわけ体制」を創出し、生物多様性の維持と発展を支えているといえます。

3-3 余談　「待つことの漂白」
(参照；鷲田清一(2006)、「待つということ」角川選書)
　携帯電話の保有者が100％を越える状況になり、約束や予約が瞬時にとかれ、将来に対する勇気と決断とは無縁になりつつあります。待つことができない社会、待たなくてよい社会になりました。「待ち遠しくて」、「待ち構え」、「待ち伏せ」、「待ちあぐね」、「待ちぼうけ」、「待ち焦がれ」、「待ちわび」、「待ちかね」、「待ちくたびれ」、「待ち明かし」など、私た

ちは多くの言葉を使い分けてきました。待つという
痛恨の想いもじわじわと漂白され、ものを長い目で
見る余裕がなくなってきました。

おわりに

　昆虫は小さな魅力と大きな魔力を私には与えてく
れました。大きな魔力は昆虫が4億年以上生き続け
てきていることや、現在の地球上で最も繁栄してい
るという現実です。この魔力は科学的な解明や説明
を超えて、生きることの凄みと恐怖と感動を与えて
くれました。

　変態と休眠は、特異な生命現象としては生命科学
研究の飽くなき対象として時代を超えて追求されて
きました。そして、それぞれの時代の求める用語や
図式で説明され、内なる知的な成熟は着実に進みま
した。

　一方、昆虫が変態や休眠をする意義や価値を尋ね
ることは、これまでは科学研究の対象にはならない
と等閑視されてきました。しかし、今日では、社会
のための科学研究が求められています。昆虫研究の
もう一つの意義は、昆虫が発達させてきた特異な現
象の意義や価値を概念化して、人間社会の持続的な
発展のための論理や体制を構想する上での知恵袋と
して提供することです。変態（Metamorphosis）
には「大転換の時代」を生きる知恵が、そして、休
眠（Diapause）には「大競争時代」を生きる知恵
が詰め込まれています。無心に昆虫の知恵を愛ずる
のも一興、ゆとりと誇りのある学者の道草として。

中部大学国際会議講演者・コメンテイター等一覧（報告集記載順）

1. **佐々木 力**　1947年生，東北大学大学院理学系研究科数学専攻博士課程修了，プリンストン大学 Ph. D（歴史学）．東京大学教授，中国科学院大学教授などを歴任，2016年9月から中部大学中部高等学術研究所特任教授．国際会議実行委員長．

2. **劉笑敢 Liu Xiaogan**　1947年生，北京大学大学院哲学博士，香港中文大学中国哲学教授のあと，北京師範大学特任教授．

3. **Lewis R. Pyenson**　1947年生，Johns Hopkins University Ph. D. (History of Science)，アインシュタイン研究，とくに一般相対性理論の形成と受容についての世界的権威．Western Michigan University, Professor of History.

4. **Paul Kjellberg**　1963年生，Stanford University Ph. D. (Philosophy)，英語圏の荘子研究の権威．Whittier College 教授 (Philosophy).

5. **李梁 Li Liang = Lee Ryan**　1957年生，東京大学大学院人文科学研究科博士課程満期退学，『本草綱目』の著者，李時珍の末裔．中国・日本思想史．弘前大学人文学部教授．

6. **金成根 Kim Sungkeen**　1970年生，東京大学博士（学術），近代日本・朝鮮科学思想史．韓国全南大学教授．

7. **野家啓一**　1949年生，東京大学大学院理学研究科満期退学，日本における科学哲学の権威．東北大学名誉教授．

8. **辻本雅史**　1949年生、京都大学文学部卒、京都大学教授、国立台湾大学教授を経て、中部大学副学長．

9. **Ioannis M. Vandoulakis**　1960年生，モスクワ大学 Ph. D.（数学史），古代ギリシャ論証法の研究者．The Hellenic Open University, Adjunct Professor.

10. **劉鈍 Liu Dun**　1947年生，中国近世数学史．中国科学院自然科学史研究所所長，国際科学技術史学会元会長，清華大学特任教授．

11. **葛谷 登**　1956年生，一橋大学卒，中国語・中国思想史．愛知大学経済学部教授．

12. **三浦伸夫**　1950年生，東京大学大学院理学研究科満期退学，ヨーロッパ中世数学史．神戸大学名誉教授．

13. **津田一郎**　1953年生，京都大学理学博士、複雑系科学研究．北海道大学教授を経て，中部大学創発学術院教授．

14. **福井弘道**　1956年生，名古屋大学理学博士，慶應義塾大学教授を経て，中部大学中部高等学術研究所所長．

15. **安本晋也**　1981年生，英国イーストアングリア大学大学院修了，環境学．中部大学中部高等学術研究所講師．

16. **金山弥平**　1955年，京都大学大学院文学研究科満期退学，ギリシャ哲学史家．名古屋大学出版会理事長．名古屋大学大学院文学研究科教授．

17. **中島泉**　1940年生，名古屋大学医学博士，名古屋大学医学部長，中部大学常勤理事を経て、現在中部大学学事顧問．

18. **禹済泰 Woo Je-Tae** 1961年生，東京農工大学大学院農学研究科修了，農学博士，東京医科大学から医学博士，中部大学応用生物学部教授．

19. **大場裕一**　1970年生，北海道大学理学部化学科卒，総合研究大学院大学博士課程修了，博士（理学）．名古屋大学大学院農学研究科助教を経て，2016年から中部大学応用生物学部准教授．

20. **山下興亜**　1940年生，昆虫学研究，名古屋大学生命農学研究科教授，中部大学学長を経て，中部大学名誉学事顧問．

アリーナ 特別号● 2020 年 1 月 28 日発行

発行●中部大学（学長　石原　修）

〒 487-8501 愛知県春日井市松本町 1200　TEL.0568-51-1111

編集長●小島 亮　arena_edit_chubu_university@yahoo.co.jp

発売●風媒社　〒 460-0011 名古屋市中区大須 1-16-29　TEL.052-218-7808

印刷／製本●モリモト印刷

ISSN1349-0435　　ISBN978-4-8331-4144-4